北京高等教育精品教材
BEIJING GAODENG JIAOYU JINGPIN JIAOCAI

智能控制

（第5版）

刘金琨　编著

電子工業出版社
Publishing House of Electronics Industry
北京 · BEIJING

内 容 简 介

本书较全面地介绍智能控制的基本理论、方法和应用。全书共12章，主要内容为：专家控制的基本原理和应用；模糊控制的基本原理和应用；神经网络控制的基本原理和应用；智能算法及其应用；迭代学习控制原理及应用。本书系统性强，突出理论联系实际，叙述深入浅出，适合初学者学习。书中给出了一些智能算法的 Matlab 仿真程序，并配有一定数量的思考题与习题。

本书可作为高等院校自动化、计算机应用、电子工程等专业研究生和高年级本科生的教材，也可供自动化领域的工程技术人员阅读和参考。

图书在版编目(CIP)数据

智能控制 / 刘金琨编著. — 5版. — 北京：电子工业出版社，2021.4
ISBN 978-7-121-40896-0

Ⅰ. ①智… Ⅱ. ①刘… Ⅲ. ①智能控制－高等学校－教材 Ⅳ. ①TP273

中国版本图书馆 CIP 数据核字(2021)第056371号

责任编辑：凌　毅
印　　刷：北京雁林吉兆印刷有限公司
装　　订：北京雁林吉兆印刷有限公司
出版发行：电子工业出版社
　　　　　北京市海淀区万寿路173信箱　邮编 100036
开　　本：787×1 092　1/16　印张：18.75　字数：510千字
版　　次：2005年5月第1版
　　　　　2021年4月第5版
印　　次：2025年8月第11次印刷
定　　价：56.00元

凡所购买电子工业出版社图书有缺损问题，请向购买书店调换。若书店售缺，请与本社发行部联系。联系及邮购电话：(010)88254888，88258888。

质量投诉请发邮件至 zlts@phei.com.cn，盗版侵权举报请发邮件至 dbqq@phei.com.cn。

本书咨询联系方式：(010)88254528，lingyi@phei.com.cn。

第 5 版前言

智能控制是自动控制领域的前沿学科之一，是一门综合性很强的多学科交叉的新兴学科，被称为自动控制理论发展的第三阶段。智能控制的发展为解决复杂非线性、不确定系统的控制问题开辟了新的途径。

本书共 12 章。第 1 章是绪论，着重介绍智能控制的产生和发展背景、智能控制的基本概念；第 2 章介绍专家系统与专家控制；第 3 章介绍模糊控制的理论基础；第 4 章介绍模糊控制的基本原理及模糊控制器的设计方法；第 5 章介绍模糊逼近的基本原理及自适应模糊控制的设计和分析方法；第 6 章介绍神经网络的理论基础；第 7 章介绍几种典型的神经网络，包括单神经元网络、BP 网络、RBF 网络；第 8 章介绍几种高级神经网络，包括模糊神经网络、CMAC 网络和 Hopfield 网络；第 9 章介绍几种典型神经网络控制的设计和分析方法；第 10 章介绍几种智能算法的基本原理和设计方法；第 11 章介绍智能算法的应用；第 12 章介绍迭代学习控制原理及应用。

本书是在“北京市高等教育精品教材”《智能控制》（第 1 版，2005 年；第 2 版，2009 年；第 3 版，2014 年；第 4 版，2017 年）的基础上修订而成的。为了适合高年级本科生的教学需要，本书在选材上着重于基础性和实用性。为了加深读者的理解，并便于读者的进一步开发，书中给出了智能算法的 Matlab 仿真程序。这些程序是在 Matlab R2014a 环境下开发的，适用于其他更高级的 Matlab 版本。

本书提供免费的电子课件和 Matlab 仿真程序，读者可登录电子工业出版社的华信教育资源网 www. hxedu. com. cn，注册后免费下载；或通过电子邮件与作者联系索取。

北京航空航天大学吴淮宁教授针对本书的修订工作提出了许多宝贵建议，在此表示感谢。

由于作者水平有限，书中难免存在不足和错误之处，真诚欢迎广大读者批评指正。若读者有指正或需要与作者探讨，或对控制算法及仿真程序有疑问，请通过电子邮件 ljk@buaa. edu. cn 与作者联系。

刘金琨

2021 年 4 月于北京航空航天大学

目　　录

第1章 绪　　论

1.1 智能控制的发展过程

1. 智能控制的提出

传统控制包括经典控制和现代控制，是基于被控对象精确模型的控制方式，缺乏灵活性和应变能力，适于解决线性、时不变性等相对简单的控制问题。传统控制在实际应用中遇到很多难以解决的问题，主要表现在以下几点：

① 实际系统由于存在复杂性、非线性、时变性、不确定性和不完全性等，无法获得精确的数学模型；

② 某些复杂的和包含不确定性的控制过程无法用传统的数学模型来描述，即无法解决建模问题；

③ 针对实际系统往往需要进行一些比较苛刻的线性化假设，而这些假设往往与实际系统不符合；

④ 实际控制任务复杂，而传统的控制任务要求低，对复杂的控制任务如智能机器人控制、计算机集成制造系统(CIMS)、社会经济管理系统等无能为力。

在生产实践中，复杂控制问题可通过熟练操作人员的经验和控制理论相结合去解决，由此产生了智能控制。智能控制将控制理论的方法和人工智能技术灵活地结合起来，其控制方法适应对象的复杂性和不确定性。

智能控制是控制理论发展的高级阶段，它主要用来解决那些用传统控制方法难以解决的复杂系统的控制问题。智能控制的研究对象具备以下一些特点。

① 不确定性的模型。智能控制适合于不确定性对象的控制，其不确定性包括两层意思：一是模型未知或知之甚少；二是模型的结构和参数可能在很大范围内变化。

② 高度的非线性。采用智能控制可以较好地解决非线性系统的控制问题。

③ 复杂的任务要求。例如，智能机器人要求控制系统对一个复杂的任务具有自行规划和决策的能力，有自动躲避障碍运动到期望目标位置的能力。又如，在复杂的工业过程控制系统中，除要求对各被控物理量实现定值调节外，还要求能实现整个系统的自动启/停、故障的自动诊断及紧急情况下的自动处理等。

2. 智能控制的概念

智能控制是一门交叉学科，著名美籍华人傅京逊教授于1971年首先提出智能控制是人工智能与自动控制的交叉，即二元论。美国学者G. N. Saridis于1977年在此基础上引入运筹学，提出了三元论的智能控制概念，即

$$\mathrm{IC}=\mathrm{AC}\cap\mathrm{AI}\cap\mathrm{OR}$$

式中各子集的含义为：IC为智能控制(Intelligent Control)；AI为人工智能(Artificial Intelligence)；AC为自动控制(Automatic Control)；OR为运筹学(Operational Research)。基于三元论的智能控制如图1-1所示。

人工智能(AI)是一个用来模拟人的思维的知识处理系统，具有记忆、学习、信息处理、形式语言、启发推理等功能。

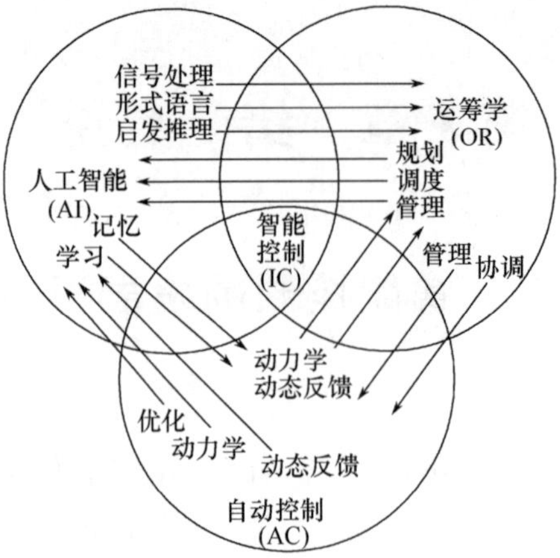

图 1-1　基于三元论的智能控制

自动控制(AC)描述系统的动力学特性,是一种动态反馈。

运筹学(OR)是一种定量优化方法,如线性规划、网络规划、调度、管理、优化决策和多目标优化方法等。

三元论除"智能"与"控制"外,还强调了更高层次控制中调度、规划和管理的作用,为递阶智能控制提供了理论依据。

所谓智能控制,即设计一个控制器(或系统),使之具有学习、抽象、推理、决策等功能,并能根据环境(包括被控对象或被控过程)信息的变化作出适应性反应,从而实现由人来完成的任务。

3. 智能控制的发展

智能控制是自动控制发展的最新阶段,主要用于解决传统控制难以解决的复杂系统的控制问题。控制科学的发展过程如图 1-2 所示。

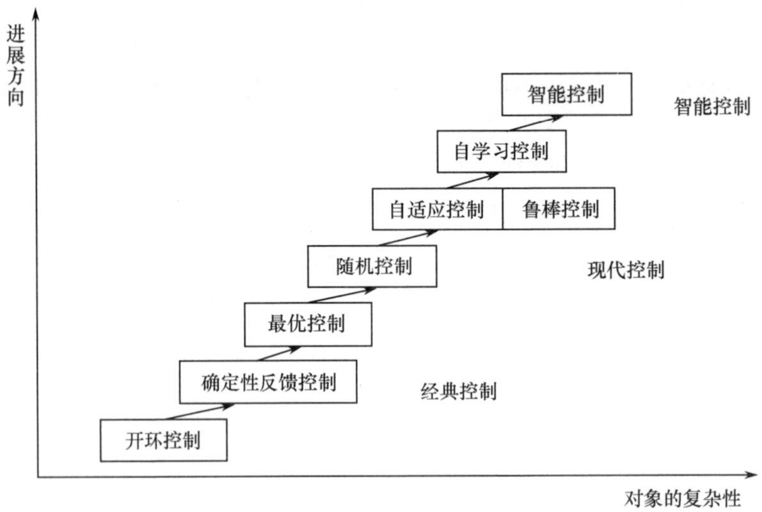

图 1-2　控制科学的发展过程

从 20 世纪 60 年代起,由于空间技术、计算机技术及人工智能技术的发展,控制界学者在研究自组织、自学习控制的基础上,为了提高控制系统的自学习能力,开始注意将人工智能技术与方法应用于控制中。

1966 年,J. M. Mendal 首先提出将人工智能技术应用于飞船控制系统的设计;1971 年,傅京逊首次提出智能控制这一概念,并归纳了 3 种类型的智能控制系统。

① 人作为控制器的控制系统:人作为控制器的控制系统具有自学习、自适应和自组织的功能。

② 人机结合作为控制器的控制系统:机器完成需要连续进行的并需快速计算的常规控制任务,人则完成任务分配、决策、监控等任务。

③ 无人参与的自主控制系统:为多层的智能控制系统,需要完成问题求解和规划、环境建模、传感器信息分析和低层的反馈控制任务,如自主机器人。

1985 年 8 月,IEEE 在美国纽约召开了第一届智能控制学术讨论会,随后成立了 IEEE 智能控制专业委员会;1987 年 1 月,在美国举行的第一次国际智能控制大会,标志着智能控制领域的形成。

近年来,神经网络、模糊数学、专家系统、进化论等学科的发展给智能控制注入了巨大的活力,由此产生了各种智能控制方法。

1.2 智能控制的重要分支

1. 模糊控制

以往的各种传统控制均建立在被控对象的精确数学模型的基础上,然而,随着系统复杂程度的提高,人们将难以建立系统的精确数学模型。

在工程实践中,人们发现,一个复杂的控制系统可由一个操作人员凭着丰富的实践经验得到满意的控制效果。这说明,如果通过模拟人脑的思维方法设计控制器,可实现复杂系统的控制,由此产生了模糊控制。

1965 年,美国加州大学自动控制系 L. A. Zedeh 提出模糊集合理论,奠定了模糊控制的基础;1974 年,英国伦敦大学的 E. H. Mamdani 利用模糊逻辑,开发了世界上第一台模糊控制的蒸汽机,从而开创了模糊控制的历史;1983 年,日本富士电机开创了模糊控制在日本的第一项应用——水净化处理,之后,富士电机致力于模糊逻辑元件的开发与研究,并于 1987 年在仙台地铁线上采用了模糊控制技术。1989 年,日本将模糊控制消费品推向高潮,使日本成为模糊控制技术的主导国家。模糊控制的发展可分为 3 个阶段:

① 1965—1974 年,为模糊控制发展的第一阶段,即模糊数学发展和形成阶段;

② 1974—1979 年,为模糊控制发展的第二阶段,产生了简单的模糊控制器;

③ 1979 年至现在,为模糊控制发展的第三阶段,即高性能模糊控制阶段。

2. 神经网络控制

神经网络的研究已有几十年的历史。1943 年,McCulloch 和 Pitts 提出了神经元数学模型;1950—1980 年为神经网络的形成期,有少量成果,如 1975 年 J. S. Albus 提出了小脑模型关节控制器(CMAC),1976 年 Grossberg 提出了用于无导师指导下模式分类的自组织网络;1980 年以后为神经网络的发展期,1982 年 Hopfield 提出了 Hopfield 网络,解决了回归网络的学习问题,1986 年美国的 PDP 研究小组提出了 BP 网络,实现了有导师指导下的网络学习,为神经网络的应用开辟了广阔的发展前景。

将神经网络引入控制领域就形成了神经网络控制。神经网络控制是从机理上对人脑生理系统进行简单结构模拟的一种新兴智能控制方法。神经网络具有并行机制、模式识别、记忆和自学习能力的特点,它能充分逼近任意复杂的非线性系统,能够学习与适应不确定系统的动态特性,有很强的鲁棒性和容错性。1988 年,Broomhead 和 Lowe 提出了 RBF 神经网络[40]。该网络结构简单，算法设计方便，奠定了神经网络自适应控制的基础。神经网络控制在控制领域有广泛的应用。

3. 智能优化算法

随着优化理论的发展，一些新的智能优化算法得到了迅速发展和广泛应用，成为解决控制系统优化问题的新方法，如遗传算法、蚁群算法、粒子群算法、差分进化算法等。这些优化算法都是通过模拟揭示自然现象和过程来实现的，其优点及其机制独特，为非线性控制系统设计问题提供了切实可行的解决方案。

智能优化算法可用于控制系统的优化中，在智能控制领域有广泛的应用。

1.3 智能控制的特点、研究工具及应用

1. 智能控制的特点

(1) 学习功能

智能控制器能通过从外界环境所获得的信息进行学习，不断积累知识，使系统的控制性能得到改善。

(2) 适应功能

智能控制器具有从输入到输出的映射关系，可实现不依赖于模型的自适应控制，当系统某一部分出现故障时，也能进行控制。

(3) 自组织功能

智能控制器对复杂的分布式信息具有自组织和协调的功能，当出现多目标冲突时，它可以在任务要求的范围内自行决策，主动采取行动。

(4) 优化能力

智能控制器能够通过不断优化控制参数和寻找控制器的最佳结构形式获得整体最优的控制性能。

2. 智能控制的研究工具

(1) 符号推理与数值计算的结合

例如专家控制，它的上层是专家系统，采用人工智能中的符号推理方法；下层是传统意义下的控制系统，采用数值计算方法。

(2) 模糊集理论

模糊集理论是模糊控制的基础，其核心是采用模糊规则进行逻辑推理，其逻辑取值可在 0 与 1 之间连续变化，其处理的方法是基于数值的而不是基于符号的。

(3) 神经网络理论

神经网络通过许多简单的关系来实现复杂的函数，其本质是一个非线性动力学系统，但它不依赖数学模型，是一种介于逻辑推理和数值计算之间的方法。

(4) 智能优化算法

智能计算也称为“软计算”，是人们受自然界或生物界规律的启发，根据自然界或生物界的原理，模仿其规律而设计的求解问题的算法。智能优化算法主要包括遗传算法、蚁群算法、粒子群算法、差分进化算法等，是解决控制系统优化问题的新方法。

(5) 离散事件与连续时间系统的结合

它主要用于计算机集成制造系统(CIMS)和智能机器人的智能控制。以 CIMS 为例，上层任务的分配和调度、零件的加工和传输等可用离散事件系统理论进行分析和设计；下层的控制，如机床及机器人的控制，则采用常规的连续时间系统方法。

3. 智能控制的应用

作为自动控制发展的高级阶段，智能控制主要解决那些用传统控制方法难以解决的复杂系统的控制问题，其中包括智能机器人控制、计算机集成制造系统（CIMS）、工业过程控制、航空航天控制、社会经济管理系统、交通运输系统、环保及能源系统等。下面以智能控制在机器人控制和过程控制中的应用为例进行说明。

（1）在机器人控制中的应用

智能机器人是目前机器人研究中的热门课题。E. H. Mamdani 于 20 世纪 80 年代初首次将模糊控制应用于一台实际机器人的操作臂控制。J. S. Albus 于 1975 年提出小脑模型关节控制器（CMAC），CMAC 是仿照小脑如何控制肢体运动的原理而建立的神经网络模型，可实现机器人的关节控制，这是神经网络在机器人控制中的一个典型应用。

目前工业上使用的 90%以上的机器人都不具有智能。随着机器人技术的迅速发展，需要各种具有不同程度智能的机器人。

（2）在过程控制中的应用

过程控制是指石油、化工、冶金、轻工、纺织、制药、建材等工业生产过程的自动控制，它是自动化技术的一个极其重要的方面。智能控制在过程控制中有着广泛的应用。在石油化工方面，1994 年美国的 Gensym 公司和 Neuralware 公司联合将神经网络用于炼油厂的非线性工艺过程。在冶金方面，日本的新日铁公司于 1990 年将专家系统应用于轧钢生产过程。在化工方面，日本的三菱化学合成公司研制出用于乙烯工程的模糊控制系统。

将智能控制应用于过程控制领域，是过程控制新的发展方向。

思考题与习题 1

1-1　简述智能控制的概念。

1-2　智能控制由哪几部分组成？各自的特点是什么？

1-3　比较智能控制和传统控制的特点。

1-4　智能控制有哪些应用领域？试各举出一个应用实例。

第2章　专家系统与专家控制

在传统控制系统中，系统的运行排斥了人为的干预，人机之间缺乏交互，控制器对被控对象在环境中的参数、结构的变化缺乏应变能力。传统控制理论的不足，在于它必须依赖于被控对象严格的数学模型，试图对精确模型来求取最优的控制效果，而实际的被控对象存在着许多难以建模的因素。

20世纪80年代初，人工智能中专家系统的思想和方法开始被引入控制系统的研究及工程应用中。专家系统主要面临的是各种非结构化的问题，它能处理定性的、启发式或不确定的知识信息，经过各种推理来达到系统的任务目标。专家系统这一特点为解决传统控制理论的局限性提供了重要的启示，两者的结合导致了专家控制这一方法。

2.1　专家系统

2.1.1　专家系统概述

1. 定义

专家系统是一类包含知识和推理的智能计算机程序，其内部包含某领域专家水平的知识和经验，具有解决专门问题的能力。

2. 发展历史

专家系统的发展分为3个时期。

(1) 初创期(1965—1971年)

第一代专家系统DENLDRA和MACSMA的出现，标志着专家系统的诞生。其中，DENLDRA为推断化学分子结构的专家系统，由专家系统的奠基人、斯坦福大学计算机系的Feigenbaum教授及其研究小组研制。MACSMA为用于数学运算的数学专家系统，由麻省理工学院完成。

(2) 成熟期(1972—1977年)

在此期间，斯坦福大学研究开发了最著名的专家系统——血液感染病诊断专家系统MYCIN，标志着专家系统从理论走向应用。另一个著名的专家系统——语音识别专家系统HEARSAY的出现，标志着专家系统从理论走向成熟。

(3) 发展期(1978年至今)

在此期间，专家系统走向应用领域，专家系统的数量大幅增加，仅1987年研制成功的专家系统就有1000多种。

专家系统可以解决的问题一般包括解释、预测、设计、规划、监视、修理、指导和控制等。目前，专家系统已经广泛应用于医疗诊断、语音识别、图像处理、金融决策、地质勘探、石油化工、教学、军事、计算机设计等领域。

2.1.2　专家系统的构成

专家系统主要由知识库和推理机构成，其结构如图2-1所示。

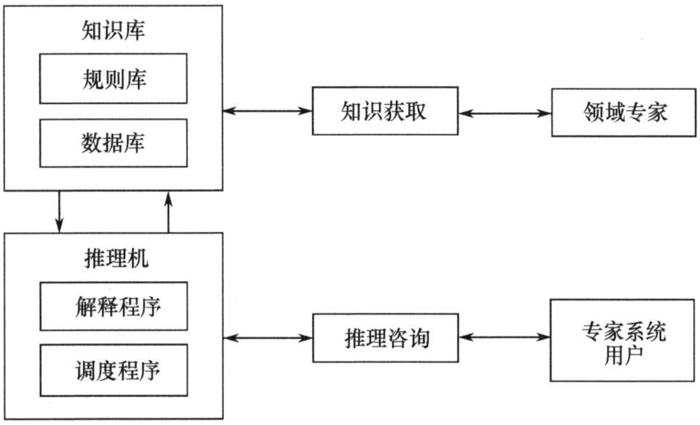

图 2-1　专家系统的结构

2.1.3　专家系统的建立

1. 知识库

知识库包含 3 类知识：

① 基于专家经验的判断性规则；

② 用于推理、问题求解的控制性规则；

③ 用于说明问题的状态、事实和概念及当前的条件与常识等的数据。

知识库包含多种功能模块，主要有知识查询、检索、增删、修改和扩充等。知识库通过人机接口与领域专家相沟通，从而实现知识的获取。

2. 推理机

推理机是用于对知识库中的知识进行推理从而得到结论的“思维”机构。推理机包括 3 种推理方式。

① 正向推理：从原始数据和已知条件得到结论。

② 反向推理：先提出假设的结论，然后寻找支持的证据，若证据存在，则假设成立。

③ 双向推理：运用正向推理提出假设的结论，运用反向推理来证实假设。

3. 知识的表示

常用的知识表示方法为：产生式规则、框架、语义网络、过程。其中，产生式规则是专家系统最流行的表达方法。由产生式规则表示的专家系统又称为基于规则的系统或产生式系统。

产生式规则的表达方式为

$$\text{if}\quad E\quad \text{then}\quad H\quad \text{with}\quad CF(E,H)$$

式中，E 表示规则的前提条件，即证据，它可以是单独命题，也可以是复合命题；H 表示规则的结论部分，即假设，也是命题；CF(Certainty Factor)为规则的强度，反映当前提为真时，规则对结论的影响程度，即可信度。

4. 专家系统开发语言

① C 语言，人工智能语言(如 Prolog、Lisp 等)。

② 专家系统开发工具：已经建好的专家系统框架，包括知识表达和推理机。在运用专家系统开发工具开发专家系统时，只需要加入领域知识。

5. 专家系统建立步骤

(1)知识库的设计

① 确定知识类型：叙述性知识、过程性知识、控制性知识。

② 确定知识表达方法。

③ 知识库管理系统的设计：实现规则的保存、编辑、删除、增加、搜索等功能。

(2)推理机的设计

① 选择推理方式。

② 选择推理算法：选择各种搜索算法，如深度优先搜索、广度优先搜索、启发式优先搜索等。

(3)人机接口的设计

① 设计“用户-专家系统接口”：用于咨询理解和结论解释。

② 设计“专家-专家系统接口”：用于知识库扩充及系统维护。

2.2 专家控制

2.2.1 专家控制概述

瑞典学者 K. J. Astrom 于 1983 年首先把人工智能中的专家系统引入智能控制领域，并于 1986 年提出“专家控制”的概念。

专家控制(Expert Control)是智能控制的一个重要分支，又称专家智能控制。所谓专家控制，是将专家系统的理论和技术同控制理论、方法与技术相结合，在未知环境下，仿效专家的经验，实现对系统的控制。

专家控制试图在传统控制的基础上“加入”一个富有经验的控制工程师，实现控制的功能。它由知识库和推理机构成主体框架，通过对控制领域知识(先验经验、动态信息、目标等)的获取与组织，按某种策略及时地选用恰当的规则进行推理输出，实现对实际对象的控制。

2.2.2 专家控制的基本原理

1. 结构

专家控制的基本结构如图 2-2 所示。

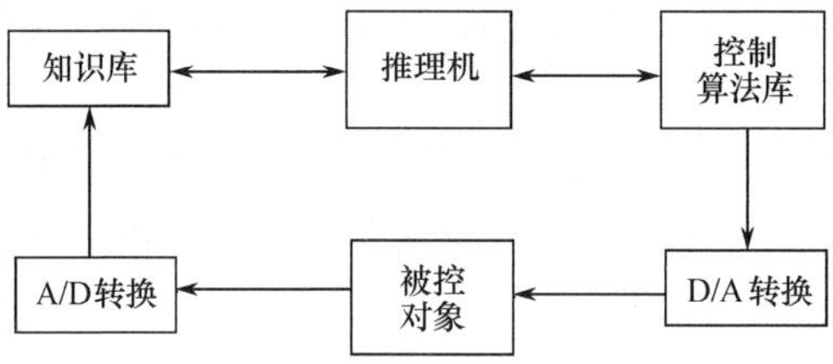

图 2-2 专家控制的基本结构

2. 功能

① 能够满足任意动态过程的控制需要，尤其适用于带有时变、非线性和强干扰的控制；

② 控制过程可以利用被控对象的先验知识；

③ 通过修改、增加控制规则，可不断积累知识，改进控制性能；

④ 可以定性地描述控制系统的性能，如超调量小、误差增大等；

⑤ 对控制性能可进行解释；

⑥ 可通过对控制闭环中的单元进行故障检测来获取经验规则。

3. 与专家系统的区别

专家控制引入了专家系统的思想，但与专家系统存在以下区别。

① 专家系统能完成专门领域的功能,辅助用户决策;专家控制能进行独立的、实时的自动决策。专家控制比专家系统对可靠性和抗干扰性有着更高的要求。

② 专家系统处于离线工作方式,而专家控制要求在线获取反馈信息,即要求在线工作方式。

4. 知识表示

专家控制将系统视为基于知识的系统,系统的知识表示如下:

(1)受控过程的知识

① 先验知识:包括问题的类型及开环特性。

② 动态知识:包括中间状态及特性变化。

(2)控制、辨识、诊断知识

① 定量知识:各种算法。

② 定性知识:各种经验、逻辑、直观判断。

按照专家系统知识库的结构,有关知识可以分类组织,形成数据库和规则库,从而构成专家控制的知识源。

数据库包括:① 事实,即知识的静态数据,如传感器的测量误差、运行阈值、报警阈值、操作序列的约束条件、受控过程的单元组态等。② 证据,即测量到的动态数据,如传感器的输出值、仪器仪表的测试结果等。证据的类型是各异的,常常带有噪声、延迟,也可能是不完整的,甚至相互之间有冲突。③ 假设,即由事实和证据推导的中间结果,作为当前事实集合的补充,如通过各种参数估计算法推得的状态估计等。④ 目标,即系统的性能指标,如对稳定性的要求、对静态工作点的寻优、对现有控制规律是否需要改进的判断等。目标既可以是预定的,也可以是根据外部命令或内部运行状况在线动态建立的。

专家控制的规则库一般采用产生式规则表示,即

if 控制局势(事实和数据) then 操作结论

由多条产生式规则构成规则库。

5. 分类

按专家控制在控制系统中的作用和功能,可将专家控制器分为以下两种类型。

(1) 直接型专家控制器

直接型专家控制器用于取代常规控制器,直接控制生产过程或被控对象,具有模拟(或延伸、扩展)操作工人智能的功能。该控制器的任务和功能相对比较简单,但需要在线、实时控制。因此,其知识表达和知识库也较简单,通常由几十条产生式规则构成,以便于增删和修改。

直接型专家控制器的结构如图 2-3 中的虚线所示。

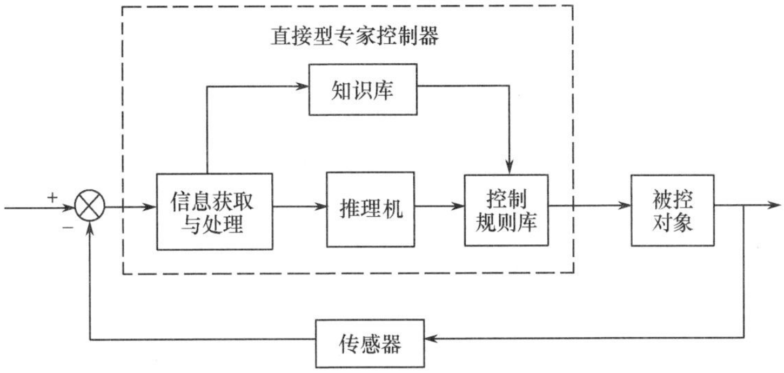

图 2-3 直接型专家控制器的结构

(2) 间接型专家控制器

间接型专家控制器用于和常规控制器相结合,组成对生产过程或被控对象进行间接控制的

智能控制系统，具有模拟（或延伸、扩展）控制工程师智能的功能。该控制器能够实现优化适应、协调、组织等高层决策的智能控制。按照高层决策功能的性质，间接型专家控制器可分为以下几种类型。

① 优化型专家控制器：是基于最优控制专家的知识和经验的总结及运用。通过设置整定值、优化控制参数或控制器，实现控制器的静态或动态优化。

② 适应型专家控制器：是基于自适应控制专家的知识和经验的总结及运用。根据现场运行状态和测试数据，相应地调整控制规则，校正控制参数，修改整定值或控制器，适应生产过程、对象特性或环境条件的漂移和变化。

③ 协调型专家控制器：是基于协调控制专家和调度工程师的知识和经验的总结及运用。用以协调局部控制器或各子控制系统的运行，实现大系统的全局稳定和优化。

④ 组织型专家控制器：是基于控制工程组织管理专家或总设计师的知识和经验的总结及运用。用以组织各种常规控制器，根据控制任务的目标和要求，构成所需要的控制系统。

间接型专家控制器可以在线或离线运行。通常，优化型、适应型专家控制器需要在线、实时、联机运行；协调型、组织型专家控制器可以离线、非实时运行，作为相应的计算机辅助系统。

间接型专家控制器的结构如图 2-4 所示。

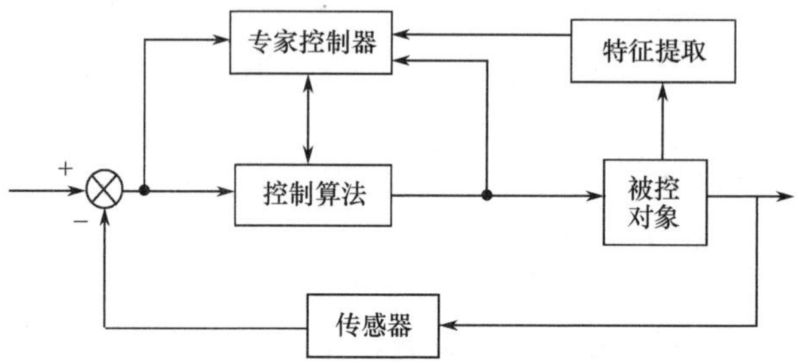

图 2-4　间接型专家控制器的结构

2.2.3　专家控制的关键技术及特点

1. 专家控制的关键技术

① 知识的表达方法；

② 从传感器中识别和获取定量的控制信号；

③ 将定性知识转化为定量的控制信号；

④ 控制知识和控制规则的获取。

2. 专家控制的特点

① 灵活性：根据系统的工作状态及误差情况，可灵活地选取相应的控制规则。

② 适应性：根据专家知识和经验，调整控制器的参数，适应被控对象特性及环境的变化。

③ 鲁棒性：通过利用控制规则，系统可以在非线性、大误差下可靠工作。

2.3　专家 PID 控制

2.3.1　专家 PID 控制原理

专家 PID 控制的实质是：基于被控对象和控制律的各种知识，无须知道被控对象的精确模型，利用专家经验来设计 PID 参数。专家 PID 控制是一种直接型专家控制器。

典型的二阶系统单位阶跃响应误差曲线如图 2-5 所示。

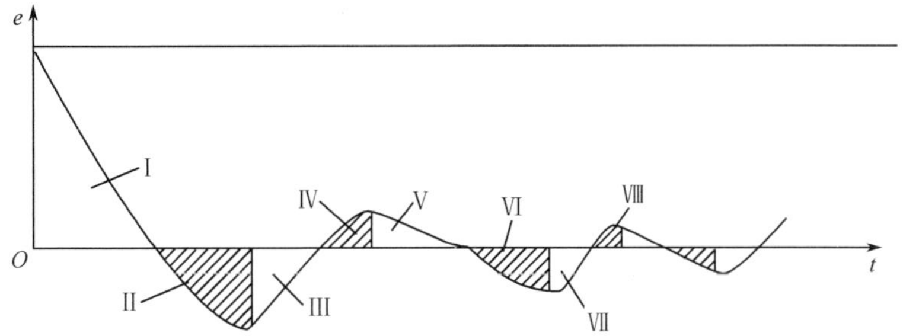

图 2-5 典型的二阶系统单位阶跃响应误差曲线

令 $e(k)$ 表示离散化的当前采样时刻的误差值，$e(k-1)$、$e(k-2)$ 分别表示前一个和前两个采样时刻的误差值，则有

$$\begin{aligned}\Delta e(k) &= e(k) - e(k-1) \\ \Delta e(k-1) &= e(k-1) - e(k-2)\end{aligned} \tag{2.1}$$

根据误差及其变化，对图 2-5 所示的二阶系统单位阶跃响应误差曲线进行如下定性分析：

① 当 $|e(k)| > M_1$ 时，说明误差的绝对值已经很大。不论误差变化趋势如何，都应考虑控制器的输出按定值输出，以达到迅速调整误差，使误差绝对值以最大速度减小，同时避免超调。此时，它相当于实施开环控制。

② 当 $e(k)\Delta e(k) > 0$ 或 $\Delta e(k) = 0$ 时，说明误差在朝误差绝对值增大的方向变化，或误差为某一常值，未发生变化。

如果 $|e(k)| \geqslant M_2$，说明误差较大，可考虑由控制器实施较强的控制作用，使误差绝对值朝减小的方向变化，迅速减小误差绝对值，控制器输出为

$$\begin{aligned}u(k) = u(k-1) + k_1\{k_p[e(k) - e(k-1)] + \\ k_i e(k) + k_d[e(k) - 2e(k-1) + e(k-2)]\}\end{aligned} \tag{2.2}$$

如果 $|e(k)| < M_2$，说明尽管误差朝误差绝对值增大的方向变化，但误差绝对值本身并不是很大，可考虑实施一般的控制作用，扭转误差的变化趋势，使其朝误差绝对值减小的方向变化，控制器输出为

$$\begin{aligned}u(k) = u(k-1) + k_p[e(k) - e(k-1)] + \\ k_i e(k) + k_d[e(k) - 2e(k-1) + e(k-2)]\end{aligned} \tag{2.3}$$

③ 当 $e(k)\Delta e(k) < 0$，$\Delta e(k)\Delta e(k-1) > 0$ 或 $e(k) = 0$ 时，说明误差绝对值朝减小的方向变化，或者已经达到平衡状态。此时，可考虑采取保持控制器输出不变。

④ 当 $e(k)\Delta e(k) < 0$，$\Delta e(k)\Delta e(k-1) < 0$ 时，说明误差处于极值状态。如果此时误差绝对值较大，即 $|e(k)| \geqslant M_2$，可考虑实施较强的控制作用，即

$$u(k) = u(k-1) + k_1 k_p e_m(k) \tag{2.4}$$

如果此时误差绝对值较小，即 $|e(k)| < M_2$，可考虑实施较弱的控制作用，即

$$u(k) = u(k-1) + k_2 k_p e_m(k) \tag{2.5}$$

⑤ 当 $|e(k)| \leqslant \varepsilon$（$\varepsilon > 0$，为误差精度）时，说明误差绝对值很小，此时加入积分环节，减小稳态误差。

以上各式中，$e_m(k)$ 为误差 e 的第 k 个极值；$u(k)$ 为第 k 次控制器的输出；$u(k-1)$ 为第 $k-1$ 次控制器的输出；k_1 为增益放大系数，$k_1 > 1$；k_2 为抑制系数，$0 < k_2 < 1$；M_1、M_2 为设定的误差界限，$M_1 > M_2 > 0$；k 为控制周期的序号（自然数）；ε 为任意小的正实数。

在图 2-5 中，Ⅰ，Ⅲ，Ⅴ，Ⅶ，… 区域，误差朝误差绝对值减小的方向变化，此时，可采取保持等待措施，相当于实施开环控制；Ⅱ，Ⅳ，Ⅵ，Ⅷ，… 区域，误差绝对值朝增大的方向变化，此时，可根据误差的大小分别实施较强或一般的控制作用，以抑制动态误差。

2.3.2 仿真实例

求三阶传递函数的阶跃响应

$$G_{\mathrm{p}}(s)=\frac{523500}{s^3+87.35s^2+10470s}$$

其中，采样时间为 1ms。

采用 z 变换进行离散化，经过 z 变换后的离散化对象为

$$\begin{aligned}y(k)=&-\mathrm{den}(2)y(k-1)-\mathrm{den}(3)y(k-2)-\mathrm{den}(4)y(k-3)\\&+\mathrm{num}(2)u(k-1)+\mathrm{num}(3)u(k-2)+\mathrm{num}(4)u(k-3)\end{aligned}\tag{2.6}$$

对式(2.6)说明如下：首先针对传递函数 $G_{\mathrm{p}}(s)$，采用 Matlab 函数 c2d 将 $G_{\mathrm{p}}(s)$ 转化为如下离散系统

$$G(z)=\frac{\mathrm{num}(2)z^2+\mathrm{num}(3)z+\mathrm{num}(4)}{\mathrm{den}(1)z^3+\mathrm{den}(2)z^2+\mathrm{den}(3)z+\mathrm{den}(4)}$$

分子、分母分别除以 z^3，可得

$$G(z)=\frac{\mathrm{num}(2)z^{-1}+\mathrm{num}(3)z^{-2}+\mathrm{num}(4)z^{-3}}{\mathrm{den}(1)+\mathrm{den}(2)z^{-1}+\mathrm{den}(3)z^{-2}+\mathrm{den}(4)z^{-3}}$$

令 $G(z)=\dfrac{Y(z)}{U(z)}$，则结合上式交叉相乘可得

$$\begin{aligned}&(\mathrm{den}(1)+\mathrm{den}(2)z^{-1}+\mathrm{den}(3)z^{-2}+\mathrm{den}(4)z^{-3})Y(z)\\&\quad=(\mathrm{num}(2)z^{-1}+\mathrm{num}(3)z^{-2}+\mathrm{num}(4)z^{-3})U(z)\end{aligned}$$

由仿真可知 $\mathrm{den}(1)=1$，则

$$\begin{aligned}&Y(z)+\mathrm{den}(2)z^{-1}Y(z)+\mathrm{den}(3)z^{-2}Y(z)+\mathrm{den}(4)z^{-3}Y(z)\\&\quad=\mathrm{num}(2)z^{-1}U(z)+\mathrm{num}(3)z^{-2}U(z)+\mathrm{num}(4)z^{-3}U(z)\end{aligned}$$

即

$$\begin{aligned}Y(z)=&-\mathrm{den}(2)z^{-1}Y(z)-\mathrm{den}(3)z^{-2}Y(z)-\mathrm{den}(4)z^{-3}Y(z)\\&+\mathrm{num}(2)z^{-1}U(z)+\mathrm{num}(3)z^{-2}U(z)+\mathrm{num}(4)z^{-3}U(z)\end{aligned}$$

则被控对象的离散化表达式为式(2.6)。

采用专家 PID 设计控制器。在仿真过程中，ε 取 0.001，程序中的 5 条规则与控制算法的 5 种情况相对应。

专家 PID 控制仿真程序见本章附录程序 chap2_1.m，仿真结果如图 2-6 和图 2-7 所示。

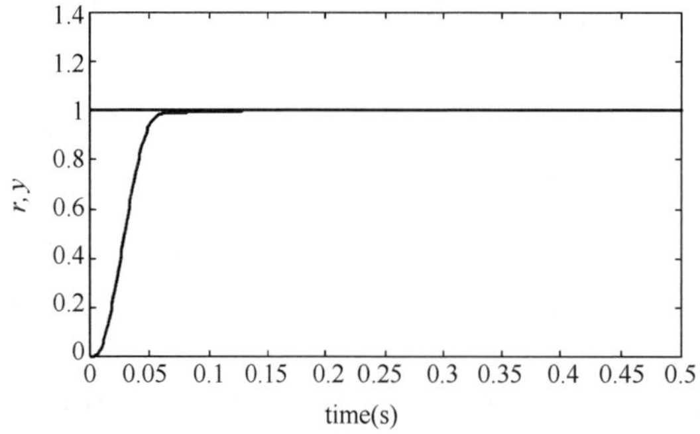

图 2-6 专家 PID 控制阶跃响应曲线

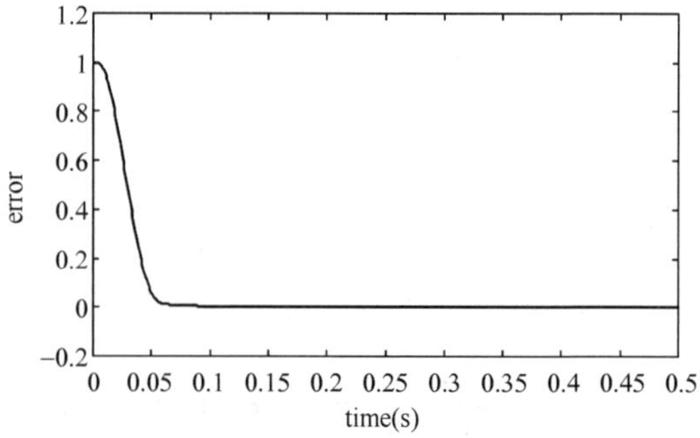

图 2-7 误差响应曲线

思考题与习题 2

2-1　专家系统由哪几部分组成?各自的特点是什么?

2-2　比较专家系统和专家控制的区别与联系。

2-3　求二阶传递函数的阶跃响应

$$G_p(s) = \frac{133}{s^2 + 25s}$$

取采样时间为1ms进行离散化。参照专家PID控制仿真程序chap2_1.m,设计专家PID控制器,并进行Matlab仿真。

本章附录（程序代码）

专家 PID 控制仿真程序：chap2_1. m

```
% Expert PID Controller
clear all;
close all;
ts=0.001;

sys=tf(5.235e005,[1,87.35,1.047e004,0]);  % Plant
dsys=c2d(sys,ts,'z');
[num,den]=tfdata(dsys,'v');

u_1=0;u_2=0;u_3=0;
y_1=0;y_2=0;y_3=0;

x=[0,0,0]';
x2_1=0;

kp=0.6;
ki=0.03;
kd=0.01;

error_1=0;
for k=1:1:500
time(k)=k* ts;

r(k)=1.0;                      % Tracing Step Signal

u(k)=kp* x(1)+ kd* x(2)+ ki* x(3); % PID Controller

% Expert control rule
if abs(x(1))> 0.8       % Rule1:Unclosed control rule
   u(k)=0.45;
elseif abs(x(1))> 0.40
   u(k)=0.40;
elseif abs(x(1))> 0.20
   u(k)=0.12;
elseif abs(x(1))> 0.01
   u(k)=0.10;
end

if x(1)* x(2)> 0|(x(2)==0)        % Rule2
   if abs(x(1))> =0.05
      u(k)=u_1+ 2* kp* x(1);
   else
      u(k)=u_1+ 0.4* kp* x(1);
   end
end

if (x(1)* x(2)< 0&x(2)* x2_1> 0)|(x(1)==0)    % Rule3
```

```
    u(k)=u(k);
end

if x(1)* x(2)< 0&x(2)* x2_1< 0    % Rule4
   if abs(x(1))> =0.05
      u(k)=u_1+2* kp* error_1;
   else
      u(k)=u_1+0.6* kp* error_1;
   end
end

if abs(x(1))< =0.001    % Rule5:Integration separation PI control
   u(k)=0.5* x(1)+0.010* x(3);
end

% Restricting the output of controller
if u(k)> =10
   u(k)=10;
end
if u(k)< =-10
   u(k)=-10;
end

% Linear model
y(k)=-den(2)* y_1-den(3)* y_2-den(4)* y_3+num(1)* u(k)+num(2)* u_1+num(3)* u_2+num(4)
* u_3;
error(k)=r(k)-y(k);

% ----------Return of parameters------------%
u_3=u_2;u_2=u_1;u_1=u(k);
y_3=y_2;y_2=y_1;y_1=y(k);

x(1)=error(k);                  % Calculating P
x2_1=x(2);
x(2)=(error(k)-error_1)/ts;     % Calculating D
x(3)=x(3)+error(k)* ts;         % Calculating I

error_1=error(k);
end
figure(1);
plot(time,r,'b',time,y,'r');
xlabel('time(s)');ylabel('r,y');
figure(2);
plot(time,r- y,'r');
xlabel('time(s)');ylabel('error');
```

第 3 章　模糊控制的理论基础

3.1　概　　述

模糊控制是建立在人工经验基础之上的。对于一个熟练的操作人员，他往往凭借丰富的实践经验，采取适当的对策来巧妙地控制一个复杂过程。若将这些熟练操作人员的实践经验加以总结和描述，并用语言表达出来，就会得到一种定性的、不精确的控制规则。如果用模糊数学将其定量化，就转化为模糊控制算法，从而形成模糊控制理论。

模糊控制尚无统一的定义。广义上，可将模糊控制定义为"以模糊集合理论、模糊语言变量及模糊推理为基础的一类控制方法"，或定义为"采用模糊集合理论和模糊逻辑，并同传统的控制理论相结合，模拟人的思维方式，对难以建立数学模型的对象实施的一种控制方法"。

模糊控制具有一些明显的特点：

① 模糊控制不需要被控对象的数学模型。模糊控制是以人对被控对象的控制经验为依据而设计的控制器，故无须知道被控对象的数学模型。

② 模糊控制是一种反映人类智慧的智能控制方法。模糊控制采用人类思维中的模糊量，如"高""中""低""大""小"等，控制量由模糊推理导出。这些模糊量和模糊推理是人类智能活动的体现。

③ 模糊控制易于被人们接受。模糊控制的核心是控制规则，模糊规则是用语言来表示的，如"今天气温高，则今天天气暖和"等，易于被一般人所接受。

④ 构造容易。模糊控制规则易于软件实现。

⑤ 鲁棒性和适应性好。通过专家经验设计的模糊规则可以对复杂的对象进行有效的控制。

3.2　模 糊 集 合

3.2.1　模糊集合的概念

对大多数应用系统而言，其主要且重要的信息来源有两种，即来自传感器的数据信息和来自专家的语言信息。数据信息常用 0.5，2，3，3.5 等数字来表示，而语言信息则用诸如"大""小""中等""非常小"等文字来表示。传统的工程设计方法只能用数据信息而无法使用语言信息，而人类解决问题时所使用的大量知识是经验性的，它们通常是用语言信息来描述的。语言信息通常呈经验性，是模糊的。因此，如何描述模糊语言信息成为解决问题的关键。

模糊集合的概念是由 L. A. Zadeh 于 1965 年首先提出来的。模糊集合的引入，可将人的判断、思维过程用比较简单的数学形式直接表达出来。模糊集合理论为人类提供了能充分利用语言信息的有效工具。模糊集合是模糊控制的数学基础。

1. 特征函数和隶属函数

在数学上经常用到集合的概念。例如，集合 A 由 4 个离散值 x_1, x_2, x_3, x_4 组成，记

$$A = \{x_1, x_2, x_3, x_4\}$$

再如，集合 A 由 0 到 1 之间的连续实数值组成，记

$$A = \{x, x \in \mathbf{R}, 0 \leqslant x \leqslant 1\}$$

以上两个集合是完全不模糊的。对任意元素 x，只有两种可能：属于 A，不属于 A。这种特性可以用特征函数 $\mu_A(x)$ 来描述，即

$$\mu_A(x) = \begin{cases} 1 & x \in A \\ 0 & x \notin A \end{cases} \tag{3.1}$$

为了表示模糊概念，需要引入模糊集合和隶属函数(Membership Function)及隶属度的概念。隶属函数定义为

$$\mu_A(x) = \begin{cases} 1 & x \in A \\ (0,1) & x \in A \text{ 的程度} \\ 0 & x \notin A \end{cases} \tag{3.2}$$

式中，A 称为模糊集合；$\mu_A(x)$ 称为隶属函数，表示元素 x 属于模糊集合 A 的程度，取值范围为[0，1]，称 $\mu_A(x)$ 的值为 x 属于模糊集合 A 的隶属度。

隶属度可用 0 到 1 之间的实数来表达某一元素属于模糊集合的程度。

2. 模糊集合的表示

① 模糊集合 A 由离散元素构成，表示为

$$A = \mu_1/x_1 + \mu_2/x_2 + \cdots + \mu_i/x_i + \cdots \tag{3.3}$$

或

$$A = \{(x_1, \mu_1), (x_2, \mu_2), \cdots, (x_i, \mu_i), \cdots\} \tag{3.4}$$

② 模糊集合 A 由连续函数构成，各元素的隶属度就构成了隶属函数 $\mu_A(x)$，此时 A 表示为

$$A = \int \mu_A(x)/x \tag{3.5}$$

在模糊集合的表示中，符号"/"，"+" 和"$\int$" 不代表数学意义上的除号、加号和积分号，它们是模糊集合的一种表示方式，表示"构成" 或"属于"。

模糊集合是以隶属函数 $\mu_A(x)$ 来描述的，隶属度的概念是模糊集合理论的基石。

【例 3.1】 设论域 $U = \{$张三，李四，王五$\}$，评语为"学习好"。设 3 个人学习成绩的总分分别为张三 95 分，李四 90 分，王五 85 分，3 个人学习都好，但又有差异。

若采用普通集合的观点，选取特征函数

$$C_A(u) = \begin{cases} 1 & \text{学习好} \in A \\ 0 & \text{学习差} \in A \end{cases}$$

此时特征函数分别为 C_A(张三) = 1，C_A(李四) = 1，C_A(王五) = 1，这样就反映不出 3 个人的差异。若采用模糊集合的概念，选取[0，1] 区间上的隶属度来表示 3 个人属于"学习好" 模糊集合 A 的程度，就能够反映出 3 个人的差异。

采用隶属函数 $\frac{x}{100}$，由 3 个人的成绩可知 3 个人"学习好" 的隶属度分别为 μ_A(张三) = 0.95，μ_A(李四) = 0.90，μ_A(王五) = 0.85。"学习好" 这一模糊集合 A 可表示为

$$A = \{0.95, 0.90, 0.85\}$$

其含义为张三、李四、王五属于"学习好" 的程度分别为 0.95，0.90，0.85。

【例 3.2】 以年龄为论域，取 $x = [0, 100]$。Zadeh 给出了"年轻" 的模糊集合 Y，其隶属函数为

$$
Y(x)=\begin{cases}1.0 & 0\leqslant x\leqslant 25\\ \left[1+\left(\dfrac{x-25}{5}\right)^2\right]^{-1} & 25<x<100\end{cases}
$$

“年轻”的隶属函数仿真程序见本章附录程序 chap3_1. m，其隶属函数曲线如图 3-1 所示。

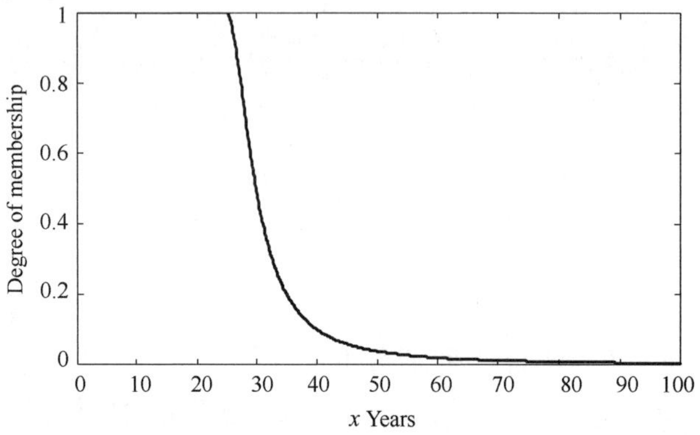

图 3-1 “年轻”的隶属函数曲线

3.2.2 模糊集合的运算

1. 模糊集合的基本运算

由于模糊集合是用隶属函数来表征的，因此两个集合之间的运算实际上就是逐点对隶属度进行相应的运算。

(1) 空集

模糊集合 A 的空集$\varnothing$为普通集合，它的隶属度为 0，即

$$
A=\varnothing\Leftrightarrow\mu_A(u)=0 \tag{3.6}
$$

(2) 全集

模糊集合 A 的全集 E 为普通集合，它的隶属度为 1，即

$$
A=E\Leftrightarrow\mu_A(u)=1 \tag{3.7}
$$

(3) 等集

两个模糊集合 A 和 B，若对所有元素 u，它们的隶属函数相等，则 A 和 B 也相等，即

$$
A=B\Leftrightarrow\mu_A(u)=\mu_B(u) \tag{3.8}
$$

(4) 补集

若 $\overline{A}$ 为 A 的补集，则

$$
\overline{A}\Leftrightarrow\mu_{\overline{A}}(u)=1-\mu_A(u) \tag{3.9}
$$

例如，设 A 为“成绩好”的模糊集合，某学生 u_0 属于“成绩好”的隶属度 $\mu_A(u_0)=0.8$，则 u_0 属于“成绩差”的隶属度 $\mu_{\overline{A}}(u_0)=1-0.8=0.2$。

(5) 子集

若 B 为 A 的子集，则

$$
B\subseteq A\Leftrightarrow\mu_B(u)\leqslant\mu_A(u) \tag{3.10}
$$

(6) 并集

若 C 为 A 和 B 的并集，则

$$
C=A\cup B
$$

一般地，有

$$A \cup B \Leftrightarrow \mu_{A \cup B}(u) = \max(\mu_A(u), \mu_B(u)) = \mu_A(u) \vee \mu_B(u) \tag{3.11}$$

(7) 交集

若 C 为 A 和 B 的交集，则

$$C = A \cap B$$

一般地，有

$$A \cap B \Leftrightarrow \mu_{A \cap B}(u) = \min(\mu_A(u), \mu_B(u)) = \mu_A(u) \wedge \mu_B(u) \tag{3.12}$$

(8) 模糊运算的基本性质

模糊集合除具有上述基本运算性质外，还具有如表 3-1 所示的运算性质。

表 3-1　模糊运算的基本性质

名　称	运算法则
幂等律	$A \cup A = A, A \cap A = A$
交换律	$A \cup B = B \cup A, A \cap B = B \cap A$
结合律	$(A \cup B) \cup C = A \cup (B \cup C)$ $(A \cap B) \cap C = A \cap (B \cap C)$
吸收律	$A \cup (A \cap B) = A$ $A \cap (A \cup B) = A$
分配律	$A \cup (B \cap C) = (A \cup B) \cap (A \cup C)$ $A \cap (B \cup C) = (A \cap B) \cup (A \cap C)$
复原律	$\overline{\overline{A}} = A$
对偶律	$\overline{A \cup B} = \overline{A} \cap \overline{B}$ $\overline{A \cap B} = \overline{A} \cup \overline{B}$
两极律	$A \cup E = E, A \cap E = A$ $A \cup \varnothing = A, A \cap \varnothing = \varnothing$

【例 3.3】　设 $A = \dfrac{0.9}{u_1} + \dfrac{0.2}{u_2} + \dfrac{0.8}{u_3} + \dfrac{0.5}{u_4}, B = \dfrac{0.3}{u_1} + \dfrac{0.1}{u_2} + \dfrac{0.4}{u_3} + \dfrac{0.6}{u_4}$，求 $A \cup B, A \cap B$。

解　$A \cup B = \dfrac{0.9}{u_1} + \dfrac{0.2}{u_2} + \dfrac{0.8}{u_3} + \dfrac{0.6}{u_4}, A \cap B = \dfrac{0.3}{u_1} + \dfrac{0.1}{u_2} + \dfrac{0.4}{u_3} + \dfrac{0.5}{u_4}$

【例 3.4】　试证明普通集合中的互补律在模糊集合中不成立，即 $\mu_A(u) \vee \mu_{\overline{A}}(u) \neq 1, \mu_A(u) \wedge \mu_{\overline{A}}(u) \neq 0$。

证明　设 $\mu_A(u) = 0.4$，则 $\mu_{\overline{A}}(u) = 1 - 0.4 = 0.6$，则

$$\mu_A(u) \vee \mu_{\overline{A}}(u) = 0.4 \vee 0.6 = 0.6 \neq 1$$

$$\mu_A(u) \wedge \mu_{\overline{A}}(u) = 0.4 \wedge 0.6 = 0.4 \neq 0$$

2. 模糊算子

模糊集合的逻辑运算实质上就是隶属函数的运算过程。采用隶属函数的取大(max)- 取小(min) 进行模糊集合的并、交运算是目前最常用的方法。但还有其他公式，这些公式统称为"模糊算子"。

设有模糊集合 A、B 和 C，常用的模糊算子如下：

(1) 交运算算子

设 $C = A \cap B$，有 3 种模糊算子。

① 模糊交算子

$$\mu_C(x) = \min\{\mu_A(x), \mu_B(x)\} \tag{3.13}$$

② 代数积算子

$$\mu_C(x) = \mu_A(x) \cdot \mu_B(x) \tag{3.14}$$

③ 有界积算子

$$\mu_C(x) = \max\{0, \mu_A(x) + \mu_B(x) - 1\} \tag{3.15}$$

(2) 并运算算子

设 $C = A \cup B$,有 3 种模糊算子。

① 模糊并算子

$$\mu_C(x) = \max\{\mu_A(x), \mu_B(x)\} \tag{3.16}$$

② 代数和算子

$$\mu_C(x) = \mu_A(x) + \mu_B(x) - \mu_A(x) \cdot \mu_B(x) \tag{3.17}$$

③ 有界和算子

$$\mu_C(x) = \min\{1, \mu_A(x) + \mu_B(x)\} \tag{3.18}$$

(3) 平衡算子

当隶属函数取大、取小运算时,不可避免地要丢失部分信息,采用一种平衡算子,即"γ 算子",可起到补偿作用。

设 A 和 B 经过平衡运算后得 C,则

$$\mu_C(x) = [\mu_A(x) \cdot \mu_B(x)]^{1-\gamma} \cdot [1 - (1 - \mu_A(x)) \cdot (1 - \mu_B(x))]^{\gamma} \tag{3.19}$$

式中,γ 取值为[0,1]。当 $\gamma = 0$ 时,$\mu_C(x) = \mu_A(x) \cdot \mu_B(x)$,相当于 $A \cap B$ 时的代数积算子;当 $\gamma = 1$ 时,$\mu_C(x) = \mu_A(x) + \mu_B(x) - \mu_A(x) \cdot \mu_B(x)$,相当于 $A \cup B$ 时的代数和算子。

平衡算子目前已经应用在德国 Inform 公司研制的著名模糊控制软件 Fuzzy-Tech 中。

3.3 隶属函数

1. 隶属函数的特点

普通集合用特征函数来表示,模糊集合用隶属函数来描述。隶属函数很好地描述了事物的模糊性。隶属函数有以下两个特点。

① 隶属函数的值域为[0,1],它将普通集合只能取 0,1 两个值推广到[0,1]闭区间上的连续取值。隶属函数的值 $\mu_A(x)$ 越接近于1,表示元素 x 属于模糊集合 A 的程度越大;反之,$\mu_A(x)$ 越接近于 0,表示元素 x 属于模糊集合 A 的程度越小。

② 隶属函数完全刻画了模糊集合,隶属函数是模糊数学的基本概念,不同的隶属函数所描述的模糊集合也不同。

2. 典型的隶属函数及其 Matlab 表示

典型的隶属函数有 11 种,如双 S 形隶属函数、高斯型隶属函数、联合高斯型隶属函数、广义钟形隶属函数、Π 形隶属函数、S 形隶属函数、梯形隶属函数、三角形隶属函数、Z 形隶属函数等。在模糊控制中应用较多的隶属函数有以下 6 种。

(1) 高斯型隶属函数

高斯型隶属函数由两个参数 σ 和 c 确定,即

$$f(x, \sigma, c) = e^{-\frac{(x-c)^2}{2\sigma^2}} \tag{3.20}$$

式中,参数 σ 通常为正,参数 c 用于确定曲线的中心。Matlab 表示为 gaussmf(x,[σ,c])。

(2) 广义钟形隶属函数

广义钟形隶属函数由 3 个参数 a,b,c 确定,即

$$f(x,a,b,c)=\frac{1}{1+\left|\frac{x-c}{a}\right|^{2b}} \tag{3.21}$$

式中,参数 a 和 b 通常为正,参数 c 用于确定曲线的中心。Matlab 表示为 gbellmf(x,[a,b,c])。

(3)S 形隶属函数

S 形隶属函数由参数 a 和 c 确定,即

$$f(x,a,c)=\frac{1}{1+\mathrm{e}^{-a(x-c)}} \tag{3.22}$$

式中,参数 a 的正、负决定了 S 形隶属函数的开口朝左或朝右,用来表示“正大”或“负大”的概念。Matlab 表示为 sigmf(x,[a,c])。

(4) 梯形隶属函数

梯形隶属函数由 4 个参数 a,b,c,d 确定,即

$$f(x,a,b,c,d)=\begin{cases}0 & x\leqslant a\\ \dfrac{x-a}{b-a} & a\leqslant x\leqslant b\\ 1 & b\leqslant x\leqslant c\\ \dfrac{d-x}{d-c} & c\leqslant x\leqslant d\\ 0 & x\geqslant d\end{cases} \tag{3.23}$$

式中,参数 a 和 d 确定梯形的“脚”,而参数 b 和 c 确定梯形的“肩膀”。Matlab 表示为 trapmf (x,[a,b,c,d])。

(5) 三角形隶属函数

三角形隶属函数由 3 个参数 a,b,c 确定,即

$$f(x,a,b,c)=\begin{cases}0 & x\leqslant a\\ \dfrac{x-a}{b-a} & a\leqslant x\leqslant b\\ \dfrac{c-x}{c-b} & b\leqslant x\leqslant c\\ 0 & x\geqslant c\end{cases} \tag{3.24}$$

式中,参数 a 和 c 确定三角形的“脚”,而参数 b 确定三角形的“峰”。Matlab 表示为 trimf(x,[a,b,c])。

(6)Z 形隶属函数

Z 形隶属函数是基于样条函数而设计的,因其曲线呈现 Z 形状而得名。Matlab 表示为 zmf(x,[a,b]),参数 a 和 b 确定了曲线的形状。

在上述隶属函数中,高斯型隶属函数、广义钟形隶属函数、梯形隶属函数和三角形隶属函数可用于描述具有中间模糊状态的模糊概念,如“中等个”“中年人”等。S 形隶属函数和 Z 形隶属函数可用于描述一个完整的模糊概念,如水箱液位的高低、人的胖瘦等。

【例 3.5】 隶属函数的仿真:针对上述描述的 6 种隶属函数进行仿真。$x\in[0,10]$,M 为隶属函数的类型,其中 $M=1$ 为高斯型隶属函数,$M=2$ 为广义钟形隶属函数,$M=3$ 为 S 形隶属函数,$M=4$ 为梯形隶属函数,$M=5$ 为三角形隶属函数,$M=6$ 为 Z 形隶属函数。

仿真程序见本章附录程序 chap3_2. m,仿真结果如图 3-2 至图 3-7 所示。

3. 模糊系统的设计

采用隶属函数可设计模糊系统。例如,采用三角形隶属函数,按[−3,3]范围分为 7 个模糊等级,即负大、负中、负小、零、正小、正中、正大,建立一个模糊系统。

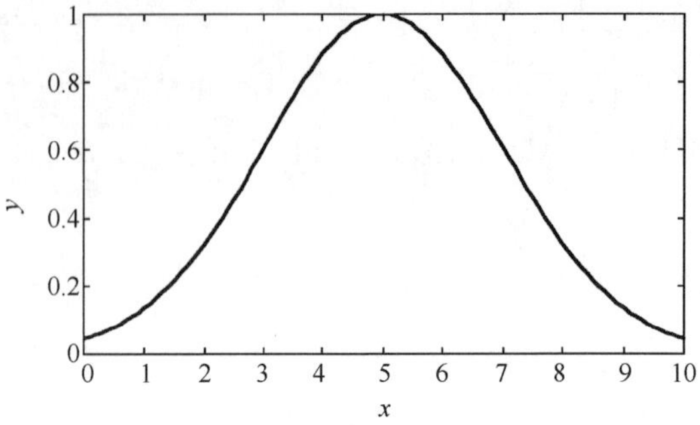

图 3-2　高斯型隶属函数($M=1$)

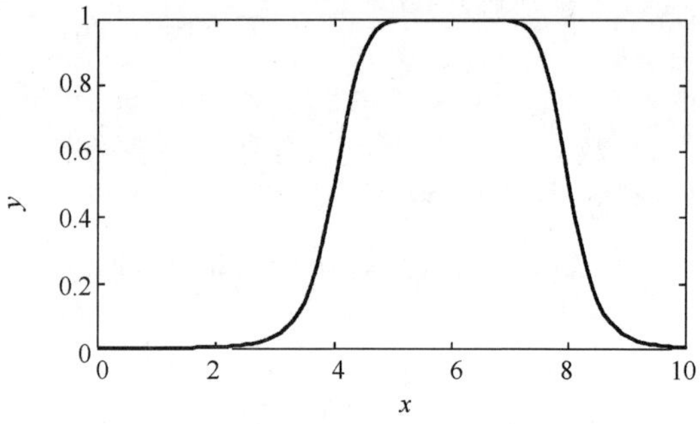

图 3-3　广义钟形隶属函数($M=2$)

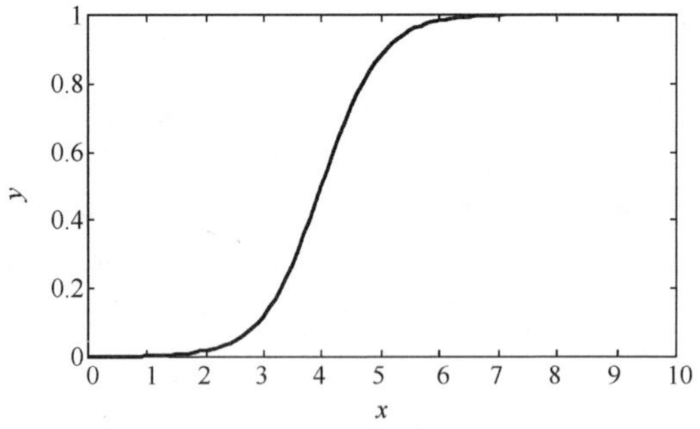

图 3-4　S形隶属函数($M=3$)

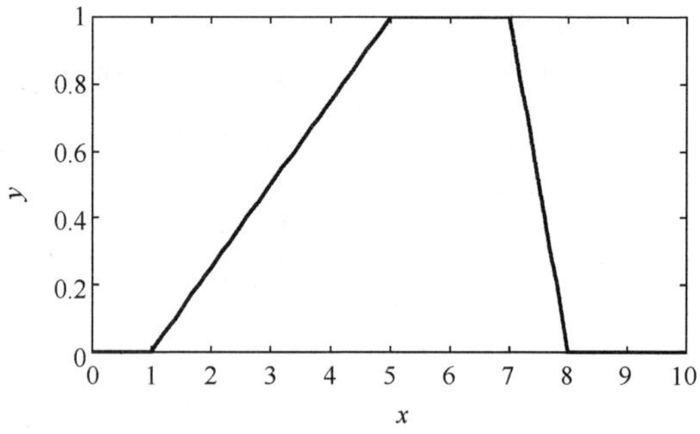

图 3-5　梯形隶属函数($M=4$)

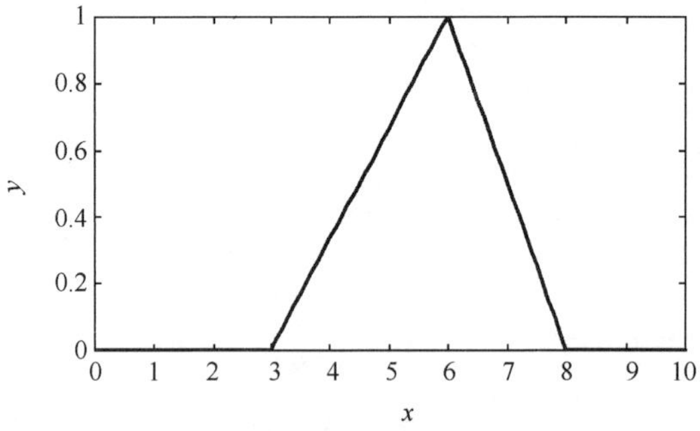

图 3-6　三角形隶属函数($M=5$)

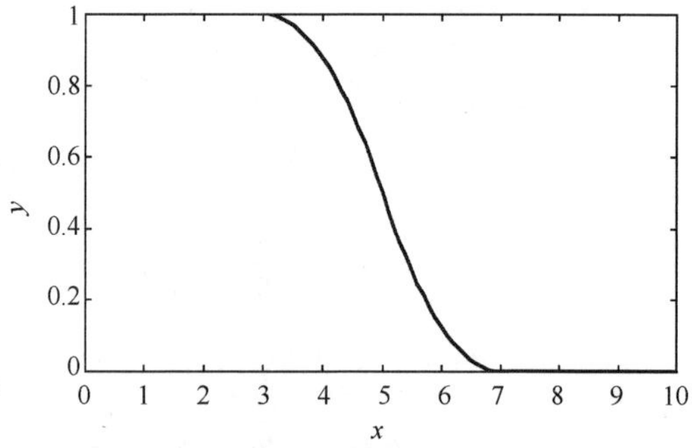

图 3-7　Z形隶属函数($M=6$)

模糊系统隶属函数设计程序见本章附录程序 chap3_3.m，仿真结果如图 3-8 所示。

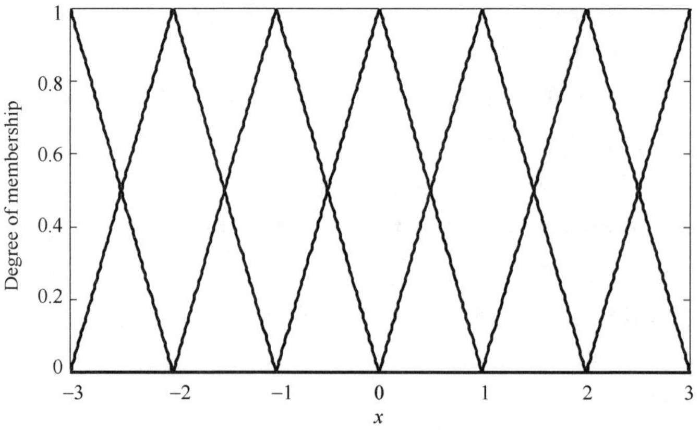

图 3-8　由三角形隶属函数构成的模糊系统

4. **隶属函数的确定方法**

隶属函数是模糊控制的应用基础。目前还没有成熟的方法来确定隶属函数，主要还停留在经验和实验的基础上。通常的方法是初步确定粗略的隶属函数，然后通过“学习”和实践来不断调整和完善。遵照这一原则的隶属函数选择方法有以下几种。

(1) 模糊统计法

根据所提出的模糊概念进行调查统计，提出与之对应的模糊集合 A，通过统计实验，确定不同元素隶属于 A 的程度，即

$$u_0 \text{ 对模糊集合 } A \text{ 的隶属度} = \frac{u_0 \in A \text{ 的次数}}{\text{试验总次数 } N} \tag{3.25}$$

(2) 主观经验法

当论域为离散论域时，可根据主观认识，结合个人经验，经过分析和推理，直接给出隶属度。这种确定隶属函数的方法已经被广泛应用。

(3) 神经网络法

利用神经网络的学习功能，由神经网络自动生成隶属函数，并通过网络的学习自动调整隶属函数的值。

3.4 模糊关系及其运算

描述客观事物间联系的数学模型称为关系。集合论中的关系精确地描述了元素之间是否相关，而模糊集合论中的模糊关系则描述了元素之间相关的程度。普通二元关系用简单的“有”或“无”来衡量事物之间的关系，因此无法用来衡量事物之间关系的程度。模糊关系是指多个模糊集合的元素间所具有关系的程度。模糊关系在概念上是普通关系的推广，普通关系则是模糊关系的特例。

3.4.1 模糊矩阵

【例 3.6】 设有一组同学 X，$X = \{$张三，李四，王五$\}$，他们的功课为 Y，$Y = \{$英语，数学，物理，化学$\}$。他们的考试成绩见表 3-2。

取隶属函数 $\mu(u) = \frac{u}{100}$，其中 u 为成绩。如果将他们的成绩转化为隶属度，则构成一个 $x \times y$ 上的模糊关系，见表 3-3。

表 3-2 考试成绩表

姓名 \ 功课	英语	数学	物理	化学
张三	70	90	80	65
李四	90	85	76	70
王五	50	95	85	80

表 3-3 考试成绩表的模糊化

姓名 \ 功课	英语	数学	物理	化学
张三	0.70	0.90	0.80	0.65
李四	0.90	0.85	0.76	0.70
王五	0.50	0.95	0.85	0.80

将表 3-3 写成矩阵形式，得

$$\boldsymbol{R} = \begin{bmatrix} 0.70 & 0.90 & 0.80 & 0.65 \\ 0.90 & 0.85 & 0.76 & 0.70 \\ 0.50 & 0.95 & 0.85 & 0.80 \end{bmatrix}$$

该矩阵称为模糊矩阵，其中各个元素必须在闭区间[0,1]内取值。模糊矩阵 $\boldsymbol{R}$ 也可以用关系

图来表示，如图 3-9 所示。

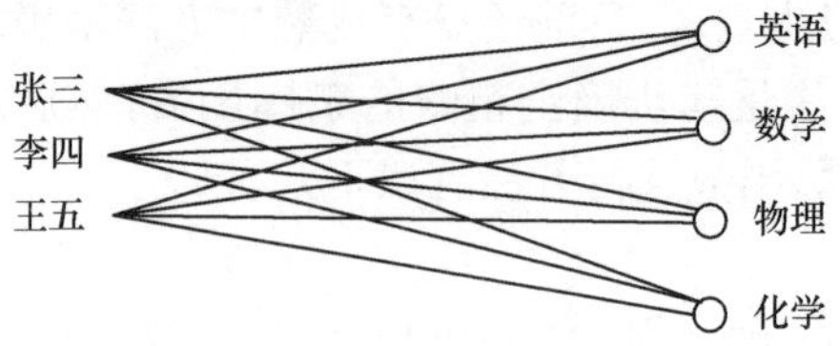

图 3-9　模糊矩阵 **R** 的关系图

3.4.2　模糊矩阵的运算与模糊关系

设有 n 阶模糊矩阵 $\boldsymbol{A}$ 和 $\boldsymbol{B}$，$\boldsymbol{A}=(a_{ij})$，$\boldsymbol{B}=(b_{ij})$，且 $i,j=1,2,\cdots,n$，则定义如下几种模糊矩阵的运算方式。

(1) 相等

若 $a_{ij}=b_{ij}$，则 $\boldsymbol{A}=\boldsymbol{B}$。

(2) 包含

若 $a_{ij}\leqslant b_{ij}$，则 $\boldsymbol{A}\subseteq\boldsymbol{B}$。

(3) 并运算

若 $c_{ij}=a_{ij}\vee b_{ij}$，则 $\boldsymbol{C}=(c_{ij})$ 为 $\boldsymbol{A}$ 和 $\boldsymbol{B}$ 的并，记为 $\boldsymbol{C}=\boldsymbol{A}\cup\boldsymbol{B}$。

(4) 交运算

若 $c_{ij}=a_{ij}\wedge b_{ij}$，则 $\boldsymbol{C}=(c_{ij})$ 为 $\boldsymbol{A}$ 和 $\boldsymbol{B}$ 的交，记为 $\boldsymbol{C}=\boldsymbol{A}\cap\boldsymbol{B}$。

(5) 补运算

若 $c_{ij}=1-a_{ij}$，则 $\boldsymbol{C}=(c_{ij})$ 为 $\boldsymbol{A}$ 的补，记为 $\boldsymbol{C}=\overline{\boldsymbol{A}}$。

【例 3.7】　设 $\boldsymbol{A}=\begin{bmatrix}0.7 & 0.1\\0.3 & 0.9\end{bmatrix}$，$\boldsymbol{B}=\begin{bmatrix}0.4 & 0.9\\0.2 & 0.1\end{bmatrix}$，则

$$\boldsymbol{A}\cup\boldsymbol{B}=\begin{bmatrix}0.7\vee 0.4 & 0.1\vee 0.9\\0.3\vee 0.2 & 0.9\vee 0.1\end{bmatrix}=\begin{bmatrix}0.7 & 0.9\\0.3 & 0.9\end{bmatrix}$$

$$\boldsymbol{A}\cap\boldsymbol{B}=\begin{bmatrix}0.7\wedge 0.4 & 0.1\wedge 0.9\\0.3\wedge 0.2 & 0.9\wedge 0.1\end{bmatrix}=\begin{bmatrix}0.4 & 0.1\\0.2 & 0.1\end{bmatrix}$$

$$\overline{\boldsymbol{A}}=\begin{bmatrix}1-0.7 & 1-0.1\\1-0.3 & 1-0.9\end{bmatrix}=\begin{bmatrix}0.3 & 0.9\\0.7 & 0.1\end{bmatrix}$$

模糊关系的定义为：设 X,Y 是两个非空集合，则 $X\times Y$ 的一个模糊子集称为 X 到 Y 的一个模糊关系。

3.4.3　模糊关系的合成

所谓合成，即由两个或两个以上的关系构成一个新的关系。模糊关系也存在合成运算，是通过模糊矩阵的合成进行的。

$\boldsymbol{R}$ 和 $\boldsymbol{S}$ 分别为 $U\times V$ 和 $V\times W$ 上的模糊关系，而 $\boldsymbol{R}$ 和 $\boldsymbol{S}$ 的合成是 $U\times W$ 上的模糊关系，记为 $\boldsymbol{R}\circ\boldsymbol{S}$，其隶属函数为

$$\mu_{R\circ S}(u,w)=\bigvee_{v\in V}\{\mu_R(u,v)\wedge\mu_S(v,w)\},u\in U,w\in W \tag{3.26}$$

【例 3.8】 设 $\boldsymbol{A}=\begin{bmatrix}a_{11} & a_{12}\\a_{21} & a_{22}\end{bmatrix}$，$\boldsymbol{B}=\begin{bmatrix}b_{11} & b_{12}\\b_{21} & b_{22}\end{bmatrix}$，则 $\boldsymbol{C}=\boldsymbol{A}\circ\boldsymbol{B}=\begin{bmatrix}c_{11} & c_{12}\\c_{21} & c_{22}\end{bmatrix}$，其中

$$c_{11}=(a_{11}\wedge b_{11})\vee(a_{12}\wedge b_{21})$$
$$c_{12}=(a_{11}\wedge b_{12})\vee(a_{12}\wedge b_{22})$$
$$c_{21}=(a_{21}\wedge b_{11})\vee(a_{22}\wedge b_{21})$$
$$c_{22}=(a_{21}\wedge b_{12})\vee(a_{22}\wedge b_{22})$$

当 $\boldsymbol{A}=\begin{bmatrix}0.8 & 0.7\\0.5 & 0.3\end{bmatrix}$，$\boldsymbol{B}=\begin{bmatrix}0.2 & 0.4\\0.6 & 0.9\end{bmatrix}$时，有

$$\boldsymbol{A}\circ\boldsymbol{B}=\begin{bmatrix}0.6 & 0.7\\0.3 & 0.4\end{bmatrix}$$

$$\boldsymbol{B}\circ\boldsymbol{A}=\begin{bmatrix}0.4 & 0.3\\0.6 & 0.6\end{bmatrix}$$

可见，$\boldsymbol{A}\circ\boldsymbol{B}\neq\boldsymbol{B}\circ\boldsymbol{A}$。

采用 Matlab 可实现模糊矩阵的合成，仿真程序见本章附录程序 chap3_4.m。

【例 3.9】 某家中子女与父母的长相“相似关系”$\boldsymbol{R}$ 为模糊关系，可表示为

	父	母
子	0.2	0.8
女	0.6	0.1

用模糊矩阵 $\boldsymbol{R}$ 表示为

$$\boldsymbol{R}=\begin{bmatrix}0.2 & 0.8\\0.6 & 0.1\end{bmatrix}$$

父母与祖父的长相“相似关系”$\boldsymbol{S}$ 也是模糊关系，可表示为

	祖父	祖母
父	0.5	0.7
母	0.1	0

用模糊矩阵 $\boldsymbol{S}$ 表示为

$$\boldsymbol{S}=\begin{bmatrix}0.5 & 0.7\\0.1 & 0\end{bmatrix}$$

那么在该家中，孙子、孙女与祖父、祖母的相似程度可采用模糊关系的合成来描述。

模糊关系的合成运算为

$$\begin{aligned}\boldsymbol{R}\circ\boldsymbol{S}&=\begin{bmatrix}0.2 & 0.8\\0.6 & 0.1\end{bmatrix}\circ\begin{bmatrix}0.5 & 0.7\\0.1 & 0\end{bmatrix}\\&=\begin{bmatrix}(0.2\wedge 0.5)\vee(0.8\wedge 0.1) & (0.2\wedge 0.7)\vee(0.8\wedge 0)\\(0.6\wedge 0.5)\vee(0.1\wedge 0.1) & (0.6\wedge 0.7)\vee(0.1\wedge 0)\end{bmatrix}\\&=\begin{bmatrix}0.2 & 0.2\\0.5 & 0.6\end{bmatrix}\end{aligned}$$

该结果表明，孙子与祖父、祖母的相似程度分别为 0.2 和 0.2，而孙女与祖父、祖母的相似程度分别为 0.5 和 0.6。

3.5 模糊推理

3.5.1 模糊语句

将含有模糊概念的语法规则所构成的语句称为模糊语句。根据其语义和构成语法规则的不同,可分为以下几种类型。

① 模糊陈述语句:语句本身具有模糊性,又称为模糊命题,如“今天天气很热”。

② 模糊判断语句:是模糊逻辑中最基本的语句。语句形式:“x 是 a”,记为(a),且 a 所表示的概念是模糊的,如“张三是好学生”。

③ 模糊推理语句。语句形式:若 x 是 a,则 x 是 b,则 $(a) \to (b)$ 为模糊推理语句,如“今天是晴天,则今天暖和”。

3.5.2 模糊推理方法

常用的有两种模糊推理语句,即

$$\text{if}\quad \boldsymbol{A}\quad \text{then}\quad \boldsymbol{B}\quad \text{else}\quad \boldsymbol{C}$$

$$\text{if}\quad \boldsymbol{A}\quad \text{and}\quad \boldsymbol{B}\quad \text{then}\quad \boldsymbol{C}$$

下面以第二种推理语句为例进行探讨,该语句可构成一个简单的模糊控制器,如图 3-10 所示。

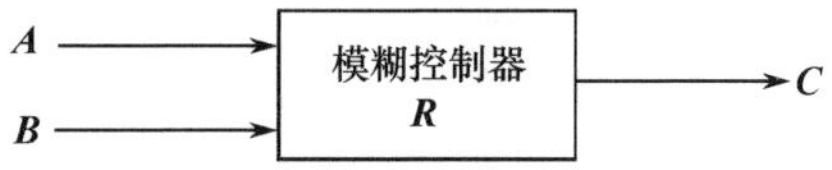

图 3-10　两输入单输出模糊控制器

其中,$\boldsymbol{A}$, $\boldsymbol{B}$, $\boldsymbol{C}$ 分别为论域 U 的模糊集合,$\boldsymbol{A}$ 为误差信号的模糊子集,$\boldsymbol{B}$ 为误差变化率的模糊子集,$\boldsymbol{C}$ 为控制器输出的模糊子集。

常用的模糊推理有两种方法:Zadeh 法和 Mamdani 法。Mamdani 法是一种在模糊控制中普遍使用的方法,其本质是一种合成推理方法。

模糊推理语句“if　$\boldsymbol{A}$　and　$\boldsymbol{B}$　then　$\boldsymbol{C}$”蕴涵的关系为($\boldsymbol{A} \wedge \boldsymbol{B} \to \boldsymbol{C}$),根据 Mamdani 法,$\boldsymbol{A} \in U$, $\boldsymbol{B} \in U$, $\boldsymbol{C} \in U$ 是三元模糊关系,采用模糊与运算和模糊合成运算,其关系矩阵 $\boldsymbol{R}$ 为

$$\boldsymbol{R} = (\boldsymbol{A} \times \boldsymbol{B})^{\mathrm{T1}} \circ \boldsymbol{C} \tag{3.27}$$

式中,$(\boldsymbol{A} \times \boldsymbol{B})^{\mathrm{T1}}$ 为模糊关系矩阵 $(\boldsymbol{A} \times \boldsymbol{B})_{m \times n}$ 构成的 $m \times n$ 列向量,T1 为列向量转换,n 和 m 分别为 $\boldsymbol{A}$ 和 $\boldsymbol{B}$ 论域元素的个数。

基于 Mamdani 法,根据模糊矩阵 $\boldsymbol{R}$,可求得给定输入 $\boldsymbol{A}_1$ 和 $\boldsymbol{B}_1$ 对应的输出 $\boldsymbol{C}_1$,即

$$\boldsymbol{C}_1 = (\boldsymbol{A}_1 \times \boldsymbol{B}_1)^{\mathrm{T2}} \circ \boldsymbol{R} \tag{3.28}$$

式中,$(\boldsymbol{A}_1, \boldsymbol{B}_1)^{\mathrm{T2}}$ 为模糊关系矩阵 $(\boldsymbol{A}_1 \times \boldsymbol{B}_1)_{m \times n}$ 构成的 $m \times n$ 行向量,T2 为行向量转换。

【例 3.10】 设论域 $X = \{a_1, a_2, a_3\}$, $Y = \{b_1, b_2, b_3\}$, $Z = \{c_1, c_2, c_3\}$,已知 $\boldsymbol{A} = \frac{0.5}{a_1} + \frac{1}{a_2} + \frac{0.1}{a_3}$, $\boldsymbol{B} = \frac{0.1}{b_1} + \frac{1}{b_2} + \frac{0.6}{a_3}$, $\boldsymbol{C} = \frac{0.4}{c_1} + \frac{1}{c_2}$。试确定“if $\boldsymbol{A}$ and $\boldsymbol{B}$ then $\boldsymbol{C}$”所决定的模糊矩阵 $\boldsymbol{R}$,以及输入为 $\boldsymbol{A}_1 = \frac{1.0}{a_1} + \frac{0.5}{a_2} + \frac{0.1}{a_3}$, $\boldsymbol{B}_1 = \frac{0.1}{b_1} + \frac{0.5}{b_2} + \frac{1}{b_3}$ 时的输出 $\boldsymbol{C}_1$。

解　采用模糊交算子式(3.13)来实现 $\boldsymbol{A}$ 与 $\boldsymbol{B}$ 的“与”关系,则

$$\boldsymbol{A}\times\boldsymbol{B}=\boldsymbol{A}^{\mathrm{T}}\wedge\boldsymbol{B}=\begin{bmatrix}0.5\\1\\0.1\end{bmatrix}\wedge[0.1\quad 1\quad 0.6]=\begin{bmatrix}0.1&0.5&0.5\\0.1&1.0&0.6\\0.1&0.1&0.1\end{bmatrix}$$

将 $\boldsymbol{A}\times\boldsymbol{B}$ 矩阵扩展成如下列向量

$(\boldsymbol{A}\times\boldsymbol{B})^{\mathrm{T1}}=[0.1\quad 0.5\quad 0.5\quad 0.1\quad 1.0\quad 0.6\quad 0.1\quad 0.1\quad 0.1]^{\mathrm{T}}$

$$\begin{aligned}\boldsymbol{R}=(\boldsymbol{A}\times\boldsymbol{B})^{\mathrm{T1}}\circ\boldsymbol{C}&=[0.1\quad 0.5\quad 0.5\quad 0.1\quad 1.0\quad 0.6\quad 0.1\quad 0.1\quad 0.1]^{\mathrm{T}}\circ[0.4\quad 1]\\&=\begin{bmatrix}0.1&0.4&0.4&0.1&0.4&0.4&0.1&0.1&0.1\\0.1&0.5&0.5&0.1&1&0.6&0.1&0.1&0.1\end{bmatrix}^{\mathrm{T}}\end{aligned}$$

当输入为 $\boldsymbol{A}_1$ 和 $\boldsymbol{B}_1$时，有

$$\boldsymbol{A}_1\times\boldsymbol{B}_1=\boldsymbol{A}_1^{\mathrm{T}}\wedge\boldsymbol{B}_1=\begin{bmatrix}1\\0.5\\0.1\end{bmatrix}\wedge[0.1\quad 0.5\quad 1]=\begin{bmatrix}0.1&0.5&1\\0.1&0.5&0.5\\0.1&0.1&0.1\end{bmatrix}$$

将 $\boldsymbol{A}_1\times\boldsymbol{B}_1$矩阵扩展成如下行向量

$$(\boldsymbol{A}_1\times\boldsymbol{B}_1)^{\mathrm{T2}}=[0.1\quad 0.5\quad 1\quad 0.1\quad 0.5\quad 0.5\quad 0.1\quad 0.1\quad 0.1]$$

采用模糊关系的合成算法，最后得 $\boldsymbol{C}_1$ 为

$$\boldsymbol{C}_1=(\boldsymbol{A}_1\times\boldsymbol{B}_1)^{\mathrm{T2}}\circ\boldsymbol{R}=[0.1\quad 0.5\quad 1\quad 0.1\quad 0.5\quad 0.5\quad 0.1\quad 0.1\quad 0.1]\circ$$

$$\begin{bmatrix}0.1&0.4&0.4&0.1&0.4&0.4&0.1&0.1&0.1\\0.1&0.5&0.5&0.1&1&0.6&0.1&0.1&0.1\end{bmatrix}^{\mathrm{T}}=[0.4\quad 0.5]$$

即 $\boldsymbol{C}_1=\dfrac{0.4}{c_1}+\dfrac{0.5}{c_2}$。

采用 Matlab 实现上述过程的仿真，模糊推理仿真程序见本章附录程序 chap3_5.m。

3.5.3 模糊关系方程

1. 模糊关系方程概念

将模糊关系 $\boldsymbol{R}$ 看成一个模糊变换器。当 $\boldsymbol{A}$ 为输入时，$\boldsymbol{B}$ 为输出，如图 3-11 所示。

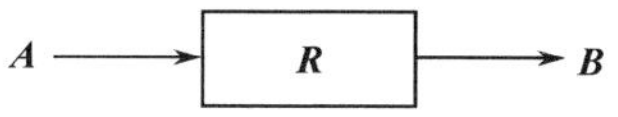

图 3-11 模糊变换器

可分为以下两种情况进行讨论：

① 已知输入 $\boldsymbol{A}$ 和模糊关系 $\boldsymbol{R}$，求输出 $\boldsymbol{B}$，这是综合评判，即模糊变换问题；

② 已知输入 $\boldsymbol{A}$ 和输出 $\boldsymbol{B}$，求模糊关系 $\boldsymbol{R}$，或已知模糊关系 $\boldsymbol{R}$ 和输出 $\boldsymbol{B}$，求输入 $\boldsymbol{A}$，这是模糊综合评判的逆问题，需要求解模糊关系方程。

2. 模糊关系方程的解

近似试探法是目前实际应用中较为常用的方法之一。

【例 3.11】 解方程$(0.6\quad 0.2\quad 0.4)\circ\begin{bmatrix}x_1\\x_2\\x_3\end{bmatrix}=0.4$。

解 由方程得

$$(0.6\wedge x_1)\vee(0.2\wedge x_2)\vee(0.4\wedge x_3)=0.4$$

显然，3 个括号内的值都不可能超过 0.4。由于$(0.2\wedge x_2)<0.4$ 是显然的，因此 x_2 可以取$[0,1]$的任意值，即$(x_2)=[0,1]$。

现在只考虑

$$(0.6 \wedge x_1) \vee (0.4 \wedge x_3) = 0.4$$

这两个括号内的值可以是：其中一个等于 0.4，另一个不超过 0.4。这可以分以下两种情况讨论。

(1) 设 $0.6 \wedge x_1 = 0.4, 0.4 \wedge x_3 \leqslant 0.4$，则

$$(x_1) = 0.4, (x_3) = [0,1]$$

即方程的解为 $(x_1) = 0.4, (x_2) = [0,1], (x_3) = [0,1]$。

(2) 设 $0.6 \wedge x_1 \leqslant 0.4, 0.4 \wedge x_3 = 0.4$，则

$$(x_1) = [0, 0.4], (x_3) = [0.4, 1]$$

即方程的解为 $(x_1) = [0, 0.4], (x_2) = [0,1], (x_3) = [0.4, 1]$。

思考题与习题 3

3-1　已知年龄的论域为[0,200]，且设“年老 O”和“年轻 Y”两个模糊集合的隶属函数分别为

$$\mu_O(a) = \begin{cases} 0 & 0 \leqslant a \leqslant 50 \\ \dfrac{a-50}{20} & 50 \leqslant a \leqslant 70 \\ 1.0 & a \geqslant 70 \end{cases}$$

$$\mu_Y(a) = \begin{cases} 1.0 & 0 \leqslant a \leqslant 25 \\ \dfrac{70-a}{45} & 25 \leqslant a \leqslant 70 \\ 0 & a \geqslant 70 \end{cases}$$

试设计“很年轻 W”“不老也不年轻 V”两个模糊集合的隶属函数，并采用 Matlab 实现针对上述 4 个隶属函数的仿真。

3-2　已知模糊矩阵 $\boldsymbol{P}, \boldsymbol{Q}, \boldsymbol{R}, \boldsymbol{S}$，$\boldsymbol{P} = \begin{bmatrix} 0.6 & 0.9 \\ 0.2 & 0.7 \end{bmatrix}$，$\boldsymbol{Q} = \begin{bmatrix} 0.5 & 0.7 \\ 0.1 & 0.4 \end{bmatrix}$，$\boldsymbol{R} = \begin{bmatrix} 0.2 & 0.3 \\ 0.7 & 0.7 \end{bmatrix}$，$\boldsymbol{S} = \begin{bmatrix} 0.1 & 0.2 \\ 0.6 & 0.5 \end{bmatrix}$。求：

(1) $(\boldsymbol{P} \circ \boldsymbol{Q}) \circ \boldsymbol{R}$　　(2) $(\boldsymbol{P} \cup \boldsymbol{Q}) \circ \boldsymbol{S}$　　(3) $(\boldsymbol{P} \circ \boldsymbol{S}) \cup (\boldsymbol{Q} \circ \boldsymbol{S})$

3-3　求解模糊关系方程

$$\begin{bmatrix} 0.8 & 0.5 & 0.6 \\ 0.4 & 0.8 & 0.5 \end{bmatrix} \circ \begin{bmatrix} x_1 \\ x_2 \\ x_3 \end{bmatrix} = \begin{bmatrix} 0.5 \\ 0.6 \end{bmatrix}$$

3-4　如果 $\boldsymbol{A} = \dfrac{1}{x_1} + \dfrac{0.5}{x_2}$ 且 $\boldsymbol{B} = \dfrac{0.1}{y_1} + \dfrac{0.5}{y_2} + \dfrac{1}{y_3}$，则 $\boldsymbol{C} = \dfrac{0.2}{z_1} + \dfrac{1}{z_2}$。现已知 $\boldsymbol{A}_1 = \dfrac{0.8}{x_1} + \dfrac{0.1}{x_2}$ 且 $\boldsymbol{B}_1 = \dfrac{0.5}{y_1} + \dfrac{0.2}{y_2} + \dfrac{0}{y_3}$，利用模糊推理式(3.27)和式(3.28)求 $\boldsymbol{C}_1$，并采用 Matlab 进行仿真。

本章附录（程序代码）

“年轻”的隶属函数仿真程序：chap3_1.m

```
% Membership function for Young People
clear all;
close all;

for k=1:1:1001
    x(k)=(k-1)* 0.10;
if x(k)>=0&x(k)<=25
   y(k)=1.0;
else
   y(k)=1/(1+((x(k)-25)/5)^2);
end
end
plot(x,y,'k');
xlabel('x Years');ylabel('Degree of membership');
```

典型隶属函数仿真程序：chap3_2.m

```
% Membership function
clear all;
close all;

M=6;
if M==1            % Guassian membership function
    x=0:0.1:10;
    y=gaussmf(x,[2 5]);
    plot(x,y,'k');
    xlabel('x');ylabel('y');
elseif M==2        % General Bell membership function
    x=0:0.1:10;
    y=gbellmf(x,[2 4 6]);
    plot(x,y,'k');
    xlabel('x');ylabel('y');
elseif M==3        % S membership function
    x=0:0.1:10;
    y=sigmf(x,[2 4]);
    plot(x,y,'k');
    xlabel('x');ylabel('y');
elseif M==4        % Trapezoid membership function
    x=0:0.1:10;
    y=trapmf(x,[1 5 7 8]);
    plot(x,y,'k');
    xlabel('x');ylabel('y');
elseif M==5        % Triangle membership function
    x=0:0.1:10;
    y=trimf(x,[3 6 8]);
    plot(x,y,'k');
    xlabel('x');ylabel('y');
elseif M==6        % Z membership function
    x=0:0.1:10;
```

```
    y=zmf(x,[3 7]);
    plot(x,y,'k');
    xlabel('x');ylabel('y');
end
```

模糊系统隶属函数设计程序:chap3_3.m

```
% Define N+1 triangle membership function
clear all;
close all;
N=6;

x=-3:0.01:3;
for i=1:N+1
    f(i)=-3+6/N*(i-1);
end
u=trimf(x,[f(1),f(1),f(2)]);

figure(1);
plot(x,u);
for j=2:N
    u=trimf(x,[f(j-1),f(j),f(j+1)]);
    hold on;
    plot(x,u);
end
u=trimf(x,[f(N),f(N+1),f(N+1)]);
hold on;
plot(x,u);
xlabel('x');
ylabel('Degree of membership');
```

模糊矩阵合成仿真程序:chap3_4.m

```
clear all;
close all;
A=[0.8,0.7;
   0.5,0.3];
B=[0.2,0.4;
   0.6,0.9];
% Compound of A and B
for i=1:2
   for j=1:2
      AB(i,j)=max(min(A(i,:),B(:,j)'))
    end
end

% Compound of B and A
for i=1:2
   for j=1:2
      BA(i,j)=max(min(B(i,:),A(:,j)'))
    end
end
```

模糊推理仿真程序：chap3_5.m

```
clear all;
close all;

A=[0.5;1;0.1];
B=[0.1,1,0.6];
C=[0.4,1];

% Compound of A and B
for i=1:3
   for j=1:3
      AB(i,j)=min(A(i),B(j));
   end
end
% Transfer to Column
T1=[];
for i=1:3
   T1=[T1;AB(i,:)'];
end
% Get fuzzy R
for i=1:9
   for j=1:2
      R(i,j)=min(T1(i),C(j));
   end
end
%%%%%%%%%%%%%%%%%%%%%%%%%%%%%%%%%%%%%%%%
A1=[1,0.5,0.1];
B1=[0.1,0.5,1];

for i=1:3
   for j=1:3
      AB1(i,j)=min(A1(i),B1(j));
   end
end
% Transfer to Row
T2=[];
for i=1:3
   T2=[T2,AB1(i,:)];
end
% Get output C1
for i=1:9
   for j=1:2
      D(i,j)=min(T2(i),R(i,j));
      C1(j)=max(D(:,j));
   end
end
```

第4章 模糊控制

4.1 模糊控制的基本原理

4.1.1 模糊控制原理

模糊控制(Fuzzy Control)是以模糊集合理论、模糊语言变量和模糊逻辑推理为基础的一种智能控制方法,它从行为上模仿人的模糊推理和决策过程。该方法首先将操作人员或专家经验编成模糊规则,然后将来自传感器的实时信号模糊化,并将模糊化后的信号作为模糊规则的输入,完成模糊推理,将推理后得到的输出量加到执行机构上。

模糊控制系统的基本原理框图如图 4-1 所示。它的核心部分为模糊控制器,如图中点画线框中部分所示,模糊控制器的控制律由计算机的程序实现。实现一步模糊控制算法的过程描述如下:微机经采样获取被控制量的精确值,然后将此量与给定值比较得到误差信号 E,一般选误差信号 E 作为模糊控制器的一个输入量。把误差信号 E 的精确量进行模糊化变成模糊量。误差信号 E 的模糊量可用相应的模糊语言表示,得到误差信号 E 的模糊语言集合的一个子集 $\boldsymbol{e}$($\boldsymbol{e}$ 是一个模糊向量),再由 $\boldsymbol{e}$ 和模糊关系 $\boldsymbol{R}$ 根据推理的合成规则进行模糊决策,得到模糊控制量 $\boldsymbol{u}$,即

$$\boldsymbol{u} = \boldsymbol{e} \circ \boldsymbol{R} \tag{4.1}$$

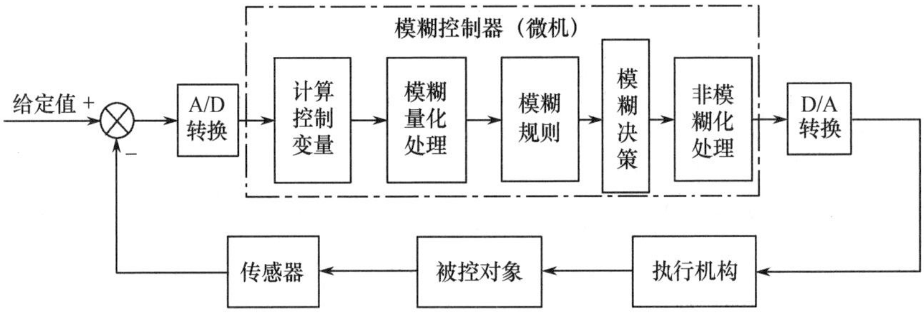

图 4-1 模糊控制系统的基本原理框图

由图 4-1 可知,模糊控制系统与通常的计算机数字控制系统的主要差别是采用了模糊控制器。模糊控制器是模糊控制系统的核心,一个模糊控制系统的性能优劣,主要取决于模糊控制器的结构、所采用的模糊规则、合成推理算法及模糊决策的方法等因素。

模糊控制器(Fuzzy Controller,FC) 也称为模糊逻辑控制器(Fuzzy Logic Controller,FLC),由于所采用的模糊规则是由模糊集合理论中模糊条件语句来描述的,因此,模糊控制器是一种语言型控制器,故也称为模糊语言控制器(Fuzzy Language Controller,FLC)。

4.1.2 模糊控制器的组成

模糊控制器的组成框图如图 4-2 所示。

1. 模糊化接口(Fuzzy Interface)

模糊控制器的输入必须通过模糊化才能用于控制输出,因此,它实际上是模糊控制器的输入

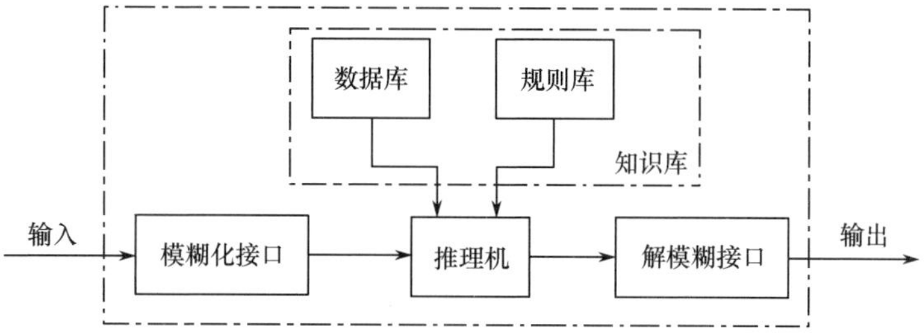

图 4-2　模糊控制器的组成框图

接口，其主要作用是将真实的确定量输入转换为一个模糊向量。对于一个模糊输入变量 e，其模糊子集通常可以按如下方式划分：

① e = {负大，负小，零，正小，正大} = {NB, NS, ZO, PS, PB}

② e = {负大，负中，负小，零，正小，正中，正大} = {NB, NM, NS, ZO, PS, PM, PB}

③ e = {负大，负中，负小，零负，零正，正小，正中，正大} = {NB, NM, NS, NZ, PZ, PS, PM, PB}

将方式 ③ 用三角形隶属函数表示，如图 4-3 所示。

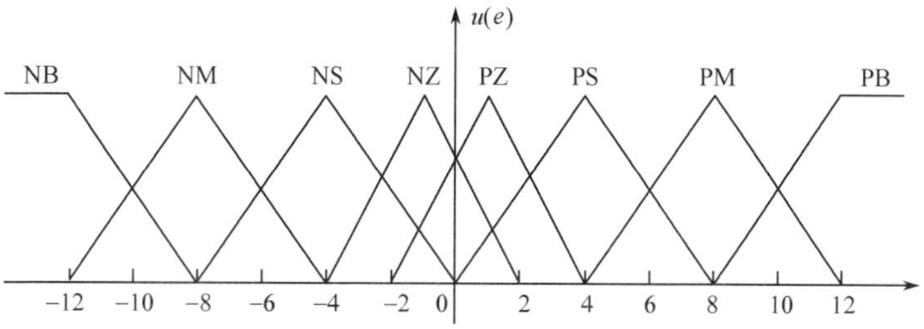

图 4-3　模糊子集的三角形隶属函数表示

2. 知识库（Knowledge Base，KB）

知识库由数据库和规则库两部分构成。

（1）数据库（Data Base，DB）

数据库所存放的是所有输入、输出变量的全部模糊子集的隶属度向量值（经过论域等级离散化以后对应值的集合）。若论域为连续域，则为隶属函数。在规则推理的模糊关系方程求解过程中，数据库向推理机提供数据。

（2）规则库（Rule Base，RB）

模糊控制器的规则库基于专家知识或手动操作人员长期积累的经验，它是按人的直觉推理的一种语言表示形式。模糊规则通常由一系列的关系词连接而成，如 if-then，else，also，end，or 等，关系词必须经过"翻译"才能将模糊规则数值化。最常用的关系词为 if-then，also，对于多变量模糊控制系统，还有 and 等。例如，某模糊控制系统输入变量为 e（误差）和 ec（误差变化），它们对应的语言变量为 E 和 EC，可给出一组模糊规则为

R_1：if　E　is　NB　and　EC　is　NB　then　U　is　PB

R_2：if　E　is　NB　and　EC　is　NS　then　U　is　PM

通常把 if… 部分称为"前提部"，而 then… 部分称为"结论部"，则基本结构可归纳为 if $\boldsymbol{A}$ and $\boldsymbol{B}$ then $\boldsymbol{C}$。其中，$\boldsymbol{A}$ 为论域 U 上的一个模糊子集，$\boldsymbol{B}$ 是论域 V 上的一个模糊子集。根据人工控制经

验，可离线组织其控制决策表$\boldsymbol{R}$。$\boldsymbol{R}$是笛卡儿乘积集$U\times V$上的一个模糊子集，则某一时刻其控制量由下式给出

$$\boldsymbol{C}=(\boldsymbol{A}\times\boldsymbol{B})\circ\boldsymbol{R} \tag{4.2}$$

式中，$\times$为模糊直积运算，$\circ$为模糊合成运算。

规则库是用来存放全部模糊规则的，在推理时为推理机提供控制规则。由上述可知，规则的条数与模糊变量的模糊子集划分有关，划分越细，规则条数越多，但并不代表规则库的准确度越高。规则库的准确性还与专家知识的准确度有关。

3. 推理机与解模糊接口(Defuzzy Interface)

推理机是模糊控制器中，根据输入模糊量，由模糊规则完成模糊推理来求解模糊关系方程，并获得模糊控制量的部分。在模糊控制中，考虑到推理时间，通常采用运算较简单的推理方法。最基本的如 Zadeh 近似推理，它包含正向推理和逆向推理两类。正向推理常被用于模糊控制中，而逆向推理一般用于知识工程学领域的专家系统中。

推理结果的获得，表示模糊控制的规则推理功能已经完成。但是，至此所获得的结果仍是一个模糊向量，不能直接用来作为控制量，还必须进行一次转换，求得清晰的控制量输出，即为解模糊。通常把输出端具有转换作用的部分称为解模糊接口。

综上所述，模糊控制器实际上就是依靠微机（或单片机）来构成的。它的绝大部分功能都是由计算机程序来完成的。随着专用模糊芯片的研究和开发，也可以由硬件逐步取代各组成单元的软件功能。

4.1.3 模糊控制系统的工作原理

下面以水箱液位的模糊控制为例进行介绍。如图 4-4 所示，设有一个水箱，通过调节阀可向内注水和向外抽水。设计一个模糊控制器，通过调节阀门将水位稳定在固定点附近。按照日常的操作经验，可以得到基本的控制规则为：

“若水位高于O点，则向外排水，差值越大，排水越快”；

“若水位低于O点，则向内注水，差值越大，注水越快”。

根据上述经验，可按下列步骤设计一个模糊控制器。

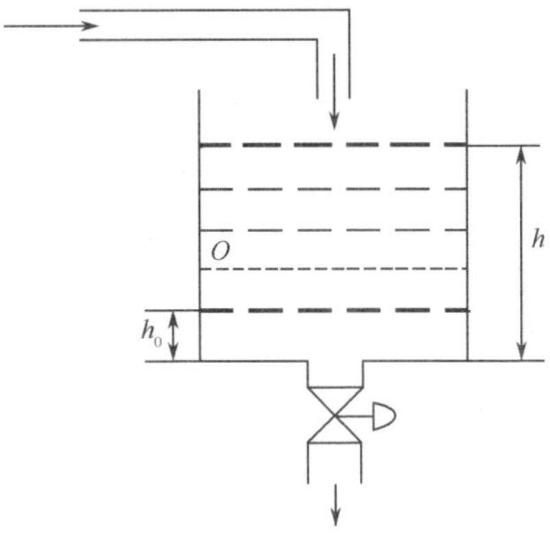

图 4-4　水箱液位控制

1. 确定观测量

定义理想液位O点的水位为h_0，实际测得的水位高度为h，选择液位差为

$$e=\Delta h=h_0-h$$

将当前水位对于O点的误差e作为观测量。

2. 输入量和输出量的模糊化

将误差e分为 5 个模糊集：负大(NB)，负小(NS)，零(ZO)，正小(PS)，正大(PB)。将误差e的变化分为 7 个等级：-3，-2，-1，0，$+1$，$+2$，$+3$，从而得到水位变化e模糊表，见表 4-1。

控制量u为调节阀门开度的变化。将其分为 5 个模糊集：负大(NB)，负小(NS)，零(ZO)，正小(PS)，正大(PB)。将u的变化分为 9 个等级：-4，-3，-2，-1，0，$+1$，$+2$，$+3$，$+4$，得到控制量u模糊表，见表 4-2。

表 4-1　水位变化 *e* 模糊表

		隶属度变化等级						
		−3	−2	−1	0	1	2	3
模糊集	PB	0	0	0	0	0	0.5	1
	PS	0	0	0	0	1	0.5	0
	ZO	0	0	0.5	1	0.5	0	0
	NS	0	0.5	1	0	0	0	0
	NB	1	0.5	0	0	0	0	0

表 4-2　控制量 *u* 模糊表

		隶属度变化等级								
		−4	−3	−2	−1	0	1	2	3	4
模糊集	PB	0	0	0	0	0	0	0	0.5	1
	PS	0	0	0	0	0	0.5	1	0.5	0
	ZO	0	0	0	0.5	1	0.5	0	0	0
	NS	0	0.5	1	0.5	0	0	0	0	0
	NB	1	0.5	0	0	0	0	0	0	0

3. 模糊规则的描述

根据日常的经验，设计以下模糊规则：

(1)"若 e 负大，则 u 负大"；

(2)"若 e 负小，则 u 负小"；

(3)"若 e 为零，则 u 为零"；

(4)"若 e 正小，则 u 正小"；

(5)"若 e 正大，则 u 正大"。

其中，排水时 u 为负，注水时 u 为正。

将上述规则采用"if　A　then　B"的形式来描述，则模糊规则表示为

(1)if　e = NB　then　u = NB

(2)if　e = NS　then　u = NS

(3)if　e = ZO　then　u = ZO

(4)if　e = PS　then　u = PS

(5)if　e = PB　then　u = PB

根据上述模糊规则，可得模糊规则表，见表 4-3。

表 4-3　模糊规则表

若(if)	NB*e*	NS*e*	ZO*e*	PS*e*	PB*e*
则(then)	NB*u*	NS*u*	ZO*u*	PS*u*	PB*u*

4. 求模糊关系

模糊规则是一个多条语句，它可以表示为 $U \times V$ 上的模糊子集，即模糊关系 $\boldsymbol{R}$ 为

$$\boldsymbol{R} = (\mathrm{NB}e \times \mathrm{NB}u) \cup (\mathrm{NS}e \times \mathrm{NS}u) \cup (\mathrm{ZO}e \times \mathrm{ZO}u) \cup (\mathrm{PS}e \times \mathrm{PS}u) \cup (\mathrm{PB}e \times \mathrm{PB}u)$$

其中规则内的模糊集运算取交集，规则间的模糊集运算取并集，分别采用模糊矩阵的交运算和并运算，有

$$
\mathrm{NB}e \times \mathrm{NB}u = \begin{bmatrix} 1 \\ 0.5 \\ 0 \\ 0 \\ 0 \\ 0 \\ 0 \end{bmatrix} \times [1 \ \ 0.5 \ \ 0 \ \ 0 \ \ 0 \ \ 0 \ \ 0 \ \ 0 \ \ 0] = \begin{bmatrix} 1.0 & 0.5 & 0 & 0 & 0 & 0 & 0 & 0 & 0 \\ 0.5 & 0.5 & 0 & 0 & 0 & 0 & 0 & 0 & 0 \\ 0 & 0 & 0 & 0 & 0 & 0 & 0 & 0 & 0 \\ 0 & 0 & 0 & 0 & 0 & 0 & 0 & 0 & 0 \\ 0 & 0 & 0 & 0 & 0 & 0 & 0 & 0 & 0 \\ 0 & 0 & 0 & 0 & 0 & 0 & 0 & 0 & 0 \\ 0 & 0 & 0 & 0 & 0 & 0 & 0 & 0 & 0 \end{bmatrix}
$$

$$
\mathrm{NS}e \times \mathrm{NS}u = \begin{bmatrix} 0 \\ 0.5 \\ 1 \\ 0 \\ 0 \\ 0 \\ 0 \end{bmatrix} \times [0 \ \ 0.5 \ \ 1 \ \ 0.5 \ \ 0 \ \ 0 \ \ 0 \ \ 0 \ \ 0] = \begin{bmatrix} 0 & 0 & 0 & 0 & 0 & 0 & 0 & 0 & 0 \\ 0 & 0.5 & 0.5 & 0.5 & 0 & 0 & 0 & 0 & 0 \\ 0 & 0.5 & 1.0 & 0.5 & 0 & 0 & 0 & 0 & 0 \\ 0 & 0 & 0 & 0 & 0 & 0 & 0 & 0 & 0 \\ 0 & 0 & 0 & 0 & 0 & 0 & 0 & 0 & 0 \\ 0 & 0 & 0 & 0 & 0 & 0 & 0 & 0 & 0 \\ 0 & 0 & 0 & 0 & 0 & 0 & 0 & 0 & 0 \end{bmatrix}
$$

$$
\mathrm{ZO}e \times \mathrm{ZO}u = \begin{bmatrix} 0 \\ 0 \\ 0.5 \\ 1.0 \\ 0.5 \\ 0 \\ 0 \end{bmatrix} \times [0 \ \ 0 \ \ 0 \ \ 0.5 \ \ 1 \ \ 0.5 \ \ 0 \ \ 0 \ \ 0] = \begin{bmatrix} 0 & 0 & 0 & 0 & 0 & 0 & 0 & 0 & 0 \\ 0 & 0 & 0 & 0 & 0 & 0 & 0 & 0 & 0 \\ 0 & 0 & 0 & 0.5 & 0.5 & 0.5 & 0 & 0 & 0 \\ 0 & 0 & 0 & 0.5 & 1.0 & 0.5 & 0 & 0 & 0 \\ 0 & 0 & 0 & 0.5 & 0.5 & 0.5 & 0 & 0 & 0 \\ 0 & 0 & 0 & 0 & 0 & 0 & 0 & 0 & 0 \\ 0 & 0 & 0 & 0 & 0 & 0 & 0 & 0 & 0 \end{bmatrix}
$$

$$
\mathrm{PS}e \times \mathrm{PS}u = \begin{bmatrix} 0 \\ 0 \\ 0 \\ 0 \\ 1.0 \\ 0.5 \\ 0 \end{bmatrix} \times [0\ 0\ 0\ 0\ 0\ 0.5\ 1.0\ 0.5\ 0] = \begin{bmatrix} 0 & 0 & 0 & 0 & 0 & 0 & 0 & 0 & 0 \\ 0 & 0 & 0 & 0 & 0 & 0 & 0 & 0 & 0 \\ 0 & 0 & 0 & 0 & 0 & 0 & 0 & 0 & 0 \\ 0 & 0 & 0 & 0 & 0 & 0 & 0 & 0 & 0 \\ 0 & 0 & 0 & 0 & 0 & 0.5 & 1.0 & 0.5 & 0 \\ 0 & 0 & 0 & 0 & 0 & 0.5 & 0.5 & 0.5 & 0 \\ 0 & 0 & 0 & 0 & 0 & 0 & 0 & 0 & 0 \end{bmatrix}
$$

$$
\mathrm{PB}e \times \mathrm{PB}u = \begin{bmatrix} 0 \\ 0 \\ 0 \\ 0 \\ 0 \\ 0.5 \\ 1.0 \end{bmatrix} \times [0\ 0\ 0\ 0\ 0\ 0\ 0\ 0.5\ 1.0] = \begin{bmatrix} 0 & 0 & 0 & 0 & 0 & 0 & 0 & 0 & 0 \\ 0 & 0 & 0 & 0 & 0 & 0 & 0 & 0 & 0 \\ 0 & 0 & 0 & 0 & 0 & 0 & 0 & 0 & 0 \\ 0 & 0 & 0 & 0 & 0 & 0 & 0 & 0 & 0 \\ 0 & 0 & 0 & 0 & 0 & 0 & 0 & 0 & 0 \\ 0 & 0 & 0 & 0 & 0 & 0 & 0 & 0.5 & 0.5 \\ 0 & 0 & 0 & 0 & 0 & 0 & 0 & 0.5 & 1.0 \end{bmatrix}
$$

由以上 5 个模糊矩阵求并集，得

$$\boldsymbol{R}=\begin{bmatrix}1.0 & 0.5 & 0 & 0 & 0 & 0 & 0 & 0 & 0\\ 0.5 & 0.5 & 0.5 & 0.5 & 0 & 0 & 0 & 0 & 0\\ 0 & 0.5 & 1.0 & 0.5 & 0.5 & 0.5 & 0 & 0 & 0\\ 0 & 0 & 0 & 0.5 & 1.0 & 0.5 & 0 & 0 & 0\\ 0 & 0 & 0 & 0.5 & 0.5 & 0.5 & 1.0 & 0.5 & 0\\ 0 & 0 & 0 & 0 & 0 & 0.5 & 0.5 & 0.5 & 0.5\\ 0 & 0 & 0 & 0 & 0 & 0 & 0 & 0.5 & 1.0\end{bmatrix}$$

5. **模糊决策**

模糊控制器的输出为误差向量和模糊关系的合成，采用模糊关系的合成运算，可得

$$\boldsymbol{u}=\boldsymbol{e}\circ\boldsymbol{R}$$

当误差 $\boldsymbol{e}$ 为 NB 时，$\boldsymbol{e}=[1.0\quad 0.5\quad 0\quad 0\quad 0\quad 0\quad 0\quad 0]$，控制器输出为

$$\boldsymbol{u}=\boldsymbol{e}\circ\boldsymbol{R}=[1\quad 0.5\quad 0\quad 0\quad 0\quad 0\quad 0]\circ\begin{bmatrix}1.0 & 0.5 & 0 & 0 & 0 & 0 & 0 & 0 & 0\\ 0.5 & 0.5 & 0.5 & 0.5 & 0 & 0 & 0 & 0 & 0\\ 0 & 0.5 & 1.0 & 0.5 & 0.5 & 0.5 & 0 & 0 & 0\\ 0 & 0 & 0 & 0.5 & 1.0 & 0.5 & 0 & 0 & 0\\ 0 & 0 & 0 & 0.5 & 0.5 & 0.5 & 1.0 & 0.5 & 0\\ 0 & 0 & 0 & 0 & 0 & 0.5 & 0.5 & 0.5 & 0.5\\ 0 & 0 & 0 & 0 & 0 & 0 & 0 & 0.5 & 1.0\end{bmatrix}$$

$$=[1\quad 0.5\quad 0.5\quad 0.5\quad 0\quad 0\quad 0\quad 0\quad 0]$$

6. **控制量的反模糊化**

由模糊决策可知，当误差为负大(NB) 时，实际液位远高于理想液位，控制器的输出为一模糊向量，可表示为

$$\boldsymbol{u}=\frac{1}{-4}+\frac{0.5}{-3}+\frac{0.5}{-2}+\frac{0.5}{-1}+\frac{0}{0}+\frac{0}{+1}+\frac{0}{+2}+\frac{0}{+3}+\frac{0}{+4}$$

如果按照“隶属度最大原则”进行反模糊化，选择控制量为 $u=-4$，即阀门的开度应开大一些，加大排水量。

按照上述步骤，设计水箱液位模糊控制的 Matlab 仿真程序，见本章附录程序 chap4_1. m。取 flag = 1，可得到模糊控制系统的规则库并可实现模糊控制的动态仿真。模糊控制响应表见表 4-4。取误差 $e=-3$，得 $u=-4$。

表 4-4　模糊控制响应表

e	−3	−2	−1	0	1	2	3
u	−4	−2	−2	0	2	2	4

4.1.4　模糊控制器的结构

在确定性控制系统中，根据控制器输出的个数，可分为单变量控制系统和多变量控制系统。在模糊控制系统中，也可类似地划分为单变量模糊控制器和多变量模糊控制器。

1. 单变量模糊控制器

在单变量模糊控制器(Single Variable Fuzzy Controller，SVFC)中，将其输入变量的个数定义为模糊控制的维数，如图 4-5 所示。

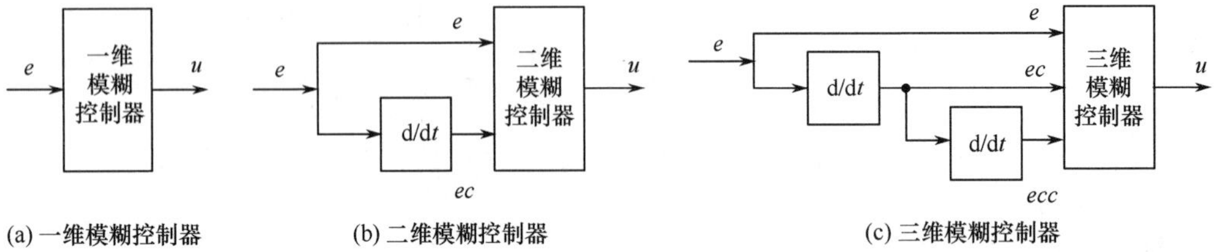

图 4-5　单变量模糊控制器

(1) 一维模糊控制器

如图 4-5(a) 所示，一维模糊控制器的输入变量往往选择为被控变量和输入给定值的误差 e。由于仅仅采用误差值，很难反映过程的动态特性品质，因此，所能获得的系统动态性能是不能令人满意的。这种一维模糊控制器往往被用于一阶被控对象。

(2) 二维模糊控制器

如图 4-5(b) 所示，二维模糊控制器的两个输入变量基本上都选用被控变量和输入给定值的误差 e 和误差变化 ec。由于它们能够较严格地反映被控过程中输出量的动态特性，因此，在控制效果上要比一维模糊控制器好得多，也是目前采用较广泛的一类模糊控制器。

(3) 三维模糊控制器

如图 4-5(c) 所示，三维模糊控制器的 3 个输入变量分别为系统误差 e、误差变化 ec 和误差变化的变化率 ecc。由于这种模糊控制器的结构较复杂，推理运算时间长，因此，除对动态特性的要求特别高的场合外，一般较少选用三维模糊控制器。

上述 3 类模糊控制器的输出变量均选择了被控变量的变化值。从理论上讲，模糊控制系统所选用的模糊控制器维数越高，系统的控制精度也就越高。但是维数选择太高，模糊规则就过于复杂，基于模糊合成推理的控制算法的计算机实现也就更困难，这是人们在设计模糊控制系统时多采用二维模糊控制器的原因。为了获得较好的上升段特性并改善模糊控制器的动态品质，也可以对模糊控制器的输出量进行分段选择，即在误差 e“大”时，以控制量的值为输出；而当误差 e“小”或“中等”时，则以控制量的增量为输出。

2. 多变量模糊控制器

一个多变量模糊控制器(Multiple Variable Fuzzy Controller，MVFC)所采用的模糊控制器具有多变量结构，如图 4-6 所示。

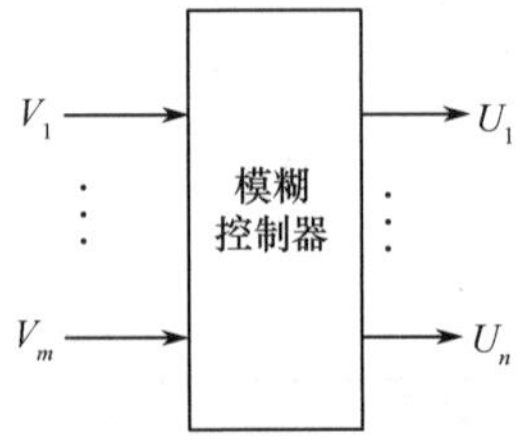

图 4-6　多变量模糊控制器

要直接设计一个多变量模糊控制器是相当困难的，可利用模糊控制器本身的解耦特点，通过模糊关系方程求解，在控制器结构上实现解耦，即将一个多输入多输出(MIMO)的模糊控制器分解成若干个多输入单输出(MISO)的模糊控制器，这样就可采用单变量模糊控制方法进行设计。

4.2 模糊控制系统分类

1. 按信号的时变特性分类

(1) 恒值模糊控制系统

系统的指令信号为恒定值，通过模糊控制器消除外界对系统的扰动作用，使系统的输出跟踪输入的恒定值。恒值模糊控制系统也称为“自镇定模糊控制系统”，如温度模糊控制系统。

(2) 随动模糊控制系统

系统的指令信号为时间函数，要求系统的输出高精度、快速地跟踪系统输入。随动模糊控制系统也称为“模糊控制跟踪系统”或“模糊控制伺服系统”。

2. 按模糊控制的线性特性分类

对开环模糊控制系统 S，设输入变量为 u，输出变量为 v。对任意输入误差 Δu 和输出误差 Δv，满足 $\frac{\Delta v}{\Delta u}=k, u\in U, v\in V$。

定义线性度 δ，用于衡量模糊控制系统的线性化程度，即

$$\delta=\frac{\Delta v_{\max}}{2\xi\Delta u_{\max}m} \tag{4.3}$$

式中，$\Delta v_{\max}=v_{\max}-v_{\min}$，$\Delta u_{\max}=u_{\max}-u_{\min}$，$\xi$ 为线性化因子，m 为模糊子集 V 的个数。

设 k_0 为一经验值，则定义模糊系统的线性特性为：① 当 $|k-k_0|\leqslant\delta$ 时，系统 S 为线性模糊系统；② 当 $|k-k_0|>\delta$ 时，系统 S 为非线性模糊系统。

3. 按静态误差是否存在分类

(1) 有差模糊控制系统

将误差的大小及其误差变化作为系统的输入，为有差模糊控制系统。

(2) 无差模糊控制系统

在有差模糊控制系统基础上，引入积分作用，使系统的静差降至最小，即为无差模糊控制系统。

4. 按系统输入变量的多少分类

输入变量个数为 1 的系统为单变量模糊控制系统，输入变量个数大于 1 的系统为多变量模糊控制系统。

4.3 模糊控制器的设计

4.3.1 模糊控制器的设计步骤

模糊控制器最简单的实现方法是将一系列模糊规则离线转化为一个查询表（又称为控制表），存储在计算机中供在线控制时使用。这种模糊控制器结构简单，使用方便，是最基本的一种形式。本节以单变量二维模糊控制器为例介绍模糊控制器的设计步骤，其设计思想是设计其他模糊控制器的基础。模糊控制器的设计步骤如下。

1. 模糊控制器的结构

单变量二维模糊控制器是最常见的结构形式。

2. 定义输入、输出模糊集

对误差 e、误差变化 ec 及控制量 u 的模糊集及其论域定义如下：e，ec 和 u 的模糊集均为{NB,

NM,NS,ZO,PS,PM,PB}。

例如：

e,ec 的论域均为{−3,−2,−1,0,1,2,3}；

u 的论域为{−4.5,−3,−1.5,0,1,3,4.5}。

3. 定义输入、输出隶属函数

误差 e、误差变化 ec 及控制量 u 的模糊集和论域确定后，需对模糊变量确定隶属函数，即对模糊变量赋值，确定论域内元素对模糊变量的隶属度。

4. 建立模糊规则

根据人的直觉思维推理，由系统输出的误差及误差的变化趋势来设计消除系统误差的模糊规则。模糊规则语句构成了描述众多被控过程的模糊模型。例如，卫星的姿态与作用的关系、飞机或舰船航向与舵偏角的关系、工业锅炉中的压力与加热的关系等，都可用模糊规则来描述。在模糊规则语句中，误差 e、误差变化 ec 及控制量 u 对于不同的被控对象有着不同的意义。

5. 建立模糊规则表

上述描写的模糊规则可采用模糊规则表 4-5 来描述，表中共有 49 条模糊规则，各个模糊规则语句之间是“或”的关系，由第一条语句所确定的模糊规则可以计算出 u_1。同理，可以由其余各条语句分别求出控制量 u_2，…，u_{49}，则控制量为模糊集合 U，可表示为

$$U = u_1 + u_2 + \cdots + u_{49} \tag{4.4}$$

表 4-5 模糊规则表

		e						
		NB	NM	NS	ZO	PS	PM	PB
ec	NB	NB	NB	NM	NM	NS	NS	ZO
	NM	NB	NM	NM	NS	NS	ZO	PS
	NS	NM	NB	NS	NS	ZO	PS	PS
	ZO	NM	NS	NS	ZO	PS	PS	PM
	PS	NS	NS	ZO	PS	PS	PM	PM
	PM	NS	ZO	PS	PM	PM	PM	PB
	PB	ZO	PS	PS	PM	PM	PB	PB

6. 模糊推理

模糊推理是模糊控制的核心，它利用某种模糊推理算法和模糊规则进行推理，得出最终的控制量。

7. 反模糊化

通过模糊推理得到的结果是一个模糊集合。但在实际模糊控制中，必须要有一个确定值才能控制或驱动执行机构。将模糊推理结果转化为精确值的过程称为反模糊化。常用的反模糊化方法有 3 种。

（1）最大隶属度法

选取推理结果的模糊集合中隶属度最大的元素作为输出值，即 $v_o = \max\mu_v(v)$，$v \in V$。如果在输出论域 V 中，其最大隶属度对应的输出值多于一个，则取所有具有最大隶属度输出的平均值，即

$$v_o = \frac{1}{N}\sum_{i=1}^{N} v_i, v_i = \max_{v \in V}(\mu_v(v)) \tag{4.5}$$

式中，N 为具有相同最大隶属度输出的总数。

最大隶属度法不考虑输出隶属函数的形状，只考虑最大隶属度处的输出值。因此，难免会丢失许多信息。其突出优点是计算简单。在一些控制要求不高的场合，可采用最大隶属度法。

(2) 重心法

为了获得准确的控制量，就要求模糊方法能够很好地表达输出隶属函数的计算结果。重心法是取隶属函数曲线与横坐标围成面积的重心作为模糊推理的最终输出值，即

$$v_o = \frac{\int_V v\mu_v(v)\mathrm{d}v}{\int_V \mu_v(v)\mathrm{d}v} \tag{4.6}$$

对于具有 m 个输出量化级数的离散域情况，有

$$v_o = \frac{\sum_{k=1}^{m} v_k\mu_v(v_k)}{\sum_{k=1}^{m} \mu_v(v_k)} \tag{4.7}$$

与最大隶属度法相比较，重心法具有更平滑的输出推理控制。即使对应于输入信号的微小变化，输出也会发生变化。

(3) 加权平均法

工业控制中广泛使用的反模糊化方法为加权平均法，输出值由下式决定

$$v_o = \frac{\sum_{i=1}^{m} v_i k_i}{\sum_{i=1}^{m} k_i} \tag{4.8}$$

式中，系数 k_i 的选择根据实际情况而定。不同的系数决定系统具有不同的响应特性。当系数 k_i 取隶属度 $\mu_v(v_i)$ 时，就转化为重心法。

反模糊化方法的选择与隶属函数形状的选择、推理方法的选择相关。Matlab 提供 5 种反模糊化方法：①centroid，面积重心法；②bisector，面积等分法；③mom，最大隶属度平均法；④som，最大隶属度取小法；⑤lom，最大隶属度取大法。在 Matlab 中，可通过 setfis() 设置反模糊化方法，通过 defuzz() 执行反模糊化运算。

例如，重心法通过下例程序来实现：

```
x = -10:1:10;
mf = trapmf(x,[-10,-8,-4,7]);
xx = defuzz(x,mf,'centroid');
```

在模糊控制中，重心法可通过下例语句来设定：

```
a1 = setfis(a,'DefuzzMethod','centroid')
```

其中，a 为模糊规则库。

4.3.2 模糊控制器的 Matlab 仿真

根据上述步骤，建立两输入、单输出的模糊控制系统。该系统包括两部分，即模糊控制器的设计和位置跟踪。

1. 模糊控制器的设计

模糊规则表见表 4-5，采用上述设计步骤设计模糊控制器，控制规则为 49 条。误差 e、误差变化 ec 均为[−3.0,3.0]，控制输入 u 的范围为[−4.5,+4.5]。通过运行 showrule(a)，可得到用于描述模糊控制系统的 49 条模糊规则。模糊控制器的模糊控制响应表见表 4-6。

表 4-6　模糊控制响应表

ec \ e	−3	−2	−1	0	1	2	3
−3	−4	−4	−2	−2	−1	−1	0
−2	−4	−2	−2	−1	−1	0	2
−1	−2	−2	−1	−1	0	2	2
0	−2	−1	−1	0	2	2	3
1	−1	−1	0	2	2	3	3
2	−1	0	2	2	3	3	5
3	0	2	2	3	3	5	5

模糊控制器的设计仿真程序见本章附录程序 chap4_2.m。在仿真时，模糊推理系统可由命令 plotfis(a2) 得到。系统的输入、输出隶属函数如图 4-7 至图 4-9 所示。

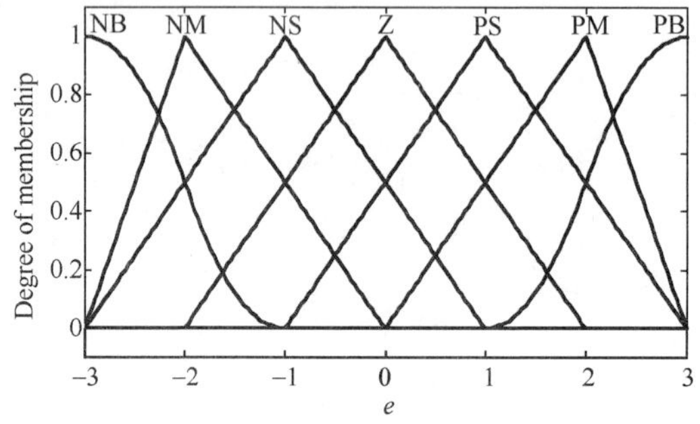

图 4-7　误差隶属函数

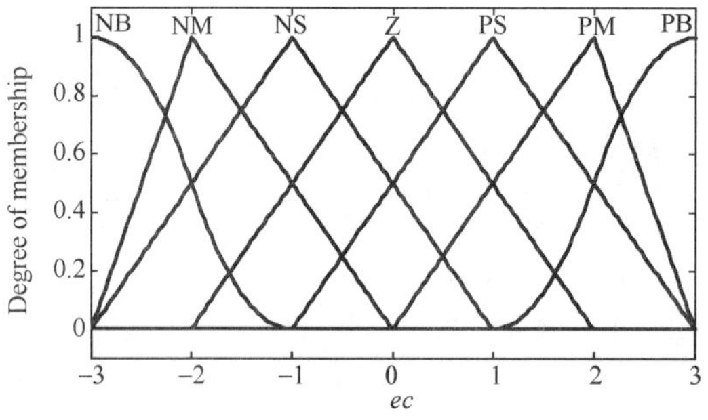

图 4-8　误差变化 *ec* 隶属函数

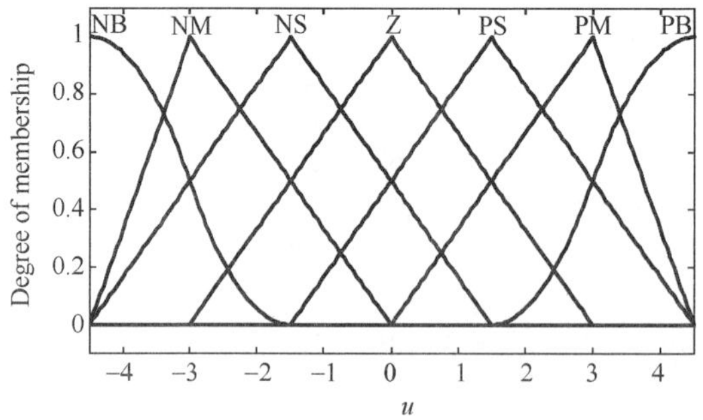

图 4-9　输出隶属函数

2. 位置跟踪

被控对象为

$$G(s)=\frac{400}{s^2+500s}$$

按模糊控制器的设计步骤进行设计，模糊控制系统的输入取误差及误差变化，模糊控制系统的输出取控制输入，其中输入变量和输出变量的变化范围是模糊控制系统设计的关键。

位置指令取正弦信号 $0.5\sin(10t)$，根据实际的输入、输出值的变化范围，误差及误差变化范围取[−0.3，0.3]，控制输入的变化范围取[−30，30]。

首先运行模糊控制器程序 chap4_2.m，可得到模糊控制系统输入和输出的隶属函数，如图 4-10 和图 4-11 所示，同时将模糊控制系统保存在文件 fuzz.fis 中。然后运行模糊控制的 Simulink 仿真程序，仿真结果如图 4-12 和图 4-13 所示。模糊控制位置跟踪的 Simulink 仿真程序见 chap4_3sim.mdl。

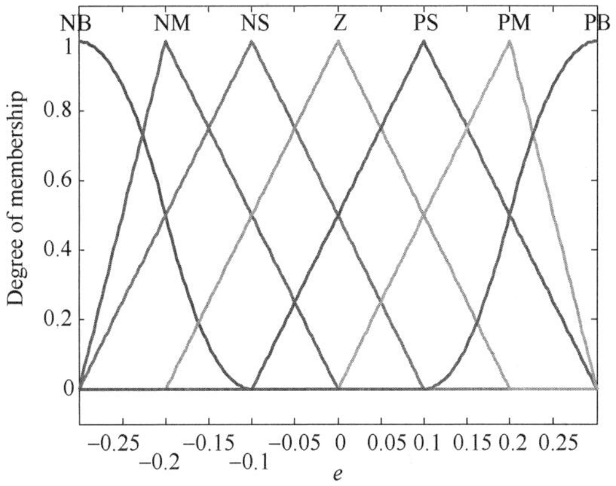

图 4-10 误差隶属函数

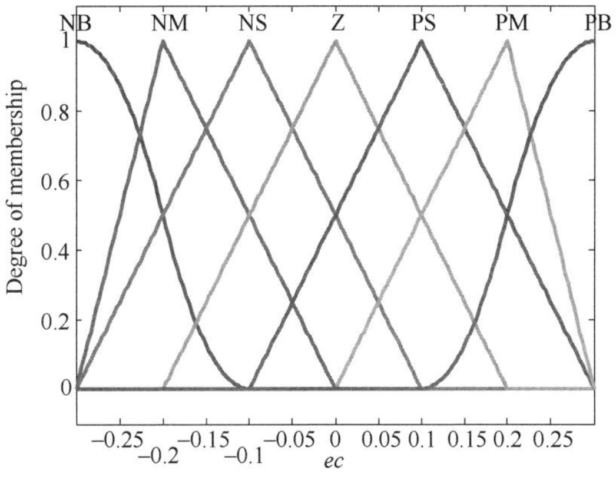

图 4-11 误差变化隶属函数

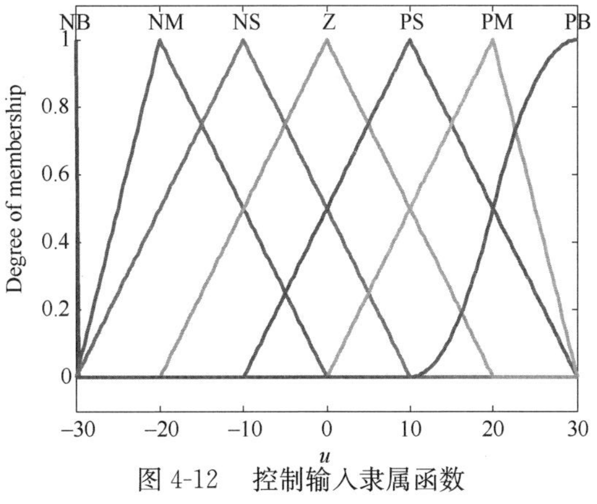

图 4-12 控制输入隶属函数

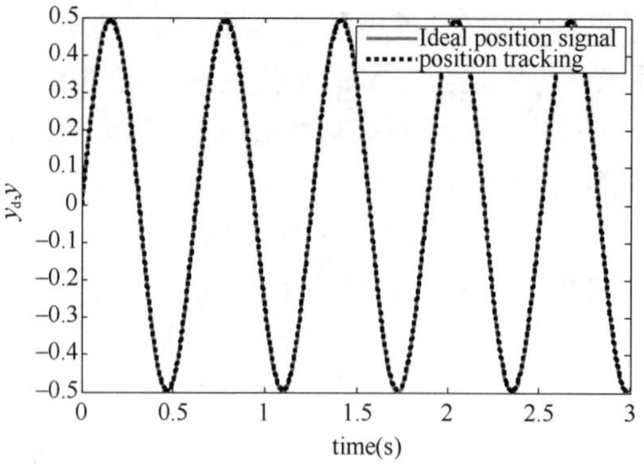

图 4-13　正弦位置跟踪

4.4　模糊控制应用实例——洗衣机的模糊控制

下面以洗衣机洗涤时间的模糊控制系统设计为例进行介绍，其控制是一个开环的模糊决策过程，模糊控制系统设计按以下步骤进行。

1. 确定模糊控制器的结构

选用两输入、单输出模糊控制器。控制器的输入为衣物的污泥和油脂，输出为洗涤时间。

2. 定义输入、输出模糊集

将污泥分为 3 个模糊集：SD（污泥少），MD（污泥中），LD（污泥多）；将油脂分为 3 个模糊集：NG（油脂少），MG（油脂中），LG（油脂多）；将洗涤时间分为 5 个模糊集：VS（很短），S（短），M（中等），L（长），VL（很长）。

3. 定义隶属函数

选用如下三角形隶属函数可实现污泥的模糊化：

$$\mu_{污泥}(x)=\begin{cases}\mu_{SD}(x)=(50-x)/50 & 0\leqslant x\leqslant 50\\ \mu_{MD}(x)=\begin{cases}x/50 & 0\leqslant x\leqslant 50\\ (100-x)/50 & 50<x\leqslant 100\end{cases}\\ \mu_{LD}(x)=(x-50)/50 & 50<x\leqslant 100\end{cases}$$

采用 Matlab 进行仿真，污泥隶属函数设计仿真程序见本章附录程序 chap4_4.m，仿真结果如图 4-14 所示。

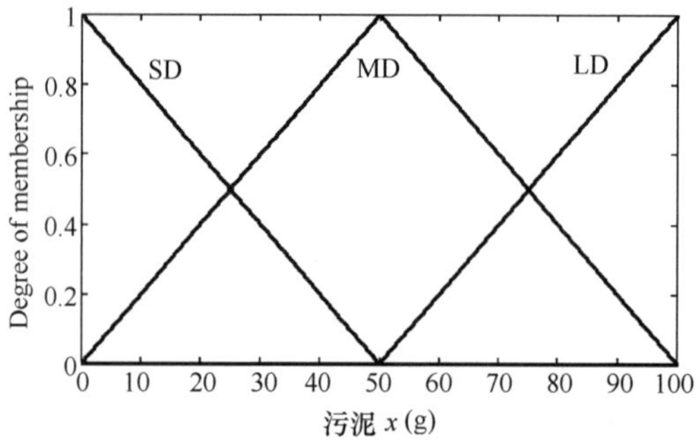

图 4-14　污泥隶属函数

选用如下三角形隶属函数实现油脂的模糊化：

$$
\mu_{油脂}(y)=\begin{cases}\mu_{NG}(y)=(50-y)/50 & 0\leqslant y\leqslant 50\\ \mu_{MG}(y)=\begin{cases}y/50 & 0\leqslant y\leqslant 50\\ (100-y)/50 & 50<y\leqslant 100\end{cases}\\ \mu_{LG}(y)=(y-50)/50 & 50<y\leqslant 100\end{cases}
$$

仿真程序同 chap4_4.m，仿真结果如图 4-15 所示。

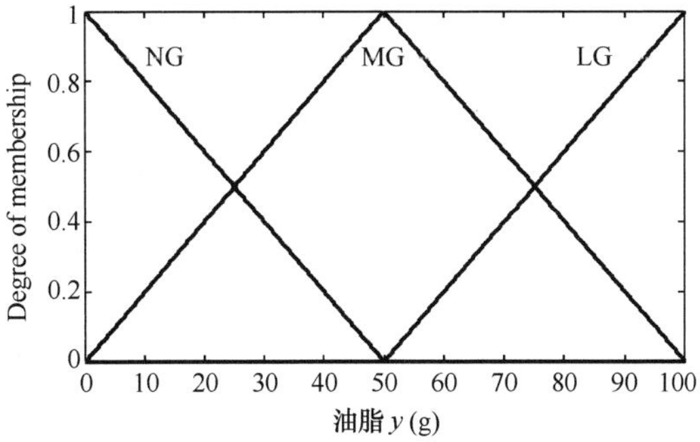

图 4-15　油脂隶属函数

选用如下三角形隶属函数实现洗涤时间的模糊化：

$$
\mu_{洗涤时间}(z)=\begin{cases}\mu_{VS}(z)=(10-z)/10 & 0\leqslant z\leqslant 10\\ \mu_{S}(z)=\begin{cases}z/10 & 0\leqslant z\leqslant 10\\ (25-z)/15 & 10<z\leqslant 25\end{cases}\\ \mu_{M}(z)=\begin{cases}(z-10)/15 & 10\leqslant z\leqslant 25\\ (40-z)/15 & 25<z\leqslant 40\end{cases}\\ \mu_{L}(z)=\begin{cases}(z-25)/15 & 25\leqslant z\leqslant 40\\ (60-z)/20 & 40<z\leqslant 60\end{cases}\\ \mu_{VL}(z)=(z-40)/20 & 40\leqslant z\leqslant 60\end{cases}
$$

采用 Matlab 仿真，可实现洗涤时间隶属函数的设计。洗涤时间隶属函数的设计仿真程序见本章附录程序 chap4_5.m，仿真结果如图 4-16 所示。

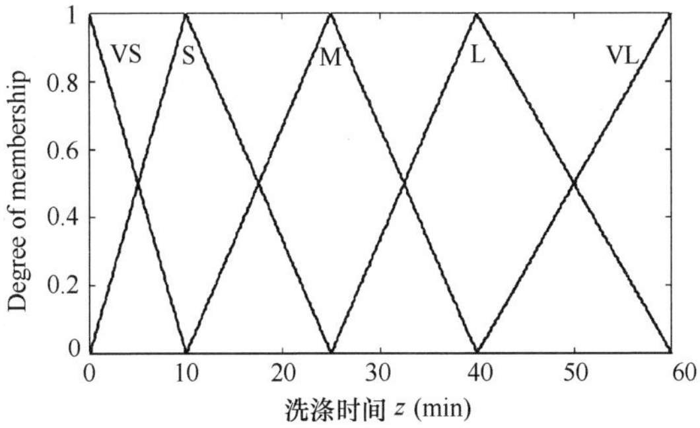

图 4-16　洗涤时间隶属函数

4. 建立模糊规则

根据人的操作经验设计模糊规则，模糊规则设计的标准为："污泥越多，油脂越多，洗涤时间越长"；"污泥适中，油脂适中，洗涤时间适中"；"污泥越少，油脂越少，洗涤时间越短"。

5. 建立模糊规则表

根据模糊规则的设计标准建立模糊规则表，见表 4-7。

表 4-7　洗衣机的模糊规则表

		污　泥　x		
		SD	MD	LD
油脂 y	NG	VS*	M	L
	MG	S	M	L
	LG	M	L	VL

第 * 条规则为:"if　衣物污泥少　且　油脂少　then　洗涤时间很短"。

6. 模糊推理

模糊推理分以下几步进行。

(1) 规则匹配

假定当前传感器测得的信息为:x_0(污泥)$=60$,y_0(油脂)$=70$,分别代入所属的隶属函数中求隶属度为

$$\mu_{SD}(60)=0,\mu_{MD}(60)=\frac{4}{5},\mu_{LD}(60)=\frac{1}{5}$$

$$\mu_{NG}(70)=0,\mu_{MG}(70)=\frac{3}{5},\mu_{LG}(70)=\frac{2}{5}$$

将上述隶属度代入表 4-7 中可得到 4 条有效的模糊规则,见表 4-8。

表 4-8　模糊推理结果

		污　泥　x		
		SD	MD(4/5)	LD(1/5)
油脂 y	NG	0	0	0
	MG(3/5)	0	$\mu_M(z)$	$\mu_L(z)$
	LG(2/5)	0	$\mu_L(z)$	$\mu_{VL}(z)$

(2) 规则触发

由表 4-8 可知,被触发的规则有 4 条,即

Rule1　if x is MD and y is MG then z is M

Rule2　if x is MD and y is LG then z is L

Rule3　if x is LD and y is MG then z is L

Rule4　if x is LD and y is LG then z is VL

(3) 规则前提推理

在同一条规则内,前提之间通过"与"的关系得到规则结论。前提的可信度之间通过取小运算,由表 4-8 可得到每条触发规则前提的可信度为

Rule1　前提的可信度为:$\min(4/5,3/5)=3/5$

Rule2　前提的可信度为:$\min(4/5,2/5)=2/5$

Rule3　前提的可信度为:$\min(1/5,3/5)=1/5$

Rule4　前提的可信度为:$\min(1/5,2/5)=1/5$

由此得到洗衣机规则前提可信度表,即规则强度表,见表 4-9。

(4) 将表 4-8 和表 4-9 进行"与"运算,得到每条规则总的可信度输出,见表 4-10。

表 4-9　规则前提可信度表

		污　泥　x		
		SD	MD(4/5)	LD(1/5)
油脂 y	NG	0	0	0
	MG(3/5)	0	3/5	1/5
	LG(2/5)	0	2/5	1/5

表 4-10　规则总的可信度输出

		污　泥　x		
		SD	MD(4/5)	LD(1/5)
油脂 y	NG	0	0	0
	MG(3/5)	0	$\min\left(\frac{3}{5}, \mu_M(z)\right)$	$\min\left(\frac{1}{5}, \mu_L(z)\right)$
	LG(2/5)	0	$\min\left(\frac{2}{5}, \mu_L(z)\right)$	$\min\left(\frac{1}{5}, \mu_{VL}(z)\right)$

(5) 模糊控制系统总的输出

模糊控制系统总的输出为表 4-10 中各条规则可信度推理结果的并集，即

$$\mu_{agg}(z) = \max\left\{\min\left(\frac{3}{5}, \mu_M(z)\right), \min\left(\frac{2}{5}, \mu_L(z)\right), \min\left(\frac{1}{5}, \mu_L(z)\right), \min\left(\frac{1}{5}, \mu_{VL}(z)\right)\right\}$$

$$= \max\left\{\min\left(\frac{3}{5}, \mu_M(z)\right), \min\left(\frac{2}{5}, \mu_L(z)\right), \min\left(\frac{1}{5}, \mu_{VL}(z)\right)\right\}$$

可见，有 3 条规则被触发。

(6) 反模糊化

模糊控制系统总的输出 $\mu_{agg}(z)$ 实际上是上述 3 条规则推理结果的并集，需要进行反模糊化，才能得到精确的推理结果。下面以最大隶属度平均法为例进行反模糊化。

洗衣机的模糊推理过程如图 4-17 和图 4-18 所示。由图 4-18 可知，洗涤时间隶属度最大值为 $\mu=\frac{3}{5}$。将 $\mu=\frac{3}{5}$ 代入洗涤时间隶属函数中的 $\mu_M(z)$，得

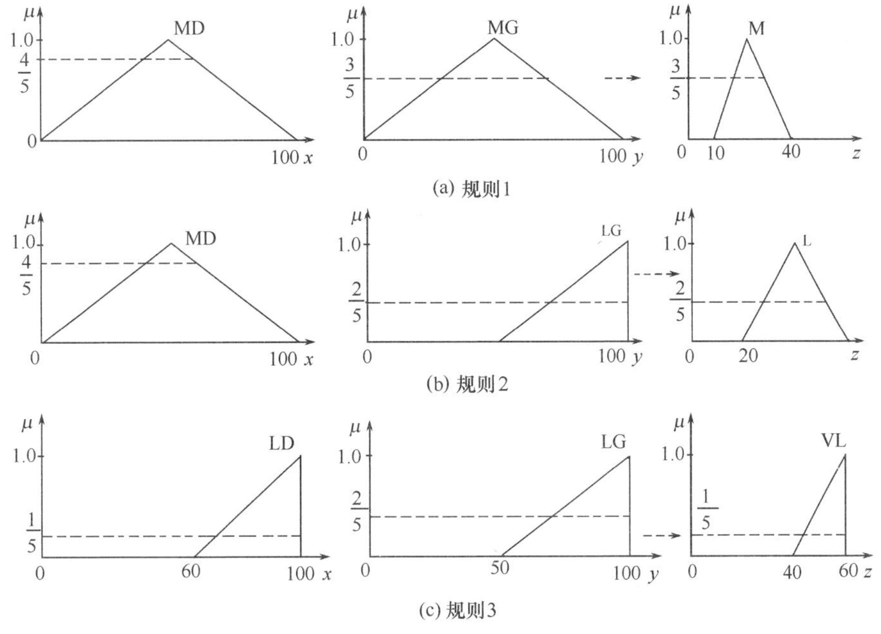

图 4-17　洗衣机的 3 条规则被触发

$$\mu_M(z) = \frac{z-10}{15} = \frac{3}{5}, \mu_M(z) = \frac{40-z}{15} = \frac{3}{5}$$

得 $z_1 = 19, z_2 = 31$。

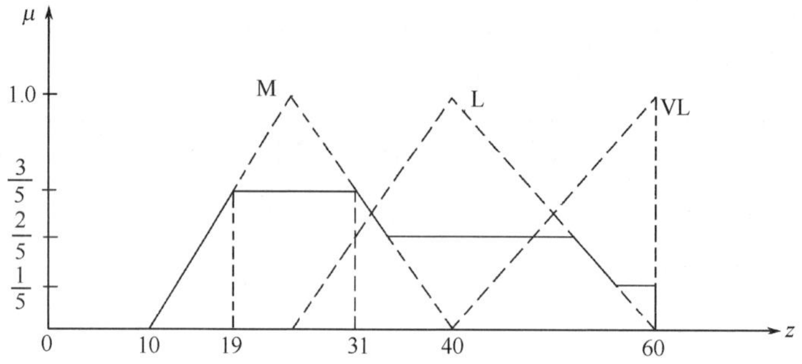

图 4-18　洗衣机的组合输出及反模糊化

采用最大隶属度平均法，可得精确输出为

$$z^* = \frac{z_1 + z_2}{2} = \frac{19+31}{2} = 25$$

即所需要的洗涤时间为 25 分钟。

7. **仿真实例**

采用 Matlab 2014a 中的模糊控制工具箱可设计洗衣机模糊控制系统。洗衣机模糊控制系统的仿真程序见本章附录程序 chap4_6.m。

取 $x = 60, y = 70$，反模糊化采用重心法，模糊推理结果为 24.9。利用命令 showrule 可观察模糊规则库，利用命令 ruleview 可实现模糊控制的动态仿真，动态仿真环境如图 4-19 所示。

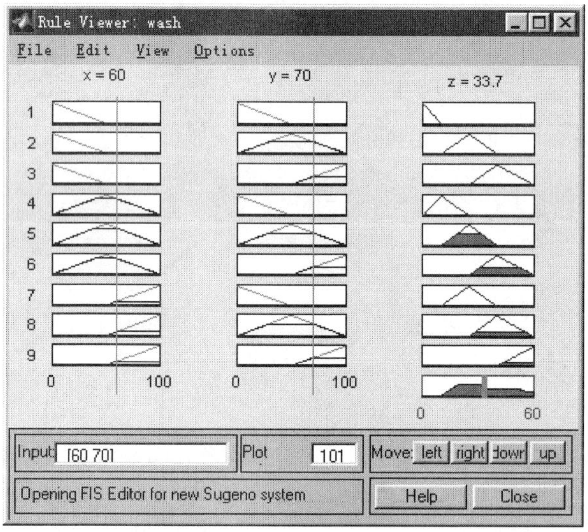

图 4-19　洗衣机模糊控制系统动态仿真环境

4.5　模糊自适应 PID 控制

4.5.1　模糊自适应 PID 控制原理

在工业生产过程中，许多被控对象受负荷变化或干扰因素影响，其对象特征参数或结构易发生改变。自适应控制运用现代控制理论在线辨识对象特征参数，实时改变其控制策略，使控制系统的品质指标保持在最佳范围内，但其控制效果的好坏取决于辨识模型的精确度，这对复杂系统是非常困难的。因此，在工业生产过程中，大量采用的仍然是 PID 算法。PID 参数的整定方法很多，但大多数都以对象特性为基础。

随着计算机技术的发展，人们利用人工智能的方法将操作人员的调整经验作为知识存入计算机中，根据现场实际情况，计算机能自动调整 PID 参数，这样就出现了专家 PID 控制器。该控制器把古典的 PID 控制与先进的专家系统相结合，实现系统的最佳控制。这种控制方法必须精确地确定对象模型，将操作人员（专家）长期实践积累的经验知识用控制规则模型化，并运用推理对 PID 参数实现最佳调整。

由于操作人员的经验不易精确描述，控制过程中各种信号量及评价指标不易定量表示，因此专家 PID 控制方法受到限制。模糊控制理论是解决这一问题的有效途径，人们运用模糊数学的基本理论和方法，把规则的条件、操作用模糊集表示，并把这些模糊规则及有关信息（如评价指标、初始 PID 参数等）作为知识存入计算机的知识库中，然后计算机根据控制系统的实际响应情况（专家系统的输入条件），运用模糊推理，即可自动实现对 PID 参数的最佳调整，这就是模糊自适应 PID 控制。模糊自适应 PID 控制器目前有多种结构形式，但其工作原理基本一致。

模糊自适应 PID 控制器以误差 e 和误差变化 ec 作为输入（利用模糊规则在线对 PID 参数进行修改），以满足不同时刻的 e 和 ec 对 PID 参数整定的要求。模糊自适应 PID 控制器的结构如图 4-20 所示。

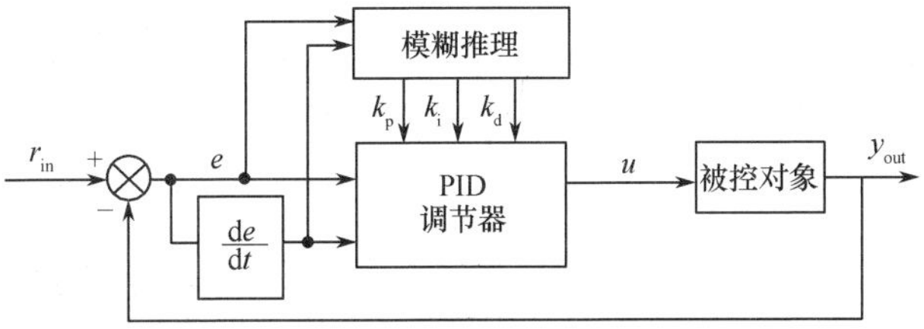

图 4-20　模糊自适应 PID 控制器的结构

离散 PID 控制算法为

$$u(k) = k_{\mathrm{p}} e(k) + k_{\mathrm{i}} T \sum_{j=0}^{k} e(j) + k_{\mathrm{d}} \frac{e(k) - e(k-1)}{T}$$

式中，k 为采样序号；T 为采样时间。

PID 参数整定就是找出 PID 控制的 3 个参数 k_p，k_i，k_d 与 e 和 ec 之间的模糊关系，在运行中通过不断检测 e 和 ec，根据模糊控制原理对 3 个参数进行在线修改，以满足不同 e 和 ec 对控制参数的要求，从而使被控对象有良好的静态、动态性能。

从系统的稳定性、响应速度、超调量和稳态精度等各方面来考虑，k_p，k_i，k_d 的作用如下：

① 比例系数 k_p 的作用是加快系统的响应速度，提高系统的调节精度。k_p 越大，系统的响应速度越快，调节精度越高，但易产生超调，甚至会导致系统不稳定。k_p 取值过小，则会降低系统的调节精度，使响应速度缓慢，从而延长调节时间，使系统静态、动态特性变坏。

② 积分系数 k_i 的作用是消除系统的静态误差。k_i 越大，系统的静态误差消除越快，但 k_i 过大，在响应过程的初期会产生积分饱和现象，从而引起响应过程的较大超调量。若 k_i 过小，将使系统的静态误差难以消除，从而影响系统的调节精度。

③ 微分系数 k_d 的作用主要是在响应过程中抑制误差向任何方向的变化，对误差变化进行提前预报，改善系统的动态特性。但 k_d 过大，会使响应过程提前制动，从而延长调节时间，而且会降低系统的抗干扰性能。

以 PI 参数整定为例，必须考虑到在不同时刻两个参数的作用及相互之间的互联关系。模糊自适应PI参数整定是在PI算法的基础上，通过计算当前系统误差 e 和误差变化 ec，利用模糊规则进行模糊推理，查询模糊矩阵表进行参数调整的。针对 k_p，k_i 两个参数分别整定的模糊控制如下。

(1) k_p 整定原则

当响应在上升过程时（e 为 P），Δk_p 取正，即增大 k_p；当超调时（e 为 N），Δk_p 取负，即降低 k_p。当误差在零附近时（e 为 Z），分 3 种情况：ec 为 N 时，超调量越来越大，此时 Δk_p 取负；ec 为 Z 时，为了降低误差，Δk_p 取正；ec 为 P 时，正向误差越来越大，Δk_p 取正。k_p 整定的模糊规则表见表 4-11。

(2) k_i 整定原则

采用积分分离策略，即误差在零附近时，Δk_i 取正，否则 Δk_i 取零。k_i 整定的模糊规则表见表 4-12。

表 4-11　k_p 整定的模糊规则表

		ec		
		N	Z	P
e	N	N	N	N
	Z	N	P	P
	P	P	P	P

表 4-12　k_i 整定的模糊规则表

		ec		
		N	Z	P
e	N	Z	Z	Z
	Z	P	P	P
	P	Z	Z	Z

考虑幅值为 1.0 的阶跃响应，将误差 e 和误差变化 ec 变化范围定义为模糊集上的论域，即

$$e, ec = \{-1, 0, 1\} \tag{4.9}$$

其模糊子集为 $e, ec = \{N, Z, P\}$，子集中元素分别代表负、零、正。设 e、ec 和 k_p、k_i 均服从正态分布，因此可得出各模糊子集的隶属度，根据各模糊子集的隶属度赋值表和各参数模糊规则，应用模糊推理实现 PI 参数的模糊整定，即

$$k_p = k_{p0} + \Delta k_p,\ k_i = k_{i0+}\ \Delta k_i \tag{4.10}$$

在线运行过程中，通过对模糊规则的模糊推理运算（其推理过程与 4.4 节的模糊洗衣机的第 6 步模糊推理相同），完成对 PI 参数的在线整定。其工作流程图如图 4-21 所示。

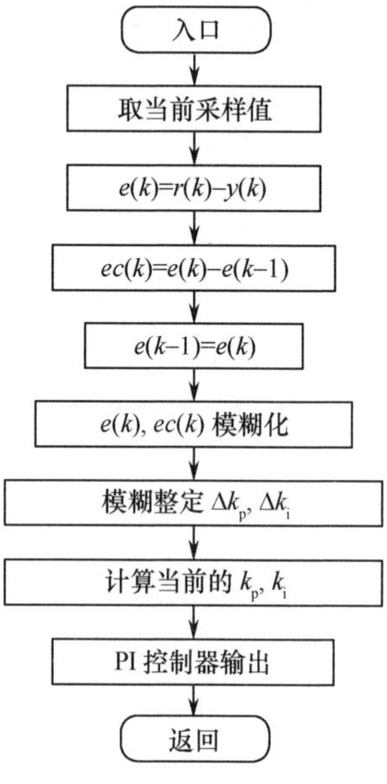

图 4-21　模糊自适应 PI 控制工作流程图

4.5.2　仿真实例

被控对象为

$$G_p(s)=\frac{133}{s^2+25s}$$

采样时间为1ms，采用 z 变换进行离散化，离散化后的被控对象为

$$y(k)=-\mathrm{den}(2)y(k-1)-\mathrm{den}(3)y(k-2)+\mathrm{num}(2)u(k-1)+\mathrm{num}(3)u(k-2)$$

位置指令是幅值为 1.0 的阶跃信号，$r(k)=1.0$。仿真时，先运行模糊推理系统设计程序 chap4_7a. m，实现模糊推理系统 fuzzpid. fis，并将此模糊推理系统调入计算机的内存中，然后运行模糊控制程序 chap4_7b. m。在程序 chap4_7a. m 中，根据表 4-11 和表 4-12，分别对 e、ec、k_p、k_i 进行隶属函数的设计。根据位置指令、初始误差和经验设计 e、ec、k_p、k_i 的范围。

在Matlab中，对生成的模糊控制系统运行plotmf命令，可得到e、ec、k_p、k_i 的隶属函数，如图4-22至图 4-25 所示。运行 showrule 命令，可显示模糊规则，共 9 条，描述如下：

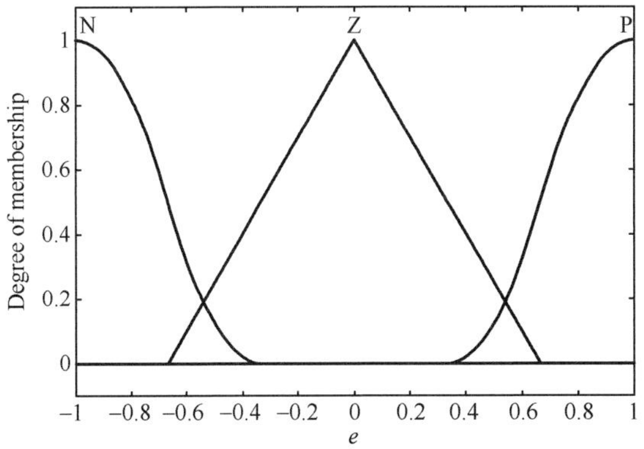

图 4-22　e 的隶属函数

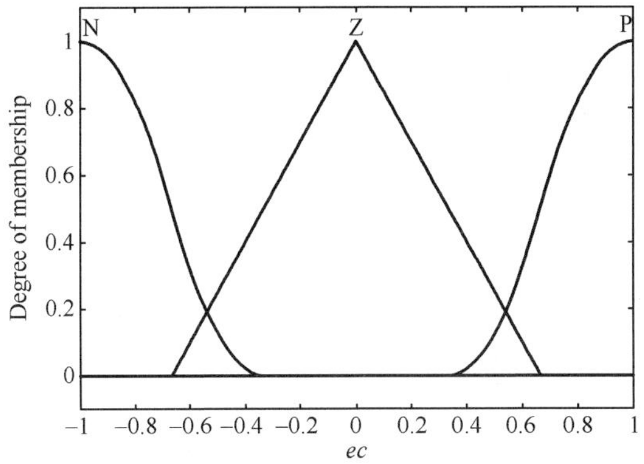

图 4-23　ec 的隶属函数

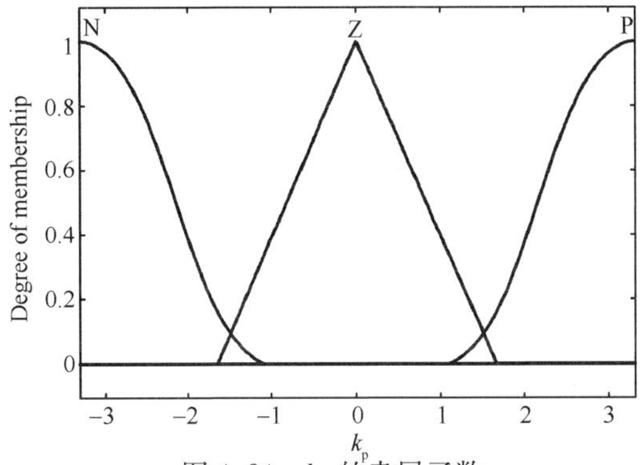

图 4-24　k_p 的隶属函数

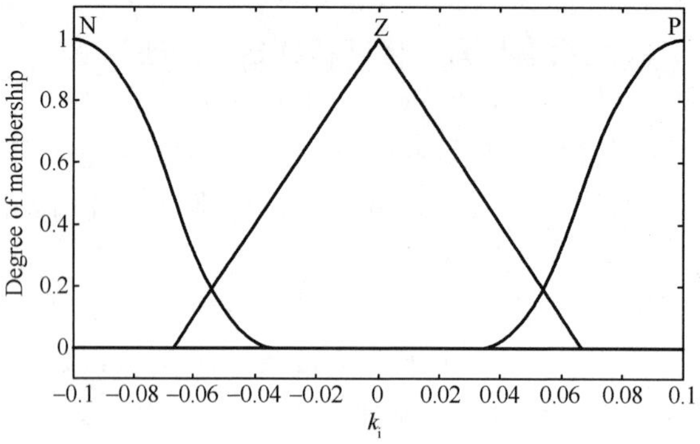

图 4-25　k_i 的隶属函数

(1) if (e is N) and (ec is N) then (kp is N)(ki is Z)
(2) if (e is N) and (ec is Z) then (kp is N)(ki is Z)
(3) if (e is N) and (ec is P) then (kp is N)(ki is Z)
(4) if (e is Z) and (ec is N) then (kp is N)(ki is P)
(5) if (e is Z) and (ec is Z) then (kp is P)(ki is P)
(6) if (e is Z) and (ec is P) then (kp is P)(ki is P)
(7) if (e is P) and (ec is N) then (kp is P)(ki is Z)
(8) if (e is P) and (ec is Z) then (kp is P)(ki is Z)
(9) if (e is P) and (ec is P) then (kp is P)(ki is Z)

另外,针对模糊推理系统 fuzzpid. fis,运行 fuzzy 命令,可进行模糊规则库和隶属函数的编辑,如图 4-26 所示;运行 ruleview 命令,可实现模糊推理系统的动态仿真,如图 4-27 所示。

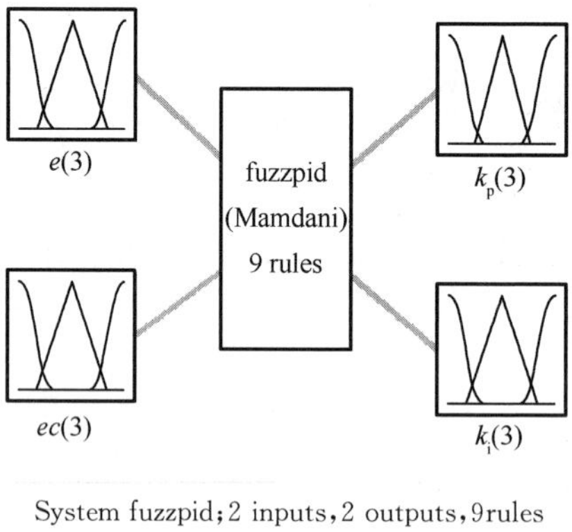

图 4-26　模糊推理系统 fuzzpid. fis 的结构

在程序 chap4_7b. m 中,利用所设计的模糊推理系统 fuzzpid. fis 进行 PI 参数的整定。为了显示模糊规则的调整效果,取 k_p、k_i 的初始值为零,响应结果及 PI 参数的自适应变化如图 4-28 和图 4-29 所示。

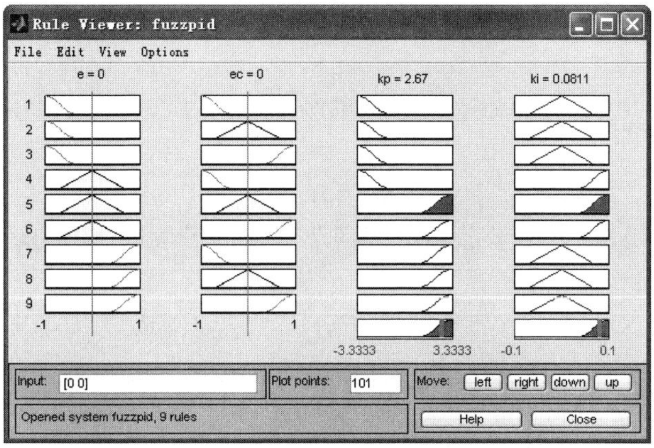

图 4-27　模糊推理系统的动态仿真

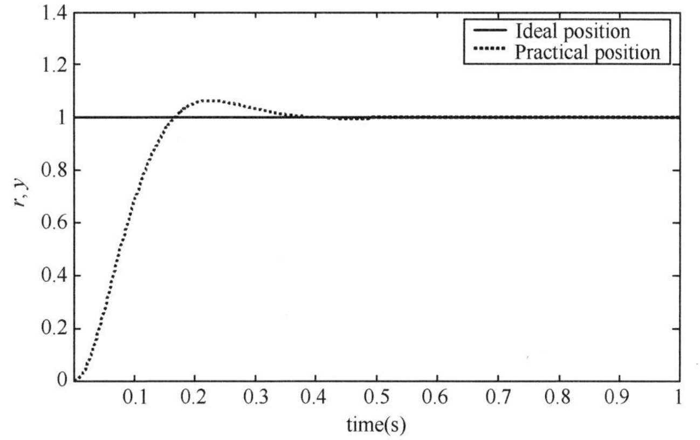

图 4-28　PI 参数的响应结果

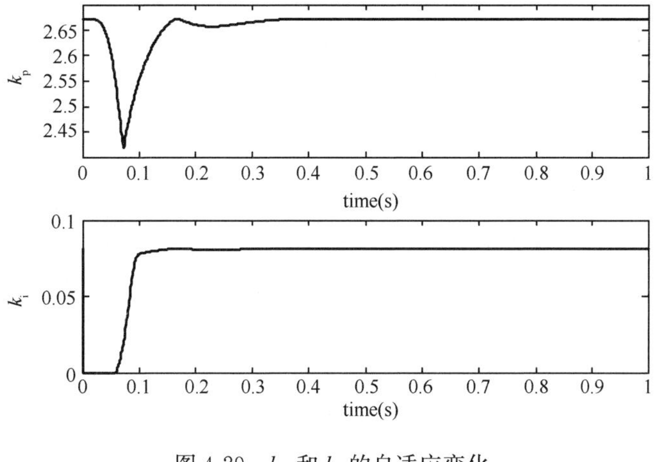

图 4-29　k_p 和 k_i 的自适应变化

4.6　T-S 模糊模型

1. T-S 模糊模型的形式

前面介绍的是传统的模糊控制系统，属于 Mamdani 模糊模型，其输出为模糊量。另一种模糊模型为 T-S 模糊模型。T-S(Takagi-Sugeno) 模糊模型由 Takagi 和 Sugeno 两位学者在 1985 年提出[10,11]。该模型的主要思想是将非线性系统用许多线段近似表示出来，即将复杂的非线性问题转化为在不同小线段上的问题。

T-S 模糊模型的输出为常量或线性函数，其函数形式为

$$\begin{aligned} y &= a \\ y &= ax + b \end{aligned} \tag{4.11}$$

T-S 模糊模型与 Mamdani 模糊模型的区别在于：①T-S 模糊模型的输出为常量或线性函数；②T-S 模糊模型的输出为精确量。

T-S 模糊模型的模糊推理系统非常适合于分段线性控制系统，如在导弹、飞行器的控制中，可根据高度和速度建立 T-S 模糊模型的模糊推理系统，实现性能良好的线性控制。

2. 仿真实例

实例 1：一个简单实例

设输入 $X \in [0,5]$，$Y \in [0,10]$，将它们模糊化为两个模糊量，即“小”和“大”。输出 Z 为输入 (X,Y) 的线性函数，模糊规则为

if　X 为 small　and　Y 为 small　then　$Z = -X + Y - 3$

if　X 为 small　and　Y 为 big　then　$Z = X + Y - 1$

if　X 为 big　and　Y 为 small　then　$Z = -2Y + 2$

if　X 为 big　and　Y 为 big　then　$Z = 2X + Y - 6$

仿真程序见本章附录程序 chap4_8. m。模糊推理系统的输入隶属函数曲线及输入、输出曲线如图 4-30 和图 4-31 所示。

通过 showrule(ts2) 命令可显示模糊规则，共有以下 4 条：

(1) if　(X is small)　and　(Y is small)　then　(Z is first area)

(2) if　(X is small)　and　(Y is big)　then　(Z is second area)

(3) if　(X is big)　and　(Y is small)　then　(Z is third area)

(4) if　(X is big)　and　(Y is big)　then　(Z is fourth area)

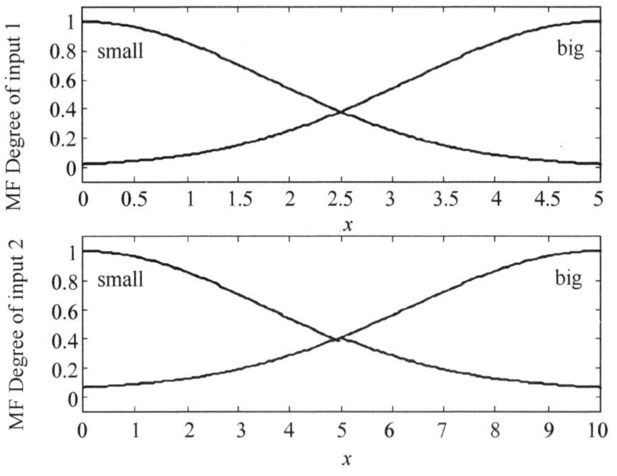

图 4-30　T-S 模糊推理系统的输入隶属函数曲线

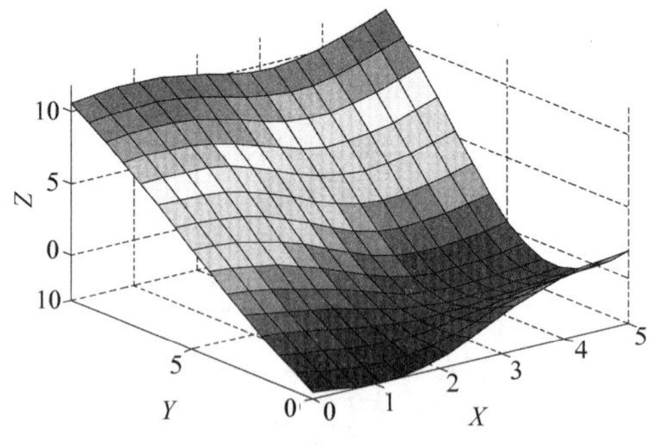

图 4-31　T-S 模糊推理系统的输入、输出曲线

实例 2：一类非线性系统的 T-S 模糊建模

考虑如下非线性系统

$$\begin{aligned} \dot{x}_1(t) &= -x_1(t) + x_1(t)x_2^3(t) \\ \dot{x}_2(t) &= -x_2(t) + (3 + x_2(t))x_1^3(t) \end{aligned} \tag{4.12}$$

其中，$x_1(t) \in [-1,1]$，$x_2(t) \in [-1,1]$。

式(4.12)可写为

$$\dot{\boldsymbol{x}}(t) = \begin{bmatrix} -1 & x_1(t)x_2^2(t) \\ (3+x_2(t))x_1^2(t) & -1 \end{bmatrix} \boldsymbol{x}(t)$$

其中，$\boldsymbol{x}(t) = [x_1(t) \quad x_2(t)]^{\mathrm{T}}$。

定义

$$z_1(t) = x_1(t)x_2^2(t), z_2(t) = (3+x_2(t))x_1^2(t) \tag{4.13}$$

则

$$\dot{\boldsymbol{x}}(t) = \begin{bmatrix} -1 & z_1(t) \\ z_2(t) & -1 \end{bmatrix} \boldsymbol{x}(t) \tag{4.14}$$

考虑 $x_1(t) \in [-1,1]$，$x_2(t) \in [-1,1]$，则

$$\max_{x_1(t),x_2(t)} z_1(t) = 1, \quad \min_{x_1(t),x_2(t)} z_1(t) = -1 \tag{4.15}$$

$$\max_{x_1(t),x_2(t)} z_2(t) = 4, \quad \min_{x_1(t),x_2(t)} z_2(t) = 0 \tag{4.16}$$

针对 $z_1(t)$，采用模糊集 $M_1(z_1(t))$ 和 $M_2(z_1(t))$ 来描述；针对 $z_2(t)$，采用模糊集 $N_1(z_2(t))$ 和 $N_2(z_2(t))$ 来描述。采用三角形隶属函数分别描述 $z_1(t)$ 和 $z_1(t)$ 的模糊集，如图 4-32 和图 4-33 所示。隶属函数设计为

$$M_1(z_1(t)) = \frac{z_1(t)+1}{2}, \quad M_2(z_1(t)) = \frac{1-z_1(t)}{2} \tag{4.17}$$

$$N_1(z_2(t)) = \frac{z_2(t)}{4}, \qquad N_2(z_2(t)) = \frac{4-z_1(t)}{2} \tag{4.18}$$

隶属函数的设计仿真程序见本章附录程序 chap4_9.m 和 chap4_10.m。

将模糊集模糊化为两个模糊量，即“小”和“大”。模糊规则为：

Rule1 if $z_1(t)$ is big and $z_2(t)$ is big then $\dot{\boldsymbol{x}}(t) = \boldsymbol{A}_1\boldsymbol{x}(t)$

Rule2 if $z_1(t)$ is big and $z_2(t)$ is small then $\dot{\boldsymbol{x}}(t) = \boldsymbol{A}_2\boldsymbol{x}(t)$

Rule3 if $z_1(t)$ is small and $z_2(t)$ is big then $\dot{\boldsymbol{x}}(t) = \boldsymbol{A}_3\boldsymbol{x}(t)$

Rule4 if $z_1(t)$ is small and $z_2(t)$ is small then $\dot{\boldsymbol{x}}(t) = \boldsymbol{A}_4\boldsymbol{x}(t)$

结合式(4.15)至式(4.18)，根据式(4.14)可得

$$\boldsymbol{A}_1 = \begin{bmatrix} -1 & 1 \\ 4 & -1 \end{bmatrix}, \boldsymbol{A}_2 = \begin{bmatrix} -1 & 1 \\ 0 & -1 \end{bmatrix}, \boldsymbol{A}_3 = \begin{bmatrix} -1 & -1 \\ 4 & -1 \end{bmatrix}, \boldsymbol{A}_2 = \begin{bmatrix} -1 & -1 \\ 0 & -1 \end{bmatrix}$$

其中以 Rule1 为例，将 $z_1(t) = 1$，$z_2(t) = 4$ 代入式(4.14)可得 $\boldsymbol{A}_1$。

T-S 模糊模型输出为

$$\dot{\boldsymbol{x}}(t) = \sum_{i=1}^{4} h_i(z(t))\boldsymbol{A}_i\boldsymbol{x}(t) \tag{4.19}$$

其中

$$h_1(z(t)) = M_1(z_1(t)) \times N_1(z_2(t))$$
$$h_2(z(t)) = M_1(z_1(t)) \times N_2(z_2(t))$$
$$h_3(z(t)) = M_2(z_1(t)) \times N_1(z_2(t))$$
$$h_4(z(t)) = M_2(z_1(t)) \times N_2(z_2(t))$$

可见，通过 T-S 模糊建模，可将非线性系统式(4.12)在 $x_1(t) \in [-1,1]$，$x_2(t) \in [-1,1]$ 内转化为线性系统式(4.19)的形式。

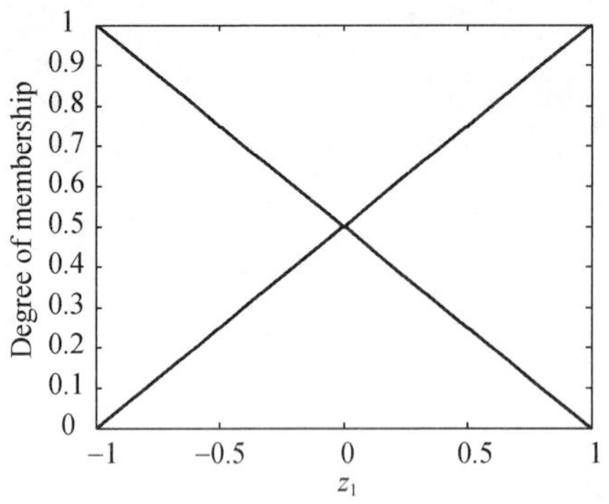

图 4-32　$M_1(z_1(t))$ 和 $M_2(z_1(t))$ 隶属函数

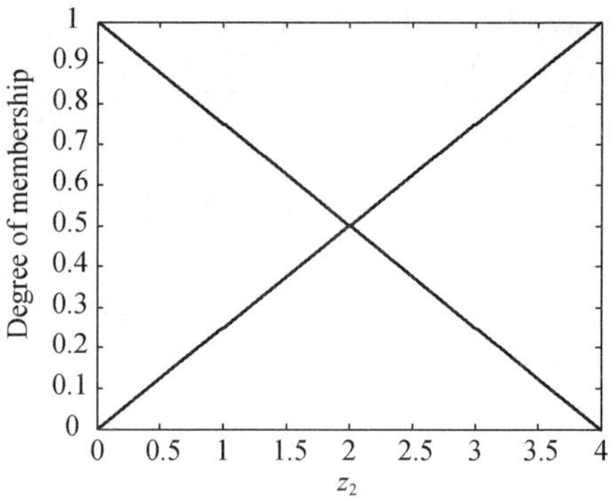

图 4-33　$N_1(z_2(t))$ 和 $N_2(z_2(t))$ 隶属函数

4.7　基于 LMI 的非线性系统 T-S 模糊控制

采用 T-S 模糊系统进行非线性系统建模的研究是近年来控制理论的研究热点之一。实践证明,具有线性特性的 T-S 模糊模型以模糊规则的形式充分利用系统局部信息和专家控制经验,可任意精度逼近实际被控对象[42]。

4.7.1　T-S 模糊控制器的设计

针对 n 个状态变量 m 个控制输入的连续非线性系统,其 T-S 模糊模型可描述为以下 r 条模糊规则。

规则 i:if　$x_1(t)$ is M_1^i　and　$x_2(t)$ is M_2^i　and　$x_n(t)$ is M_n^i

$$\text{then}\quad \dot{\boldsymbol{x}}(t)=\boldsymbol{A}_i\boldsymbol{x}(t)+\boldsymbol{B}_i\boldsymbol{u}(t),i=1,2,\cdots,r \tag{4.20}$$

其中,$x_j(t)$ 为系统的第 j 个状态变量;M_j^i 为第 i 条规则的第 j 个隶属函数;$\boldsymbol{x}(t)$ 为状态向量,$\boldsymbol{x}(t)=[x_1(t)\quad\cdots\quad x_n(t)]^{\mathrm{T}}\in\mathbf{R}^n$;$\boldsymbol{u}(t)$ 为控制输入向量,$\boldsymbol{u}(t)=[u_1(t)\quad\cdots\quad u_m(t)]^{\mathrm{T}}\in\mathbf{R}^m$;$\boldsymbol{A}_i\in\mathbf{R}^{n\times n}$,$\boldsymbol{B}_i\in\mathbf{R}^{n\times m}$。

根据模糊系统的反模糊化定义,由式(4.20)构成的模糊模型总的输出为

$$\dot{\boldsymbol{x}}(t)=\frac{\sum_{i=1}^{r}w_i[\boldsymbol{A}_i\boldsymbol{x}(t)+\boldsymbol{B}_i\boldsymbol{u}(t)]}{\sum_{i=1}^{r}w_i} \tag{4.21}$$

其中,w_i 为规则 i 的隶属函数,$w_i=\prod_{k=1}^{n}M_k^i(x_k(t))$。以 4 条规则为例,规则前提为 x_1,则 $k=1$,$i=1,2,3,4$,则 $w_1=M_1^1(x_1)$,$w_2=M_1^2(x_1)$,$w_3=M_1^3(x_1)$,$w_4=M_1^4(x_1)$。

针对每条 T-S 模糊规则,采用状态反馈方法,可设计 r 条模糊控制规则。

控制规则 i:if　$x_1(t)$ is M_1^i　and　$x_2(t)$ is M_2^i　and　$x_n(t)$ is M_n^i　(4.22)

$$\text{then}\quad \boldsymbol{u}(t)=\boldsymbol{K}_i\boldsymbol{x}(t),i=1,2,\cdots,r$$

并行分布补偿(Parallel Distributed Compensation,PDC)方法是一种基于模型的模糊控制器设计方法[10,11,42],适用于解决基于 T-S 模糊建模的非线性系统控制问题。

根据模糊系统的反模糊化定义,针对连续非线性系统,根据式(4.22),采用 PDC 方法设计的 T-S 模糊控制器为

$$\boldsymbol{u}(t)=\frac{\sum_{i=1}^{r} w_i \boldsymbol{K}_i \boldsymbol{x}(t)}{\sum_{i=1}^{r} w_i} \tag{4.23}$$

根据式(4.23),采用 2 条模糊规则,设计基于 T-S 的模糊控制器为

$$\boldsymbol{u}(t)=\frac{w_1\boldsymbol{K}_1+w_2\boldsymbol{K}_2}{\sum_{j=1}^{2} w_j}\boldsymbol{x}(t)=\sum_{i=1}^{2} h_i \boldsymbol{K}_i \boldsymbol{x}(t) \tag{4.24}$$

其中,$h_i=\dfrac{w_i}{\sum_{i=1}^{2} w_i}$。

4.7.2 倒立摆系统的 T-S 模糊模型

倒立摆系统的控制问题一直是控制研究中的一个典型问题。控制的目标是通过给小车底座施加一个控制输入 u,使小车停留在预定的位置,并使倒立摆不倒下,即不超过一预先定义好的垂直偏离角度范围。

单级倒立摆模型为

$$\begin{aligned}\dot{x}_1&=x_2\\ \dot{x}_2&=\frac{g\sin x_1-amlx_2^2\sin(2x_1)/2-au\cos x_1}{4l/3-aml\cos^2 x_1}\end{aligned} \tag{4.25}$$

其中,x_1 为倒立摆的角度;x_2 为倒立摆的角速度;$2l$ 为倒立摆的长度;u 为加在小车上的控制输入;$a=\dfrac{1}{M+m}$,M 和 m 分别为小车和倒立摆的质量;$\boldsymbol{x}=[x_1 \quad x_2]^{\mathrm{T}}$。

控制目标为:在 $x_1\in\left[0,\dfrac{\pi}{2}\right]$内,通过设计控制律 u,实现 $x_1\to 0$,$x_2\to 0$。

取 $g=9.8\mathrm{m/s^2}$,倒立摆的质量 $m=2.0\mathrm{kg}$,小车质量 $M=8.0\mathrm{kg}$,$2l=1.0\mathrm{m}$。

首先采用模糊规则对非线性模型线性化,根据倒立摆模型可知,当 $x_1\to 0$ 时,$\sin x_1\to x_1$,$amlx_2^2\sin(2x_1)\to 0$,$\cos x_1\to 1$;$x_1\to\pm\dfrac{\pi}{2}$ 时,$\sin x_1\to\pm 1\to\dfrac{2}{\pi}x_1$,$amlx_2^2\sin(2x_1)\to 0$,由此可得以下两条 T-S 模糊规则。

规则 1:if $x_1(t)$ is about 0 then $\dot{\boldsymbol{x}}(t)=\boldsymbol{A}_1\boldsymbol{x}(t)+\boldsymbol{B}_1u(t)$

规则 2:if $x_1(t)$ is about $\pm\dfrac{\pi}{2}\left(|x_1|<\dfrac{\pi}{2}\right)$ then $\dot{\boldsymbol{x}}(t)=\boldsymbol{A}_2\boldsymbol{x}(t)+\boldsymbol{B}_2u(t)$

其中,$\boldsymbol{A}_1=\begin{bmatrix}0 & 1\\ \dfrac{g}{4l/3-aml} & 0\end{bmatrix}$,$\boldsymbol{B}_1=\begin{bmatrix}0\\ -\dfrac{a}{4l/3-aml}\end{bmatrix}$,$\boldsymbol{A}_2=\begin{bmatrix}0 & 1\\ \dfrac{2g}{\pi(4l/3-aml\beta^2)} & 0\end{bmatrix}$,$\boldsymbol{B}_2=\begin{bmatrix}0\\ -\dfrac{a\beta}{4l/3-aml\beta^2}\end{bmatrix}$,$\beta=\cos(88^\circ)$。

4.7.3 基于 LMI 的单级倒立摆 T-S 模糊控制器设计

T-S 模糊系统的稳定性条件可表述成线性矩阵不等式 LMI 的形式[51],基于 T-S 模糊模型的非线性系统的鲁棒稳定和自适应控制的研究是控制理论研究的热点。

取 Lyapunov 函数

$$V(t)=\frac{1}{2}\boldsymbol{x}^{\mathrm{T}}\boldsymbol{P}\boldsymbol{x}$$

其中,矩阵 $\boldsymbol{P}$ 为正定对称矩阵。则

$$\dot{V}(t)=\frac{1}{2}\dot{\boldsymbol{x}}^{\mathrm{T}}\boldsymbol{P}\boldsymbol{x}+\frac{1}{2}\boldsymbol{x}^{\mathrm{T}}\boldsymbol{P}\dot{\boldsymbol{x}}=\frac{1}{2}\left\{\frac{\sum_{i=1}^{r}w_i[\boldsymbol{A}_i\boldsymbol{x}+\boldsymbol{B}_i\boldsymbol{u}]}{\sum_{i=1}^{r}w_i}\right\}^{\mathrm{T}}\boldsymbol{P}\boldsymbol{x}+\frac{1}{2}\boldsymbol{x}^{\mathrm{T}}\boldsymbol{P}\left\{\frac{\sum_{i=1}^{r}w_i[\boldsymbol{A}_i\boldsymbol{x}+\boldsymbol{B}_i\boldsymbol{u}]}{\sum_{i=1}^{r}w_i}\right\}$$

将式(4.24)代入上式,可得

$$\dot{V}(t)=\frac{1}{2}\boldsymbol{x}^{\mathrm{T}}\left\{\frac{\sum_{i=1}^{r}\sum_{j=1}^{r}w_iw_j[(\boldsymbol{A}_i+\boldsymbol{B}_i\boldsymbol{K}_j)^{\mathrm{T}}\boldsymbol{P}+\boldsymbol{P}(\boldsymbol{A}_i+\boldsymbol{B}_i\boldsymbol{K}_j)]}{\sum_{i=1}^{r}\sum_{j=1}^{r}w_iw_j}\right\}\boldsymbol{x}$$

分别考虑 $i=j$ 和 $i\neq j$ 两种情况,将 $\dot{V}(t)$ 展开,得

$$\begin{aligned}&\sum_{i=1}^{r}\sum_{j=1}^{r}w_iw_j[(\boldsymbol{A}_i+\boldsymbol{B}_i\boldsymbol{K}_j)^{\mathrm{T}}\boldsymbol{P}+\boldsymbol{P}(\boldsymbol{A}_i+\boldsymbol{B}_i\boldsymbol{K}_j)]\\&=\sum_{i=j=1}^{r}w_iw_i[(\boldsymbol{A}_i+\boldsymbol{B}_i\boldsymbol{K}_i)^{\mathrm{T}}\boldsymbol{P}+\boldsymbol{P}(\boldsymbol{A}_i+\boldsymbol{B}_i\boldsymbol{K}_i)]+\\&\quad\sum_{i<j}^{r}w_iw_j[(\boldsymbol{A}_i+\boldsymbol{B}_i\boldsymbol{K}_j)^{\mathrm{T}}\boldsymbol{P}+\boldsymbol{P}(\boldsymbol{A}_i+\boldsymbol{B}_i\boldsymbol{K}_j)]+\\&\quad\sum_{i>j}^{r}w_iw_j[(\boldsymbol{A}_i+\boldsymbol{B}_i\boldsymbol{K}_j)^{\mathrm{T}}\boldsymbol{P}+\boldsymbol{P}(\boldsymbol{A}_i+\boldsymbol{B}_i\boldsymbol{K}_j)]\end{aligned}\tag{4.26}$$

注:以 $r=2$ 为例,可得如下展开

$$\sum_{i=1}^{2}\sum_{j=1}^{2}w_iw_j=\sum_{i=j=1}^{r}w_iw_i+\sum_{i<j}^{r}w_iw_j+\sum_{i>j}^{r}w_iw_j=w_1w_1+w_2w_2+w_1w_2+w_2w_1$$

由于 i 和 j 交换不影响结果,则

$$\sum_{i>j}^{r}w_iw_j[(\boldsymbol{A}_i+\boldsymbol{B}_i\boldsymbol{K}_j)^{\mathrm{T}}\boldsymbol{P}+\boldsymbol{P}(\boldsymbol{A}_i+\boldsymbol{B}_i\boldsymbol{K}_j)]=\sum_{j>i}^{r}w_jw_i[(\boldsymbol{A}_j+\boldsymbol{B}_j\boldsymbol{K}_i)^{\mathrm{T}}\boldsymbol{P}+\boldsymbol{P}(\boldsymbol{A}_j+\boldsymbol{B}_j\boldsymbol{K}_i)]$$

从而

$$\begin{aligned}&\sum_{i=1}^{r}\sum_{j=1}^{r}w_iw_j[(\boldsymbol{A}_i+\boldsymbol{B}_i\boldsymbol{K}_j)^{\mathrm{T}}\boldsymbol{P}+\boldsymbol{P}(\boldsymbol{A}_i+\boldsymbol{B}_i\boldsymbol{K}_j)]\\&=\sum_{i=j=1}^{r}w_iw_i[(\boldsymbol{A}_i+\boldsymbol{B}_i\boldsymbol{K}_i)^{\mathrm{T}}\boldsymbol{P}+\boldsymbol{P}(\boldsymbol{A}_i+\boldsymbol{B}_i\boldsymbol{K}_i)]+\\&\quad\sum_{i<j}^{r}w_iw_j[(\boldsymbol{A}_i+\boldsymbol{B}_i\boldsymbol{K}_j)^{\mathrm{T}}\boldsymbol{P}+\boldsymbol{P}(\boldsymbol{A}_i+\boldsymbol{B}_i\boldsymbol{K}_j)]+\sum_{j>i}^{r}w_jw_i[(\boldsymbol{A}_j+\boldsymbol{B}_j\boldsymbol{K}_i)^{\mathrm{T}}\boldsymbol{P}+\boldsymbol{P}(\boldsymbol{A}_j+\boldsymbol{B}_j\boldsymbol{K}_i)]\\&=\sum_{i=j=1}^{r}w_iw_i[(\boldsymbol{A}_i+\boldsymbol{B}_i\boldsymbol{K}_i)^{\mathrm{T}}\boldsymbol{P}+\boldsymbol{P}(\boldsymbol{A}_i+\boldsymbol{B}_i\boldsymbol{K}_i)]+\\&\quad\sum_{i<j}^{r}w_iw_j[((\boldsymbol{A}_i+\boldsymbol{B}_i\boldsymbol{K}_j)+(\boldsymbol{A}_j+\boldsymbol{B}_j\boldsymbol{K}_i))^{\mathrm{T}}\boldsymbol{P}+\boldsymbol{P}((\boldsymbol{A}_i+\boldsymbol{B}_i\boldsymbol{K}_j)+(\boldsymbol{A}_j+\boldsymbol{B}_j\boldsymbol{K}_i))]\end{aligned}$$

则

$$\dot{V}(t)=\frac{1}{2}\boldsymbol{x}^{\mathrm{T}}\frac{1}{\sum_{i=1}^{r}\sum_{j=1}^{r}w_iw_j}\sum_{i=j=1}^{r}w_iw_i[(\boldsymbol{A}_i+\boldsymbol{B}_i\boldsymbol{K}_i)^{\mathrm{T}}\boldsymbol{P}+\boldsymbol{P}(\boldsymbol{A}_i+\boldsymbol{B}_i\boldsymbol{K}_i)]\boldsymbol{x}+$$

$$\frac{1}{2}\boldsymbol{x}^{\mathrm{T}}\frac{1}{\sum_{i=1}^{r}\sum_{j=1}^{r}w_iw_j}\sum_{i<j}^{r}w_iw_j[((\boldsymbol{A}_i+\boldsymbol{B}_i\boldsymbol{K}_j)+(\boldsymbol{A}_j+\boldsymbol{B}_j\boldsymbol{K}_i))^{\mathrm{T}}\boldsymbol{P}+\boldsymbol{P}((\boldsymbol{A}_i+\boldsymbol{B}_i\boldsymbol{K}_j)+(\boldsymbol{A}_j+\boldsymbol{B}_j\boldsymbol{K}_i))]\boldsymbol{x}$$

令 $\boldsymbol{G}_{ij}=(\boldsymbol{A}_i+\boldsymbol{B}_i\boldsymbol{K}_j)+(\boldsymbol{A}_j+\boldsymbol{B}_j\boldsymbol{K}_i)$，可得

$$\dot{V}(t)=\frac{1}{2}\boldsymbol{x}^{\mathrm{T}}\frac{1}{\sum_{i=1}^{r}\sum_{j=1}^{r}w_iw_j}\sum_{i=j=1}^{r}w_iw_i[(\boldsymbol{A}_i+\boldsymbol{B}_i\boldsymbol{K}_i)^{\mathrm{T}}\boldsymbol{P}+\boldsymbol{P}(\boldsymbol{A}_i+\boldsymbol{B}_i\boldsymbol{K}_i)]\boldsymbol{x}+$$
$$\frac{1}{2}\boldsymbol{x}^{\mathrm{T}}\frac{1}{\sum_{i=1}^{r}\sum_{j=1}^{r}w_iw_j}\sum_{i<j}^{r}w_iw_j[\boldsymbol{G}_{ij}^{\mathrm{T}}\boldsymbol{P}+\boldsymbol{P}\boldsymbol{G}_{ij}]\boldsymbol{x}$$

则当满足如下不等式

$$\begin{cases}(\boldsymbol{A}_i+\boldsymbol{B}_i\boldsymbol{K}_i)^{\mathrm{T}}\boldsymbol{P}+\boldsymbol{P}(\boldsymbol{A}_i+\boldsymbol{B}_i\boldsymbol{K}_i)<0 & i=j=1,2,\cdots,r\\ \boldsymbol{G}_{ij}^{\mathrm{T}}\boldsymbol{P}+\boldsymbol{P}\boldsymbol{G}_{ij}<0 & i<j\leqslant r\end{cases}\tag{4.27}$$

有 $\dot{V}(t)\leqslant 0$。

可见，当 $\dot{V}(t)\equiv 0$ 时，$\boldsymbol{x}\equiv 0$，根据 LaSalle 不变性原理，$t\to\infty$ 时，$\boldsymbol{x}\to 0$。

4.7.4　不等式的转换

为了求解式(4.27)，首先考虑第一个不等式 $(\boldsymbol{A}_i+\boldsymbol{B}_i\boldsymbol{K}_i)^{\mathrm{T}}\boldsymbol{P}+\boldsymbol{P}(\boldsymbol{A}_i+\boldsymbol{B}_i\boldsymbol{K}_i)<0, i=j=1,2,\cdots,r$。取 $\boldsymbol{Q}=\boldsymbol{P}^{-1}$，则 $\boldsymbol{Q}$ 也是正定对称矩阵，令 $\boldsymbol{V}_i=\boldsymbol{K}_i\boldsymbol{Q}$，则

$$\boldsymbol{A}_i^{\mathrm{T}}\boldsymbol{P}+\boldsymbol{K}_i^{\mathrm{T}}\boldsymbol{B}_i^{\mathrm{T}}\boldsymbol{P}+\boldsymbol{P}\boldsymbol{A}_i+\boldsymbol{P}\boldsymbol{B}_i\boldsymbol{K}_i<0$$

上式中的各项两边分别乘以 $\boldsymbol{P}^{-1}$，得

$$\boldsymbol{P}^{-1}\boldsymbol{A}_i^{\mathrm{T}}+\boldsymbol{P}^{-1}\boldsymbol{K}_i^{\mathrm{T}}\boldsymbol{B}_i^{\mathrm{T}}+\boldsymbol{A}_i\boldsymbol{P}^{-1}+\boldsymbol{B}_i\boldsymbol{K}_i\boldsymbol{P}^{-1}<0$$

即

$$\boldsymbol{Q}\boldsymbol{A}_i^{\mathrm{T}}+\boldsymbol{V}_i^{\mathrm{T}}\boldsymbol{B}_i^{\mathrm{T}}+\boldsymbol{A}_i\boldsymbol{Q}+\boldsymbol{B}_i\boldsymbol{V}_i<0$$

即

$$\boldsymbol{Q}\boldsymbol{A}_i^{\mathrm{T}}+\boldsymbol{A}_i\boldsymbol{Q}+\boldsymbol{V}_i^{\mathrm{T}}\boldsymbol{B}_i^{\mathrm{T}}+\boldsymbol{B}_i\boldsymbol{V}_i<0\tag{4.28}$$

然后考虑第二个不等式 $\boldsymbol{G}_{ij}^{\mathrm{T}}\boldsymbol{P}+\boldsymbol{P}\boldsymbol{G}_{ij}<0$，$\boldsymbol{G}_{ij}=(\boldsymbol{A}_i+\boldsymbol{B}_i\boldsymbol{K}_j)+(\boldsymbol{A}_j+\boldsymbol{B}_j\boldsymbol{K}_i)$，$i<j\leqslant r$。取 $\boldsymbol{Q}=\boldsymbol{P}^{-1}$，则 $\boldsymbol{Q}$ 也是正定对称矩阵。令 $\boldsymbol{V}_i=\boldsymbol{K}_i\boldsymbol{Q}$，$\boldsymbol{V}_j=\boldsymbol{K}_j\boldsymbol{Q}$，则

$$((\boldsymbol{A}_i+\boldsymbol{B}_i\boldsymbol{K}_j)+(\boldsymbol{A}_j+\boldsymbol{B}_j\boldsymbol{K}_i))^{\mathrm{T}}\boldsymbol{P}+\boldsymbol{P}((\boldsymbol{A}_i+\boldsymbol{B}_i\boldsymbol{K}_j)+(\boldsymbol{A}_j+\boldsymbol{B}_j\boldsymbol{K}_i))<0$$

上式中的各项两边分别乘以 $\boldsymbol{P}^{-1}$，并考虑 $\boldsymbol{Q}=\boldsymbol{Q}^{\mathrm{T}}$，得

$$\boldsymbol{Q}^{\mathrm{T}}((\boldsymbol{A}_i+\boldsymbol{B}_i\boldsymbol{K}_j)+(\boldsymbol{A}_j+\boldsymbol{B}_j\boldsymbol{K}_i))^{\mathrm{T}}+((\boldsymbol{A}_i+\boldsymbol{B}_i\boldsymbol{K}_j)+(\boldsymbol{A}_j+\boldsymbol{B}_j\boldsymbol{K}_i))\boldsymbol{Q}<0$$

即

$$(\boldsymbol{A}_i\boldsymbol{Q}+\boldsymbol{B}_i\boldsymbol{K}_j\boldsymbol{Q}+\boldsymbol{A}_j\boldsymbol{Q}+\boldsymbol{B}_j\boldsymbol{K}_i\boldsymbol{Q})^{\mathrm{T}}+\boldsymbol{A}_i\boldsymbol{Q}+\boldsymbol{B}_i\boldsymbol{K}_j\boldsymbol{Q}+\boldsymbol{A}_j\boldsymbol{Q}+\boldsymbol{B}_j\boldsymbol{K}_i\boldsymbol{Q}<0$$

从而得

$$(\boldsymbol{A}_i\boldsymbol{Q}+\boldsymbol{B}_i\boldsymbol{V}_j+\boldsymbol{A}_j\boldsymbol{Q}+\boldsymbol{B}_j\boldsymbol{V}_i)^{\mathrm{T}}+\boldsymbol{A}_i\boldsymbol{Q}+\boldsymbol{B}_i\boldsymbol{V}_j+\boldsymbol{A}_j\boldsymbol{Q}+\boldsymbol{B}_j\boldsymbol{V}_i<0$$

即

$$\boldsymbol{Q}\boldsymbol{A}_i^{\mathrm{T}}+\boldsymbol{A}_i\boldsymbol{Q}+\boldsymbol{Q}\boldsymbol{A}_j^{\mathrm{T}}+\boldsymbol{A}_j\boldsymbol{Q}+\boldsymbol{V}_j^{\mathrm{T}}\boldsymbol{B}_i^{\mathrm{T}}+\boldsymbol{B}_i\boldsymbol{V}_j+\boldsymbol{V}_i^{\mathrm{T}}\boldsymbol{B}_j^{\mathrm{T}}+\boldsymbol{B}_j\boldsymbol{V}_i<0\tag{4.29}$$

4.7.5　LMI 设计实例

考虑模糊系统有 2 条模糊规则，$r=2$，有 $i=1,2$，根据式(4.28)，则 LMI 不等式为

$$\begin{aligned} &\boldsymbol{QA}_1^{\mathrm{T}}+\boldsymbol{A}_1\boldsymbol{Q}+\boldsymbol{V}_1^{\mathrm{T}}\boldsymbol{B}_1^{\mathrm{T}}+\boldsymbol{B}_1\boldsymbol{V}_1<0 \\ &\boldsymbol{QA}_2^{\mathrm{T}}+\boldsymbol{A}_2\boldsymbol{Q}+\boldsymbol{V}_2^{\mathrm{T}}\boldsymbol{B}_2^{\mathrm{T}}+\boldsymbol{B}_2\boldsymbol{V}_2<0 \end{aligned} \tag{4.30}$$

针对$i<j\leqslant r$,有$i=1,j=2$,只有2条规则的隶属函数相互作用,根据式(4.29),则可设计1个LMI不等式为

$$\boldsymbol{QA}_1^{\mathrm{T}}+\boldsymbol{A}_1\boldsymbol{Q}+\boldsymbol{QA}_2^{\mathrm{T}}+\boldsymbol{A}_2\boldsymbol{Q}+\boldsymbol{V}_2^{\mathrm{T}}\boldsymbol{B}_1^{\mathrm{T}}+\boldsymbol{B}_1\boldsymbol{V}_2+\boldsymbol{V}_1^{\mathrm{T}}\boldsymbol{B}_2^{\mathrm{T}}+\boldsymbol{B}_2\boldsymbol{V}_1<0 \tag{4.31}$$

根据式(4.30)和式(4.31),倒立摆的LMI可表示为

$$\begin{cases} \boldsymbol{QA}_1^{\mathrm{T}}+\boldsymbol{A}_1\boldsymbol{Q}+\boldsymbol{V}_1^{\mathrm{T}}\boldsymbol{B}_1^{\mathrm{T}}+\boldsymbol{B}_1\boldsymbol{V}_1<0 \\ \boldsymbol{QA}_2^{\mathrm{T}}+\boldsymbol{A}_2\boldsymbol{Q}+\boldsymbol{V}_2^{\mathrm{T}}\boldsymbol{B}_2^{\mathrm{T}}+\boldsymbol{B}_2\boldsymbol{V}_2<0 \\ \boldsymbol{QA}_1^{\mathrm{T}}+\boldsymbol{A}_1\boldsymbol{Q}+\boldsymbol{QA}_2^{\mathrm{T}}+\boldsymbol{A}_2\boldsymbol{Q}+\boldsymbol{V}_2^{\mathrm{T}}\boldsymbol{B}_1^{\mathrm{T}}+\boldsymbol{B}_1\boldsymbol{V}_2+\boldsymbol{V}_1^{\mathrm{T}}\boldsymbol{B}_2^{\mathrm{T}}+\boldsymbol{B}_2\boldsymbol{V}_1<0 \\ \boldsymbol{Q}=\boldsymbol{P}^{-1}>0 \end{cases} \tag{4.32}$$

其中,$\boldsymbol{K}_1=\boldsymbol{V}_1\boldsymbol{P},\boldsymbol{K}_2=\boldsymbol{V}_2\boldsymbol{P}$。

在Matlab中采用LMI求解工具箱——YALMIP工具箱实现LMI求解[51],Matlab程序如下:

```
L1= Q* A1'+ A1* Q+ V1'* B1'+ B1* V1;
L2= Q* A2'+ A2* Q+ V2'* B2'+ B2* V2;
L3= Q* A1'+ A1* Q+ Q* A2'+ A2* Q+ V2'* B1'+ B1* V2+ V1'* B2'+ B2* V1;
F= set(L1< 0)+ set(L2< 0)+ set(L3< 0)+ set(Q> 0);
```

采用PDC方法,根据式(4.24),基于T-S的模糊控制器为

$$u=h_1\boldsymbol{K}_1\boldsymbol{x}(t)+h_2\boldsymbol{K}_2\boldsymbol{x}(t) \tag{4.33}$$

4.7.6 基于LMI的倒立摆T-S模糊控制

仿真中采用三角形隶属函数实现倒立摆角度$x_1(t)$的模糊化,隶属函数设计程序为chap4_11.m。隶属函数如图4-34所示。

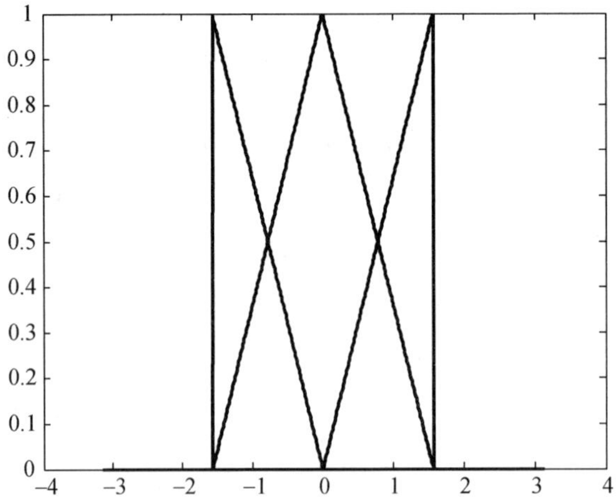

图4-34 隶属函数

被控对象为式(4.25),倒立摆角度的初始状态为$\begin{bmatrix}\frac{\pi}{3} & 0\end{bmatrix}$。针对倒立摆的2条T-S模糊规则,求解式(4.32),基于LMI的模糊控制器增益求解程序为chap4_12LMI.m,求得$\boldsymbol{Q},\boldsymbol{V}_1,\boldsymbol{V}_2$,从而得到状态反馈增益:$\boldsymbol{K}_1=[2400.8\quad 692.3]$,$\boldsymbol{K}_2=[5171.6\quad 1515.3]$。然后运行Simulink主程序chap4_12sim.mdl,仿真结果如图4-35和图4-36所示。

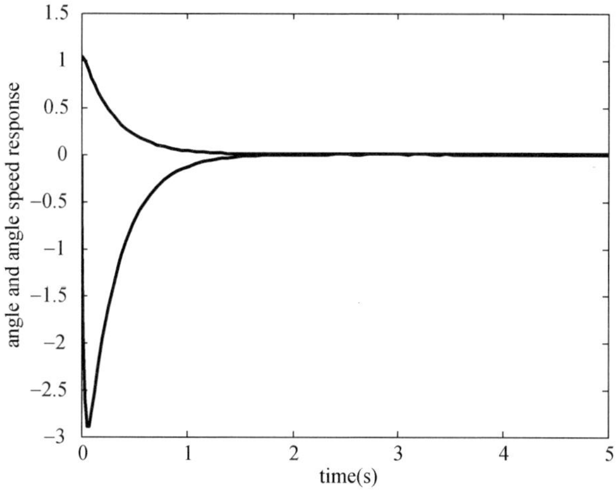

图 4-35 角度和速度响应

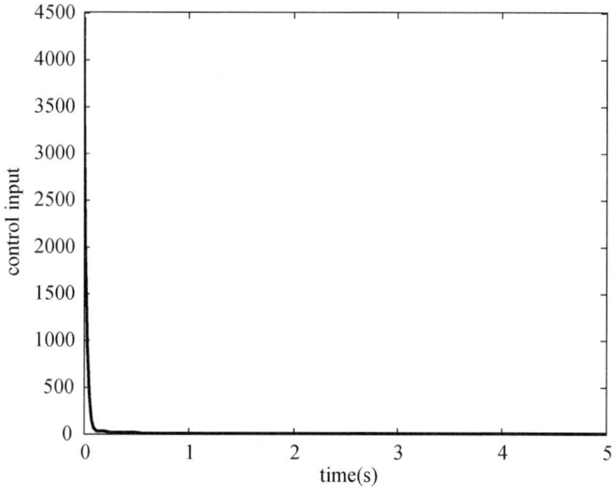

图 4-36 控制输入

4.8 模糊控制的应用

1. 模糊控制在家电中的应用

模糊电子技术是21世纪的核心技术,模糊家电是模糊电子技术最重要的应用领域。所谓模糊家电,就是根据人的经验,在计算机或芯片的控制下实现可模仿人的思维进行操作的家用电器。几种典型的模糊家电产品如下。

(1) 模糊电视机

模糊电视机可根据室内光线的强弱自动调整电视机屏幕的亮度,根据人与电视机的距离自动调整音量,同时能够自动调节电视机的色彩饱和度、清晰度和对比度。

1990年3月,日本三洋公司研制并推出了一种采用模糊电子技术的彩色电视机,该电视机能够根据室内的亮度和观看距离,对电视机的对比度进行自动调节,保证在各种条件下都能获得最佳的收看效果。

(2) 模糊空调器

模糊空调器可灵敏控制室内的温度。日本研制了一种模糊空调器,利用红外线传感器识别房间信息(人数、温度、大小、门开关等),快速调整室内温度,提高了房间的舒适感。

(3) 模糊微波炉

日本夏普公司生产的 RE-SEI 型微波炉，内部装有 12 个传感器，这些传感器能对食品的重量、高度、形状和温度等进行测量，可利用这些信息自动选择化霜、再热、烧烤和对流 4 种工作方式，并自动决定烹制时间。

(4) 模糊洗衣机

以我国生产的小天鹅模糊控制全自动洗衣机为例，它能够自动识别衣物的重量、质地、污脏性质和程度，采用模糊控制技术来选择合理的水位、洗涤时间、水流程序等，其性能已达到国外同类产品的水平。

(5) 模糊电动剃须刀

日本三洋、松下公司推出了模糊电动剃须刀，通过利用传感器分析胡须的生长情况和面部轮廓，自动调整刀片，并选择最佳的剃削速度。

2. 模糊控制在过程控制中的应用

① 工业炉方面：如退火炉、电弧炉、水泥窑、热风炉、煤粉炉的模糊控制。

② 石化方面：如蒸馏塔的模糊控制、废水 pH 值计算机模糊控制系统、污水处理系统的模糊控制等。

③ 煤矿行业：如选矿破碎过程的模糊控制、煤矿供水的模糊控制等。

④ 食品加工行业：如甜菜生产过程的模糊控制、酒精发酵温度的模糊控制等。

3. 模糊控制在机电行业中的应用

如集装箱吊车的模糊控制、空间机器人柔性臂动力学的模糊控制、单片机温度模糊控制、交流随动系统的模糊控制、快速伺服系统定位的模糊控制、电梯群控系统多目标的模糊控制、直流无刷电动机调速的模糊控制等。

4.9 模糊控制发展概况

4.9.1 模糊控制发展的转折点

自从 Zadeh 提出模糊集理论以来，模糊控制开始了它的发展历程。从历史的发展来看，模糊控制发展的转折点见表 4-13。

表 4-13 模糊控制发展的转折点

时间	研究人员	研究成果
1965	Zadeh	模糊集理论
1972	Zadeh	模糊控制原理
1973	Zadeh	复杂系统及决策过程的分析
1974	Mamdani 等人	蒸汽机的模糊控制
1976	Rutherford 等人	模糊算法分析
1977	Ostergaad	热交换器和水泥窑模糊控制
1977	Willaey 等人	最优模糊控制
1979	Komolov 等人	有限自动机理论
1980	Tong 等人	污水处理过程的模糊控制
1980	Fukami 等人	模糊条件推理
1983	Hirota 等人	概率模糊集理论
1983	Takagi 等人	模糊规则的获取
1983	Yasunobu 等人	预测模糊控制

续表

时　　间	研 究 人 员	研 究 成 果
1984	Sugeno 等人	汽车的停车模糊控制
1985	Kiszka 等人	模糊系统的稳定性
1985	Togai 等人	模糊芯片
1986	Yamakawa	模糊控制的硬件系统
1988	Dubois 等人	逼近推理
1988	Czogala	多输入模糊控制系统
1991	De Neyer 等人	内模模型的模糊控制
1992	Yager	模糊控制隶属函数的神经网络学习
1992	L. X. Wang	模糊万能逼近器
1992	L. X. Wang	模糊规则的获取
1993	L. X. Wang	自适应模糊控制器

4.9.2　模糊控制的发展方向

1. Fuzzy-PID 复合控制

Fuzzy-PID 复合控制是将模糊控制与常规 PID 控制算法相结合的控制方法，以此达到较高的控制精度。它比单用模糊控制和单用 PID 控制具有更好的控制性能。

2. 自适应模糊控制

自适应模糊控制能自动对模糊规则进行修改和完善，以提高控制系统的性能。它具有自适应、自学习的能力，对那些具有非线性、大时滞、高阶次的复杂系统有更好的控制效果。

3. 专家模糊控制

专家模糊控制是将专家系统与模糊控制相结合的产物。引入专家系统，可进一步提高模糊控制的智能水平。专家模糊控制保持了基于规则的方法和模糊集处理带来的灵活性，同时又把专家系统的知识表达方法结合进来，能处理更广泛的控制问题。

4. 神经模糊控制

模糊规则和隶属函数的获取与确定是模糊控制中的“瓶颈”问题。神经模糊控制是基于神经网络的模糊控制方法。该方法利用神经网络的学习能力，来获取并修正模糊规则和隶属函数。

5. 多变量模糊控制

多变量模糊控制有多个输入变量和输出变量，它适用于多变量控制系统。多变量耦合和“维数灾”问题是多变量模糊控制需要解决的关键问题。

4.9.3　模糊控制面临的主要任务

① 模糊控制的机理及稳定性分析，新型自适应模糊控制系统、专家模糊控制系统、神经网络模糊控制系统和多变量模糊控制系统的分析与设计。

② 模糊集成控制系统的设计方法研究。现代控制理论、神经网络与模糊控制的相互结合及相互渗透，可构成模糊集成控制系统。

③ 非线性系统应用中的模糊建模、模糊规则的建立和模糊推理算法的深入研究。

④ 自学习模糊控制策略的研究。

⑤ 常规模糊控制系统稳定性的改善。

⑥ 模糊控制芯片、模糊控制装置及通用模糊控制系统的开发及工程应用。

思考题与习题 4

4-1 模糊控制器由哪几部分组成?各完成什么功能?

4-2 模糊控制器设计的步骤是什么?

4-3 已知某一炉温控制系统,要求温度恒定保持在 600℃。针对该控制系统有以下控制经验:

(1) 若炉温低于 600℃,则升压;低得越多,升压越高。

(2) 若炉温高于 600℃,则降压;高得越多,降压越低。

(3) 若炉温等于 600℃,则保持电压不变。

设模糊控制器为一维模糊控制器,输入语言变量为误差,输出为控制电压。输入、输出变量的量化等级为 7 级,取 5 个模糊集。试设计隶属函数误差变化划分表、控制电压变化划分表和模糊规则表。

4-4 已知被控对象为 $G(s)=\frac{1}{10s+1}e^{-0.5s}$。假设系统给定为阶跃值 $r=30$,采样时间为 0.5s,系统的初始值 $r(0)=0$。试分别设计:

(1) 常规的 PID 控制器;

(2) 常规的模糊控制器;

(3) 模糊自适应 PID 控制器。

分别对上述 3 种控制器进行 Matlab 仿真,并比较控制效果。

4-5 在 4.7 节中,如果摆角范围在更大的范围内运动,如何通过设计模糊 T-S 规则和基于 LMI 的控制器,实现 $t\to\infty$ 时,$x\to 0$。

本章附录（程序代码）

水箱液位模糊控制仿真程序：chap4_1.m

```
% Fuzzy Control for water tank
clear all;
close all;

a = newfis('fuzz_tank');

a = addvar(a,'input','e',[-3,3]);            % Parameter e
a = addmf(a,'input',1,'NB','zmf',[-3,-1]);
a = addmf(a,'input',1,'NS','trimf',[-3,-1,1]);
a = addmf(a,'input',1,'Z','trimf',[-2,0,2]);
a = addmf(a,'input',1,'PS','trimf',[-1,1,3]);
a = addmf(a,'input',1,'PB','smf',[1,3]);

a = addvar(a,'output','u',[-4,4]);           % Parameter u
a = addmf(a,'output',1,'NB','zmf',[-4,-1]);
a = addmf(a,'output',1,'NS','trimf',[-4,-2,1]);
a = addmf(a,'output',1,'Z','trimf',[-2,0,2]);
a = addmf(a,'output',1,'PS','trimf',[-1,2,4]);
a = addmf(a,'output',1,'PB','smf',[1,4]);

rulelist = [1 1 1 1;                         % Edit rule base
            2 2 1 1;
            3 3 1 1;
            4 4 1 1;
            5 5 1 1];

a = addrule(a,rulelist);

a1 = setfis(a,'DefuzzMethod','mom');         % Defuzzy
writefis(a1,'tank');                         % Save to fuzzy file "tank.fis"
a2 = readfis('tank');

figure(1);
plotfis(a2);
figure(2);
plotmf(a,'input',1);
figure(3);
plotmf(a,'output',1);

flag = 0;
if flag == 1
   showrule(a)                               % Show fuzzy rule base
   ruleview('tank');                         % Dynamic Simulation
end
disp('……………………………………………………………………………………');
disp('      fuzzy controller table:e = [-3, +3],u = [-4, +4]      ');
disp('……………………………………………………………………………………');
```

```
for i = 1:1:7
    e(i) = i - 4;
    Ulist(i) = evalfis([e(i)],a2);
end
Ulist = round(Ulist)

e = - 3;                                  % Error
u = evalfis([e],a2)                       % Using fuzzy inference
```

模糊控制的位置跟踪

(1) 模糊控制器设计程序:chap4_2. m

```
% Fuzzy Controller Design
clear all;
close all;

a = newfis('fuzzf');

a = addvar(a,'input','e',[- 0.3,0.3]);                          % Parameter e
a = addmf(a,'input',1,'NB','zmf',[- 0.3, - 0.1]);
a = addmf(a,'input',1,'NM','trimf',[- 0.3, - 0.2,0]);
a = addmf(a,'input',1,'NS','trimf',[- 0.3, - 0.1,0.1]);
a = addmf(a,'input',1,'Z','trimf',[- 0.2,0,0.2]);
a = addmf(a,'input',1,'PS','trimf',[- 0.1,0.1,0.3]);
a = addmf(a,'input',1,'PM','trimf',[0,0.2,0.3]);
a = addmf(a,'input',1,'PB','smf',[0.1,0.3]);

a = addvar(a,'input','ec',[- 0.3,0.3]);                         % Parameter ec
a = addmf(a,'input',2,'NB','zmf',[- 0.3, - 0.1]);
a = addmf(a,'input',2,'NM','trimf',[- 0.3, - 0.2,0]);
a = addmf(a,'input',2,'NS','trimf',[- 0.3, - 0.1,0.1]);
a = addmf(a,'input',2,'Z','trimf',[- 0.2,0,0.2]);
a = addmf(a,'input',2,'PS','trimf',[- 0.1,0.1,0.3]);
a = addmf(a,'input',2,'PM','trimf',[0,0.2,0.3]);
a = addmf(a,'input',2,'PB','smf',[0.1,0.3]);

a = addvar(a,'output','u',[- 30,30]);                           % Parameter u
a = addmf(a,'output',1,'NB','zmf',[- 30, - 30]);
a = addmf(a,'output',1,'NM','trimf',[- 30, - 20,0]);
a = addmf(a,'output',1,'NS','trimf',[- 30, - 10,10]);
a = addmf(a,'output',1,'Z','trimf',[- 20,0,20]);
a = addmf(a,'output',1,'PS','trimf',[- 10,10,30]);
a = addmf(a,'output',1,'PM','trimf',[0,20,30]);
a = addmf(a,'output',1,'PB','smf',[10,30]);

rulelist = [1 1 1 1 1;                                          % Edit rule base
            1 2 1 1 1;
            1 3 2 1 1;
            1 4 2 1 1;
```

```
1 5 3 1 1;
1 6 3 1 1;
1 7 4 1 1;

2 1 1 1 1;
2 2 2 1 1;
2 3 2 1 1;
2 4 3 1 1;
2 5 3 1 1;
2 6 4 1 1;
2 7 5 1 1;

3 1 2 1 1;
3 2 2 1 1;
3 3 3 1 1;
3 4 3 1 1;
3 5 4 1 1;
3 6 5 1 1;
3 7 5 1 1;

4 1 2 1 1;
4 2 3 1 1;
4 3 3 1 1;
4 4 4 1 1;
4 5 5 1 1;
4 6 5 1 1;
4 7 6 1 1;

5 1 3 1 1;
5 2 3 1 1;
5 3 4 1 1;
5 4 5 1 1;
5 5 5 1 1;
5 6 6 1 1;
5 7 6 1 1;

6 1 3 1 1;
6 2 4 1 1;
6 3 5 1 1;
6 4 5 1 1;
6 5 6 1 1;
6 6 6 1 1;
6 7 7 1 1;

7 1 4 1 1;
7 2 5 1 1;
7 3 5 1 1;
7 4 6 1 1;
7 5 6 1 1;
7 6 7 1 1;
7 7 7 1 1];
```

```
a = addrule(a,rulelist);
% showrule(a)                          % Show fuzzy rule base

a1 = setfis(a,'DefuzzMethod','mom'); % Defuzzy
writefis(a1,'fuzzf');                  % save to fuzzy file "fuzz.fis" which can be
% simulated with fuzzy tool
a2 = readfis('fuzzf');
disp('-------------------------------------------------------------');
disp(' fuzzy controller table:e = [- 3, + 3],ec = [- 3, + 3]       ');
disp('-------------------------------------------------------------');

Ulist = zeros(7,7);

for i = 1:7
for j = 1:7
e(i) =- 4 + i;
ec(j) =- 4 + j;
Ulist(i,j) = evalfis([e(i),ec(j)],a2);
end
end

Ulist = ceil(Ulist)

figure(1);
plotfis(a2);
figure(2);
plotmf(a,'input',1);
figure(3);
plotmf(a,'input',2);
figure(4);
plotmf(a,'output',1);
```

(2) **Simulink 仿真程序**：chap4_3sim. mdl

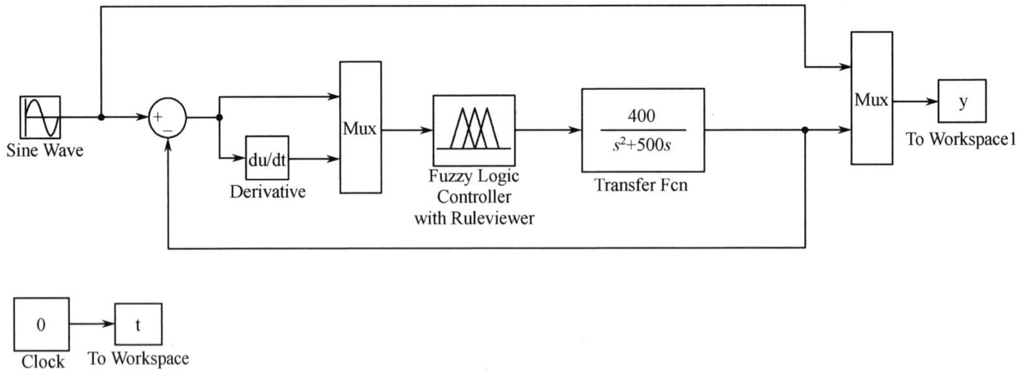

(3) **作图程序**：chap4_3plot. m

```
close all;
figure(1);
plot(t,y(:,1),'r',t,y(:,2),'k:','linewidth',2);
```

```
xlabel('time(s)');ylabel('yd,y');
legend('Ideal position signal','position tracking');
```

洗衣机模糊控制：包括以下3个程序。

(1) **污泥和油脂隶属函数设计仿真程序**：chap4_4.m

```
% Define N+1 triangle membership function
clear all;
close all;
N=2;

x=0:0.1:100;
for i=1:N+1
    f(i)=100/N*(i-1);
end

u=trimf(x,[f(1),f(1),f(2)]);
figure(1);
plot(x,u);

for j=2:N
    u=trimf(x,[f(j-1),f(j),f(j+1)]);
    hold on;
    plot(x,u);
end
u=trimf(x,[f(N),f(N+1),f(N+1)]);
hold on;
plot(x,u);
xlabel('x');
ylabel('Degree of membership');
```

(2) **洗涤时间隶属函数设计仿真程序**：chap4_5.m

```
% Define N+1 triangle membership function
clear all;
close all;
z=0:0.1:60;

u=trimf(z,[0,0,10]);
figure(1);
plot(z,u);

u=trimf(z,[0,10,25]);
hold on;
plot(z,u);

u=trimf(z,[10,25,40]);
hold on;
plot(z,u);

u=trimf(z,[25,40,60]);
hold on;
```

```
plot(z,u);

u=trimf(z,[40,60,60]);
hold on;
plot(z,u);

xlabel('z');
ylabel('Degree of membership');
```

(3) **洗衣机模糊控制系统仿真程序**：chap4_6.m

```
% Fuzzy Control for washer
clear all;
close all;

a=newfis('fuzz_wash');

a=addvar(a,'input','x',[0,100]);      % Fuzzy Stain
a=addmf(a,'input',1,'SD','trimf',[0,0,50]);
a=addmf(a,'input',1,'MD','trimf',[0,50,100]);
a=addmf(a,'input',1,'LD','trimf',[50,100,100]);

a=addvar(a,'input','y',[0,100]);      % Fuzzy Axunge
a=addmf(a,'input',2,'NG','trimf',[0,0,50]);
a=addmf(a,'input',2,'MG','trimf',[0,50,100]);
a=addmf(a,'input',2,'LG','trimf',[50,100,100]);

a=addvar(a,'output','z',[0,60]);      % Fuzzy Time
a=addmf(a,'output',1,'VS','trimf',[0,0,10]);
a=addmf(a,'output',1,'S','trimf',[0,10,25]);
a=addmf(a,'output',1,'M','trimf',[10,25,40]);
a=addmf(a,'output',1,'L','trimf',[25,40,60]);
a=addmf(a,'output',1,'VL','trimf',[40,60,60]);

rulelist=[1 1 1 1 1;                   % Edit rule base
          1 2 3 1 1;
          1 3 4 1 1;

          2 1 2 1 1;
          2 2 3 1 1;
          2 3 4 1 1;

          3 1 3 1 1;
          3 2 4 1 1;
          3 3 5 1 1];

a=addrule(a,rulelist);
showrule(a)                            % Show fuzzy rule base

a1=setfis(a,'DefuzzMethod','mom');  % Defuzzy
writefis(a1,'wash');                   % Save to fuzzy file "wash.fis"
a2=readfis('wash');
```

```
figure(1);
plotfis(a2);
figure(2);
plotmf(a,'input',1);
figure(3);
plotmf(a,'input',2);
figure(4);
plotmf(a,'output',1);

ruleview('wash');                    % Dynamic Simulation

x = 60;
y = 70;
z = evalfis([x,y],a2)                % Using fuzzy inference
```

模糊自适应 PID 仿真程序：包括模糊推理系统设计程序 chap4_7a. m 及模糊 PID 控制程序 chap4_7b. m。

(1) **模糊推理系统设计程序**：chap4_7a. m

```
% Fuzzy Tunning PI Control
clear all;
close all;
a = newfis('fuzzpid');

a = addvar(a,'input','e',[-1,1]);                          % Parameter e
a = addmf(a,'input',1,'N','zmf',[-1,-1/3]);
a = addmf(a,'input',1,'Z','trimf',[-2/3,0,2/3]);
a = addmf(a,'input',1,'P','smf',[1/3,1]);

a = addvar(a,'input','ec',[-1,1]);                         % Parameter ec
a = addmf(a,'input',2,'N','zmf',[-1,-1/3]);
a = addmf(a,'input',2,'Z','trimf',[-2/3,0,2/3]);
a = addmf(a,'input',2,'P','smf',[1/3,1]);

a = addvar(a,'output','kp',1/3* [-10,10]);                  % Parameter kp
a = addmf(a,'output',1,'N','zmf',1/3* [-10,-3]);
a = addmf(a,'output',1,'Z','trimf',1/3* [-5,0,5]);
a = addmf(a,'output',1,'P','smf',1/3* [3,10]);

a = addvar(a,'output','ki',1/30* [-3,3]);                   % Parameter ki
a = addmf(a,'output',2,'N','zmf',1/30* [-3,-1]);
a = addmf(a,'output',2,'Z','trimf',1/30* [-2,0,2]);
a = addmf(a,'output',2,'P','smf',1/30* [1,3]);

rulelist = [1 1 1 2 1 1;
            1 2 1 2 1 1;
            1 3 1 2 1 1;

            2 1 1 3 1 1;
```

```
            2 2 3 3 1 1;
            2 3 3 3 1 1;

            3 1 3 2 1 1;
            3 2 3 2 1 1;
            3 3 3 2 1 1];
a = addrule(a,rulelist);
a = setfis(a,'DefuzzMethod','centroid');
writefis(a,'fuzzpid');

a = readfis('fuzzpid');
figure(1);
plotmf(a,'input',1);
figure(2);
plotmf(a,'input',2);
figure(3);
plotmf(a,'output',1);
figure(4);
plotmf(a,'output',2);
figure(5);
plotfis(a);

fuzzy fuzzpid;
showrule(a)
ruleview fuzzpid;
```

(2) **模糊 PID 控制程序**：chap4_7b. m

```
% Fuzzy PI Control
close all;
clear all;

warning off;
a = readfis('fuzzpid');    % Load fuzzpid.fis

ts = 0.001;
sys = tf(133,[1,25,0]);
dsys = c2d(sys,ts,'z');
[num,den] = tfdata(dsys,'v');

u_1 = 0;u_2 = 0;
y_1 = 0;y_2 = 0;
e_1 = 0;ec_1 = 0;ei = 0;

kp0 = 0;ki0 = 0;
for k = 1:1:1000
time(k) = k* ts;

r(k) = 1;
% Using fuzzy inference to tunning PI
k_pid = evalfis([e_1,ec_1],a);
kp(k) = kp0+k_pid(1);
```

```
ki(k) = ki0+k_pid(2);
u(k) = kp(k)* e_1+ki(k)* ei;

y(k) =-den(2)* y_1-den(3)* y_2+num(2)* u_1+num(3)* u_2;
e(k) = r(k)-y(k);
%%%%%%%%%%%%%Return of parameters%%%%%%%%%%%%%%
u_2=u_1;u_1=u(k);
y_2=y_1;y_1=y(k);

ei=ei+e(k)* ts;    % Calculating I

ec(k) = e(k)-e_1;
e_1=e(k);
ec_1=ec(k);
end
figure(1);
plot(time,r,'r',time,y,'b:','linewidth',2);
xlabel('time(s)');ylabel('r,y');
legend('Ideal position','Practical position');
figure(2);
subplot(211);
plot(time,kp,'r','linewidth',2);
xlabel('time(s)');ylabel('kp');
subplot(212);
plot(time,ki,'r','linewidth',2);
xlabel('time(s)');ylabel('ki');
figure(3);
plot(time,u,'r','linewidth',2);
xlabel('time(s)');ylabel('Control input');
```

T-S 模糊模型的设计：chap4_8.m

```
% T-S type fuzzy model
clear all;
close all;
ts2=newfis('ts2','sugeno');

ts2=addvar(ts2,'input','X',[0 5]);
ts2=addmf(ts2,'input',1,'small','gaussmf',[1.8 0]);
ts2=addmf(ts2,'input',1,'big','gaussmf',[1.8 5]);

ts2=addvar(ts2,'input','Y',[0 10]);
ts2=addmf(ts2,'input',2,'small','gaussmf',[4.4 0]);
ts2=addmf(ts2,'input',2,'big','gaussmf',[4.4 10]);

ts2=addvar(ts2,'output','Z',[-3 15]);
ts2=addmf(ts2,'output',1,'first area','linear',[-1 1 -3]);
ts2=addmf(ts2,'output',1,'second area','linear',[1 1 1]);
ts2=addmf(ts2,'output',1,'third area','linear',[0 -2 2]);
ts2=addmf(ts2,'output',1,'fourth area','linear',[2 1 -6]);

rulelist=[1 1 1 1 1;
```

```
            1 2 2 1 1;
            2 1 3 1 1;
            2 2 4 1 1];
ts2 = addrule(ts2,rulelist);
showrule(ts2);

figure(1);
subplot 211;
plotmf(ts2,'input',1);
xlabel('x'),ylabel('MF Degree of input 1');
subplot 212;
plotmf(ts2,'input',2);
xlabel('x'),ylabel('MF Degree of input 2');

figure(2);
gensurf(ts2);
xlabel('x'),ylabel('y'),zlabel('z');
```

一类非线性系统的 T-S 模糊建模仿真程序

(1)$M_1(z_1(t))$ 和 $M_2(z_1(t))$ **隶属函数**:chap4_9. m

```
% Define N+1 triangle membership function
clear all;
close all;

z1 = -1:0.01:1;

M1 = (z1+1)/2;
M2 = (1-z1)/2;

figure(1);
plot(z1,M1);

hold on;
plot(z1,M2);
xlabel('z1');
ylabel('Degree of membership');
```

(2)$N_1(z_2(t))$ 和 $N_2(z_2(t))$ **隶属函数**:chap4_10. m

```
% Define N+1 triangle membership function
clear all;
close all;

z2 = 0:0.01:4;

N1 = z2/4;
N2 = (4-z2)/4;

figure(1);
plot(z2,N1);

hold on;
```

```
plot(z2,N2);
xlabel('z2');
ylabel('Degree of membership');
```

基于 LMI 的非线性系统 T-S 模糊控制仿真程序

1. 隶属函数设计程序：chap4_11. m

```
clear all;
close all;
L1 = -pi;L2 = pi;
L = L2-L1;

h = pi/2;
N = L/h;
T = 0.01;

x = L1:T:L2;
for i = 1:N+1
    e(i) = L1+L/N* (i-1);
end
figure(2);
% h1, Rule 1:x1 is to zero
h1 =  trimf(x,[e(2),e(3),e(4)]);
plot(x,h1,'r','linewidth',2);
% h2, Rule 2: x1 is about +- pi/2,but smaller
% x < =0
   h2 =  trimf(x,[e(2),e(2),e(3)]);
hold on
plot(x,h2,'b','linewidth',2);
% x > 0
   h2 =  trimf(x,[e(3),e(4),e(4)]);
hold on
plot(x,h2,'b','linewidth',2);
```

2. 控制系统仿真程序：

(1) 基于 LMI 的控制器增益求解程序：chap4_12LMI. m

```
clear all;
close all;

g = 9.8;m = 2.0;M = 8.0;l = 0.5;
a = l/(m+ M);beta = cos(88* pi/180);

a1 = 4* l/3-a* m* l;
A1 = [0 1;g/a1 0];
B1 = [0 ;-a/a1];

a2 = 4* l/3-a* m* l* beta^2;

A2 = [0 1;2* g/(pi* a2) 0];
B2 = [0;-a* beta/a2];
```

```
Q = sdpvar(2,2);
V1 = sdpvar(1,2);
V2 = sdpvar(1,2);

L1 = Q* A1'+ A1* Q+ V1'* B1'+ B1* V1;
L2 = Q* A2'+ A2* Q+ V2'* B2'+ B2* V2;
L3 = Q* A1'+ A1* Q+ Q* A2'+ A2* Q+ V2'* B1'+ B1* V2+ V1'* B2'+ B2* V1;
F = set(L1 < 0) + set(L2 < 0) + set(L3 < 0) + set(Q > 0);

solvesdp(F);   % To get Q, V1, V2

  Q = double(Q);
  V1 = double(V1);
  V2 = double(V2);

  P = inv(Q);
  K1 = V1* P
  K2 = V2* P
save K_file K1 K2;
```

(2)Simulink 主程序:chap4_12sim. mdl

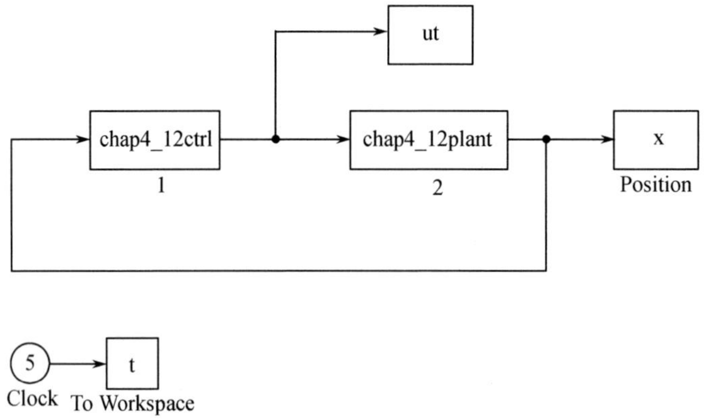

(3) 模糊控制 S 函数:chap4_12ctrl. m

```
function [sys,x0,str,ts] = spacemodel(t,x,u,flag)
switch flag,
case 0,
    [sys,x0,str,ts] = mdlInitializeSizes;
case 3,
    sys = mdlOutputs(t,x,u);
case {2,4,9}
    sys = [];
otherwise
    error(['Unhandled flag = ',num2str(flag)]);
end
function [sys,x0,str,ts] = mdlInitializeSizes
sizes = simsizes;
sizes.NumContStates  = 0;
sizes.NumDiscStates  = 0;
```

```
sizes.NumOutputs      = 1;
sizes.NumInputs       = 2;
sizes.DirFeedthrough = 1;
sizes.NumSampleTimes = 1;
sys = simsizes(sizes);
x0 = [];
str = [];
ts = [0 0];
function sys = mdlOutputs(t,x,u)
x = [u(1);u(2)];

load K_file;
ut1 = K1* x;
ut2 = K2* x;

L1 = -pi;L2 = pi;
L = L2-L1;

h = pi/2;
N = L/h;

for i = 1:N+1
    e(i) = L1+L/N* (i-1);
end

%h1
h1 = trimf(x(1),[e(2),e(3),e(4)]);          % Rule 1:x1 is to zero

%h2, Rule 2: x1 is about +- pi/2,but smaller
if x(1) <= 0
   h2 = trimf(x(1),[e(2),e(2),e(3)]);
else
   h2 = trimf(x(1),[e(3),e(4),e(4)]);
end

h1+h2;
ut = (h1* ut1+ h2* ut2)/(h1+ h2);
sys(1) = ut;
```

(4) **被控对象 S 函数**:chap4_12plant. m

```
function [sys,x0,str,ts] = s_function(t,x,u,flag)
switch flag,
case 0,
    [sys,x0,str,ts] = mdlInitializeSizes;
case 1,
    sys = mdlDerivatives(t,x,u);
case 3,
    sys = mdlOutputs(t,x,u);
case {2, 4, 9 }
    sys = [];
otherwise
```

```
    error(['Unhandled flag = ',num2str(flag)]);
end
function [sys,x0,str,ts] = mdlInitializeSizes
sizes = simsizes;
sizes.NumContStates  = 2;
sizes.NumDiscStates  = 0;
sizes.NumOutputs     = 2;
sizes.NumInputs      = 1;
sizes.DirFeedthrough = 0;
sizes.NumSampleTimes = 0;
sys = simsizes(sizes);
x0 = [pi/3,0];
str = [];
ts = [];
function sys = mdlDerivatives(t,x,u)
g = 9.8;m = 2.0;M = 8.0;l = 0.5;
a = 1/(m+M);

S = 4/3*l-a*m*l*(cos(x(1)))^2;
fx = g*sin(x(1))-a*m*l*x(2)^2*sin(2*x(1))/2;
fx = fx/S;
gx = -a*cos(x(1));
gx = gx/S;

sys(1) = x(2);
sys(2) = fx+gx*u;
function sys = mdlOutputs(t,x,u)
sys(1) = x(1);
sys(2) = x(2);
```

(5) **作图程序**：chap4_12plot.m

```
close all;

figure(1);
plot(t,x(:,1),'r',t,x(:,2),'b','linewidth',2);
xlabel('time(s)');ylabel('angle and angle speed response');

figure(2);
plot(t,ut(:,1),'r','linewidth',2);
xlabel('time(s)');ylabel('control input');
```

第5章　自适应模糊控制

模糊控制器的设计不依靠被控对象的模型，而它却非常依靠控制专家或操作人员的经验知识。模糊控制的突出优点是能够比较容易地将人的控制经验融入控制器中，但若缺乏这样的控制经验，很难设计出高水平的模糊控制器。而且，由于模糊控制器采用了 if-then 规则，不便于控制参数的学习和调整，且难以保证控制系统的稳定性。

自适应模糊控制是指具有自适应学习算法的模糊控制，其学习算法依靠数据信息来调整控制系统的参数，且可以保证控制系统的稳定性。一个自适应模糊控制器可以用一个单一的自适应模糊控制系统构成，也可以用若干个自适应模糊控制系统构成。与传统的自适应控制相比，自适应模糊控制的优越性在于它可以利用操作人员提供的语言信息，而传统的自适应控制则不能。这一点对具有高度不确定因素的系统尤其重要。

自适应模糊控制有两种不同的形式：一种是直接自适应模糊控制，即根据实际系统性能与理想性能之间的误差直接设计模糊控制器；另一种是间接自适应模糊控制，即通过在线模糊逼近获得被控对象的模型，然后根据所得模型在线设计控制器。

5.1　模糊逼近

5.1.1　模糊系统的设计

设二维模糊系统 $g(\boldsymbol{x})$ 为集合 $U=[\alpha_1,\beta_1]\times[\alpha_2,\beta_2]\subset \mathbf{R}^2$ 上的一个函数，其解析式形式未知。假设对任意一个 $\boldsymbol{x}\in U$，都能得到 $g(\boldsymbol{x})$，则可设计一个逼近 $g(\boldsymbol{x})$ 的模糊系统。模糊系统的设计步骤如下。

步骤1：在$[\alpha_i,\beta_i]$ 上定义 $N_i(i=1,2)$ 个标准的、一致的和完备的模糊集 $A_i^1,A_i^2,\cdots,A_i^{N_i}$。

步骤2：组建 $M=N_1\times N_2$ 条模糊集 if-then 规则，即

$$\mathrm{R}_u^{i_1 i_2}：如果\ x_1\ 为\ A_1^{i_1}\ 且\ x_2\ 为\ A_2^{i_2}，则\ y\ 为\ B^{i_1 i_2}$$

式中，$i_1=1,2,\cdots,N_1$；$i_2=1,2,\cdots,N_2$，将模糊集 $B^{i_1 i_2}$ 的中心表示为

$$\bar{y}^{i_1 i_2}=g(x_1,x_2)=g(e_1^{i_1},e_2^{i_2}) \tag{5.1}$$

式中，e_i^j 为 x_i 在模糊集 A_i^j 上的中间值或边界值($i=1,2;j=1,2$)。

步骤3：采用乘积推理机、单值模糊器和中心平均解模糊器，根据 $M=N_1\times N_2$ 条规则来构造模糊系统 $f(\boldsymbol{x})$，得

$$f(\boldsymbol{x})=\frac{\sum_{i_1=1}^{N_1}\sum_{i_2=1}^{N_2}[\bar{y}^{i_1 i_2}(\mu_{A_1}^{i_1}(x_1)\mu_{A_2}^{i_2}(x_2))]}{\sum_{i_1=1}^{N_1}\sum_{i_2=1}^{N_2}\mu_{A_1}^{i_1}(x_1)\mu_{A_2}^{i_2}(x_2)} \tag{5.2}$$

式中，分子中[·]内表示规则前提之间、规则前提与结论之间的逻辑“与”运算，采用乘积推理机实现；分子中 $\sum_{i_1=1}^{N_1}\sum_{i_2=1}^{N_2}$ 表示规则间推理，采用模糊并运算实现；$\bar{y}^{i_1 i_2}$ 采用单值模糊器实现，即隶属函数最大值(1.0)所对应的横坐标值$(e_1^{i_1},e_2^{i_2})$ 的函数值 $g(e_1^{i_1},e_2^{i_2})$；分子与分母相除为中心平均解模糊算法。

5.1.2 模糊系统的逼近精度

万能逼近定理表明模糊系统是除多项函数逼近器、神经网络之外的一个新的万能逼近器。模糊系统较之其他逼近器的优势在于它能够有效利用语言信息的能力。万能逼近定理是模糊系统用于非线性系统建模的理论基础，同时也从根本上解释了模糊系统在实际中得到成功应用的原因。

万能逼近定理[12] 令 $f(\boldsymbol{x})$ 为式(5.2)中的二维模糊系统，$g(\boldsymbol{x})$ 为式(5.1)中的未知函数，如果 $g(\boldsymbol{x})$ 在 $U=[\alpha_1,\beta_1]\times[\alpha_1,\beta_2]$ 上是连续可微的，则模糊系统的逼近精度为

$$\| g(\boldsymbol{x})-f(\boldsymbol{x}) \|_\infty \leqslant \left\| \frac{\partial g}{\partial x_1} \right\|_\infty h_1 + \left\| \frac{\partial g}{\partial x_2} \right\|_\infty h_2 \tag{5.3}$$

其中

$$h_i = \max_{1\leqslant j\leqslant N_i-1} | e_i^{j+1}-e_i^j | \quad (i=1,2) \tag{5.4}$$

式中，无穷维范数 $\|\cdot\|_\infty$ 定义为函数上界，即 $\| d(\boldsymbol{x}) \|_\infty = \sup\limits_{x\in U} | d(\boldsymbol{x}) |$，$e_i^j$ 为 x_i 在第 A_i^j 个模糊集上的中间值或边界值，$j=1$ 和 $j=N_i$ 时为边界值。

由式(5.4)可知：假设 x_i 的模糊集的个数为 N_i，其变化范围的长度为 L_i，假设 e_i^j 分布均匀，根据式(5.4)，则模糊系统的逼近精度满足 $h_i=\dfrac{L_i}{N_i-1}$，即 $N_i=\dfrac{L_i}{h_i}+1$。

由该定理可得到以下结论：

① 形如式(5.2)的模糊系统是万能逼近器，对任意给定的 $\varepsilon>0$，都可将 h_1 和 h_2 选得足够小，使 $\left\| \dfrac{\partial g}{\partial x_1} \right\|_\infty h_1 + \left\| \dfrac{\partial g}{\partial x_2} \right\|_\infty h_2 < \varepsilon$ 成立，从而保证 $\sup\limits_{x\in U} | g(\boldsymbol{x})-f(\boldsymbol{x}) | = \| g(\boldsymbol{x})-f(\boldsymbol{x}) \|_\infty < \varepsilon$。

② 通过对每个 x_i 定义更多的模糊集，可以得到更为准确的逼近器，即规则越多，所产生的模糊系统越有效。

③ 为了设计一个具有预定精度的模糊系统，必须知道 $g(\boldsymbol{x})$ 关于 x_1 和 x_2 的导数边界，即 $\left\| \dfrac{\partial g}{x_1} \right\|_\infty$ 和 $\left\| \dfrac{\partial g}{x_2} \right\|_\infty$。同时，在设计过程中，还必须知道 $g(\boldsymbol{x})$ 在 $x=(e_1^{i_1},e_2^{i_2})(i_1=1,2,\cdots,N_1;\ i_2=1,2,\cdots,N_2)$ 处的值。

5.1.3 仿真实例

【例 5.1】 针对一维函数 $g(x)$，设计一个模糊系统 $f(x)$，使之一致地逼近定义在 $U=[-3,3]$ 上的连续函数 $g(x)=\sin x$，所需精度为 $\varepsilon=0.2$，即 $\sup\limits_{x\in U} | g(x)-f(x) | < \varepsilon$。

由 $\|\cdot\|_\infty$ 定义可知，$\left\| \dfrac{\partial g}{\partial x} \right\|_\infty = \| \cos x \|_\infty = 1$，由式(5.3)可知，$\| g(x)-f(x) \|_\infty \leqslant \left\| \dfrac{\partial g}{\partial x} \right\|_\infty h = h$，故取 $h\leqslant 0.2$ 满足精度要求。取 $h=0.2$，则模糊集的个数为 $N=\dfrac{L}{h}+1=31$。在 $U=[-3,3]$ 上定义 31 个具有三角形隶属函数的模糊集 A^j，如图 5-1 所示。所设计的模糊系统为

$$f(x)=\frac{\sum\limits_{j=1}^{31} \sin(e^j)\mu_A^j(x)}{\sum\limits_{j=1}^{31} \mu_A^j(x)} \tag{5.5}$$

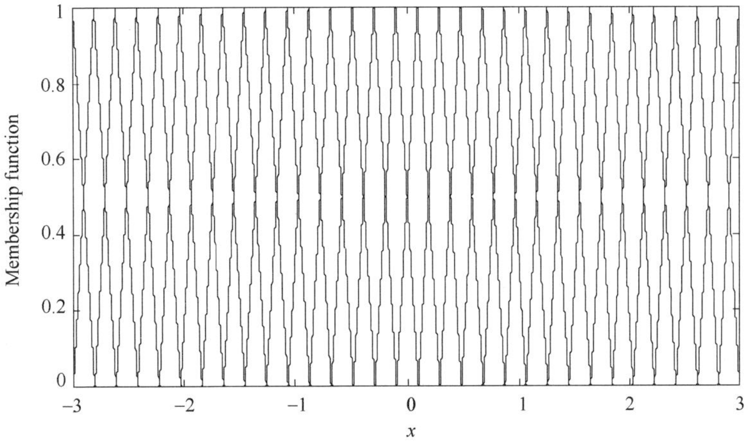

图 5-1 隶属函数

一维函数逼近仿真程序见本章附录程序 chap5_1.m，逼近效果如图 5-2 和图 5-3 所示。

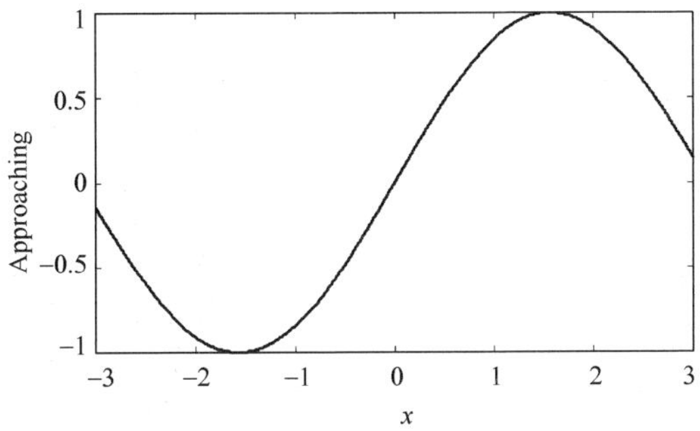

图 5-2 模糊逼近

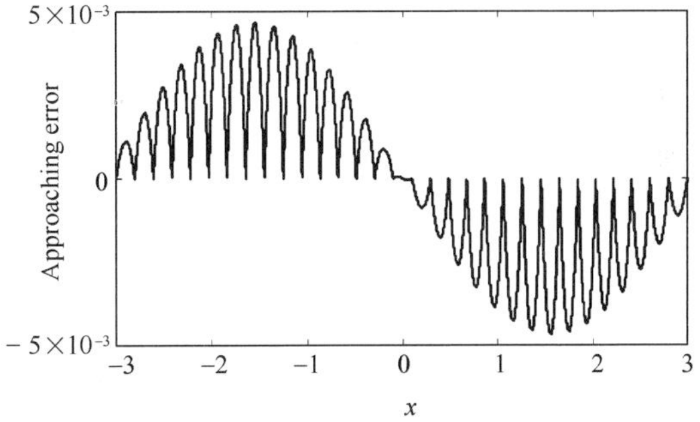

图 5-3 逼近误差

【例 5.2】 针对二维函数 $g(\boldsymbol{x})$，设计一个模糊系统 $f(\boldsymbol{x})$，使之一致地逼近定义在 $U=[-1,1]\times[-1,1]$ 上的连续函数 $g(\boldsymbol{x})=0.52+0.1x_1+0.28x_2-0.06x_1x_2$，所需精度为 $\varepsilon=0.1$。

由于 $\left\|\dfrac{\partial g}{\partial x_1}\right\|_\infty=\sup\limits_{x\in U}|0.1-0.06x_2|=0.16$，$\left\|\dfrac{\partial g}{\partial x_2}\right\|_\infty=\sup\limits_{x\in U}|0.28-0.06x_1|=0.34$，由式(5.3)可知，取 $h_1=0.2,h_2=0.2$ 时，有 $\|g(\boldsymbol{x})-f(\boldsymbol{x})\|_\infty\leqslant 0.16\times0.2+0.34\times0.2=0.1$，满足精度要求。由于 $L=2$，此时模糊集的个数为 $N=\dfrac{L}{h}+1=11$，即 x_1 和 x_2 分别在 $U=[-1,1]$ 上定义 11 个具有三角形隶属函数的模糊集 A^j。

所设计的模糊系统为

$$f(\boldsymbol{x})=\frac{\sum\limits_{i_1=1}^{11}\sum\limits_{i_2=1}^{11}g(e^{i_1},e^{i_2})\mu_A^{i_1}(x_1)\mu_A^{i_2}(x_2)}{\sum\limits_{i_1=1}^{11}\sum\limits_{i_2=1}^{11}\mu_A^{i_1}(x_1)\mu_A^{i_2}(x_2)} \tag{5.6}$$

该模糊系统由 $11\times11=121$ 条规则来逼近函数 $g(\boldsymbol{x})$。

二维函数逼近仿真程序见本章附录程序 chap5_2.m。x_1 和 x_2 的隶属函数及 $g(\boldsymbol{x})$ 的逼近效果如图 5-4 至图 5-7 所示。

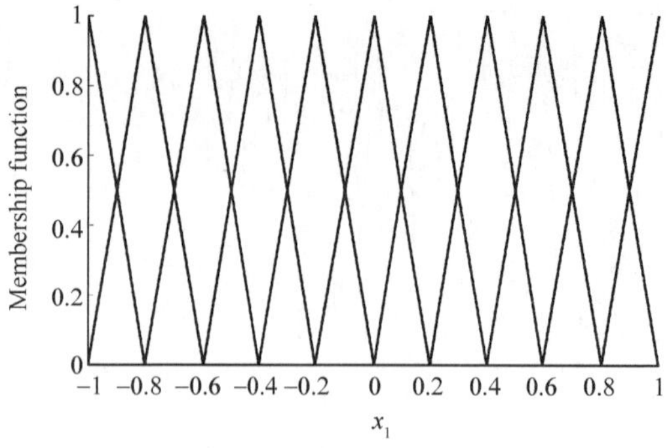

图 5-4 x_1 的隶属函数

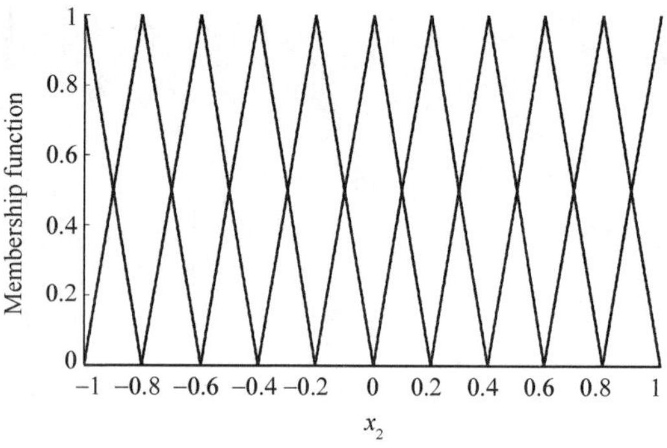

图 5-5 x_2 的隶属函数

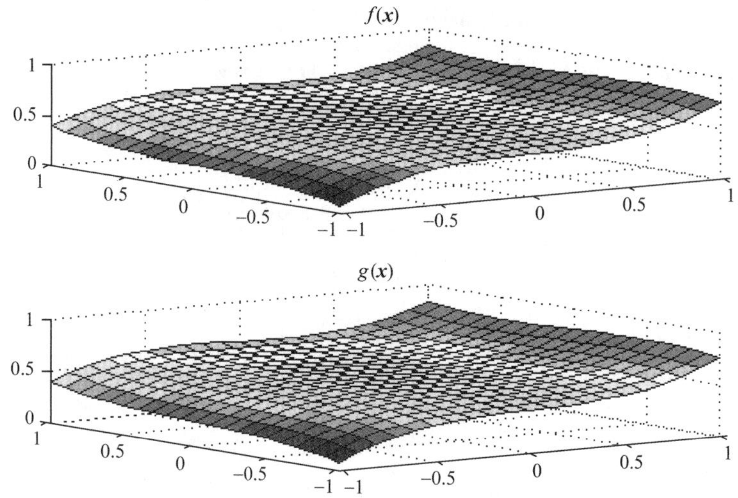

图 5-6 模糊逼近

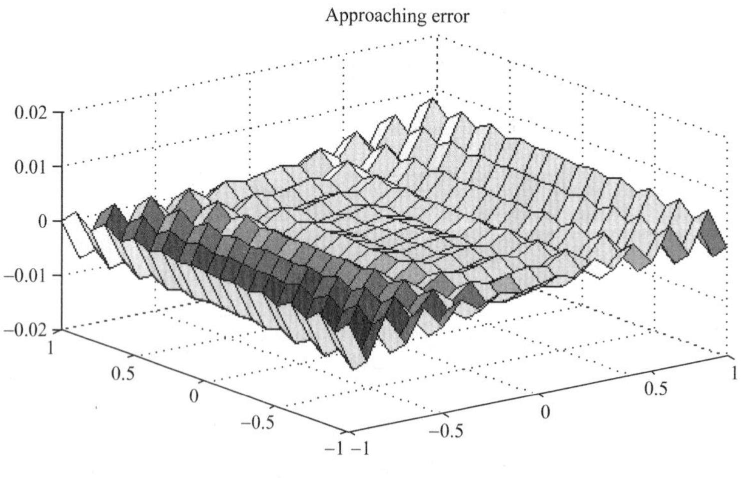

图 5-7 逼近误差

5.2 简单的自适应模糊控制

5.2.1 问题描述

简单的机械系统动力学方程为

$$\ddot{\boldsymbol{\theta}} = f(\boldsymbol{\theta},\dot{\boldsymbol{\theta}}) + u \tag{5.7}$$

式中，θ 为角度，u 为控制输入。

取 $f(\boldsymbol{x}) = f(x_1,x_2) = f(\boldsymbol{\theta},\dot{\boldsymbol{\theta}})$，写成状态方程形式为

$$\begin{aligned}\dot{x}_1 &= x_2\\ \dot{x}_2 &= f(\boldsymbol{x}) + u\end{aligned} \tag{5.8}$$

式中，$f(\boldsymbol{x})$ 为未知函数。

位置指令为 $x_{\rm d}$，则误差及其变化率为

$$e = x_1 - x_{\rm d},\dot{e} = x_2 - \dot{x}_{\rm d}$$

定义误差函数为

$$s = ce + \dot{e},c > 0 \tag{5.9}$$

则

$$\dot{s} = c\dot{e} + \ddot{e} = c\dot{e} + \dot{x}_2 - \ddot{x}_{\rm d} = c\dot{e} + f(x) + u - \ddot{x}_{\rm d}。$$

由式(5.9)可见，如果 $s \to 0$，则 $e \to 0$ 且 $\dot{e} \to 0$。

5.2.2 模糊逼近原理

由于模糊系统具有万能逼近特性[12]，以 $\hat{f}(\boldsymbol{x} \mid \boldsymbol{\theta})$ 来逼近 $f(\boldsymbol{x})$。针对模糊系统输入 x_1 和 x_2 分别设计 5 个模糊集，即取 $n = 2,i = 1,2,p_1 = p_2 = 5$，则共有 $p_1 \times p_2 = 25$ 条模糊规则。

采用以下两步构造模糊系统 $\hat{f}(\boldsymbol{x} \mid \boldsymbol{\theta})$。

步骤 1：对变量 $x_i(i = 1,2)$，定义 p_i 个模糊集合 $A_i^{l_i}(l_i = 1,2,3,4,5)$。

步骤 2：采用 $\prod_{i=1}^{n} p_i = p_1 \times p_2 = 25$ 条模糊规则来构造模糊系统 $\hat{f}(\boldsymbol{x} \mid \boldsymbol{\theta})$，则第 j 条模糊规则为

$$R^{(j)}: \text{if} \quad x_1 \text{ is } A_1^{l_1} \quad \text{and} \quad x_2 \text{ is } A_1^{l_2} \quad \text{then} \quad \hat{f} \text{ is } B^{l_1 l_2} \tag{5.10}$$

式中，$l_i = 1,2,3,4,5,i = 1,2,j = 1,2,\cdots,25,B^{l_1 l_2}$ 为结论的模糊集。

则第 1 条、第 i 条和第 25 条模糊规则表示为

$$R^{(1)}: \text{if} \quad x_1 \text{ is } A_1^1 \quad \text{and} \quad x_2 \text{ is } A_2^1 \quad \text{then} \quad \hat{f} \text{ is } B^1$$

$$R^{(i)}: \text{if} \quad x_1 \text{ is } A_1^i \quad \text{and} \quad x_2 \text{ is } A_2^i \quad \text{then} \quad \hat{f} \text{ is } B^i$$

$$R^{(25)}: \text{if} \quad x_1 \text{ is } A_1^5 \quad \text{and} \quad x_2 \text{ is } A_1^5 \quad \text{then} \quad \hat{f} \text{ is } B^{25}$$

模糊推理过程采用如下 4 个步骤。

(1) 采用乘积推理机实现规则的前提推理，推理结果为 $\prod_{i=1}^{2} \mu_{A_i^{l_i}}(x_i)$。

(2) 采用单值模糊器求 $\bar{y}_f^{l_1 l_2}$，即隶属函数最大值(1.0)所对应的横坐标值(x_1,x_2)的函数值 $f(x_1,x_2)$。

(3) 采用乘积推理机实现规则前提与规则结论的推理，推理结果为 $\bar{y}_f^{l_1 l_2}\left(\prod_{i=1}^{2} \mu_{A_i^{l_i}}(x_i)\right)$；对所

有的模糊规则进行并运算，则模糊系统的输出为$\sum_{l_1=1}^{5}\sum_{l_2=1}^{5}\bar{y}_f^{l_1 l_2}\left(\prod_{i=1}^{2}\mu_{A_i^{l_i}}(x_i)\right)$。

（4）采用平均解模糊器，得到模糊系统的输出为

$$\hat{f}(\boldsymbol{x} \mid \boldsymbol{\theta}) = \frac{\sum_{l_1=1}^{5}\sum_{l_2=1}^{5}\bar{y}_f^{l_1 l_2}\left(\prod_{i=1}^{2}\mu_{A_i^{l_i}}(x_i)\right)}{\sum_{l_1=1}^{5}\sum_{l_2=1}^{5}\left(\prod_{i=1}^{2}\mu_{A_i^{l_i}}(x_i)\right)} \tag{5.11}$$

式中，$\mu_{A_i^j}(x_i)$为x_i的隶属函数。

令$\bar{y}_f^{l_1 l_2}$是自由可调节参数，放在集合$\boldsymbol{\theta}\in \mathrm{R}^{(25)}$中，则可引入模糊基向量$\xi(\boldsymbol{x})$[12]，式(5.11)变为

$$\hat{f}(\boldsymbol{x} \mid \boldsymbol{\theta}) = \hat{\boldsymbol{\theta}}^{\mathrm{T}}\xi(\boldsymbol{x}) \tag{5.12}$$

式中，$\xi(\boldsymbol{x})$为$\prod_{i=1}^{n} p_i = p_1 \times p_2 = 25$维模糊基向量，其第$l_1 l_2$个元素为

$$\boldsymbol{\xi}_{l_1 l_2}(\boldsymbol{x}) = \frac{\prod_{i=1}^{2}\mu_{A_i^{l_i}}(x_i)}{\sum_{l_1=1}^{5}\sum_{l_2=1}^{5}\left(\prod_{i=1}^{2}\mu_{A_i^{l_i}}(x_i)\right)} \tag{5.13}$$

5.2.3 控制算法设计与分析

根据万能逼近定理，存在$\boldsymbol{\theta}^*$，有

$$f(\boldsymbol{x}) = \boldsymbol{\theta}^{*\mathrm{T}}\xi(\boldsymbol{x}) + \varepsilon$$

式中，ε为模糊系统的逼近误差，$|\varepsilon| \leqslant \varepsilon_{\mathrm{N}}$，$\varepsilon_{\mathrm{N}}$为正实数，$\dot{\boldsymbol{\theta}}^* = 0$。

$$f(\boldsymbol{x}) - \hat{f}(\boldsymbol{x}) = \boldsymbol{\theta}^{*\mathrm{T}}\xi(\boldsymbol{x}) + \varepsilon - \hat{\boldsymbol{\theta}}\xi(\boldsymbol{x}) = -\tilde{\boldsymbol{\theta}}^{\mathrm{T}}\xi(\boldsymbol{x}) + \varepsilon$$

定义 Lyapunov 函数为

$$V(t) = \frac{1}{2}s^2 + \frac{1}{2\gamma}\tilde{\boldsymbol{\theta}}^{\mathrm{T}}\tilde{\boldsymbol{\theta}} \tag{5.14}$$

式中，$\gamma > 0$，$\tilde{\boldsymbol{\theta}} = \hat{\boldsymbol{\theta}} - \boldsymbol{\theta}^*$。由于$\dot{\boldsymbol{\theta}}^* = 0$，则

$$\dot{V}(t) = s\dot{s} + \frac{1}{\gamma}\tilde{\boldsymbol{\theta}}^{\mathrm{T}}\dot{\hat{\boldsymbol{\theta}}} = s(c\dot{e} + f(x) + u - \ddot{x}_{\mathrm{d}}) + \frac{1}{\gamma}\tilde{\boldsymbol{\theta}}^{\mathrm{T}}\dot{\hat{\boldsymbol{\theta}}}$$

设计控制律为

$$u = -c\dot{e} - \hat{f}(x) + \ddot{x}_{\mathrm{d}} - \eta\mathrm{sgn}(s) \tag{5.15}$$

则

$$\begin{aligned}\dot{V}(t) &= s(f(x) - \hat{f}(x) - \eta\mathrm{sgn}(s)) + \frac{1}{\gamma}\tilde{\boldsymbol{\theta}}^{\mathrm{T}}\dot{\hat{\boldsymbol{\theta}}} \\ &= s(-\tilde{\boldsymbol{\theta}}^{\mathrm{T}}\xi(\boldsymbol{x}) + \varepsilon - \eta\mathrm{sgn}(s)) + \frac{1}{\gamma}\tilde{\boldsymbol{\theta}}^{\mathrm{T}}\dot{\hat{\boldsymbol{\theta}}} \\ &= \varepsilon s - \eta|s| + \tilde{\boldsymbol{\theta}}^{\mathrm{T}}\left(\frac{1}{\gamma}\dot{\hat{\boldsymbol{\theta}}} - s\xi(\boldsymbol{x})\right)\end{aligned}$$

取$\eta > |\varepsilon|_{\max}$，自适应律为

$$\dot{\hat{\boldsymbol{\theta}}} = \gamma s\xi(\boldsymbol{x}) \tag{5.16}$$

则
$$\dot{V}(t) = \varepsilon s - \eta|s|$$

当η足够大，且逼近误差ε很小时，可保证$\dot{V}(t) \leqslant 0$。

当$\dot{V}(t) \equiv 0$时，$s \equiv 0$，根据LaSalle不变性原理[35]，闭环系统为渐近稳定，即当$t \to \infty$时，$s \to 0$，从而$e \to 0$，$\dot{e} \to 0$，系统的收敛速度取决于η。由于$V(t) \geqslant 0$，$\dot{V}(t) \leqslant 0$，则当$t \to \infty$时，$V(t)$有界，从而$\tilde{\boldsymbol{\theta}}$有界。

5.2.4 仿真实例

考虑如下被控对象

$$\begin{cases} \dot{x}_1 = x_2 \\ \dot{x}_2 = f(\boldsymbol{x}) + u \end{cases} \tag{5.17}$$

式中，$f(\boldsymbol{x}) = 10x_1x_2$。

位置指令为$x_{\mathrm{d}}(t) = \sin(t)$，取以下5种隶属函数对模糊系统输入$x_i$进行模糊化：$\mu_{\mathrm{NM}}(x_i) = \exp[-((x_i + \pi/3)/(\pi/12))^2]$，$\mu_{\mathrm{NS}}(x_i) = \exp[-((x_i + \pi/6)/(\pi/12))^2]$，$\mu_{\mathrm{Z}}(x_i) = \exp[-(x_i/(\pi/12))^2]$，$\mu_{\mathrm{PS}}(x_i) = \exp[-((x_i - \pi/6)/(\pi/12))^2]$，$\mu_{\mathrm{PM}}(x_i) = \exp[-((x_i - \pi/3)/(\pi/12))^2]$。则用于逼近$f(\boldsymbol{x})$的模糊规则有25条。

根据隶属函数设计程序chap5_3mf. m，得到如图5-8所示隶属函数。

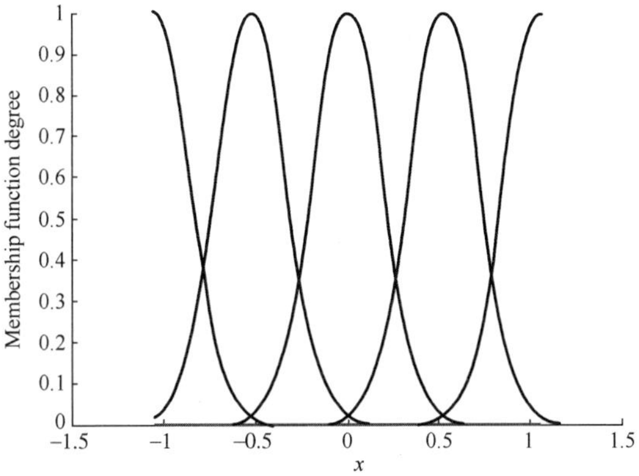

图5-8　x_i的隶属函数

在控制器程序中，分别用FS_2、FS_1和FS表示模糊系统的分子、分母及$\xi(\boldsymbol{x})$。被控对象初始值取[0.15,0]，控制律采用式(5.15)，自适应律采用式(5.16)，向量$\hat{\boldsymbol{\theta}}$中各个元素的初值取0.10，取$\gamma = 500$，$\eta = 0.50$。仿真结果如图5-9和图5-10所示。

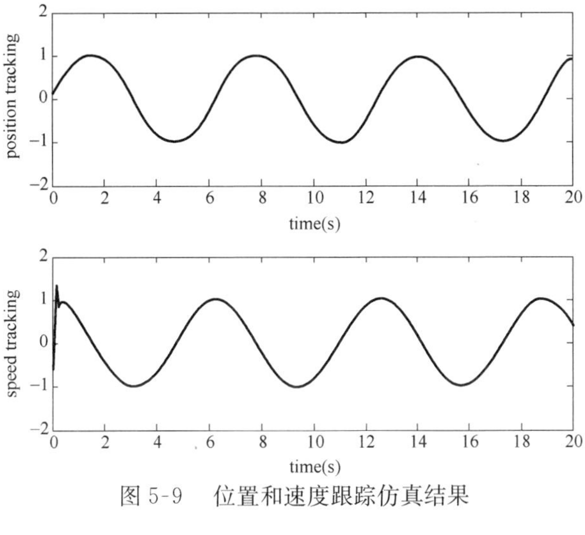

图5-9　位置和速度跟踪仿真结果

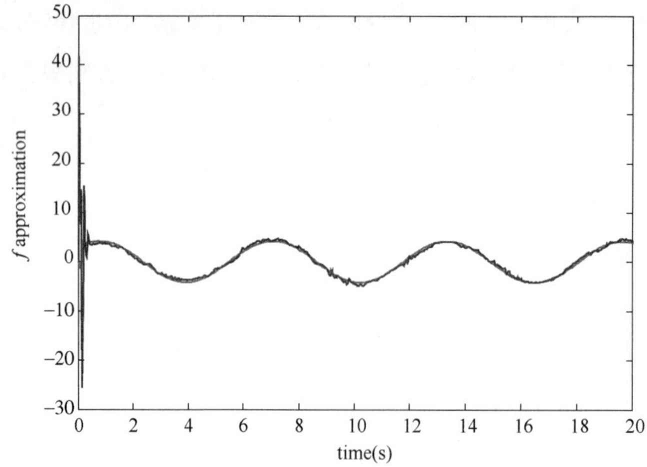

图 5-10　$f(\boldsymbol{x})$ 及其模糊逼近仿真结果

简单的自适应模糊控制程序有 5 个：① 隶属函数设计程序，chap5_3mf. m；②Simulink 主程序，chap5_3sim. mdl；③ 被控对象 S 函数程序，chap5_3plant. m；④ 控制器 S 函数程序，chap5_3ctrl. m；⑤ 作图程序，chap5_3plot. m。程序见本章附录。

5.3　间接自适应模糊控制

5.3.1　问题描述

考虑如下 n 阶非线性系统

$$\begin{cases} x^{(n)} = f(x,\dot{x},\cdots,x^{(n-1)}) + g(x,\dot{x},\cdots,x^{(n-1)})u \\ y = x \end{cases} \tag{5.18}$$

式中，$f(\boldsymbol{x})$ 和 $g(\boldsymbol{x})$ 为未知非线性函数，$u \in \mathbf{R}$ 和 $y \in \mathbf{R}$ 分别为系统的输入和输出。

设位置指令为 y_{m}，令

$$e = y_{\mathrm{m}} - y = y_{\mathrm{m}} - x, \boldsymbol{e} = [e \quad \dot{e} \quad \cdots \quad e^{(n-1)}]^{\mathrm{T}} \tag{5.19}$$

选择 $\boldsymbol{K} = [k_n \quad \cdots \quad k_1]^{\mathrm{T}}$，使多项式 $s^n + k_1 s^{(n-1)} + \cdots + k_n$ 的所有根都在复平面的左半平面上。取控制律为

$$u^* = \frac{1}{g(\boldsymbol{x})}[-f(\boldsymbol{x}) + y_{\mathrm{m}}^{(n)} + \boldsymbol{K}^{\mathrm{T}}\boldsymbol{e}] \tag{5.20}$$

将式(5.20) 代入式(5.18)，得到闭环控制系统的方程为

$$e^{(n)} + k_1 e^{(n-1)} + \cdots + k_n e = 0 \tag{5.21}$$

由 $\boldsymbol{K}$ 的选取，可得 $t \to \infty$ 时 $e(t) \to 0$，即系统的输出 y 渐近地收敛于理想输出 y_{m}。

可见，如果非线性函数 $f(\boldsymbol{x})$ 和 $g(\boldsymbol{x})$ 是已知的，则可以选择控制律 u 来消除其非线性，然后根据线性控制理论设计控制器。

5.3.2　控制器的设计

如果 $f(\boldsymbol{x})$ 和 $g(\boldsymbol{x})$ 未知，控制律式(5.20) 很难实现。根据模糊系统万能逼近定理式(5.3) 可知，存在分别高精度逼近 $f(\boldsymbol{x})$ 和 $g(\boldsymbol{x})$ 的模糊系统 $\hat{f}(\boldsymbol{x})$ 和 $\hat{g}(\boldsymbol{x})$，可采用模糊系统 $\hat{f}(\boldsymbol{x})$ 和 $\hat{g}(\boldsymbol{x})$ 代替 $f(\boldsymbol{x})$ 和 $g(\boldsymbol{x})$，实现自适应模糊控制。

1. 基本的模糊系统

以 $\hat{f}(\boldsymbol{x} \mid \boldsymbol{\theta}_f)$ 来逼近 $f(\boldsymbol{x})$ 为例，可用以下两步构造模糊系统 $\hat{f}(\boldsymbol{x} \mid \boldsymbol{\theta}_f)$[12]。

步骤 1：对变量 $x_i(i=1,2,\cdots,n)$，定义 p_i 个模糊集 $A_i^{l_i}(l_i=1,2,\cdots,p_i)$。

步骤 2：采用以下 $\prod\limits_{i=1}^{n} p_i$ 条模糊规则来构造模糊系统 $\hat{f}(\boldsymbol{x} \mid \boldsymbol{\theta}_f)$：

$$\mathrm{R}^{(j)}: \text{if} \quad x_1 \text{ is } A_1^{l_1} \quad \text{and} \cdots \text{and} \quad x_n \text{ is } A_n^{l_n} \quad \text{then} \quad \hat{f} \text{ is } E^{l_1 \cdots l_n} \tag{5.22}$$

式中，$l_i=1,2,\cdots,p_i$；$i=1,2,\cdots,n$。

设模糊集 $E^{l_1\cdots l_n}$ 的中心值为 $\bar{y}_f^{l_1\cdots l_n}$，采用乘积推理机、单值模糊器和中心平均解模糊器，则模糊系统的输出为

$$\hat{f}(\boldsymbol{x} \mid \boldsymbol{\theta}_f) = \frac{\sum\limits_{l_1=1}^{p_1} \cdots \sum\limits_{l_n=1}^{p_n} \bar{y}_f^{l_1\cdots l_n}\left(\prod\limits_{i=1}^{n} \mu_{A_i^{l_i}}(x_i)\right)}{\sum\limits_{l_1=1}^{p_1} \cdots \sum\limits_{l_n=1}^{p_n}\left(\prod\limits_{i=1}^{n} \mu_{A_i^{l_i}}(x_i)\right)} \tag{5.23}$$

式中，$\mu_{A_i^{l_i}}(x_i)$ 为 x_i 的隶属函数，其中分子表示规则前提之间、规则前提与结论之间的逻辑“与”运算及规则之间的逻辑“或”运算。

令 $\bar{y}_f^{l_1\cdots l_n}$ 为自由参数，放在集合 $\boldsymbol{\theta}_f \in \mathrm{R}^{\prod_{i=1}^{n} p_i}$ 中。引入向量 $\xi(\boldsymbol{x})$，式(5.23) 变为

$$\hat{f}(\boldsymbol{x} \mid \boldsymbol{\theta}_f) = \boldsymbol{\theta}_f^{\mathrm{T}} \xi(\boldsymbol{x}) \tag{5.24}$$

式中，$\xi(\boldsymbol{x})$ 为 $\prod\limits_{i=1}^{n} p_i$ 维向量，其第 $l_1,\cdots,l_n$ 个元素为

$$\xi_{l_1\cdots l_n}(\boldsymbol{x}) = \frac{\prod\limits_{i=1}^{n} \mu_{A_i^{l_i}}(x_i)}{\sum\limits_{l_1=1}^{p_1} \cdots \sum\limits_{l_n=1}^{p_n}\left(\prod\limits_{i=1}^{n} \mu_{A_i^{l_i}}(x_i)\right)} \tag{5.25}$$

同理，可构造模糊系统 $\hat{g}(\boldsymbol{x} \mid \boldsymbol{\theta}_g)$ 逼近 $g(\boldsymbol{x})$。

2. 自适应模糊控制器的设计

采用模糊系统逼近 $f(\boldsymbol{x})$ 和 $g(\boldsymbol{x})$，则控制律式(5.20) 变为

$$u = \frac{1}{\hat{g}(\boldsymbol{x} \mid \boldsymbol{\theta}_g)}\left[-\hat{f}(\boldsymbol{x} \mid \boldsymbol{\theta}_f) + y_{\mathrm{m}}^{(n)} + \boldsymbol{K}^{\mathrm{T}} \boldsymbol{e}\right] \tag{5.26}$$

$$\hat{f}(\boldsymbol{x} \mid \boldsymbol{\theta}_f) = \boldsymbol{\theta}_f^{\mathrm{T}} \xi(\boldsymbol{x}), \hat{g}(\boldsymbol{x} \mid \boldsymbol{\theta}_g) = \boldsymbol{\theta}_g^{\mathrm{T}} \eta(\boldsymbol{x}) \tag{5.27}$$

式中，$\xi(\boldsymbol{x})$ 和 $\eta(\boldsymbol{x})$ 为模糊向量，参数 $\boldsymbol{\theta}_f^{\mathrm{T}}$ 和 $\boldsymbol{\theta}_g^{\mathrm{T}}$ 根据自适应律而变化。

设计自适应律为

$$\dot{\boldsymbol{\theta}}_f = -\gamma_1 \boldsymbol{e}^{\mathrm{T}} \boldsymbol{P} \boldsymbol{b} \xi(\boldsymbol{x}) \tag{5.28}$$

$$\dot{\boldsymbol{\theta}}_g = -\gamma_2 \boldsymbol{e}^{\mathrm{T}} \boldsymbol{P} \boldsymbol{b} \eta(\boldsymbol{x}) u \tag{5.29}$$

式中，γ_1，γ_2 为正常数，$\boldsymbol{P}$ 为正定矩阵，由式(5.39) 给出。

自适应模糊控制系统如图 5-11 所示。

3. 稳定性分析

参考文献[12]，本控制算法的稳定性分析如下：

将式(5.26) 代入式(5.18)，可得如下模糊控制系统的闭环动态方程式

$$\boldsymbol{e}^{(n)} = -\boldsymbol{K}^{\mathrm{T}} \boldsymbol{e} + \left[\hat{f}(\boldsymbol{x} \mid \boldsymbol{\theta}_f) - f(\boldsymbol{x})\right] + \left[\hat{g}(\boldsymbol{x} \mid \boldsymbol{\theta}_g) - g(\boldsymbol{x})\right] u \tag{5.30}$$

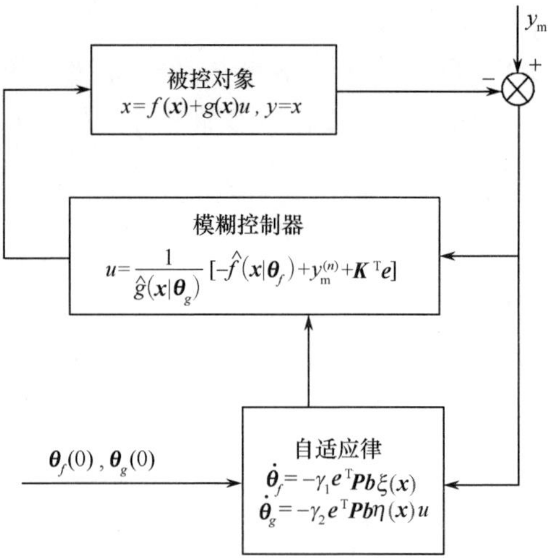

图 5-11　自适应模糊控制系统

令

$$\boldsymbol{\Lambda}=\begin{bmatrix} 0 & 1 & 0 & 0 & \cdots & 0 & 0 \\ 0 & 0 & 1 & 0 & \cdots & 0 & 0 \\ \cdots & \cdots & \cdots & \cdots & \cdots & \cdots & \cdots \\ 0 & 0 & 0 & 0 & \cdots & 0 & 1 \\ -k_n & -k_{n-1} & \cdots & \cdots & \cdots & \cdots & -k_1 \end{bmatrix},\boldsymbol{b}=\begin{bmatrix} 0 \\ 0 \\ \cdots \\ 0 \\ 1 \end{bmatrix} \tag{5.31}$$

则式(5.30)可写为向量形式

$$\dot{\boldsymbol{e}}=\boldsymbol{\Lambda e}+\boldsymbol{b}\{[\hat{f}(\boldsymbol{x}\mid\boldsymbol{\theta}_f)-f(\boldsymbol{x})]+[\hat{g}(\boldsymbol{x}\mid\boldsymbol{\theta}_g)-g(\boldsymbol{x})]u\} \tag{5.32}$$

存在最优参数 $\boldsymbol{\theta}_f^*$ 和 $\boldsymbol{\theta}_g^*$，定义最小逼近误差为

$$\omega=[\hat{f}(\boldsymbol{x}\mid\boldsymbol{\theta}_f^*)-f(\boldsymbol{x})]+[\hat{g}(\boldsymbol{x}\mid\boldsymbol{\theta}_g^*)-g(\boldsymbol{x})]u \tag{5.33}$$

式(5.32)可写为

$$\dot{\boldsymbol{e}}=\boldsymbol{\Lambda e}+\boldsymbol{b}\{[\hat{f}(\boldsymbol{x}\mid\boldsymbol{\theta}_f)-\hat{f}(\boldsymbol{x}\mid\boldsymbol{\theta}_f^*)]+[\hat{g}(\boldsymbol{x}\mid\boldsymbol{\theta}_g)-\hat{g}(\boldsymbol{x}\mid\boldsymbol{\theta}_g^*)]u+\omega\} \tag{5.34}$$

将式(5.27)代入式(5.34)，可得闭环动态方程为

$$\dot{\boldsymbol{e}}=\boldsymbol{\Lambda e}+\boldsymbol{b}[(\boldsymbol{\theta}_f-\boldsymbol{\theta}_f^*)^{\mathrm{T}}\xi(\boldsymbol{x})+(\boldsymbol{\theta}_g-\boldsymbol{\theta}_g^*)^{\mathrm{T}}\eta(\boldsymbol{x})u+\omega] \tag{5.35}$$

该方程清晰地描述了误差和控制参数 $\boldsymbol{\theta}_f,\boldsymbol{\theta}_g$ 之间的关系。自适应律的任务是为 $\boldsymbol{\theta}_f,\boldsymbol{\theta}_g$ 确定一个调节机理，使得误差 $\boldsymbol{e}$ 和参数误差 $\boldsymbol{\theta}_f-\boldsymbol{\theta}_f^*,\boldsymbol{\theta}_g-\boldsymbol{\theta}_g^*$ 收敛。

定义 Lyapunov 函数

$$V(t)=\frac{1}{2}\boldsymbol{e}^{\mathrm{T}}\boldsymbol{Pe}+\frac{1}{2\gamma_1}\tilde{\boldsymbol{\theta}}_f^{\mathrm{T}}\tilde{\boldsymbol{\theta}}_f+\frac{1}{2\gamma_2}\tilde{\boldsymbol{\theta}}_g^{\mathrm{T}}\tilde{\boldsymbol{\theta}}_g \tag{5.36}$$

式中，γ_1,γ_2 是正的常数，$\tilde{\boldsymbol{\theta}}_f=\boldsymbol{\theta}_f-\boldsymbol{\theta}_f^*,\tilde{\boldsymbol{\theta}}_g=\boldsymbol{\theta}_g-\boldsymbol{\theta}_g^*$，$\boldsymbol{P}$ 为一个正定矩阵且满足 Lyapunov 方程

$$\boldsymbol{\Lambda}^{\mathrm{T}}\boldsymbol{P}+\boldsymbol{P\Lambda}=-\boldsymbol{Q} \tag{5.37}$$

式中，$\boldsymbol{Q}$ 是一个任意的 $n\times n$ 维正定矩阵，$\boldsymbol{\Lambda}$ 由式(5.31)给出，其特征根实部为负。

取 $V_1(t)=\frac{1}{2}\boldsymbol{e}^{\mathrm{T}}\boldsymbol{Pe}$，$V_2(t)=\frac{1}{2\gamma_1}(\boldsymbol{\theta}_f-\boldsymbol{\theta}_f^*)^{\mathrm{T}}(\boldsymbol{\theta}_f-\boldsymbol{\theta}_f^*)$，$V_3(t)=\frac{1}{2\gamma_2}(\boldsymbol{\theta}_g-\boldsymbol{\theta}_g^*)^{\mathrm{T}}(\boldsymbol{\theta}_g-\boldsymbol{\theta}_g^*)$。令

$\boldsymbol{M} = \boldsymbol{b}[(\boldsymbol{\theta}_f - \boldsymbol{\theta}_f^*)^{\mathrm{T}}\xi(\boldsymbol{x}) + (\boldsymbol{\theta}_f - \boldsymbol{\theta}_f^*)^{\mathrm{T}}\eta(\boldsymbol{x})u + \omega]$，则式(5.35)变为

$$\dot{\boldsymbol{e}} = \boldsymbol{\Lambda e} + \boldsymbol{M}$$

$$\begin{aligned}\dot{V}_1(t) &= \frac{1}{2}\dot{\boldsymbol{e}}^{\mathrm{T}}\boldsymbol{Pe} + \frac{1}{2}\boldsymbol{e}^{\mathrm{T}}\boldsymbol{P}\dot{\boldsymbol{e}} = \frac{1}{2}(\boldsymbol{e}^{\mathrm{T}}\boldsymbol{\Lambda}^{\mathrm{T}} + \boldsymbol{M}^{\mathrm{T}})\boldsymbol{Pe} + \frac{1}{2}\boldsymbol{e}^{\mathrm{T}}\boldsymbol{P}(\boldsymbol{\Lambda e} + \boldsymbol{M}) \\ &= \frac{1}{2}\boldsymbol{e}^{\mathrm{T}}(\boldsymbol{\Lambda}^{\mathrm{T}}\boldsymbol{P} + \boldsymbol{P\Lambda})\boldsymbol{e} + \frac{1}{2}\boldsymbol{M}^{\mathrm{T}}\boldsymbol{Pe} + \frac{1}{2}\boldsymbol{e}^{\mathrm{T}}\boldsymbol{PM} \\ &= -\frac{1}{2}\boldsymbol{e}^{\mathrm{T}}\boldsymbol{Qe} + \frac{1}{2}(\boldsymbol{M}^{\mathrm{T}}\boldsymbol{Pe} + \boldsymbol{e}^{\mathrm{T}}\boldsymbol{PM}) = -\frac{1}{2}\boldsymbol{e}^{\mathrm{T}}\boldsymbol{Qe} + \boldsymbol{e}^{\mathrm{T}}\boldsymbol{PM}\end{aligned}$$

即

$$\dot{V}_1(t) = -\frac{1}{2}\boldsymbol{e}^{\mathrm{T}}\boldsymbol{Qe} + \boldsymbol{e}^{\mathrm{T}}\boldsymbol{Pb}\omega + (\boldsymbol{\theta}_f - \boldsymbol{\theta}_f^*)^{\mathrm{T}}\boldsymbol{e}^{\mathrm{T}}\boldsymbol{Pb}\xi(\boldsymbol{x}) + (\boldsymbol{\theta}_g - \boldsymbol{\theta}_g^*)^{\mathrm{T}}\boldsymbol{e}^{\mathrm{T}}\boldsymbol{Pb}\eta(\boldsymbol{x})u$$

$$\dot{V}_2(t) = \frac{1}{\gamma_1}(\boldsymbol{\theta}_f - \boldsymbol{\theta}_f^*)^{\mathrm{T}}\dot{\boldsymbol{\theta}}_f$$

$$\dot{V}_3(t) = \frac{1}{\gamma_2}(\boldsymbol{\theta}_g - \boldsymbol{\theta}_g^*)^{\mathrm{T}}\dot{\boldsymbol{\theta}}_g$$

$V(t)$ 的导数为

$$\begin{aligned}\dot{V}(t) &= \dot{V}_1(t) + \dot{V}_2(t) + \dot{V}_3(t) \\ &= -\frac{1}{2}\boldsymbol{e}^{\mathrm{T}}\boldsymbol{Qe} + \boldsymbol{e}^{\mathrm{T}}\boldsymbol{Pb}\omega + \frac{1}{\gamma_1}(\boldsymbol{\theta}_f - \boldsymbol{\theta}_f^*)^{\mathrm{T}}[\dot{\boldsymbol{\theta}}_f + \gamma_1\boldsymbol{e}^{\mathrm{T}}\boldsymbol{Pb}\xi(\boldsymbol{x})] + \\ &\quad \frac{1}{\gamma_2}(\boldsymbol{\theta}_g - \boldsymbol{\theta}_g^*)^{\mathrm{T}}[\dot{\boldsymbol{\theta}}_g + \gamma_2\boldsymbol{e}^{\mathrm{T}}\boldsymbol{Pb}\eta(\boldsymbol{x})u]\end{aligned} \tag{5.38}$$

将式(5.28)和式(5.29)代入式(5.38)，得

$$\dot{V}(t) = -\frac{1}{2}\boldsymbol{e}^{\mathrm{T}}\boldsymbol{Qe} + \boldsymbol{e}^{\mathrm{T}}\boldsymbol{Pb}\omega \tag{5.39}$$

由于 $\boldsymbol{Q} > 0$，ω 是最小逼近误差，$|\omega| \leqslant \omega_{\max}$，通过设计足够多规则的模糊系统，可使 ω 充分小，并满足 $|\boldsymbol{e}^{\mathrm{T}}\boldsymbol{Pb}\omega| \leqslant \frac{1}{2}\boldsymbol{e}^{\mathrm{T}}\boldsymbol{Qe}$，从而使得 $\dot{V}(t) \leqslant 0$，闭环系统稳定。

由于

$$2\boldsymbol{e}^{\mathrm{T}}\boldsymbol{Pb}\omega \leqslant d(\boldsymbol{e}^{\mathrm{T}}\boldsymbol{Pb})(\boldsymbol{e}^{\mathrm{T}}\boldsymbol{Pb})^{\mathrm{T}} + \frac{1}{d}\omega^2 \tag{5.40}$$

其中 $d > 0$。则

$$\boldsymbol{e}^{\mathrm{T}}\boldsymbol{Pb}\omega \leqslant \frac{d}{2}(\boldsymbol{e}^{\mathrm{T}}\boldsymbol{Pb})(\boldsymbol{e}^{\mathrm{T}}\boldsymbol{Pb})^{\mathrm{T}} + \frac{1}{2d}\omega^2 = \frac{d}{2}\boldsymbol{e}^{\mathrm{T}}(\boldsymbol{Pbb}^{\mathrm{T}}\boldsymbol{P}^{\mathrm{T}})\boldsymbol{e} + \frac{1}{2d}\omega^2$$

$$\begin{aligned}\dot{V}(t) &\leqslant -\frac{1}{2}\boldsymbol{e}^{\mathrm{T}}\boldsymbol{Qe} + \frac{d}{2}\boldsymbol{e}^{\mathrm{T}}(\boldsymbol{Pbb}^{\mathrm{T}}\boldsymbol{P}^{\mathrm{T}})\boldsymbol{e} + \frac{1}{2d}\omega^2 = -\frac{1}{2}\boldsymbol{e}^{\mathrm{T}}(\boldsymbol{Q} - d(\boldsymbol{Pbb}^{\mathrm{T}}\boldsymbol{P}^{\mathrm{T}}))\boldsymbol{e} + \frac{1}{2d}\omega^2 \\ &\leqslant -\frac{1}{2}\boldsymbol{e}^{\mathrm{T}}l_{\min}(\boldsymbol{Q} - d(\boldsymbol{Pbb}^{\mathrm{T}}\boldsymbol{P}^{\mathrm{T}}))\boldsymbol{e} + \frac{1}{2d}\omega_{\max}^2\end{aligned}$$

其中 $l(\cdot)$ 为矩阵的特征值，$l(\boldsymbol{Q}) > l(d\boldsymbol{Pbb}^{\mathrm{T}}\boldsymbol{P}^{\mathrm{T}})$。则满足 $\dot{V}(t) \leqslant 0$ 的收敛性结果为

$$\|\boldsymbol{e}\| \leqslant \frac{|\omega|_{\max}}{\sqrt{dl_{\min}(\boldsymbol{Q} - d\boldsymbol{Pbb}^{\mathrm{T}}\boldsymbol{P}^{\mathrm{T}})}} \tag{5.41}$$

可见，收敛误差 $\|\boldsymbol{e}\|$ 与 $\boldsymbol{Q}$ 和 $\boldsymbol{P}$ 的特征值、最小逼近误差 ω 有关，$\boldsymbol{Q}$ 的特征值越大，$\boldsymbol{P}$ 的特征值越小，$|\omega|_{\max}$ 越小，收敛误差越小。

由于 $V(t) \geqslant 0$，$\dot{V}(t) \leqslant 0$，则 $V(t)$ 有界，因此 $\tilde{\boldsymbol{\theta}}_f$ 和 $\tilde{\boldsymbol{\theta}}_g$ 有界，但无法保证 $\boldsymbol{\theta}_f$ 和 $\boldsymbol{\theta}_g$ 收敛于 $\boldsymbol{\theta}_f^*$ 和 $\boldsymbol{\theta}_g^*$，即无法保证 $f(\boldsymbol{x})$ 和 $g(\boldsymbol{x})$ 的逼近精度，只能保证逼近误差有界。

5.3.3 仿真实例

被控对象取单级倒立摆,如图 5-12 所示,其动态方程为

$$\dot{x}_1 = x_2$$

$$\dot{x}_2 = \frac{g\sin x_1 - mlx_2^2\cos x_1\sin x_1/(m_c+m)}{l(4/3-m\cos^2 x_1/(m_c+m))} + \frac{\cos x_1/(m_c+m)}{l(4/3-m\cos^2 x_1/(m_c+m))}u = f(\boldsymbol{x}) + g(\boldsymbol{x})u$$

式中,x_1 和 x_2 分别为摆角和摆速,$g = 9.8\text{m/s}^2$,$m_c = 1\text{kg}$ 为小车质量,m 为摆杆质量,$m = 0.1\text{kg}$,l 为摆长的一半,$l = 0.5\text{m}$,u 为控制输入。

角度指令为 $x_d(t) = 0.1\sin(\pi t)$。取以下 5 种隶属函数:$\mu_{NM}(x_i) = \exp[-((x_i+\pi/6)/(\pi/24))^2]$,$\mu_{NS}(x_i) = \exp[-((x_i+\pi/12)/(\pi/24))^2]$,$\mu_Z(x_i) = \exp[-(x_i/(\pi/24))^2]$,$\mu_{PS}(x_i) = \exp[-((x_i-\pi/12)/(\pi/24))^2]$,$\mu_{PM}(x_i) = \exp[-((x_i-\pi/6)/(\pi/24))^2]$。则用于逼近 $f(\boldsymbol{x})$ 和 $g(\boldsymbol{x})$ 的模糊规则分别有 25 条。

根据隶属函数设计程序,可得到如图 5-13 所示隶属函数。

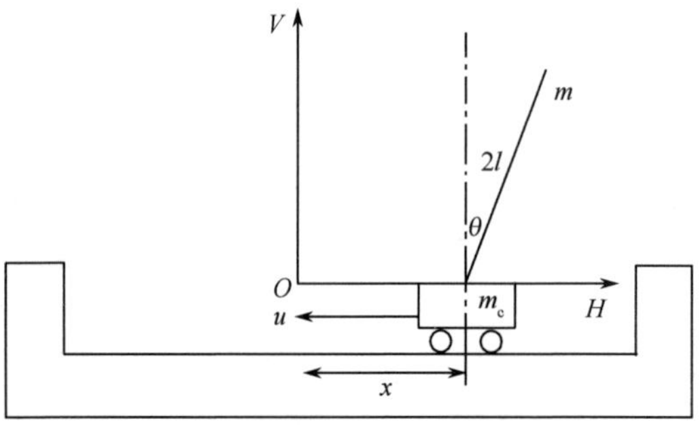

图 5-12　单级倒立摆系统示意图

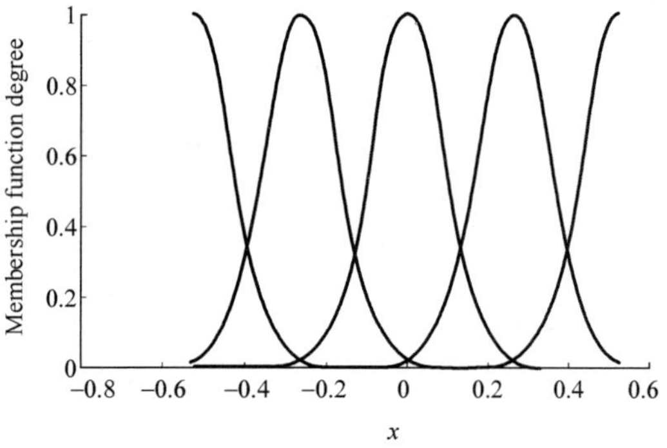

图 5-13　x_i 的隶属函数

倒立摆初始状态为$[\pi/60, 0]$,$\boldsymbol{\theta}_f$ 和 $\boldsymbol{\theta}_g$ 中各元素的初始值取 0.10,采用式(5.26),自适应律采用式(5.28)和式(5.29),取 $\eta(\boldsymbol{x}) = \xi(\boldsymbol{x})$。取 $\boldsymbol{Q} = \begin{bmatrix} 10 & 0 \\ 0 & 10 \end{bmatrix}$,$k_1 = 2$,$k_2 = 1$。考虑到 $f(x_1, x_2)$ 的取值范围比 $g(x_1, x_2)$ 的取值范围大得多,自适应参数取 $\gamma_1 = 50$,$\gamma_2 = 1$。

在程序中,分别用 FS1,FS2 和 FS 表示模糊系统的分子、分母及 $\xi(\boldsymbol{x})$,仿真结果如图 5-14 至图 5-17 所示。

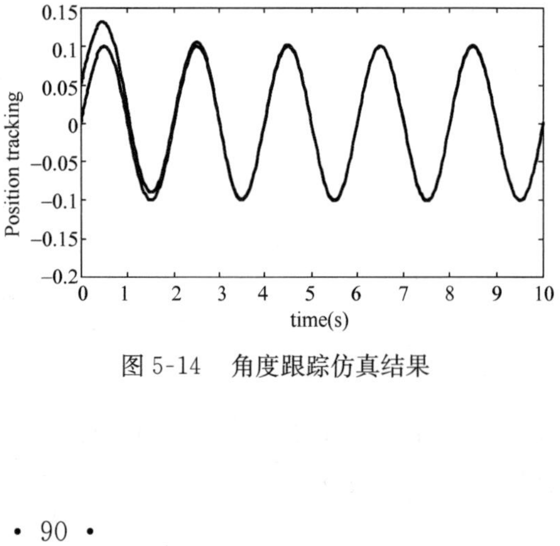

图 5-14　角度跟踪仿真结果

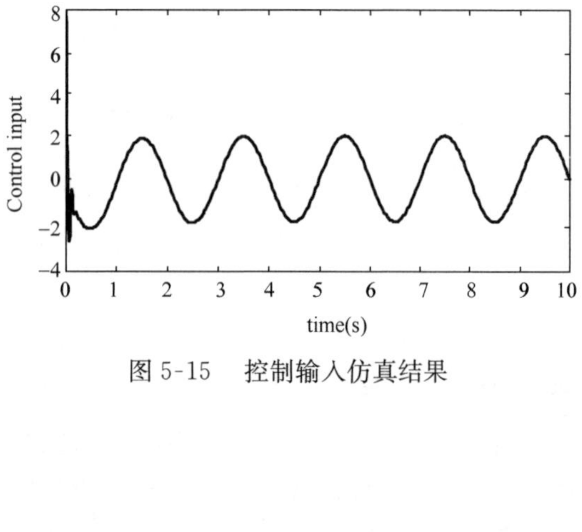

图 5-15　控制输入仿真结果

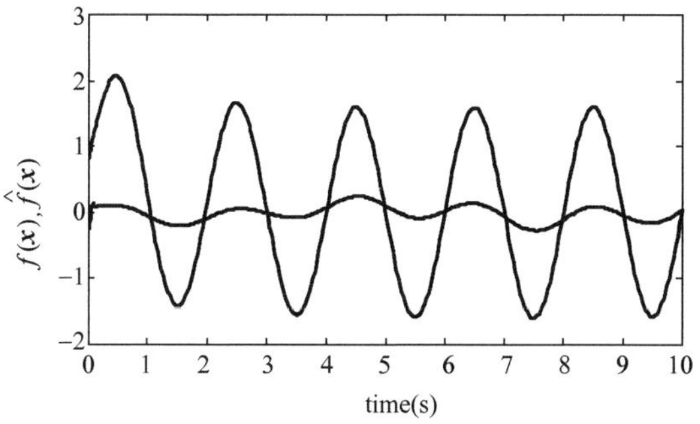

图 5-16　$f(\boldsymbol{x})$ 及 $\hat{f}(\boldsymbol{x})$ 的变化

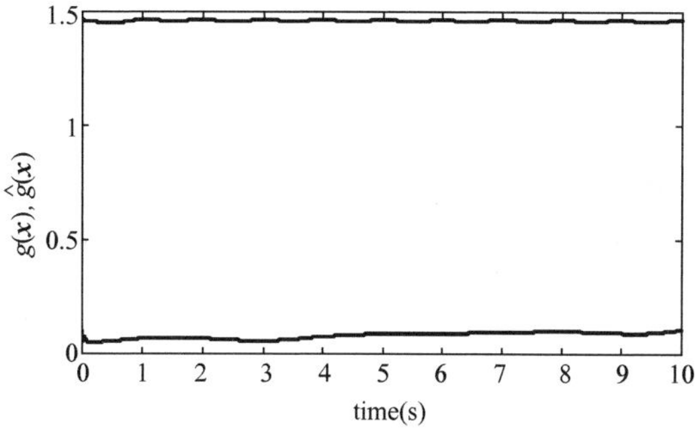

图 5-17　$g(\boldsymbol{x})$ 及 $\hat{g}(\boldsymbol{x})$ 的变化

间接自适应模糊控制仿真程序有 5 个：① 隶属函数设计程序，chap5_4mf. m；②Simulink 主程序 chap5_4sim. mdl；③ 控制器 S 函数 chap5_4s. m；④ 被控对象 S 函数，chap5_4plant. m；⑤ 作图程序，chap5_4plot. m。程序请扫二维码。

间接自适应模糊控制仿真程序

5.4　直接自适应模糊控制

直接自适应模糊控制和间接自适应模糊控制所采用的规则形式不同。间接自适应模糊控制利用的是被控对象的知识，而直接自适应模糊控制采用的是控制知识。

5.4.1　问题描述

考虑如下方程所描述的研究对象

$$x^{(n)}=f(x,\dot{x},\cdots,x^{(n-1)})+bu \tag{5.42}$$

$$y=x \tag{5.43}$$

式中，$f(\cdot)$ 为未知函数，b 为未知的正常数。

直接自适应模糊控制采用下面 if-then 模糊规则来描述控制知识，即

$$\text{如果 } x_1 \text{ 是 } P_1^r \text{ 且} \cdots \text{且 } x_n \text{ 是 } P_n^r\text{，则 } u \text{ 是 } Q^r \tag{5.44}$$

式中，P_i^r,Q^r 为 $\mathbf{R}$ 中的模糊集合，且 $r=1,2,\cdots,L_u$（模糊集合的个数）。

设输出指令为 y_{m}，令

$$e=y_{\mathrm{m}}-y=y_{\mathrm{m}}-x,\boldsymbol{e}=[e\quad \dot{e}\quad \cdots\quad e^{(n-1)}]^{\mathrm{T}} \tag{5.45}$$

选择 $\boldsymbol{K}=[k_n\quad \cdots\quad k_1]^{\mathrm{T}}$，使多项式 $s^n+k_1s^{(n-1)}+\cdots+k_n$ 的所有根都在复平面的左半平面上。取控制律为

$$u^*=\frac{1}{b}[-f(\boldsymbol{x})+y_{\mathrm{m}}^{(n)}+\boldsymbol{K}^{\mathrm{T}}\boldsymbol{e}] \tag{5.46}$$

将式(5.46)代入式(5.42)，得到闭环控制系统的方程为

$$e^{(n)}+k_1e^{(n-1)}+\cdots+k_ne=0 \tag{5.47}$$

由 $\boldsymbol{K}$ 的选取，可得 $t\rightarrow\infty$ 时 $e\rightarrow 0$，即系统的输出 y 渐近地收敛于理想输出 y_{m}。

直接自适应模糊控制基于模糊系统设计一个反馈控制器 $u=u(\boldsymbol{x}\mid\boldsymbol{\theta})$ 和一个可调参数集合 $\boldsymbol{\theta}$ 的自适应律，使得系统输出 y 跟踪理想输出 y_{m}。

5.4.2 控制器的设计

直接自适应模糊控制器为[12]

$$u = u_{\mathrm{D}}(\boldsymbol{x} \mid \boldsymbol{\theta}) \tag{5.48}$$

式中，u_{D} 是一个模糊系统，$\boldsymbol{\theta}$ 是可调参数集。

模糊系统 u_{D} 可由以下两步来构造。

步骤 1：对变量 $x_i(i = 1,2,\cdots,n)$，定义 m_i 个模糊集 $A_i^{l_i}(l_i = 1,2,\cdots,m_i)$。

步骤 2：用以下 $\prod_{i=1}^{n} m_i$ 条模糊规则来构造模糊系统 $u_{\mathrm{D}}(\boldsymbol{x} \mid \boldsymbol{\theta})$，即

$$\text{如果 } x_1 \text{ 是 } A_1^{l_1} \text{ 且} \cdots \text{且 } x_n \text{ 是 } A_n^{l_n}\text{，则 } u_{\mathrm{D}} \text{ 是 } S^{l_1\cdots l_n} \tag{5.49}$$

式中，$l_1 = 1,2,\cdots,m_i$；$i = 1,2,\cdots,n$。

采用乘积推理机、单值模糊器和中心平均解模糊器来设计模糊控制器，即

$$u_{\mathrm{D}}(\boldsymbol{x} \mid \boldsymbol{\theta}) = \frac{\sum_{l_1=1}^{m_1}\cdots\sum_{l_n=1}^{m_n} \bar{y}_u^{l_1\cdots l_n}\left(\prod_{i=1}^{n}\mu_{A_i}^{l_i}(x_i)\right)}{\sum_{l_1=1}^{m_1}\cdots\sum_{l_n=1}^{m_n}\left(\prod_{i=1}^{n}\mu_{A_i}^{l_i}(x_i)\right)} \tag{5.50}$$

令 $\bar{y}_u^{l_1\cdots l_n}$ 为自由参数，放在集合 $\boldsymbol{\theta} \in \mathrm{R}^{\prod_{i=1}^{n} m_i}$ 中，则模糊控制器为

$$u_{\mathrm{D}}(\boldsymbol{x} \mid \boldsymbol{\theta}) = \boldsymbol{\theta}^{\mathrm{T}}\xi(\boldsymbol{x}) \tag{5.51}$$

式中，$\xi(\boldsymbol{x})$ 为 $\prod_{i=1}^{n} m_i$ 维向量，其第 $l_1,\cdots,l_n$ 个元素为

$$\xi_{l_1\cdots l_n}(\boldsymbol{x}) = \frac{\prod_{i=1}^{n}\mu_{A_i}^{l_i}(x_i)}{\sum_{l_1=1}^{m_1}\cdots\sum_{l_n=1}^{m_n}\left(\prod_{i=1}^{n}\mu_{A_i}^{l_i}(x_i)\right)} \tag{5.52}$$

模糊规则式(5.44) 通过设置其初始参数而被嵌入模糊控制器中。

5.4.3 自适应律的设计

由式(5.46) 得

$$f(\boldsymbol{x}) = -\boldsymbol{b}u^* + y_{\mathrm{m}}^{(n)} + \boldsymbol{K}^{\mathrm{T}}\boldsymbol{e}$$

将上式代入式(5.42)，并引入式(5.48) 得

$$x^{(n)} = -\boldsymbol{b}u^* + y_{\mathrm{m}}^{(n)} + \boldsymbol{K}^{\mathrm{T}}\boldsymbol{e} + \boldsymbol{b}u$$

整理得

$$e^{(n)} = -\boldsymbol{K}^{\mathrm{T}}\boldsymbol{e} + \boldsymbol{b}[u^* - u_{\mathrm{D}}(\boldsymbol{x} \mid \boldsymbol{\theta})] \tag{5.53}$$

令

$$\boldsymbol{\Lambda} = \begin{bmatrix} 0 & 1 & 0 & 0 & \cdots & 0 & 0 \\ 0 & 0 & 1 & 0 & \cdots & 0 & 0 \\ \cdots & \cdots & \cdots & \cdots & \cdots & \cdots & \cdots \\ 0 & 0 & 0 & 0 & \cdots & 0 & 1 \\ -k_n & -k_{n-1} & \cdots & \cdots & \cdots & \cdots & -k_1 \end{bmatrix}, \boldsymbol{b} = \begin{bmatrix} 0 \\ 0 \\ \cdots \\ 0 \\ b \end{bmatrix} \tag{5.54}$$

则式(5.53)可写成向量形式

$$\dot{\boldsymbol{e}} = \boldsymbol{\Lambda e} + \boldsymbol{b}[u^* - u_\mathrm{D}(\boldsymbol{x} \mid \boldsymbol{\theta})] \tag{5.55}$$

存在最优参数 $\boldsymbol{\theta}^*$,定义最小逼近误差为

$$\omega = u_\mathrm{D}(\boldsymbol{x} \mid \boldsymbol{\theta}^*) - u^* \tag{5.56}$$

由式(5.55)可得

$$\dot{\boldsymbol{e}} = \boldsymbol{\Lambda e} + \boldsymbol{b}(u_\mathrm{D}(\boldsymbol{x} \mid \boldsymbol{\theta}^*) - u_\mathrm{D}(\boldsymbol{x} \mid \boldsymbol{\theta})) - \boldsymbol{b}(u_\mathrm{D}(\boldsymbol{x} \mid \boldsymbol{\theta}^*) - u^*) \tag{5.57}$$

由式(5.56),可将式(5.57)改写为

$$\dot{\boldsymbol{e}} = \boldsymbol{\Lambda e} + \boldsymbol{b}(\boldsymbol{\theta}^* - \boldsymbol{\theta})^\mathrm{T}\xi(\boldsymbol{x}) - \boldsymbol{b}\omega \tag{5.58}$$

参考文献[12],本控制算法的稳定性分析如下:

定义 Lyapunov 函数为

$$V(t) = \frac{1}{2}\boldsymbol{e}^\mathrm{T}\boldsymbol{P e} + \frac{\boldsymbol{b}}{2\gamma}\tilde{\boldsymbol{\theta}}^\mathrm{T}\tilde{\boldsymbol{\theta}} \tag{5.59}$$

式中,参数 γ 是正常数,$\tilde{\boldsymbol{\theta}} = \boldsymbol{\theta}^* - \boldsymbol{\theta}$。

$\boldsymbol{P}$ 为一个正定矩阵且满足 Lyapunov 方程

$$\boldsymbol{\Lambda}^\mathrm{T}\boldsymbol{P} + \boldsymbol{P\Lambda} = -\boldsymbol{Q} \tag{5.60}$$

式中,$\boldsymbol{Q}$ 是一个任意的 $n \times n$ 维正定矩阵,$\boldsymbol{\Lambda}$ 由式(5.54)给出,其特征根实部为负。

取 $V_1(t) = \frac{1}{2}\boldsymbol{e}^\mathrm{T}\boldsymbol{P e}$,$V_2(t) = \frac{\boldsymbol{b}}{2\gamma}(\boldsymbol{\theta}^* - \boldsymbol{\theta})^\mathrm{T}(\boldsymbol{\theta}^* - \boldsymbol{\theta})$,令 $\boldsymbol{M} = \boldsymbol{b}(\boldsymbol{\theta}^* - \boldsymbol{\theta})^\mathrm{T}\xi(\boldsymbol{x}) - \boldsymbol{b}\omega$,则式(5.59)变为

$$\dot{\boldsymbol{e}} = \boldsymbol{\Lambda e} + \boldsymbol{M} \tag{5.61}$$

$$\begin{aligned}
\dot{V}_1(t) &= \frac{1}{2}\dot{\boldsymbol{e}}^\mathrm{T}\boldsymbol{P e} + \frac{1}{2}\boldsymbol{e}^\mathrm{T}\boldsymbol{P}\dot{\boldsymbol{e}} = \frac{1}{2}(\boldsymbol{e}^\mathrm{T}\boldsymbol{\Lambda}^\mathrm{T} + \boldsymbol{M}^\mathrm{T})\boldsymbol{P e} + \frac{1}{2}\boldsymbol{e}^\mathrm{T}\boldsymbol{P}(\boldsymbol{\Lambda e} + \boldsymbol{M}) \\
&= \frac{1}{2}\boldsymbol{e}^\mathrm{T}(\boldsymbol{\Lambda}^\mathrm{T}\boldsymbol{P} + \boldsymbol{P\Lambda e}) + \frac{1}{2}\boldsymbol{M}^\mathrm{T}\boldsymbol{P e} + \frac{1}{2}\boldsymbol{e}^\mathrm{T}\boldsymbol{P M} \\
&= -\frac{1}{2}\boldsymbol{e}^\mathrm{T}\boldsymbol{Q e} + \frac{1}{2}(\boldsymbol{M}^\mathrm{T}\boldsymbol{P e} + \boldsymbol{e}^\mathrm{T}\boldsymbol{P M}) = -\frac{1}{2}\boldsymbol{e}^\mathrm{T}\boldsymbol{Q e} + \boldsymbol{e}^\mathrm{T}\boldsymbol{P M}
\end{aligned}$$

即

$$\dot{V}_1(t) = -\frac{1}{2}\boldsymbol{e}^\mathrm{T}\boldsymbol{Q e} + \boldsymbol{e}^\mathrm{T}\boldsymbol{P b}((\boldsymbol{\theta}^* - \boldsymbol{\theta})^\mathrm{T}\xi(\boldsymbol{x}) - \omega)$$

$$\dot{V}_2(t) = -\frac{b}{\gamma}(\boldsymbol{\theta}^* - \boldsymbol{\theta})^\mathrm{T}\dot{\boldsymbol{\theta}}$$

$V(t)$ 的导数为

$$\dot{V}(t) = -\frac{1}{2}\boldsymbol{e}^\mathrm{T}\boldsymbol{Q e} + \boldsymbol{e}^\mathrm{T}\boldsymbol{P b}[(\boldsymbol{\theta}^* - \boldsymbol{\theta})^\mathrm{T}\xi(\boldsymbol{x}) - \omega] - \frac{\boldsymbol{b}}{\gamma}(\boldsymbol{\theta}^* - \boldsymbol{\theta})^\mathrm{T}\dot{\boldsymbol{\theta}} \tag{5.62}$$

令 $\boldsymbol{p}_n$ 为 $\boldsymbol{P}$ 的最后一列,由 $\boldsymbol{b} = [0 \quad \cdots \quad 0, b]^\mathrm{T}$ 可知 $\boldsymbol{e}^\mathrm{T}\boldsymbol{P b} = \boldsymbol{e}^\mathrm{T}\boldsymbol{p}_n\boldsymbol{b}$。则式(5.62)变为

$$\dot{V}(t) = -\frac{1}{2}\boldsymbol{e}^\mathrm{T}\boldsymbol{Q e} + \frac{b}{\gamma}(\boldsymbol{\theta}^* - \boldsymbol{\theta})^\mathrm{T}[\gamma\boldsymbol{e}^\mathrm{T}\boldsymbol{p}_n\xi(\boldsymbol{x}) - \dot{\boldsymbol{\theta}}] - \boldsymbol{e}^\mathrm{T}\boldsymbol{p}_n\boldsymbol{b}\omega \tag{5.63}$$

取自适应律

$$\dot{\boldsymbol{\theta}} = \gamma \boldsymbol{e}^{\mathrm{T}} \boldsymbol{p}_n \xi(\boldsymbol{x}) \tag{5.64}$$

则

$$\dot{V}(t) = -\frac{1}{2}\boldsymbol{e}^{\mathrm{T}}\boldsymbol{Q}\boldsymbol{e} - \boldsymbol{e}^{\mathrm{T}}\boldsymbol{p}_n\boldsymbol{b}\omega \tag{5.65}$$

由于$\boldsymbol{Q}>0$，ω是最小逼近误差，通过设计足够多规则的模糊系统$u_{\mathrm{D}}(\boldsymbol{x}|\boldsymbol{\theta})$，可使$\omega$充分小，并满足$|\boldsymbol{e}^{\mathrm{T}}\boldsymbol{p}_n\boldsymbol{b}\omega| \leqslant \frac{1}{2}\boldsymbol{e}^{\mathrm{T}}\boldsymbol{Q}\boldsymbol{e}$，从而使得$\dot{V}(t) \leqslant 0$，闭环系统稳定。

由于

$$-2\boldsymbol{e}^{\mathrm{T}}\boldsymbol{p}_n\boldsymbol{b}\omega \leqslant d(\boldsymbol{e}^{\mathrm{T}}\boldsymbol{p}_n\boldsymbol{b})(\boldsymbol{e}^{\mathrm{T}}\boldsymbol{p}_n\boldsymbol{b})^{\mathrm{T}} + \frac{1}{d}\omega^2$$

其中$d>0$。则

$$-\boldsymbol{e}^{\mathrm{T}}\boldsymbol{p}_n\boldsymbol{b}\omega \leqslant \frac{d}{2}(\boldsymbol{e}^{\mathrm{T}}\boldsymbol{p}_n\boldsymbol{b})(\boldsymbol{e}^{\mathrm{T}}\boldsymbol{p}_n\boldsymbol{b})^{\mathrm{T}} + \frac{1}{2d}\omega^2 = \frac{d}{2}\boldsymbol{e}^{\mathrm{T}}(\boldsymbol{p}_n\boldsymbol{b}\boldsymbol{b}^{\mathrm{T}}\boldsymbol{p}_n^{\mathrm{T}})\boldsymbol{e} + \frac{1}{2d}\omega^2$$

$$\begin{aligned}\dot{V}(t) &\leqslant -\frac{1}{2}\boldsymbol{e}^{\mathrm{T}}\boldsymbol{Q}\boldsymbol{e} + \frac{d}{2}\boldsymbol{e}^{\mathrm{T}}(\boldsymbol{p}_n\boldsymbol{b}\boldsymbol{b}^{\mathrm{T}}\boldsymbol{p}_n^{\mathrm{T}})\boldsymbol{e} + \frac{1}{2d}\omega^2 = -\frac{1}{2}\boldsymbol{e}^{\mathrm{T}}(\boldsymbol{Q} - d(\boldsymbol{p}_n\boldsymbol{b}\boldsymbol{b}^{\mathrm{T}}\boldsymbol{p}_n^{\mathrm{T}}))\boldsymbol{e} + \frac{1}{2d}\omega^2 \\ &\leqslant -\frac{1}{2}l_{\min}(\boldsymbol{Q} - d(\boldsymbol{p}_n\boldsymbol{b}\boldsymbol{b}^{\mathrm{T}}\boldsymbol{p}_n^{\mathrm{T}}))\boldsymbol{e}^2 + \frac{1}{2d}\omega_{\max}^2\end{aligned}$$

其中$l(\cdot)$为矩阵的特征值，$l(\boldsymbol{Q}) > l(d\boldsymbol{p}_n\boldsymbol{b}\boldsymbol{b}^{\mathrm{T}}\boldsymbol{p}_n^{\mathrm{T}})$。则满足$\dot{V}(t) \leqslant 0$的收敛性结果为

$$\|\boldsymbol{e}\| \leqslant \frac{|\omega|_{\max}}{\sqrt{dl_{\min}(\boldsymbol{Q} - d\boldsymbol{p}_n\boldsymbol{b}\boldsymbol{b}^{\mathrm{T}}\boldsymbol{p}_n^{\mathrm{T}})}}$$

可见，收敛误差$\|\boldsymbol{e}\|$与$\boldsymbol{Q}$和$\boldsymbol{p}_n$的特征值、最小逼近误差ω有关，$\boldsymbol{Q}$的特征值越大，$\boldsymbol{p}_n$的特征值越小，$|\omega|_{\max}$越小，收敛误差越小。

由于$V(t) \geqslant 0$，$\dot{V}(t) \leqslant 0$，则$V(t)$有界，因此$\tilde{\boldsymbol{\theta}}$有界，但无法保证$\boldsymbol{\theta}$收敛于$\boldsymbol{\theta}^*$，即无法保证$u_{\mathrm{D}}(\boldsymbol{x}|\boldsymbol{\theta})$的逼近。

直接自适应模糊控制系统的结构如图5-18所示。

5.4.4 仿真实例

被控对象为一个二阶系统

$$\ddot{x} = -25\dot{x} + 133u$$

位置指令为$\sin(\pi t)$。取以下6种隶属函数：$\mu_{\mathrm{N3}}(x) = 1/(1+\exp(5(x+2)))$，$\mu_{\mathrm{N2}}(x) = \exp(-(x+1.5)^2)$，$\mu_{\mathrm{N1}}(x) = \exp(-(x+0.5)^2)$，$\mu_{\mathrm{P1}}(x) = \exp(-(x-0.5)^2)$，$\mu_{\mathrm{P2}}(x) = \exp(-(x-1.5)^2)$，$\mu_{\mathrm{P3}}(x) = 1/(1+\exp(-5(x-2)))$。

系统初始状态为[1,0]，$\boldsymbol{\theta}$中各元素的初始值均取0，控制律采用式(5.50)，自适应律取式(5.64)。取$\boldsymbol{Q} = \begin{bmatrix}50 & 0\\ 0 & 50\end{bmatrix}$，$k_1 = 1$，$k_2 = 10$，自适应参数取$\gamma = 50$。

根据隶属函数设计程序，可得到如图5-19所示隶属函数。在控制系统仿真程序中，分别用FS2，FS1和FS表示模糊系统的分子、分母及$\xi(\boldsymbol{x})$，仿真结果如图5-20和图5-21所示。

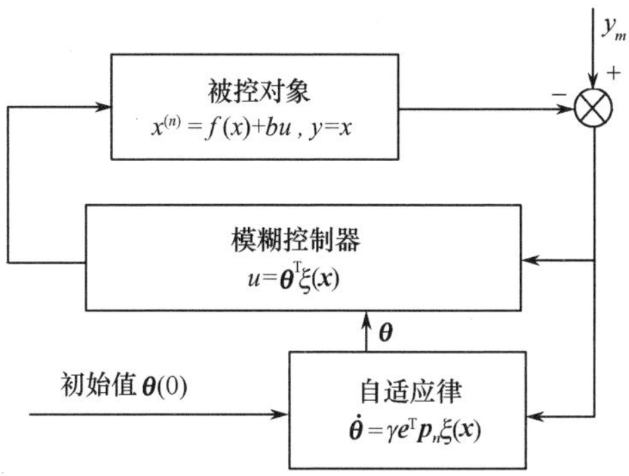

图 5-18　直接自适应模糊控制系统

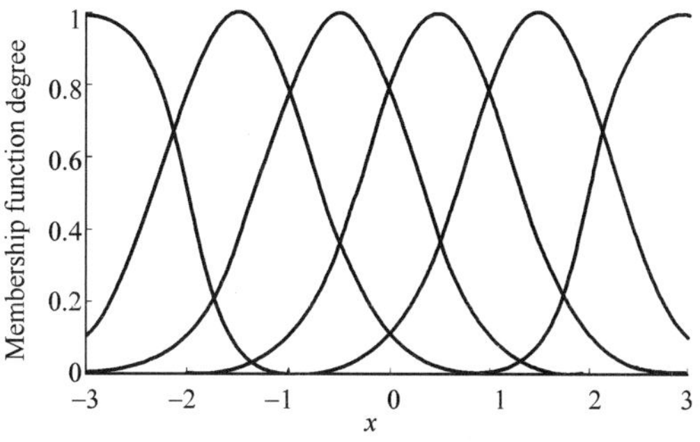

图 5-19　x 的隶属函数

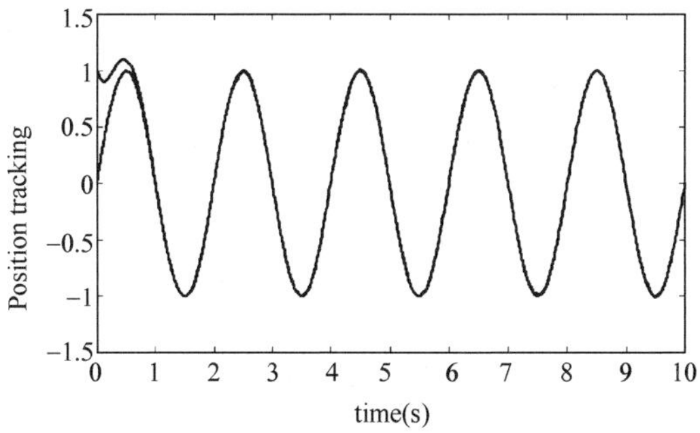

图 5-20　位置跟踪仿真结果

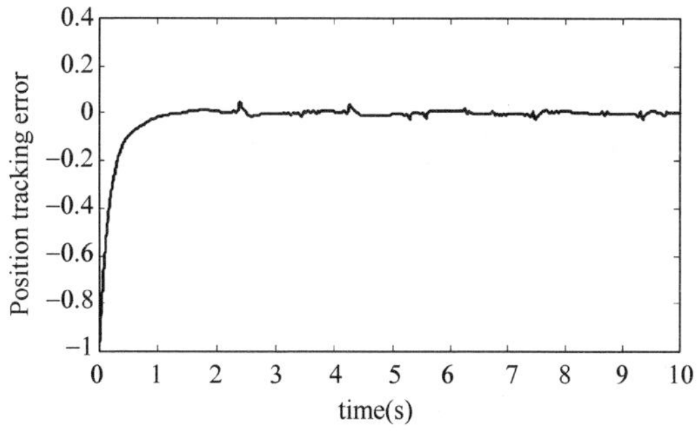

图 5-21　跟踪误差仿真结果

直接自适应模糊控制程序有 5 个：① 隶属函数设计程序，chap5_5mf. m；②Simulink 主程序，chap5_5sim. mdl；③ 控制器 S 函数程序，chap5_5s. m；④ 被控对象 S 函数程序，chap5_5plant. m；⑤ 作图程序，chap5_5plot. m。程序请扫二维码。

直接自适应模糊控制程序

5.5　机器人关节数学模型

在许多生产场合，利用机器人取代人的操作，不仅提高了生产效率，而且还能完成一些人所不能完成的高强度、危险作业。机械臂是工业机器人中常见的一类被控对象。

一个典型的多关节机器人如图 5-22 所示。

考虑一个 n 关节机器人，其机械手动力学模型可由二阶非线性微分方程描述

$$\boldsymbol{D}(\boldsymbol{q})\ddot{\boldsymbol{q}}+\boldsymbol{C}(\boldsymbol{q},\dot{\boldsymbol{q}})\dot{\boldsymbol{q}}+\boldsymbol{G}(\boldsymbol{q})+\boldsymbol{F}(\dot{\boldsymbol{q}})+\boldsymbol{\tau}_{\mathrm{d}}=\boldsymbol{\tau} \tag{5.66}$$

式中，$\boldsymbol{q}\in\mathbf{R}^n$ 为关节角位移量；$\boldsymbol{D}(\boldsymbol{q})\in\mathbf{R}^{n\times n}$ 为机器人的惯性力矩阵；$\boldsymbol{C}(\boldsymbol{q},\dot{\boldsymbol{q}})\in\mathbf{R}^n$ 表示离心力和哥氏力；$\boldsymbol{G}(\boldsymbol{q})\in\mathbf{R}^n$ 为重力项；$\boldsymbol{F}(\dot{\boldsymbol{q}})\in\mathbf{R}^n$ 表示摩擦力矩；$\boldsymbol{\tau}\in\mathbf{R}^n$ 为控制力矩；$\boldsymbol{\tau}_{\mathrm{d}}\in\mathbf{R}^n$ 为外加扰动。

机械手动力学模型的特点如下：

① 动力学模型包含的项数多，随着机器人关节数的增加，方程中包含的项数也增加。

② 高度非线性，方程的每一项都含有正弦、余弦等非线性因素。

③ 高度耦合。

④ 模型不确定性和时变性。当机器人搬运物体时，由于所持物件不同，负载会发生变化。另外，关节的摩擦力矩也会随时间变化。

机械手动力学模型有以下特性：

① $\boldsymbol{D}(\boldsymbol{q})$ 为一个正定对称矩阵，且是有界的，即存在已知正常数 m_1 和 m_2，使得 $m_1\boldsymbol{I}\leqslant\boldsymbol{D}(\boldsymbol{q})\leqslant m_2\boldsymbol{I}$；

② $\boldsymbol{C}(\boldsymbol{q},\dot{\boldsymbol{q}})$ 有界，即存在已知 $\boldsymbol{c}_b(\boldsymbol{q})$，使得 $|\boldsymbol{C}(\boldsymbol{q},\dot{\boldsymbol{q}})|\leqslant c_b(\boldsymbol{q})\|\dot{\boldsymbol{q}}\|$ 成立；

③ 矩阵 $\dot{\boldsymbol{D}}-2\boldsymbol{C}$ 为斜对称矩阵，即满足 $\boldsymbol{x}^{\mathrm{T}}(\dot{\boldsymbol{D}}-2\boldsymbol{C})\boldsymbol{x}=0$，$\boldsymbol{x}$ 为向量；

④ 未知扰动满足 $\|\boldsymbol{\tau}_{\mathrm{d}}\|\leqslant\tau_M$，$\tau_M$ 为一个已知正常数。

一个典型的双关节刚性机械手示意图如图 5-23 所示。

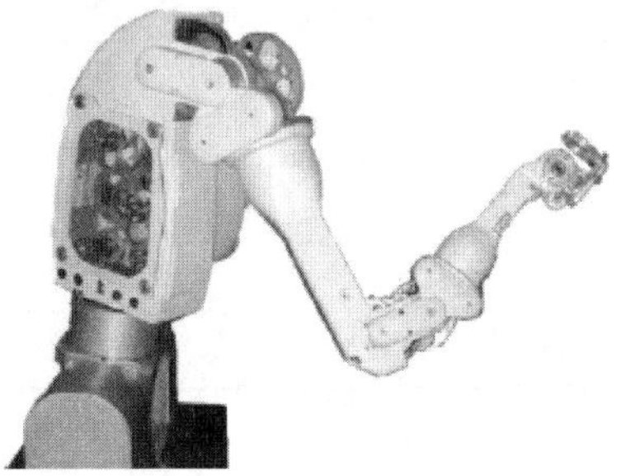

图 5-22　一个典型的多关节机器人

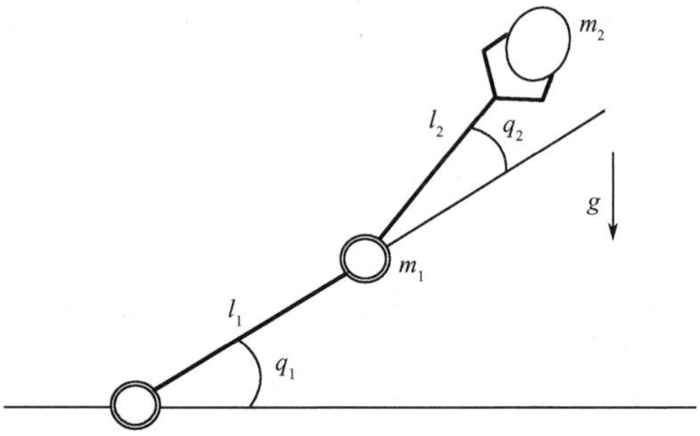

图 5-23　双关节刚性机械手示意图

5.6　基于模糊补偿的机械手自适应模糊控制

5.6.1　系统描述

机械手的动态方程为

$$\boldsymbol{D}(\boldsymbol{q})\ddot{\boldsymbol{q}}+\boldsymbol{C}(\boldsymbol{q},\dot{\boldsymbol{q}})\dot{\boldsymbol{q}}+\boldsymbol{G}(\boldsymbol{q})+\boldsymbol{F}(\boldsymbol{q},\dot{\boldsymbol{q}},\ddot{\boldsymbol{q}})=\boldsymbol{\tau} \tag{5.67}$$

式中，$\boldsymbol{D}(\boldsymbol{q})$ 为惯性力矩；$\boldsymbol{C}(\boldsymbol{q},\dot{\boldsymbol{q}})$ 为离心力和哥氏力；$\boldsymbol{G}(\boldsymbol{q})$ 为重力项；$\boldsymbol{F}(\boldsymbol{q},\dot{\boldsymbol{q}},\ddot{\boldsymbol{q}})$ 是由摩擦项 $\boldsymbol{F}_{\mathrm{r}}$、扰动 $\boldsymbol{\tau}_{\mathrm{d}}$、负载变化的不确定项组成的。

5.6.2　基于模糊补偿的控制

假设 $\boldsymbol{D}(\boldsymbol{q})$、$\boldsymbol{C}(\boldsymbol{q},\dot{\boldsymbol{q}})$ 和 $\boldsymbol{G}(\boldsymbol{q})$ 为已知，且所有状态变量可测。定义误差函数为

$$\boldsymbol{s}=\dot{\tilde{\boldsymbol{q}}}+\boldsymbol{\Lambda}\tilde{\boldsymbol{q}} \tag{5.68}$$

式中，$\boldsymbol{\Lambda}$ 为正定矩阵；$\tilde{\boldsymbol{q}}(t)$ 为跟踪误差，$\tilde{\boldsymbol{q}}(t)=\boldsymbol{q}(t)-\boldsymbol{q}_{\mathrm{d}}(t)$，$\boldsymbol{q}_{\mathrm{d}}(t)$ 为理想角度。

定义

$$\dot{\boldsymbol{q}}_{\mathrm{r}}(t)=\dot{\boldsymbol{q}}_{\mathrm{d}}(t)-\boldsymbol{\Lambda}\tilde{\boldsymbol{q}}(t) \tag{5.69}$$

为了保证 $\boldsymbol{s}\to 0$，定义 Lyapunov 函数

$$V(t)=\frac{1}{2}\boldsymbol{s}^{\mathrm{T}}\boldsymbol{D}\boldsymbol{s} \tag{5.70}$$

式中，$\boldsymbol{D}$ 为正定矩阵。

由于

$$\boldsymbol{s}=\dot{\tilde{\boldsymbol{q}}}+\boldsymbol{\Lambda}\tilde{\boldsymbol{q}}=\dot{\boldsymbol{q}}-\dot{\boldsymbol{q}}_{\mathrm{d}}+\boldsymbol{\Lambda}\tilde{\boldsymbol{q}}=\dot{\boldsymbol{q}}-\dot{\boldsymbol{q}}_{\mathrm{r}}$$

$$\boldsymbol{D}\dot{\boldsymbol{s}}=\boldsymbol{D}\ddot{\boldsymbol{q}}-\boldsymbol{D}\ddot{\boldsymbol{q}}_{\mathrm{r}}=\boldsymbol{\tau}-\boldsymbol{C}\dot{\boldsymbol{q}}-\boldsymbol{G}-\boldsymbol{F}-\boldsymbol{D}\ddot{\boldsymbol{q}}_{\mathrm{r}}$$

根据机械手的物理特性，有 $\boldsymbol{s}^{\mathrm{T}}\dot{\boldsymbol{D}}\boldsymbol{s}=2\boldsymbol{s}^{\mathrm{T}}\boldsymbol{C}\boldsymbol{s}$，则

$$\dot{V}(t)=\boldsymbol{s}^{\mathrm{T}}\boldsymbol{D}\dot{\boldsymbol{s}}+\frac{1}{2}\boldsymbol{s}^{\mathrm{T}}\dot{\boldsymbol{D}}\boldsymbol{s}=-\boldsymbol{s}^{\mathrm{T}}(-\boldsymbol{\tau}+\boldsymbol{C}\dot{\boldsymbol{q}}+\boldsymbol{G}+\boldsymbol{F}+\boldsymbol{D}\ddot{\boldsymbol{q}}_{\mathrm{r}}-\boldsymbol{C}\boldsymbol{s})$$
$$=-\boldsymbol{s}^{\mathrm{T}}(\boldsymbol{D}\ddot{\boldsymbol{q}}_{\mathrm{r}}+\boldsymbol{C}\dot{\boldsymbol{q}}_{\mathrm{r}}+\boldsymbol{G}+\boldsymbol{F}-\boldsymbol{\tau}) \tag{5.71}$$

式中，$\boldsymbol{F}$ 表示 $\boldsymbol{F}(\boldsymbol{q},\dot{\boldsymbol{q}},\ddot{\boldsymbol{q}})$ 为未知非线性函数。

采用基于 MIMO 的模糊系统 $\hat{\boldsymbol{F}}(\boldsymbol{q},\dot{\boldsymbol{q}},\ddot{\boldsymbol{q}}\mid\boldsymbol{\theta})$ 来逼近未知函数 $\boldsymbol{F}(\boldsymbol{q},\dot{\boldsymbol{q}},\ddot{\boldsymbol{q}})$。参考文献[15]，设计并分析以下两种基于模糊补偿的自适应控制律。

1. 自适应控制律的设计

设计控制律为

$$\boldsymbol{\tau}=\boldsymbol{D}(\boldsymbol{q})\ddot{\boldsymbol{q}}_{\mathrm{r}}+\boldsymbol{C}(\boldsymbol{q},\dot{\boldsymbol{q}})\dot{\boldsymbol{q}}_{\mathrm{r}}+\boldsymbol{G}(\boldsymbol{q})+\hat{\boldsymbol{F}}(\boldsymbol{q},\dot{\boldsymbol{q}},\ddot{\boldsymbol{q}}\mid\boldsymbol{\theta})-\boldsymbol{K}_{\mathrm{D}}\boldsymbol{s} \tag{5.72}$$

式中，$\boldsymbol{K}_{\mathrm{D}}=\mathrm{diag}(K_i)$，$K_i>0$，$i=1,2,\cdots,n$，且

构造模糊系统如下

$$\hat{\boldsymbol{F}}(\boldsymbol{q},\dot{\boldsymbol{q}},\ddot{\boldsymbol{q}}\mid\boldsymbol{\theta})=\begin{bmatrix}\hat{F}_1(\boldsymbol{q},\dot{\boldsymbol{q}},\ddot{\boldsymbol{q}}\mid\boldsymbol{\theta}_1)\\ \hat{F}_2(\boldsymbol{q},\dot{\boldsymbol{q}},\ddot{\boldsymbol{q}}\mid\boldsymbol{\theta}_2)\\ \vdots\\ \hat{F}_n(\boldsymbol{q},\dot{\boldsymbol{q}},\ddot{\boldsymbol{q}}\mid\boldsymbol{\theta}_n)\end{bmatrix}=\begin{bmatrix}\boldsymbol{\theta}_1^{\mathrm{T}}\xi(\boldsymbol{q},\dot{\boldsymbol{q}},\ddot{\boldsymbol{q}})\\ \boldsymbol{\theta}_2^{\mathrm{T}}\xi(\boldsymbol{q},\dot{\boldsymbol{q}},\ddot{\boldsymbol{q}})\\ \vdots\\ \boldsymbol{\theta}_n^{\mathrm{T}}\xi(\boldsymbol{q},\dot{\boldsymbol{q}},\ddot{\boldsymbol{q}})\end{bmatrix} \tag{5.73}$$

式中，$\boldsymbol{\xi}(\boldsymbol{q},\dot{\boldsymbol{q}},\ddot{\boldsymbol{q}})$ 为模糊系统基函数向量；$\boldsymbol{\theta}$ 为模糊系统自适应调节参数。

模糊逼近误差为

$$\boldsymbol{w}=\boldsymbol{F}(\boldsymbol{q},\dot{\boldsymbol{q}},\ddot{\boldsymbol{q}})-\hat{\boldsymbol{F}}(\boldsymbol{q},\dot{\boldsymbol{q}},\ddot{\boldsymbol{q}}\mid\boldsymbol{\theta}^*) \tag{5.74}$$

定义 Lyapunov 函数为

$$V(t)=\frac{1}{2}\left(\boldsymbol{s}^{\mathrm{T}}\boldsymbol{D}\boldsymbol{s}+\sum_{i=1}^{n}\tilde{\boldsymbol{\theta}}_i^{\mathrm{T}}\boldsymbol{\Gamma}_i\tilde{\boldsymbol{\theta}}_i\right)$$

式中，$\tilde{\boldsymbol{\theta}}_i=\boldsymbol{\theta}_i^*-\boldsymbol{\theta}_i$，$\boldsymbol{\theta}_i^*$ 为理想调节参数，$\boldsymbol{\theta}_i$ 为实际调节参数。

参考式(5.71)，将控制律式(5.72)代入 $\dot{V}(t)$，得

$$\dot{V}(t)=-\boldsymbol{s}^{\mathrm{T}}(\hat{\boldsymbol{F}}(\boldsymbol{q},\dot{\boldsymbol{q}},\ddot{\boldsymbol{q}})-\hat{\boldsymbol{F}}(\boldsymbol{q},\dot{\boldsymbol{q}},\ddot{\boldsymbol{q}}\mid\boldsymbol{\theta})+\boldsymbol{K}_{\mathrm{D}}\boldsymbol{s})+\sum_{i=1}^{n}\tilde{\boldsymbol{\theta}}_i^{\mathrm{T}}\boldsymbol{\Gamma}_i\dot{\tilde{\boldsymbol{\theta}}}_i$$
$$=-\boldsymbol{s}^{\mathrm{T}}(\boldsymbol{F}(\boldsymbol{q},\dot{\boldsymbol{q}},\ddot{\boldsymbol{q}})-\hat{\boldsymbol{F}}(\boldsymbol{q},\dot{\boldsymbol{q}},\ddot{\boldsymbol{q}}\mid\boldsymbol{\theta})+\hat{\boldsymbol{F}}(\boldsymbol{q},\dot{\boldsymbol{q}},\ddot{\boldsymbol{q}}\mid\boldsymbol{\theta}^*)$$
$$-\hat{\boldsymbol{F}}(\boldsymbol{q},\dot{\boldsymbol{q}},\ddot{\boldsymbol{q}}\mid\boldsymbol{\theta}^*)+\boldsymbol{K}_{\mathrm{D}}\boldsymbol{s})+\sum_{i=1}^{n}\tilde{\boldsymbol{\theta}}_i^{\mathrm{T}}\boldsymbol{\Gamma}_i\dot{\tilde{\boldsymbol{\theta}}}_i$$
$$=-\boldsymbol{s}^{\mathrm{T}}(\tilde{\boldsymbol{\theta}}^{\mathrm{T}}\xi(\boldsymbol{q},\dot{\boldsymbol{q}},\ddot{\boldsymbol{q}})+\boldsymbol{w}+\boldsymbol{K}_{\mathrm{D}}\boldsymbol{s})+\sum_{i=1}^{n}\tilde{\boldsymbol{\theta}}_i^{\mathrm{T}}\boldsymbol{\Gamma}_i\dot{\tilde{\boldsymbol{\theta}}}_i$$
$$=-\boldsymbol{s}^{\mathrm{T}}\boldsymbol{K}_{\mathrm{D}}\boldsymbol{s}-\boldsymbol{s}^{\mathrm{T}}\boldsymbol{w}+\sum_{i=1}^{n}(\tilde{\boldsymbol{\theta}}_i^{\mathrm{T}}\boldsymbol{\Gamma}_i\dot{\tilde{\boldsymbol{\theta}}}_i-s_i\tilde{\boldsymbol{\theta}}_i^{\mathrm{T}}\xi(\boldsymbol{q},\dot{\boldsymbol{q}},\ddot{\boldsymbol{q}}))$$

设计自适应律为

$$\dot{\boldsymbol{\theta}}_i=-\boldsymbol{\Gamma}_i^{-1}s_i\xi(\boldsymbol{q},\dot{\boldsymbol{q}},\ddot{\boldsymbol{q}}),\ i=1,2,\cdots,n \tag{5.75}$$

则

$$\dot{V}(t)=-\boldsymbol{s}^{\mathrm{T}}\boldsymbol{K}_{\mathrm{D}}\boldsymbol{s}-\boldsymbol{s}^{\mathrm{T}}\boldsymbol{w}$$

由于 $\boldsymbol{K}_{\mathrm{D}}>0$，$\boldsymbol{w}$ 是最小逼近误差，通过设计足够多规则的模糊系统，使 $\boldsymbol{w}$ 充分小，并满足 $|\boldsymbol{s}^{\mathrm{T}}\boldsymbol{w}|\leqslant\boldsymbol{s}^{\mathrm{T}}\boldsymbol{K}_{\mathrm{D}}\boldsymbol{s}$，从而使得 $\dot{V}(t)\leqslant 0$，闭环系统稳定。

由于

$$-2\boldsymbol{s}^{\mathrm{T}}\boldsymbol{w} \leqslant \boldsymbol{s}^{\mathrm{T}}\boldsymbol{s} + \boldsymbol{w}\boldsymbol{w}^{\mathrm{T}}$$

则

$$\dot{V}(t) \leqslant -\boldsymbol{s}^{\mathrm{T}}\boldsymbol{K}_{\mathrm{D}}\boldsymbol{s} + \frac{1}{2}\boldsymbol{s}^{\mathrm{T}}\boldsymbol{s} + \frac{1}{2}\|\boldsymbol{w}\|^2 = -\frac{1}{2}\boldsymbol{s}^{\mathrm{T}}(2\boldsymbol{K}_{\mathrm{D}} - 1)\boldsymbol{s} + \frac{1}{2}\|\boldsymbol{w}\|^2$$

$$\leqslant -\frac{1}{2}l_{\min}(2\boldsymbol{K}_{\mathrm{D}} - 1)\|\boldsymbol{s}\|^2 + \frac{1}{2}\|\boldsymbol{w}\|_{\max}^2$$

其中 $l(\cdot)$ 为矩阵的特征值，$l(2\boldsymbol{K}_{\mathrm{D}} - 1) > 0$。则满足 $\dot{V}(t) \leqslant 0$ 的收敛性结果为

$$\|\boldsymbol{s}\| \leqslant \frac{\|\boldsymbol{w}\|_{\max}}{\sqrt{l_{\min}(2\boldsymbol{K}_{\mathrm{D}} - 1)}}$$

可见，收敛误差 $\|\boldsymbol{s}\|$ 与 $\boldsymbol{K}_{\mathrm{D}}$ 的特征值、最小逼近误差 $\boldsymbol{w}$ 有关，$\boldsymbol{K}_{\mathrm{D}}$ 的特征值越大，$\|\boldsymbol{w}\|_{\max}$ 越小，收敛误差越小。如果 $\boldsymbol{K}_{\mathrm{D}}$ 足够大，则 $\boldsymbol{s} \to 0$，从而 $\tilde{\boldsymbol{q}} \to 0$，$\dot{\tilde{\boldsymbol{q}}} \to 0$。

由于 $V(t) \geqslant 0$，$\dot{V}(t) \leqslant 0$，则 $V(t)$ 有界，因此 $\boldsymbol{\theta}_i$ 有界，但无法保证 $\boldsymbol{\theta}_i$ 收敛于 $\boldsymbol{\theta}_i^*$，即无法保证 $\boldsymbol{F}(\boldsymbol{q}, \dot{\boldsymbol{q}}, \ddot{\boldsymbol{q}})$ 的逼近误差收敛于 0。

2. 鲁棒自适应控制律

为了消除最小逼近误差 $\boldsymbol{w}$ 造成的影响，使 $\dot{V}(t) \leqslant 0$ 恒成立，保证系统绝对稳定，在控制律中采用了鲁棒项。设计鲁棒自适应控制律为

$$\boldsymbol{\tau} = \boldsymbol{D}(\boldsymbol{q})\ddot{\boldsymbol{q}}_{\mathrm{r}} + \boldsymbol{C}(\boldsymbol{q}, \dot{\boldsymbol{q}})\boldsymbol{q}_{\mathrm{r}} + \boldsymbol{G}(\boldsymbol{q}) + \hat{\boldsymbol{F}}(\boldsymbol{q}, \dot{\boldsymbol{q}}, \ddot{\boldsymbol{q}} \mid \boldsymbol{\theta}) - \boldsymbol{K}_{\mathrm{D}}\boldsymbol{s} - \boldsymbol{W}\mathrm{sgn}(\boldsymbol{s}) \tag{5.76}$$

式中，$\boldsymbol{W} = \mathrm{diag}[w_{\mathrm{M}_1} \quad \cdots \quad w_{\mathrm{M}_n}]$，$w_{\mathrm{M}_i} \geqslant |w_i|$，$i = 1, 2, \cdots, n$。

同理，将控制律式(5.76)代入 $\dot{V}(t)$，得

$$\dot{V}(t) = -\boldsymbol{s}^{\mathrm{T}}\boldsymbol{K}_{\mathrm{D}}\boldsymbol{s} \leqslant 0$$

由于当且仅当 $\boldsymbol{s} = 0$ 时，$\dot{V}(t) = 0$，即当 $\dot{V}(t) \equiv 0$ 时，$\boldsymbol{s} \equiv 0$，根据 LaSalle 不变性原理[35]，闭环系统为渐近稳定，即当 $t \to \infty$ 时，$\boldsymbol{s} \to 0$，$\tilde{\boldsymbol{q}} \to 0$，$\dot{\tilde{\boldsymbol{q}}} \to 0$，系统的收敛速度取决于 $\boldsymbol{K}_{\mathrm{D}}$。

由于 $V(t) \geqslant 0$，$\dot{V}(t) \leqslant 0$，则当 $t \to \infty$ 时，$V(t)$ 有界，从而 $\tilde{\boldsymbol{\theta}}_i$ 有界。

假设机器人的关节个数为 n，如果采用基于 MIMO 的模糊系统 $\hat{\boldsymbol{F}}(\boldsymbol{q}, \dot{\boldsymbol{q}}, \ddot{\boldsymbol{q}} \mid \boldsymbol{\theta})$ 来逼近 $\boldsymbol{F}(\boldsymbol{q}, \dot{\boldsymbol{q}}, \ddot{\boldsymbol{q}})$，则对每个关节构造模糊系统，输入变量个数为 3 个。针对 n 个关节机器人，如果对每个输入变量设计 k 个隶属函数，则模糊规则总数为 k^{3n}。

例如，机器人的关节个数为 2，每个关节输入变量个数为 3，每个输入变量设计 5 个隶属函数，则模糊规则总数为 $5^{3\times 2} = 5^6 = 15625$，如此多的模糊规则会导致计算量过大。为了减少模糊规则的个数，应针对 $\boldsymbol{F}(\boldsymbol{q}, \dot{\boldsymbol{q}}, \ddot{\boldsymbol{q}}, t)$ 的具体表达形式分别进行设计。

5.6.3 基于摩擦补偿的控制

当 $\boldsymbol{F}(\boldsymbol{q}, \dot{\boldsymbol{q}}, \ddot{\boldsymbol{q}})$ 只包括摩擦项 $\boldsymbol{F}_{\mathrm{r}}$ 时，模糊系统输入变量由 3 个变为 1 个，模糊规则总数由 k^{3n} 变为 k^n，因此可只考虑针对摩擦进行模糊逼近的模糊补偿。由于摩擦力只与速度信号有关，用于逼近摩擦的模糊系统可表示为 $\hat{\boldsymbol{F}}(\dot{\boldsymbol{q}} \mid \boldsymbol{\theta})$[15]，因此可根据基于传统模糊补偿的控制器设计方法，即式(5.72)、式(5.75)和式(5.76)来设计控制律。

模糊自适应控制律设计为

$$\boldsymbol{\tau} = \boldsymbol{D}(\boldsymbol{q})\ddot{\boldsymbol{q}}_{\mathrm{r}} + \boldsymbol{C}(\boldsymbol{q}, \dot{\boldsymbol{q}})\dot{\boldsymbol{q}}_{\mathrm{r}} + \boldsymbol{G}(\boldsymbol{q}) + \hat{\boldsymbol{F}}(\dot{\boldsymbol{q}} \mid \boldsymbol{\theta}) - \boldsymbol{K}_{\mathrm{D}}\boldsymbol{s} \tag{5.77}$$

鲁棒自适应控制律设计为

$$\boldsymbol{\tau} = \boldsymbol{D}(\boldsymbol{q})\ddot{\boldsymbol{q}}_{\mathrm{r}} + \boldsymbol{C}(\boldsymbol{q},\dot{\boldsymbol{q}})\dot{\boldsymbol{q}}_{\mathrm{r}} + \boldsymbol{G}(\boldsymbol{q}) + \hat{\boldsymbol{F}}(\dot{\boldsymbol{q}} \mid \boldsymbol{\theta}) - \boldsymbol{K}_{\mathrm{D}}\boldsymbol{s} - \boldsymbol{W}\mathrm{sgn}(\boldsymbol{s}) \tag{5.78}$$

因此自适应律设计为

$$\dot{\boldsymbol{\theta}}_i = -\boldsymbol{\Gamma}_i^{-1} s_i \xi(\dot{\boldsymbol{q}}), i = 1,2,\cdots,n \tag{5.79}$$

模糊系统设计为

$$\hat{\boldsymbol{F}}(\dot{\boldsymbol{q}} \mid \boldsymbol{\theta}) = \begin{bmatrix} \hat{F}_1(\dot{\boldsymbol{q}}_1) \\ \hat{F}_2(\dot{\boldsymbol{q}}_2) \\ \vdots \\ \hat{F}_n(\dot{\boldsymbol{q}}_n) \end{bmatrix} = \begin{bmatrix} \boldsymbol{\theta}_1^{\mathrm{T}} \xi^1(\dot{\boldsymbol{q}}_1) \\ \boldsymbol{\theta}_2^{\mathrm{T}} \xi^2(\dot{\boldsymbol{q}}_2) \\ \vdots \\ \boldsymbol{\theta}_n^{\mathrm{T}} \xi^n(\dot{\boldsymbol{q}}_n) \end{bmatrix}$$

5.6.4 仿真实例

针对双关节刚性机械手，其动力学方程为式(5.67)，具体表达为

$$\begin{pmatrix} D_{11}(q_2) & D_{12}(q_2) \\ D_{21}(q_2) & D_{22}(q_2) \end{pmatrix} \begin{pmatrix} \ddot{q}_1 \\ \ddot{q}_2 \end{pmatrix} + \begin{pmatrix} -C_{12}(q_2)\dot{q}_2 & -C_{12}(q_2)(\dot{q}_1 + \dot{q}_2) \\ C_{12}(q_2)\dot{q}_1 & 0 \end{pmatrix} \begin{pmatrix} \dot{q}_1 \\ \dot{q}_2 \end{pmatrix} +$$

$$\begin{pmatrix} g_1(q_1 + q_2)g \\ g_2(q_1 + q_2)g \end{pmatrix} + \boldsymbol{F}_{\mathrm{r}}(\dot{\boldsymbol{q}}) + \boldsymbol{\tau}_{\mathrm{d}} = \begin{pmatrix} \tau_1 \\ \tau_2 \end{pmatrix}$$

其中

$$D_{11}(q_2) = (m_1 + m_2)r_1^2 + m_2 r_2^2 + 2m_2 r_1 r_2 \cos(q_2)$$

$$D_{12}(q_2) = D_{21}(q_2) = m_2 r_2^2 + m_2 r_1 r_2 \cos(q_2)$$

$$D_{22}(q_2) = m_2 r_2^2$$

$$C_{12}(q_2) = m_2 r_1 r_2 \sin(q_2)$$

令 $\boldsymbol{y} = [q_1 \quad q_2]^{\mathrm{T}}$，$\boldsymbol{\tau} = [\tau_1 \quad \tau_2]^{\mathrm{T}}$，$\boldsymbol{x} = [q_1 \quad \dot{q}_1 \quad q_2 \quad \dot{q}_2]^{\mathrm{T}}$。取系统参数为 $r_1 = 1\mathrm{m}$，$r_2 = 0.8\mathrm{m}$，$m_1 = 1\mathrm{kg}$，$m_2 = 1.5\mathrm{kg}$。

控制目标是使双关节的输出 q_1、q_2 分别跟踪期望轨迹 $q_{\mathrm{d1}} = 0.3\sin t$ 和 $q_{\mathrm{d2}} = 0.3\sin t$。定义隶属函数为

$$\mu_{A_i^l}(x_i) = \exp\left(-\left(\frac{x_i - \bar{x}_i^l}{\pi/24}\right)^2\right)$$

式中，$\bar{x}_i^l$ 分别为 $-\pi/6$，$-\pi/12$，0，$\pi/12$ 和 $\pi/6$，$i = 1,2,3,4,5$，模糊集合 A_i 分别为 NB，NS，ZO，PS，PB。

针对带有摩擦的情况，采用基于摩擦补偿的机械手控制，取控制器设计参数为 $\lambda_1 = 10$，$\lambda_2 = 10$，$\boldsymbol{K}_{\mathrm{D}} = 20\boldsymbol{I}$，$\boldsymbol{I}$ 为 2×2 阶单位矩阵，$\Gamma_1 = \Gamma_2 = 0.001$。取系统初始状态为 $q_1(0) = q_2(0) = \dot{q}_1(0) = \dot{q}_2(0) = 0$，取摩擦项为 $\boldsymbol{F}_{\mathrm{r}}(\dot{\boldsymbol{q}}) = \begin{bmatrix} 10\dot{q}_1 + 3\mathrm{sgn}(\dot{q}_1) \\ 10\dot{q}_2 + 3\mathrm{sgn}(\dot{q}_2) \end{bmatrix}$，取干扰项为 $\boldsymbol{\tau}_{\mathrm{d}} = \begin{bmatrix} 0.05\sin(20t) \\ 0.1\sin(20t) \end{bmatrix}$。在鲁棒自适应控制律中，取 $\boldsymbol{W} = \begin{bmatrix} 1.5 & 0 \\ 0 & 1.5 \end{bmatrix}$。

采用鲁棒自适应控制律式(5.78)，自适应律取式(5.79)，仿真结果如图 5-24 至图 5-26 所示。

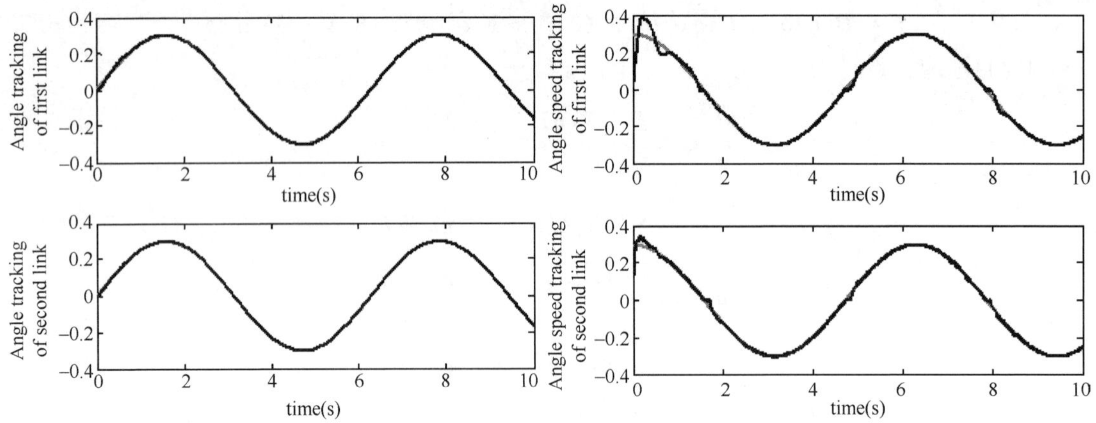

(a) 双关节角度跟踪　　　　(b)

图 5-24　双关节角度跟踪

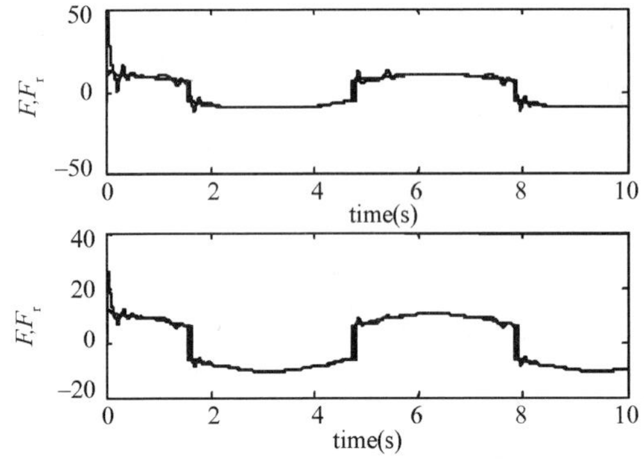

图 5-25　双关节摩擦及其补偿

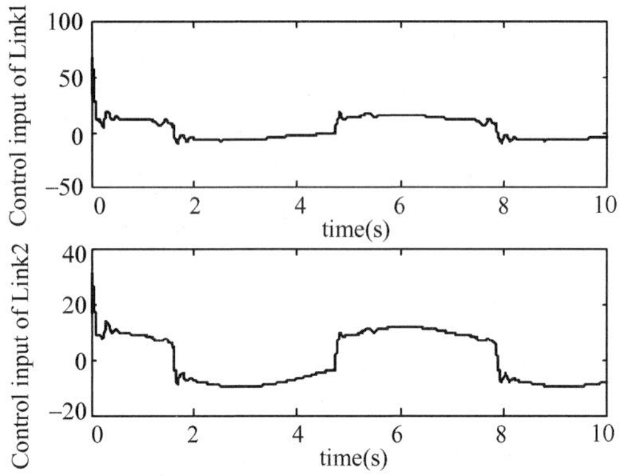

图 5-26　双关节控制输入

基于摩擦模糊补偿的机械手控制仿真程序有：①Simulink 主程序，chap5_6sim. mdl；② 控制器 S 函数，chap5_6ctrl. m；③ 被控对象 S 函数，chap5_6plant. m；④ 作图程序，chap5_6plot. m；⑤ 隶属函 数设计程序 chap5_6mf. m。程序请扫二维码。

思考题与习题 5

基于摩擦模糊补偿的机械手控制仿真程序

5-1　设计一个在 $U=[-1,1]$ 上的模糊系统，使其以精度 $\varepsilon=0.1$ 一致地逼近函数 $g(\boldsymbol{x})=\sin(x\pi)+\cos(x\pi)+\sin(x\pi)\cos(x\pi)$，并进行 Matlab 仿真。

5-2　设计一个在 $U=[-1,1]\times[-1,1]$ 上的模糊系统，使其以精度 $\varepsilon=0.1$ 一致地逼近函数 $g(\boldsymbol{x})=\sin(x_1\pi)+\cos(x_2\pi)+\sin(x_1\pi)\cos(x_2\pi)$，并进行 Matlab 仿真。

5-3　设被控对象为 $m\ddot{x}=u$，其中 m 未知。设计模糊自适应控制器 u，使得 $x(t)$ 收敛于参考信号 $y_m(t)$，其中，$\ddot{y}_m+2\dot{y}_m+y_m=r(t)$，并进行 Matlab 仿真。

5-4　参照 5.5 节，针对电机模型 $J\ddot{q}=\tau+d$，其中 J 为转动惯量，τ 为控制输入，q 为转动角度，d 为外加干扰，$J=0.02$，$d=3.0\text{sgn}(\dot{q})$，期望轨迹为 $q_d=0.5\sin t$。设计基于模糊干扰补偿的自适应模糊控制算法和鲁棒自适应模糊控制算法，并进行稳定性分析和 Matlab 仿真。

本章附录（程序代码）

一维函数逼近仿真程序：chap5_1.m

```
% Fuzzy approaching
clear all;
close all;

L1 = - 3;L2 = 3;
L = L2 - L1;

h = 0.2;
N = L/h + 1;
T = 0.01;

x = L1 : T : L2;
for i = 1 : N
    e(i) = L1 + L/(N - 1)* (i - 1);
end

c = 0;d = 0;
for j = 1 : N
    if j = = 1
        u = trimf(x,[e(1),e(1),e(2)]);              % The first MF
    elseif j = = N
      u = trimf(x,[e(N - 1),e(N),e(N)]);            % The last MF
    else
        u = trimf(x,[e(j - 1),e(j),e(j + 1)]);
    end
    hold on;
    plot(x,u);
    c = c + sin(e(j))* u;
    d = d + u;
end
xlabel('x');ylabel('Membership function');

for k = 1 : L/T+1
    f(k) = c(k)/d(k);
end

y = sin(x);
figure(2);
plot(x,f,'b',x,y,'r');
xlabel('x');ylabel('Approaching');
figure(3);
plot(x,f-y,'r');
xlabel('x');ylabel('Approaching error');
```

二维函数逼近仿真程序：chap5_2.m

```
% Fuzzy approaching
clear all;
```

```
close all;

T = 0.1;
x1 = -1 : T : 1;
x2 = -1 : T : 1;

L = 2;
h = 0.2;
N = L/h + 1;

for i = 1 : 1 : N                                      % N MF
  for j = 1 : 1 : N
    e1(i) = -1 + L/(N-1)*(i-1);
    e2(j) = -1 + L/(N-1)*(j-1);
    gx(i,j) = 0.52 + 0.1*e1(i)^3 + 0.28*e2(j)^3 - 0.06*e1(i)*e2(j);
    end
end

df = zeros(L/T+1,L/T+1);
cf = zeros(L/T+1,L/T+1);
for m = 1 : 1 : N                                      % u1 change from 1 to N
    if m == 1
        u1 = trimf(x1,[-1,-1,-1+L/(N-1)]);             % First u1
    elseif m == N
        u1 = trimf(x1,[1-L/(N-1),1,1]);                % Last u1
    else
    u1 = trimf(x1,[e1(m-1),e1(m),e1(m+1)]);
    end
figure(1);
hold on;
plot(x1,u1);
xlabel('x1');ylabel('Membership function');

for n = 1 : 1 : N                                      % u2 change from 1 to N
    if n == 1
        u2 = trimf(x2,[-1,-1,-1+L/(N-1)]);             % First u2
    elseif n == N
        u2 = trimf(x2,[1-L/(N-1),1,1]);                % Last u2
    else
        u2 = trimf(x2,[e2(n-1),e2(n),e2(n+1)]);
    end
figure(2);
hold on;
plot(x2,u2);
xlabel('x2');ylabel('Membership function');

    for i = 1 : 1 : L/T+1
      for j = 1 : 1 : L/T+1
        d = df(i,j) + u1(i)*u2(j);
        df(i,j) = d;
        c = cf(i,j) + gx(m,n)*u1(i)*u2(j);
```

```
        cf(i,j) = c;
      end
    end
end
end

%%%%%%%%%%%%%%%%%%%%%%%%%%%%%%%%%%%%%%%%%%
for i = 1:1:L/T+1
    for j = 1:1:L/T+1
        f(i,j) = cf(i,j)/df(i,j);
        y(i,j) = 0.52+0.1*x1(i)^3+0.28*x2(j)^3-0.06*x1(i)*x2(j);
    end
end
figure(3);
subplot(211);
surf(x1,x2,f);
title('f(x)');
subplot(212);
surf(x1,x2,y);
title('g(x)');
figure(4);
surf(x1,x2,f-y);
title('Approaching error');
```

简单的自适应模糊控制仿真程序

(1) 隶属函数设计：chap5_3mf.m

```
clear all;
close all;

L1 = -pi/3;
L2 = pi/3;
L = L2-L1;

T = L*1/1000;

x = L1:T:L2;
figure(1);
for i = 1:1:5
    gs = -[(x+pi/3-(i-1)*pi/6)/(pi/12)].^2;
    u = exp(gs);
    hold on;
    plot(x,u);
end
xlabel('x');ylabel('Membership function degree');
```

(2) **Simulink 主程序**:chap5_3sim. mdl

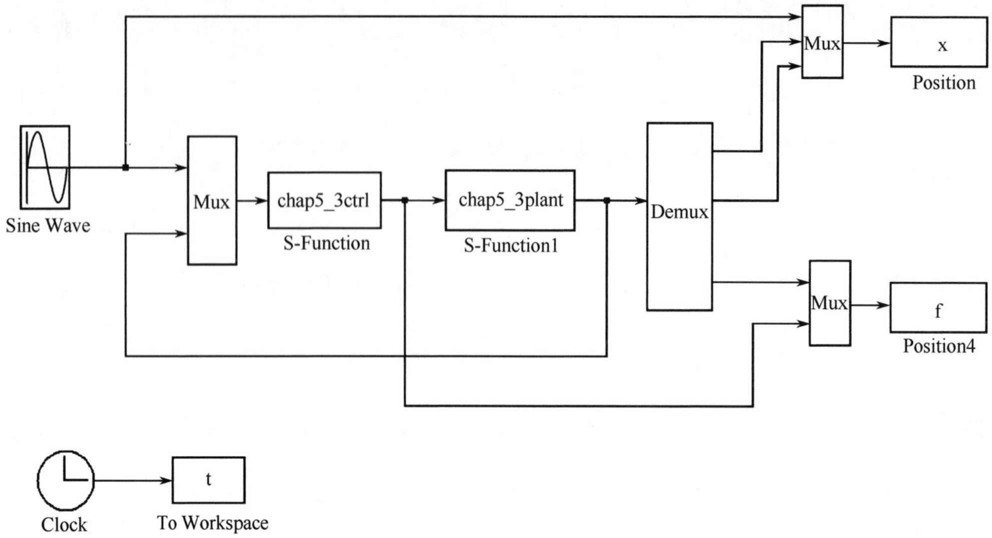

(3) **被控对象 S 函数**:chap5_3plant. m

```
function [sys,x0,str,ts] = s_function(t,x,u,flag)
switch flag,
case 0,
    [sys,x0,str,ts] = mdlInitializeSizes;
case 1,
    sys = mdlDerivatives(t,x,u);
case 3,
    sys = mdlOutputs(t,x,u);
case {2, 4, 9 }
    sys = [];
otherwise
    error(['Unhandled flag = ',num2str(flag)]);
end
function [sys,x0,str,ts] = mdlInitializeSizes
sizes = simsizes;
sizes.NumContStates   = 2;
sizes.NumDiscStates   = 0;
sizes.NumOutputs      = 3;
sizes.NumInputs       = 2;
sizes.DirFeedthrough = 0;
sizes.NumSampleTimes = 0;
sys = simsizes(sizes);
x0 = [0.15;0];
str = [];
ts = [];
function sys = mdlDerivatives(t,x,u)
ut = u(1);
```

```
f = 3* (x(1) + x(2));
sys(1) = x(2);
sys(2) = f + ut;
function sys = mdlOutputs(t,x,u)
f = 3* (x(1) + x(2));

sys(1) = x(1);
sys(2) = x(2);
sys(3) = f;
```

(4) **控制器 S 函数**:chap5_3ctrl. m

```
function [sys,x0,str,ts] = spacemodel(t,x,u,flag)
switch flag,
case 0,
    [sys,x0,str,ts] = mdlInitializeSizes;
case 1,
    sys = mdlDerivatives(t,x,u);
case 3,
    sys = mdlOutputs(t,x,u);
case {2,4,9}
    sys = [];
otherwise
    error(['Unhandled flag = ',num2str(flag)]);
end
function [sys,x0,str,ts] = mdlInitializeSizes
sizes = simsizes;
sizes.NumContStates      = 25;
sizes.NumDiscStates      = 0;
sizes.NumOutputs         = 2;
sizes.NumInputs          = 4;
sizes.DirFeedthrough     = 1;
sizes.NumSampleTimes     = 1;
sys = simsizes(sizes);
x0 = [0.1* ones(25,1)];
str = [];
ts = [0 0];
function sys = mdlDerivatives(t,x,u)
xd = sin(t);
dxd = cos(t);

x1 = u(2);
x2 = u(3);
e = x1 - xd;
de = x2 - dxd;
c = 15;
s = c* e + de;
```

```
xi = [x1;x2];

for i = 1:1:25
    thta(i,1) = x(i);
end
gama = 5000;

FS = Kesi(t,x,u);
S = gama* s* FS;

for i = 1:1:25
    sys(i) = S(i);
end
function sys = mdlOutputs(t,x,u)
xd = sin(t);
dxd = cos(t);
ddxd = - sin(t);

x1 = u(2);
x2 = u(3);
e = x1 - xd;
de = x2 - dxd;
c = 15;
s = c* e + de;

xi = [x1;x2];

FS = Kesi(t,x,u);

for i = 1:1:25
    thta(i,1) = x(i);
end
fxp = thta'* FS';
xite = 0.50;
ut = - c* de + ddxd - fxp - xite* sign(s);

sys(1) = ut;
sys(2) = fxp;

function FS = Kesi(t,x,u)
x1 = u(2);
x2 = u(3);

FS1 = 0;
for l1 = 1:1:5
    gs1 = - [(x1 + pi/3 - (l1 - 1)* pi/6)/(pi/12)]^2;
    u1(l1) = exp(gs1);
end
```

```
for l2 = 1:1:5
    gs2 = - [(x2 + pi/3 - (l2 - 1)* pi/6)/(pi/12)]^2;
    u2(l2) = exp(gs2);
end
for l1 = 1:1:5
    for l2 = 1:1:5
        FS2(5* (l1 - 1) + l2) = u1(l1)* u2(l2);
        FS1 = FS1 + u1(l1)* u2(l2);
    end
end
FS = FS2/(FS1 + 0.001);
```

(5) **作图程序**:chap5_3plot

```
close all;

figure(1);
subplot(211);
plot(t,x(:,1),'r',t,x(:,2),'b');
xlabel('time(s)');ylabel('position tracking');
subplot(212);
plot(t,cos(t),'r',t,x(:,3),'b');
xlabel('time(s)');ylabel('speed tracking');

figure(2);
plot(t,f(:,1),'r',t,f(:,3),'b');
xlabel('time(s)');ylabel('f approximation');
```

第 6 章　神经网络的理论基础

模糊控制从人的经验出发，解决了智能控制中人类语言的描述和推理问题，尤其是一些不确定性语言的描述和推理问题，从而在机器模拟人脑的感知、推理等智能行为方面迈出了重大的一步。然而，模糊控制在处理数值数据、自学习能力等方面还远没有达到人脑的境界。人工神经网络（简称神经网络，Neural Network）从另一个角度出发，即从人脑的生理学和心理学着手，通过人工模拟人脑的工作机理来实现机器的部分智能行为。

神经网络是在现代生物学研究人脑组织成果的基础上提出的，用来模拟人类大脑神经网络的结构和行为，它从微观结构和功能上对人脑进行抽象和简化，是模拟人类智能的一条重要途径，反映了人脑功能的若干基本特征，如并行信息处理、学习、联想、模式分类、记忆等。

20 世纪 80 年代以来，神经网络的研究取得了突破性进展。神经网络控制是将神经网络与控制理论相结合而发展起来的智能控制方法。它已成为智能控制的一个新的分支，为解决复杂的非线性、不确定、不确知系统的控制问题开辟了新途径。

6.1　神经网络发展简史

神经网络的发展历程经过 4 个阶段。

（1）启蒙期（1890—1969 年）

1890 年，W. James 发表专著《心理学》，讨论了人脑的结构和功能。1943 年，心理学家 W. S. McCulloch 和数学家 W. Pitts 提出了描述脑神经细胞动作的数学模型，即 M-P 模型（第一个神经网络模型）。1949 年，心理学家 Hebb 实现了对脑细胞之间相互影响的数学描述，从心理学的角度提出了至今仍对神经网络理论有着重要影响的 Hebb 学习规则。1958 年，E. Rosenblatt 提出了描述信息在人脑中存储和记忆的数学模型，即著名的感知机模型（Perceptron）。1962 年，Widrow 和 Hoff 提出了自适应线性神经网络，即 Adaline 网络，并提出了网络学习新知识的方法，即 Widrow 和 Hoff 学习规则（δ 学习规则），并用电路进行了硬件设计。

（2）低潮期（1969—1982 年）

受当时神经网络理论研究水平的限制，再加上冯・诺依曼式计算机发展等因素的影响，神经网络的研究陷入低谷。但美、日等国仍有少数学者继续着神经网络模型和学习算法的研究，并提出了许多有意义的理论和方法。1969 年，M. Minsky 和 S. Papert 出版了著作《感知器》，指出简单神经网络只能用于线性问题的求解，求解非线性问题的神经网络应具有隐含层。1972 年，Kohonen 提出了自组织映射的 SOM 模型。1976 年，Grossberg 提出了至今为止最复杂的 ART 网络，该网络是一种自组织的神经网络，采用无导师的学习方式，当神经网络与外界环境有交互作用时，对环境信息的学习会自发地产生。

（3）复兴期（1982—1986 年）

1982 年，物理学家 Hopfield 提出了 Hopfield 神经网络模型，该模型通过引入能量函数，实现了问题优化求解，1984 年他用此模型成功解决了旅行商路径优化问题（TSP）。1984 年，他又提出了连续时间 Hopfield 神经网络模型，为神经计算机的研究做了开拓性的工作，开创了神经网络用于联想记忆和优化计算的新途径，有力地推动了神经网络的研究，这一成果的取得使神经网络的研究取得了突破性进展。

1985 年，又有学者提出了玻耳兹曼模型，在学习中采用统计热力学模拟退火技术，保证整个系统趋于全局稳定点。

在 1986 年，在 Rumelhart 和 McCelland 等出版的《Parallel Distributed Processing》一书中，提出了一种著名的多层神经网络模型，即 BP 网络，该网络是迄今为止应用最普遍的神经网络，已被用于解决大量的实际问题。

(4)新连接机制时期(1986 年至今)

神经网络从理论走向应用领域，出现了神经网络芯片和神经计算机。神经网络逐渐在模式识别与图像处理(语音、指纹、故障检测和图像压缩等)、控制与优化、预测与管理(市场预测、风险分析)、通信等领域得到成功的应用。

1988 年，Broomhead 和 Lowe 提出了 RBF 神经网络，该网络具有良好的泛化能力，网络结构和算法简单，且能在一个紧凑集和任意精度下，逼近任何非线性函数，在非线性自适应控制领域得到了广泛的应用。

2006 年，Hinton 提出了深度神经网络模型。区别于传统神经网络的浅层学习，深度神经网络更加强调模型结构的深度，明确特征学习的重要性，通过逐层特征变换，将样本元空间特征表示变换到一个新特征空间，从而使分类或预测更加容易。与传统神经网络相比，深度神经网络利用大数据来学习特征，更能够刻画数据的丰富内在信息，在有海量数据的情况下，很容易通过增大模型结构来达到更高的正确率。随着高性能计算、神经网络硬件的发展，深度神经网络学习的训练时间大幅缩短。深度神经网络的出现，使得很多难题得以解决，深度神经网络已成为人工智能领域最热门的研究方向之一。

当前最流行的深度神经网络是深度卷积神经网络(Deep Convolutional Neural Networks, CNNs)，其网络层数从几层到上百层。卷积神经网络理论的建立得益于 Rumelhart 等于 1986 年提出的 BP 网络。卷积神经网络是一类包含卷积计算且具有深度结构的前馈神经网络，是深度学习代表网络之一。21 世纪后，卷积神经网络得到了快速发展，目前在语音识别、图像识别、图像分割和自然语言处理等领域都取得了成功应用，在上述应用中，卷积神经网络自动从大规模数据中学习特征，并将结果向同类型未知数据泛化。随着云计算及大数据的发展，深度学习神经网络在很多研究领域都突破了传统机器学习的瓶颈，推动了人工智能的发展。

6.2　神经网络原理

神经生理学和神经解剖学的研究表明，人脑极其复杂，由一千多亿个神经元(神经细胞)交织在一起的网状结构构成，其中大脑皮层约有 140 亿个神经元，小脑皮层约有 1000 亿个神经元。

人脑能完成智能、思维等高级活动，为了能利用数学模型来模拟人脑的活动，导致了神经网络的研究。

单个神经元的解剖图如图 6-1 所示，神经系统的基本构造是神经元，它是处理人体内各部分之间信息传递的基本单元。每个神经元都由一个细胞体(包括细胞质、细胞膜和细胞核)、连接其他神经元的轴突和突触及一些向外伸出的其他较短分支——树突组成。轴突的功能是将本神经元的输出信号(兴奋)传递给其他神经元，其末端的许多神经末梢使得信号可以同时传送给多个神经元。树突的功能是接收来自其他神经元的信号。细胞体将接收到的所有信号进行简单的处理后，由轴突输出。神经元的神经末梢与另外神经元相连的部分称为突触。

神经元由 4 部分构成。

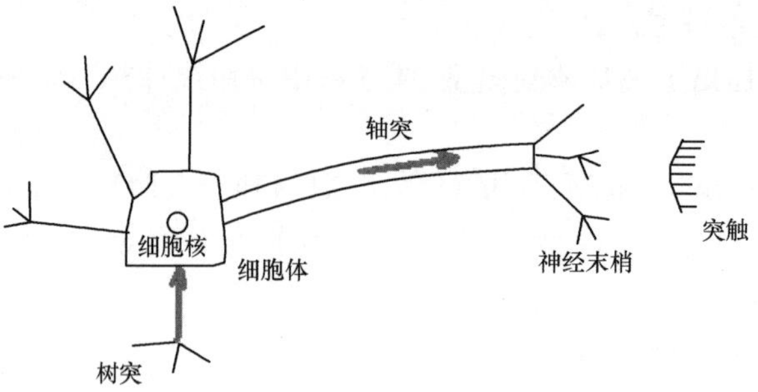

图 6-1　单个神经元的解剖图

① 细胞体(主体部分):包括细胞质、细胞膜和细胞核。

② 树突:用于为细胞体传入信息。

③ 轴突:为细胞体传出信息,其末端是神经末梢,含传递信息的化学物质。

④ 突触:是神经元之间的接口。一个神经元通过其轴突的神经末梢,经突触与另外一个神经元的树突连接,以实现信息的传递。由于突触的信息传递特性是可变的,随着神经冲动传递方式的变化,传递作用强弱不同,形成了神经元之间连接的柔性,这称为神经元结构的可塑性。

神经元具有如下功能。

① 兴奋与抑制:如果传入神经元的冲动经整合后使细胞膜的电位升高,超过动作电位的阈值时即为兴奋状态,产生神经激发,由轴突经神经末梢传出。如果传入神经元的冲动经整合后使细胞膜的电位降低,低于动作电位的阈值时即为抑制状态,不产生神经激发。

② 学习与遗忘:由于神经元结构的可塑性,突触的传递作用可增强和减弱,因此,神经元具有学习与遗忘的功能。

神经网络的研究主要分为 3 个方面的内容,即神经元模型、神经网络结构和神经网络学习算法。

6.3　神经网络的分类

神经网络模型是以数学手段来模拟人脑神经网络的结构和特征的系统。利用神经元可以构成各种不同拓扑结构的神经网络模型,从而实现对人脑神经网络的模拟和近似。

目前神经网络模型的种类相当丰富,已有 40 余种神经网络模型,其中典型的有多层前向传播网络(BP 网络)、Hopfield 网络、CMAC 网络、ART 自适应共振网络、BAM 双向联想记忆网络、SOM 自组织网络、Blotzman 机网络和 Madaline 网络等。

根据神经网络的连接方式,神经网络可分为 3 种形式。

1. 前向型神经网络

如图 6-2 所示,神经元分层排列,形成输入层、隐含层和输出层。每一层的神经元只接收前一层神经元的输入。输入模式经过各层的顺次变换后,由输出层输出。在各神经元之间不存在反馈。感知器和误差反向传播网络采用前向型神经网络。

2. 反馈型神经网络

如图 6-3 所示,该网络结构在输出层到输入层之间存在反馈,即每一个输入节点都有可能接收来自外部的输入和来自输出神经元的反馈。这种神经网络是一种反馈动力学系统,它需要工作一段时间才能达到稳定。Hopfield 网络是反馈型神经网络中最简单且应用最广泛的模型,它具有联想和记忆的功能,如果将 Lyapunov 函数定义为寻优函数,Hopfield 网络还可以解决寻优问题。

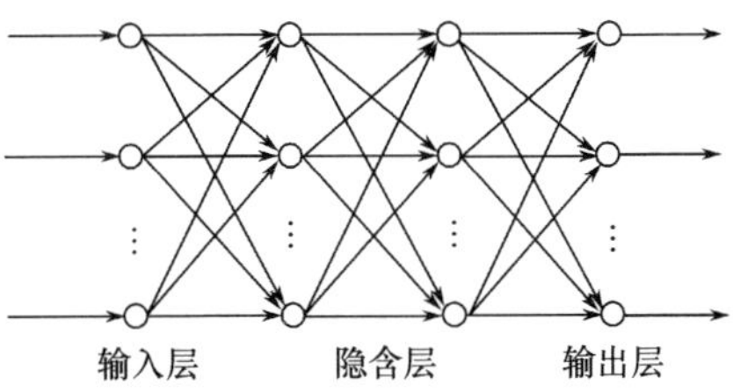

图 6 2　前向型神经网络

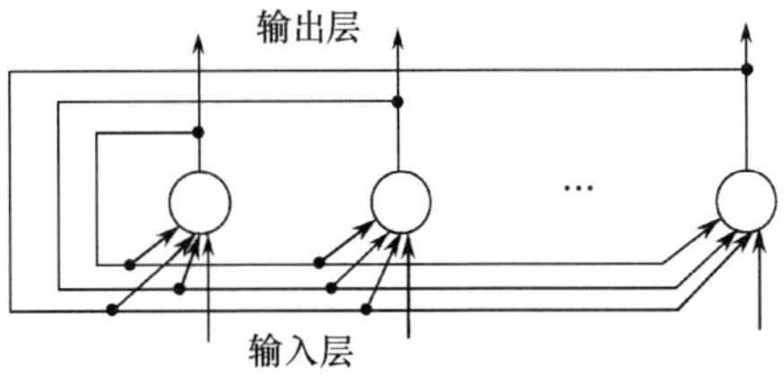

图 6-3　反馈型神经网络

3. 自组织神经网络

如图 6-4 所示。Kohonen 网络是最典型的自组织神经网络。Kohonen 认为，当神经网络在接收外界输入时，网络将会分成不同的区域，不同区域具有不同的响应特征，即不同的神经元以最佳方式响应不同性质的信号激励，从而形成一种拓扑意义上的特征图，该图实际上是一种非线性映射。这种映射是通过无监督的自适应过程完成的，所以也称为自组织特征图。

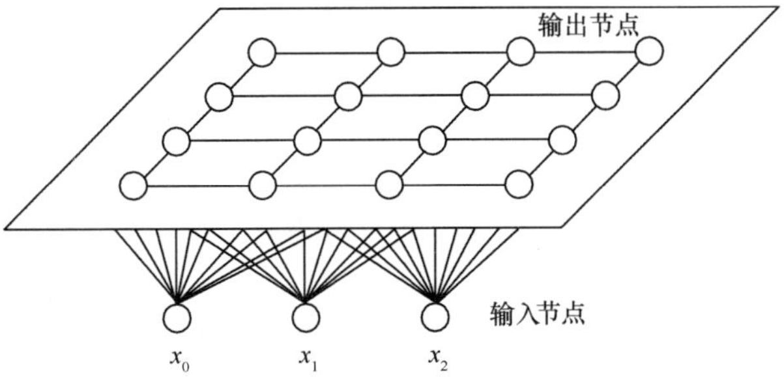

图 6-4　自组织神经网络

Kohonen 网络通过无导师的学习方式进行权值的学习，稳定后的网络输出就对输入模式生成自然的特征映射，从而达到自动聚类的目的。

6.4　神经网络学习算法

神经网络学习算法是神经网络智能特性的重要标志，神经网络通过学习算法，实现了自适应、自组织和自学习的功能。

目前神经网络的学习算法有多种，按有无导师分类，可分为有导师学习(Supervised Learning)、无导师学习(Unsupervised Learning)和再励学习(Reinforcement Learning)等几大类。在有导师的学习方式中，神经网络的输出和期望的输出(导师信号)进行比较，然后根据两者之间的差异调整网络的权值，最终使差异变小，如图 6-5 所示。在无导师的学习方式中，输入模式进入神经网络后，神经网络按照一种预先设定的规则(如竞争规则)自动调整权值，使神经网络最终具有模式分类等功能，如图 6-6 所示。再励学习是介于上述两者之间的一种学习方式。

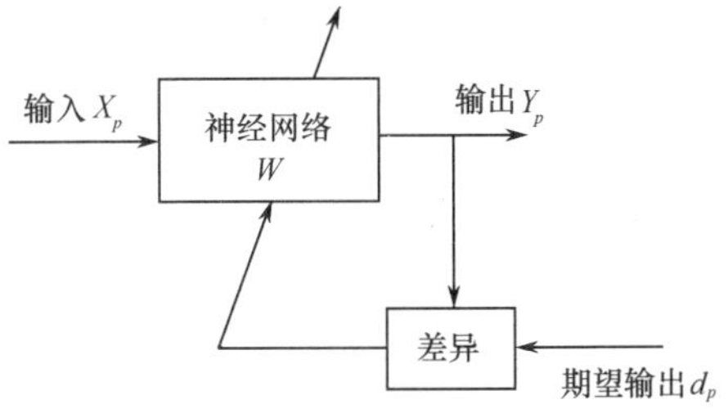

图 6-5　有导师的学习方式

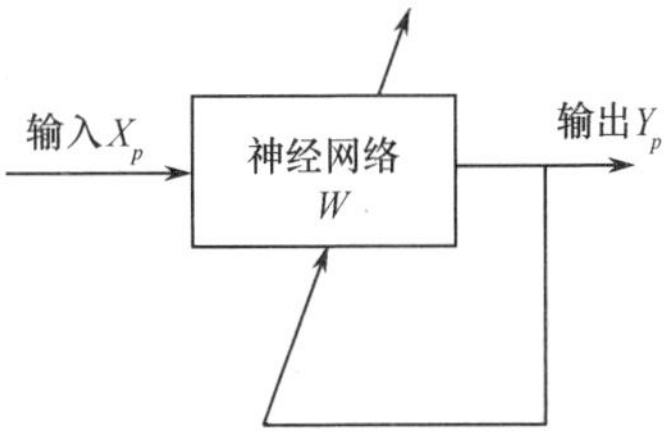

图 6-6　无导师的学习方式

下面介绍两个基本的神经网络学习规则。

6.4.1 Hebb 学习规则

Hebb 学习规则是一种联想式学习算法。生物学家 D. O. Hebbian 基于对生物学和心理学的研究，认为两个神经元同时处于激发状态时，它们之间的连接强度将得到加强，这一论述的数学描述被称为 Hebb 学习规则，即

$$w_{ij}(k+1) = w_{ij}(k) + I_i I_j \tag{6.1}$$

式中，$w_{ij}(k)$ 为连接从神经元 i 到神经元 j 的当前权值；I_i 和 I_j 分别为神经元 i 和 j 的激活水平。

Hebb 学习规则是一种无导师的学习方法，它只根据神经元连接间的激活水平改变权值，因此，这种方法又称为相关学习或并联学习。

6.4.2 Delta(δ) 学习规则

假设误差准则函数为

$$E = \frac{1}{2}\sum_{p=1}^{P}(d_p - y_p)^2 = \sum_{p=1}^{P} E_p \tag{6.2}$$

式中，d_p 代表期望的输出（导师信号）；y_p 为网络的实际输出，$y_p = f(\boldsymbol{W}^{\mathrm{T}}\boldsymbol{X}_p)$，$\boldsymbol{W}$ 为网络所有权值组成的向量，即

$$\boldsymbol{W} = [w_0 \quad w_1 \quad \cdots \quad w_n]^{\mathrm{T}} \tag{6.3}$$

$\boldsymbol{X}_p$ 为输入模式，即

$$\boldsymbol{X}_p = [x_{p0} \quad x_{p1} \quad \cdots \quad x_{pn}]^{\mathrm{T}} \tag{6.4}$$

式中，训练样本数为 $p = 1,2,\cdots,P$。

神经网络学习的目的是通过调整权值 $\boldsymbol{W}$，使误差准则函数最小。可采用梯度下降法来实现权值的调整，其基本思想是沿着 E 的负梯度方向不断修正 $\boldsymbol{W}$ 的值，直到 E 达到最小，这种方法的数学表达式为

$$\Delta\boldsymbol{W} = \eta\left(-\frac{\partial E}{\partial \boldsymbol{W}}\right) \tag{6.5}$$

$$\frac{\partial E}{\partial \boldsymbol{W}} = \sum_{p=1}^{P}\frac{\partial E_p}{\partial \boldsymbol{W}} \tag{6.6}$$

其中

$$E_p = \frac{1}{2}(d_p - y_p)^2, y_p = f(\theta_p) \tag{6.7}$$

令网络输出为 $\theta_p = \boldsymbol{W}^{\mathrm{T}}\boldsymbol{X}_p$，则

$$\frac{\partial E_p}{\partial \boldsymbol{W}} = \frac{\partial E_p}{\partial \theta_p}\frac{\partial \theta_p}{\partial \boldsymbol{W}} = \frac{\partial E_p}{\partial y_p}\frac{\partial y_p}{\partial \theta_p}\boldsymbol{X}_p = -(d_p - y_p)f'(\theta_p)\boldsymbol{X}_p \tag{6.8}$$

$\boldsymbol{W}$ 的修正规则为

$$\Delta\boldsymbol{W} = \eta\sum_{p=1}^{P}(d_p - y_p)f'(\theta_p)\boldsymbol{X}_p \tag{6.9}$$

式(6.9) 称为 δ 学习规则，又称误差修正规则。

Hebb 学习规则和 Delta(δ) 学习规则都属于传统的权值调节方法，而一种更先进的方法是通过 Lyapunov 稳定性理论来获得权值调节律。

6.5　神经网络的特征及要素

1. 神经网络特征

神经网络具有以下特征：

① 能逼近任意非线性函数；

② 实现信息的并行分布式处理与存储；

③ 可以多输入、多输出；

④ 便于用超大规模集成电路(VISI)或光学集成电路实现，或用现有的计算机技术实现；

⑤ 能进行学习，以适应环境的变化。

2. 神经网络三要素

神经网络具有以下3个要素：

① 神经元(信息处理单元)的特性；

② 神经元之间相互连接的拓扑结构；

③ 为适应环境而改善性能的学习规则。

6.6　神经网络控制的研究领域

1. 基于神经网络的系统辨识

① 将神经网络作为被辨识系统的模型，可在已知常规模型结构的情况下，估计模型的参数。

② 利用神经网络的线性、非线性特性，可建立线性、非线性系统的静态、动态、逆动态及预测模型，实现系统的建模和辨识。

2. 神经网络控制器

神经网络作为控制器，可对不确定、不确知系统及扰动进行有效的控制，使控制系统达到所要求的动态、静态特性。

3. 神经网络与其他算法相结合

将神经网络与专家系统、模糊逻辑、遗传算法等相结合，可设计新型智能控制系统。

4. 优化计算

在常规的控制系统中，常遇到求解约束优化问题，神经网络为这类问题的解决提供了有效的途径。

目前，神经网络控制已经在多种控制结构中得到应用，如PID控制、模型参考自适应控制、前馈控制、内模控制、预测控制、模糊控制等。

思考题与习题6

6-1　神经网络的发展分为哪几个阶段?每个阶段都有哪些特点?

6-2　神经网络按连接方式分有哪几类?每一类有哪些特点?

6-3　分别描述Hebb学习规则和Delta学习规则。

第 7 章　典型神经网络

7.1　单神经元网络

图 7-1 中 u_i 为神经元的内部状态，θ_i 为阈值，x_j 为输入信号，$j=1,\cdots,n$，w_{ij} 表示从神经元 u_j 到神经元 u_i 的连接权值，s_i 为外部输入信号。图 7-1 所示的模型可描述为

$$\text{net}_i = \sum_j w_{ij} x_j + s_j - \theta_i \tag{7.1}$$

$$u_i = f(\text{net}_i) \tag{7.2}$$

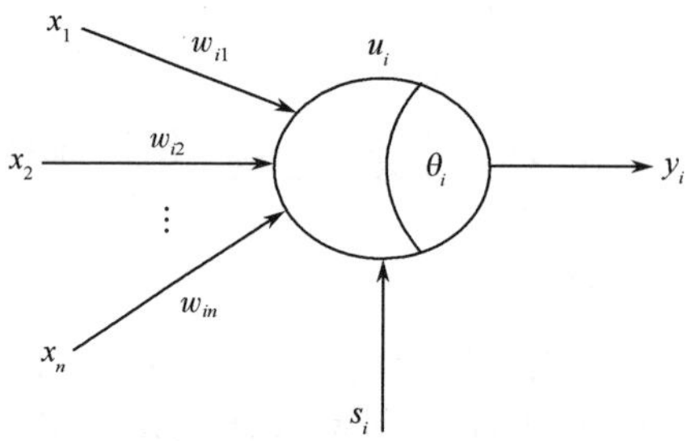

图 7-1　神经元结构模型

常用的神经元非线性特性有以下 3 种。

1. 阈值型

阈值型函数表达式为

$$f(\text{net}_i) = \begin{cases} 1 & \text{net}_i > 0 \\ 0 & \text{net}_i \leqslant 0 \end{cases} \tag{7.3}$$

阈值型函数如图 7-2 所示。

2. 分段线性型

分段线性型函数表达式为

$$f(\text{net}_i) = \begin{cases} 0 & \text{net}_i \leqslant \text{net}_{i0} \\ \dfrac{f_{\max}}{\text{net}_{i1} - \text{net}_{i0}}(\text{net}_i - \text{net}_{i0}) & \text{net}_{i0} < \text{net}_i < \text{net}_{i1} \\ f_{\max} & \text{net}_i \geqslant \text{net}_{i1} \end{cases} \tag{7.4}$$

分段线性型函数如图 7-3 所示。

3. 函数型

有代表性的有 S(Sigmoid) 函数和高斯基函数。S 函数表达式为

$$f(\text{net}_i) = \frac{1}{1+\mathrm{e}^{-\frac{\text{net}_i}{T}}} \tag{7.5}$$

S 函数如图 7-4 所示。

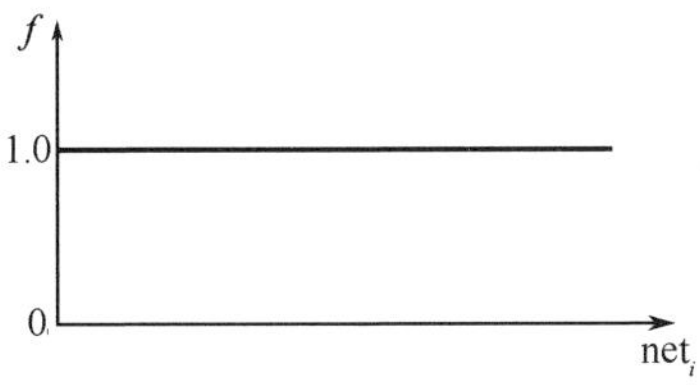

图 7-2　阈值型函数

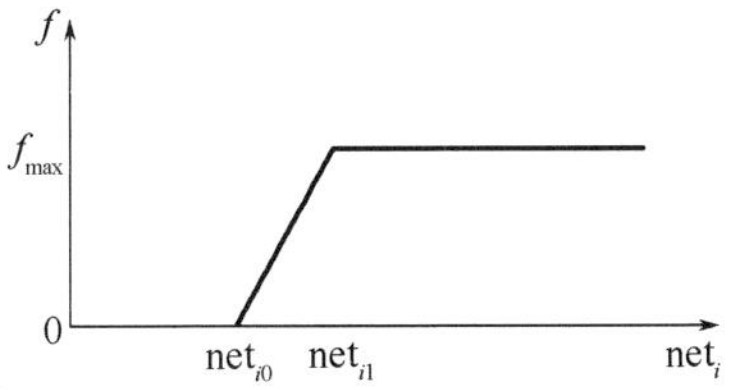

图 7-3　分段线性型函数

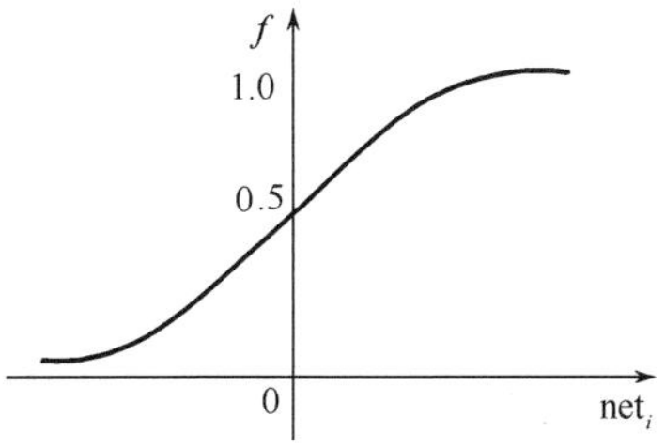

图 7-4　S 函数

7.2　BP 网络

1986 年，Rumelhart 等提出了误差反向传播神经网络，简称 BP 网络(Back Propagation)，该网络是一种单向传播的多层前向型神经网络。

误差反向传播的学习算法简称BP算法，其基本思想是梯度下降法。它采用梯度搜索技术，使网络的实际输出值与期望输出值的误差均方值为最小。

7.2.1　BP 网络特点

BP 网络具有以下特点：

① BP 网络是一种多层网络，包括输入层、隐含层和输出层；

② 层与层之间采用全互联方式，同一层神经元(节点) 之间不连接；

③ 权值通过 δ 学习规则进行调节；

④ 神经元激发函数为 S 函数；

⑤ 学习算法由正向传播和反向传播组成；

⑥ 层与层的连接是单向的，信息的传播是双向的。

7.2.2　BP 网络结构

含一个隐含层的BP网络结构如图 7-5 所示，图中，i 为输入层神经元，j 为隐含层神经元，k 为输出层神经元。

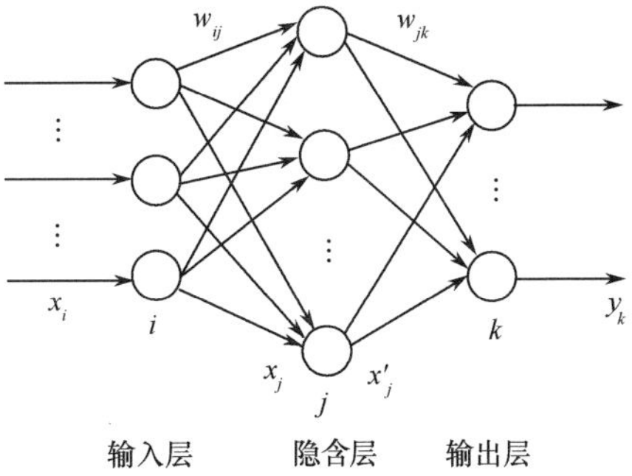

图 7-5　BP 网络结构

7.2.3　BP 网络逼近

BP 网络逼近的结构如图 7-6 所示，图中 k 为网络的迭代步骤，BP 为网络逼近器，$y(k)$ 为被控对象的实际输出，$y_n(k)$ 为逼近器的输出。将系统输出 $y(k)$ 及输入 $u(k)$ 的值作为逼近器的输入，将系统输出与网络输出的误差作为逼近器的调整信号。

用于逼近的 BP 网络如图 7-7 所示。

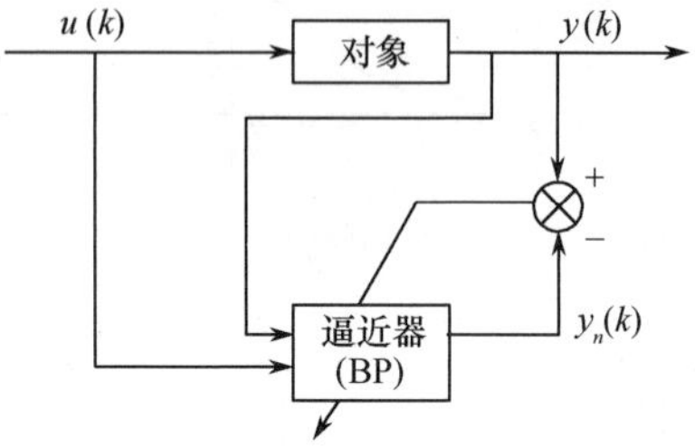

图 7-6　BP 网络逼近的结构

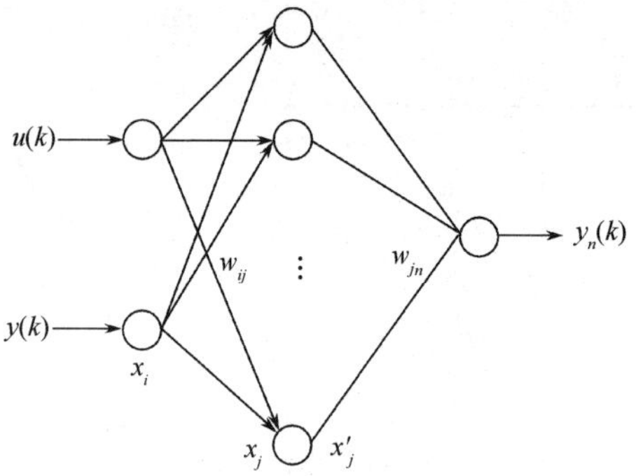

图 7-7　用于逼近的 BP 网络

BP 算法的学习过程由正向传播和反向传播组成。在正向传播过程中，输入信息从输入层经隐含层逐层处理，并传向输出层，每层神经元（节点）的状态只影响下一层神经元的状态。如果在输出层不能得到期望的输出，则转至反向传播，将误差信号（理想输出与实际输出之差）按连接通路反向计算，由梯度下降法调整各层神经元的权值，使误差信号减小。

（1）前向传播：计算网络的输出

隐含层神经元的输入为所有输入的加权之和，即

$$x_j = \sum_i w_{ij} x_i \tag{7.6}$$

隐含层神经元的输出 x'_j 采用 S 函数激发 x_j，得

$$x'_j = f(x_j) = \frac{1}{1+\mathrm{e}^{-x_j}} \tag{7.7}$$

则

$$\frac{\partial x'_j}{\partial x_j} = x'_j(1-x'_j) \tag{7.8}$$

输出层神经元的输出为

$$y_n(k) = \sum_j w_{jn} x'_j \tag{7.9}$$

实际输出与理想输出之差为

$$e(k) = y(k) - y_n(k)$$

误差准则函数为

$$E = \frac{1}{2} e(k)^2 \tag{7.10}$$

（2）反向传播：采用 δ 学习规则，调整各层间的权值

根据梯度下降法，权值的学习算法如下：

输出层与隐含层的连接权值 w_{jn} 学习算法为

$$\Delta w_{jn} = -\eta \frac{\partial E}{\partial w_{jn}} = \eta \cdot e(k) \cdot \frac{\partial y_n}{\partial w_{jn}} = \eta \cdot e(k) \cdot x'_j$$

式中，η 为学习速率，$\eta \in [0,1]$。

$k+1$ 时刻网络的权值为

$$w_{jn}(k+1) = w_{jn}(k) + \Delta w_{jn}$$

隐含层及输入层的连接权值 w_{ij} 学习算法为

$$\Delta w_{ij} = -\eta \frac{\partial E}{\partial w_{ij}} = \eta \cdot e(k) \cdot \frac{\partial y_n}{\partial w_{ij}}$$

式中，$\frac{\partial y_n}{\partial w_{ij}} = \frac{\partial y_n}{\partial x_j'} \cdot \frac{\partial x_j'}{\partial x_j} \cdot \frac{\partial x_j}{\partial w_{ij}} = w_{jn} \cdot \frac{\partial x_j'}{\partial x_j} \cdot x_i = w_{jn} \cdot x_j'(1-x_j') \cdot x_i$。

$k+1$ 时刻网络的权值为

$$w_{ij}(k+1) = w_{ij}(k) + \Delta w_{ij}$$

为了避免权值的学习过程发生振荡、收敛速度慢，需要考虑上次权值变化对本次权值变化的影响，即加入动量因子 α。此时的权值为

$$w_{jn}(k+1) = w_{jn}(k) + \Delta w_{jn} + \alpha(w_{jn}(k) - w_{jn}(k-1)) \tag{7.11}$$

$$w_{ij}(k+1) = w_{ij}(k) + \Delta w_{ij} + \alpha(w_{ij}(k) - w_{ij}(k-1)) \tag{7.12}$$

式中，α 为动量因子，$\alpha \in [0,1]$。

将对象输出对输入的敏感度$\frac{\partial y(k)}{\partial u(k)}$称为 Jacobian 信息，其值可由神经网络辨识而得。辨识算法如下：取 BP 网络的第一个输入为 $u(k)$，即 $x(1) = u(k)$，则

$$\frac{\partial y(k)}{\partial u(k)} \approx \frac{\partial y_n(k)}{\partial u(k)} = \frac{\partial y_n(k)}{\partial x_j'} \times \frac{\partial x_j'}{\partial x_j} \times \frac{\partial x_j}{\partial x(1)} = \sum_j w_{jn} x_j'(1-x_j') w_{1j} \tag{7.13}$$

7.2.4 BP 网络的优缺点

BP 网络的优点为：

① 只要有足够多的隐含层和隐含层节点，BP 网络可以逼近任意的非线性映射关系。

② BP 网络的学习算法属于全局逼近算法，具有较强的泛化能力。

③ BP 网络输入/输出之间的关联信息分布地存储在网络的连接权值中，个别神经元的损坏只对输入/输出关系有较小的影响，因而 BP 网络具有较好的容错性。

BP 网络的主要缺点为：

① 待寻优的参数多，收敛速度慢。

② 目标函数存在多个极值点，按梯度下降法进行学习，很容易陷入局部极小值。

③ 难以确定隐含层及隐含层节点的数目。目前，如何根据特定的问题来确定具体的网络结构尚无很好的方法，仍需根据经验来试凑。

由于 BP 网络具有很好的逼近非线性映射的能力，该网络在模式识别、图像处理、系统辨识、函数拟合、优化计算、最优预测和自适应控制等领域有着较为广泛的应用。

由于 BP 网络具有很好的逼近特性和泛化能力，可用于神经网络控制器的设计。但由于 BP 网络收敛速度慢，难以适应实时控制的要求。

7.2.5 BP 网络逼近仿真实例

使用 BP 网络逼近对象

$$y(k) = u^3(k) + \frac{y(k-1)}{1+y^2(k-1)}$$

采样时间取 1ms。输入信号为 $u(k) = 0.5\sin(6\pi t)$。神经网络为 2-6-1 结构，权值的初始值取 $[-1,+1]$ 之间的随机值，取 $\eta = 0.50$，$\alpha = 0.05$。

BP 网络逼近程序见本章附录程序 chap7_1.m，仿真结果如图 7-8 至图 7-10 所示。

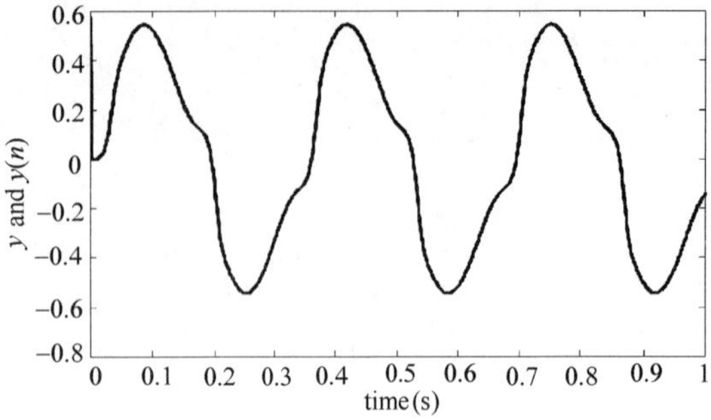

图 7-8　BP 网络逼近效果

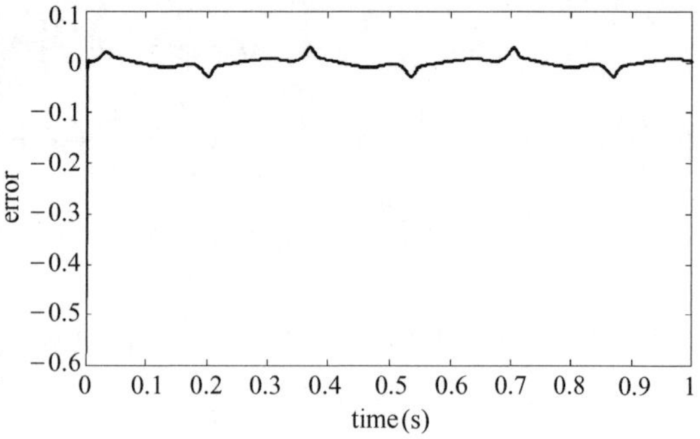

图 7-9　BP 网络逼近误差

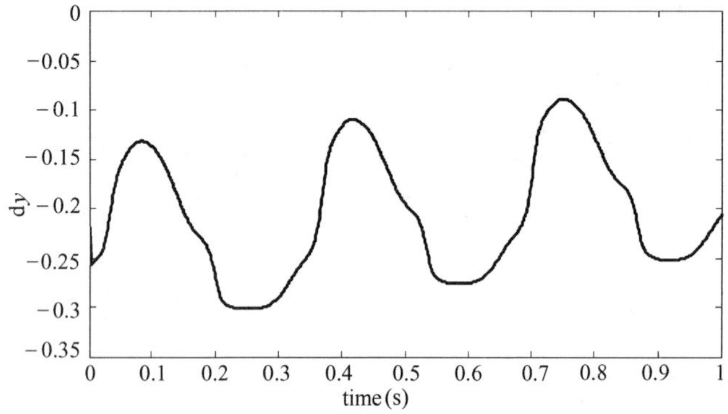

图 7-10　Jacobian 信息的辨识

7.2.6　BP 网络模式识别

由于神经网络具有自学习、自组织和并行处理等特征，并具有很强的容错能力和联想能力，因此，神经网络具有模式识别的能力。

在神经网络模式识别中，根据标准的输入/输出模式对，采用神经网络学习算法，以标准的模式作为学习样本进行训练，通过学习调整神经网络的连接权值。当训练满足要求后，得到的权值构成了模式识别的知识库，利用神经网络并行推理算法便可对所需要的输入模式进行识别。

神经网络模式识别具有较强的鲁棒性。当待识别的输入模式与训练样本中的某个输入模式相同时，神经网络识别的结果就是与训练样本中相对应的输出模式。当待识别的输入模式与训练样本中的所有输入模式都不完全相同时，则可得到与其相近样本相对应的输出模式。当待识别的输入模式与训练样本中的所有输入模式相差较远时，就不能得到正确的识别结果，此时可将这一模式作为新的样本进行训练，使神经网络获取新的知识，并存储到网络的权值中，从而增强网络的识别能力。

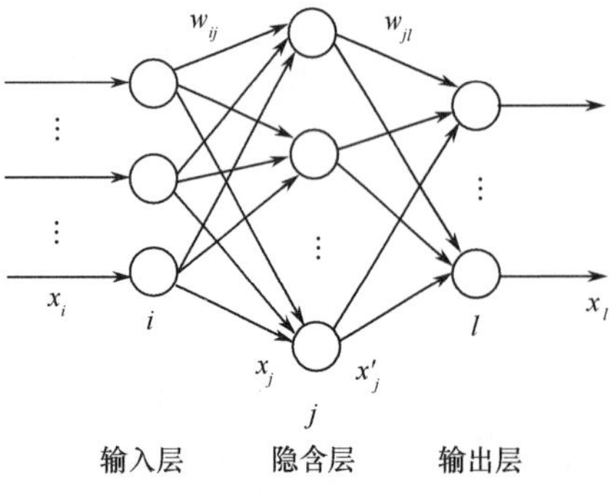

图 7-11　用于训练的 BP 网络结构

BP 网络的训练过程如下：正向传播是输入信号从输入层经隐含层传向输出层，若输出层得到了期望的输出，则学习算法结束；否则，转至反向传播。

以第 p 个样本为例，用于训练的 BP 网络结构如图 7-11 所示。

网络的学习算法如下：

(1) 前向传播:计算网络的输出

隐含层神经元的输入为所有输入的加权之和,即

$$x_j = \sum_i w_{ij} x_i \tag{7.14}$$

隐含层神经元的输出 x'_j 采用 S 函数激发 x_j,得

$$x'_j = f(x_j) = \frac{1}{1+\mathrm{e}^{-x_j}} \tag{7.15}$$

则

$$\frac{\partial x'_j}{\partial x_j} = x'_j(1-x'_j)$$

输出层神经元的输出为

$$x_l = \sum_j w_{jl} x'_j \tag{7.16}$$

网络第 l 个输出与相应理想输出 x_l^0 的误差为

$$e_l = x_l^0 - x_l$$

第 p 个样本的误差准则函数为

$$E_p = \frac{1}{2}\sum_{l=1}^{N} e_l^2 \tag{7.17}$$

式中,N 为网络输出层的神经元的个数。

每次迭代时,分别依次对各个样本进行训练,更新权值,直到所有样本训练完毕,再进行下一次迭代,直到满足要求为止。

(2) 反向传播:采用梯度下降法,调整各层间的权值

输出层及隐含层的连接权值 w_{jl} 学习算法为

$$\Delta w_{jl} = -\eta \frac{\partial E_p}{\partial w_{jl}} = \eta e_l \frac{\partial x_l}{\partial w_{jl}} = \eta e_l x'_j$$

式中,η 为学习速率,$\eta \in [0,1]$。

$k+1$ 时刻网络的权值为

$$w_{jl}(k+1) = w_{jl}(k) + \Delta w_{jl}$$

隐含层及输入层的连接权值 w_{ij} 学习算法为

$$\Delta w_{ij} = -\eta \frac{\partial E_p}{\partial w_{ij}} = \eta \sum_{l=1}^{N} e_l \frac{\partial x_l}{\partial w_{ij}}$$

式中,$\frac{\partial x_l}{\partial w_{ij}} = \frac{\partial x_l}{\partial x'_j} \cdot \frac{\partial x'_j}{\partial x_j} \cdot \frac{\partial x_j}{\partial w_{ij}} = w_{il} \cdot \frac{\partial x'_j}{\partial x_j} \cdot x_i = w_{jl} \cdot x'_j(1-x'_j) \cdot x_i$。

$t+1$ 时刻网络的权值为

$$w_{ij}(k+1) = w_{ij}(k) + \Delta w_{ij}$$

如果考虑上次权值对本次权值变化的影响,需要加入动量因子 α,此时的权值为

$$w_{jl}(k+1) = w_{jl}(k) + \Delta w_{jl} + \alpha(w_{jl}(k) - w_{jl}(k-1)) \tag{7.18}$$

$$w_{ij}(k+1) = w_{ij}(k) + \Delta w_{ij} + \alpha(w_{ij}(k) - w_{ij}(k-1)) \tag{7.19}$$

式中,α 为动量因子,$\alpha \in [0,1]$。

7.2.7 BP 网络模式识别仿真实例

取标准样本为 3 输入 2 输出样本,见表 7-1。

BP 网络为 3-6-2 结构,权值 w_{ij},w_{jl} 的初始值取$[-1,+1]$之间的随机值,取 $\eta = 0.50$,$\alpha = 0.05$。

BP 网络模式识别程序包括网络训练程序 chap7_2a. m 和网络测试程序 chap7_2b. m，程序见本章附录。运行程序 chap7_2a. m，取网络训练的最终指标为 $E=10^{-20}$，网络训练指标的变化如图 7-12 所示。将网络训练的最终权值构成用于模式识别的知识库，将其保存在文件 wfile. dat 中。

仿真程序中，用 w1，w2 代表 w_{ij}，w_{jl}，用 Iout 表示 x'_j。运行程序 chap7_2b. m，调用文件 wfile. dat，取一组实际样本进行测试，测试样本及测试结果见表 7-2。由仿真结果可见，BP 网络具有很好的模式识别能力。

表 7-1　训练样本

输入			输出	
1	0	0	1	0
0	1	0	0	0.5
0	0	1	0	1

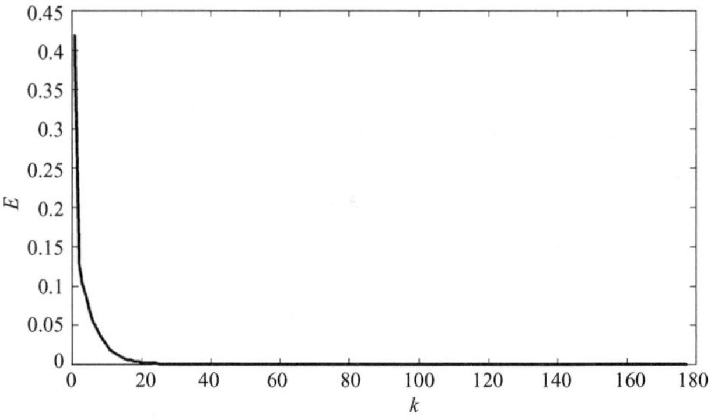

图 7-12　网络训练指标的变化

表 7-2　测试样本及结果

输　　入			输　　出	
0.970	0.001	0.001	0.9862	0.0094
0.000	0.980	0.000	0.0080	0.4972
0.002	0.000	1.040	−0.0145	1.0202
0.500	0.500	0.500	0.2395	0.6108
1.000	0.000	0.000	1.0000	−0.0000
0.000	1.000	0.000	0.0000	0.5000
0.000	0.000	1.000	−0.0000	1.0000

7.3　RBF 网络

径向基函数（Radial Basis Function，RBF）网络是由 J. Moody 和 C. Darken 于 20 世纪 80 年代末提出的一种神经网络，它是具有单隐含层的 3 层前向型神经网络。RBF 网络模拟了人脑中局部调整、相互覆盖接收域（或称感受野，Receptive Field）的神经网络结构，已证明 RBF 网络能以任意精度逼近任意连续函数。

RBF 网络的学习过程与 BP 网络的学习过程类似，两者的主要区别在于各使用不同的激活函数。BP 网络中隐含层使用的是 S 函数，其值在输入空间中无限大的范围内为非零值，因而是一种全局逼近的神经网络；而 RBF 网络中的激活函数是高斯基函数，其值在输入空间中有限的范围内为非零值，因而 RBF 网络是局部逼近的神经网络。

理论上，3 层以上的 BP 网络能够逼近任何一个非线性函数，但由于 BP 网络是全局逼近网络，每次样本学习都要重新调整网络的所有权值，收敛速度慢，易陷入局部极小，很难满足控制系统的高度实时性要求。RBF 网络是一种 3 层前向型神经网络，由输入层到输出层的映射是非线性的，而隐含层到输出层的映射是线性的，而且 RBF 网络是局部逼近的神经网络，因而采用 RBF 网络可大大加快学习速度并避免局部极小问题，适合于实时控制的要求。采用 RBF 网络构成神经网络控制方案，可有效提高系统的精度、鲁棒性和自适应性。

7.3.1 RBF 网络结构与算法

多输入单输出的 RBF 网络结构如图 7-13 所示。

在 RBF 网络中，$\boldsymbol{x}=[x_1 \quad x_2 \quad \cdots \quad x_n]^{\mathrm{T}}$ 为网络输入，h_j（高斯基函数）为隐含层第 j 个神经元的输出，即

$$h_j=\exp\left(-\frac{\|\boldsymbol{x}-\boldsymbol{c}_j^{\mathrm{T}}\|^2}{2b_j^2}\right), j=1,2,\cdots,m \tag{7.20}$$

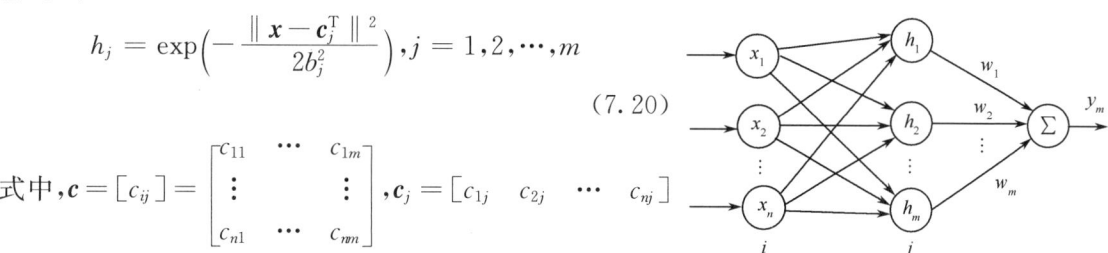

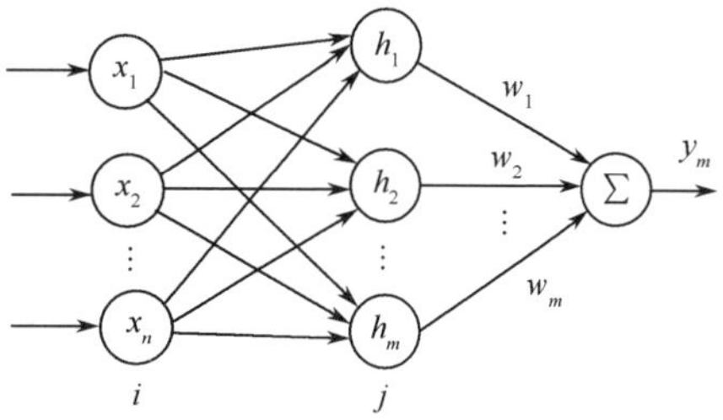

图 7-13　RBF 网络结构

式中，$\boldsymbol{c}=[c_{ij}]=\begin{bmatrix} c_{11} & \cdots & c_{1m} \\ \vdots & & \vdots \\ c_{n1} & \cdots & c_{nm} \end{bmatrix}$，$\boldsymbol{c}_j=[c_{1j} \quad c_{2j} \quad \cdots \quad c_{nj}]$ 为第 j 个隐含层神经元的中心向量。

高斯基函数的宽度向量为

$$\boldsymbol{b}=[b_1 \quad b_2 \quad \cdots \quad b_m]^{\mathrm{T}}$$

式中，$b_j>0$ 为隐含层神经元 j 的高斯基函数的宽度。

网络的权值为

$$\boldsymbol{W}=[w_1 \quad w_2 \quad \cdots \quad w_m]^{\mathrm{T}} \tag{7.21}$$

RBF 网络的输出为

$$y_m(t)=w_1h_1+w_2h_2+\cdots+w_mh_m \tag{7.22}$$

由于 RBF 网络只调节权值，因此，RBF 网络较 BP 网络有算法简单、运行时间快的优点。但由于 RBF 网络中输入到输出是非线性的，而隐含层到输出是线性的，因而其非线性能力不如 BP 网络。

7.3.2 RBF 网络设计实例

1. 结构为 1-5-1 的 RBF 网络

考虑结构为 1-5-1 的 RBF 网络，取网络输入为 $x=x_1$，令 $\boldsymbol{b}=[b_1 \quad b_2 \quad b_3 \quad b_4 \quad b_5]^{\mathrm{T}}$，$\boldsymbol{c}=[c_{11} \quad c_{12} \quad c_{13} \quad c_{14} \quad c_{15}]$，$\boldsymbol{h}=[h_1 \quad h_2 \quad h_3 \quad h_4 \quad h_5]^{\mathrm{T}}$，$\boldsymbol{W}=[w_1 \quad w_2 \quad w_3 \quad w_4 \quad w_5]^{\mathrm{T}}$，则网络输出为 $y_m(t)=\boldsymbol{W}^{\mathrm{T}}\boldsymbol{h}=w_1h_1+w_2h_2+w_3h_3+w_4h_4+w_5h_5$。

取网络的输入为 $\sin t$ 时，网络的输出如图 7-14 所示，网络隐含层的输出如图 7-15 所示。仿真程序为 chap7_3sim.mdl，程序见本章附录。

2. 结构为 2-5-1 的 RBF 网络

考虑结构为 2-5-1 的 RBF 网络，取网络输入为 $\boldsymbol{x}=[x_1 \quad x_2]^{\mathrm{T}}$，令 $\boldsymbol{b}=[b_1 \quad b_2 \quad b_3 \quad b_4 \quad b_5]^{\mathrm{T}}$，$\boldsymbol{c}=\begin{bmatrix} c_{11} & c_{12} & c_{13} & c_{14} & c_{15} \\ c_{21} & c_{22} & c_{23} & c_{24} & c_{25} \end{bmatrix}$，$\boldsymbol{h}=[h_1 \quad h_2 \quad h_3 \quad h_4 \quad h_5]^{\mathrm{T}}$，$\boldsymbol{W}=[w_1 \quad w_2 \quad w_3 \quad w_4 \quad w_5]^{\mathrm{T}}$，网络输出为 $y_m(t)=\boldsymbol{W}^{\mathrm{T}}\boldsymbol{h}=w_1h_1+w_2h_2+w_3h_3+w_4h_4+w_5h_5$。

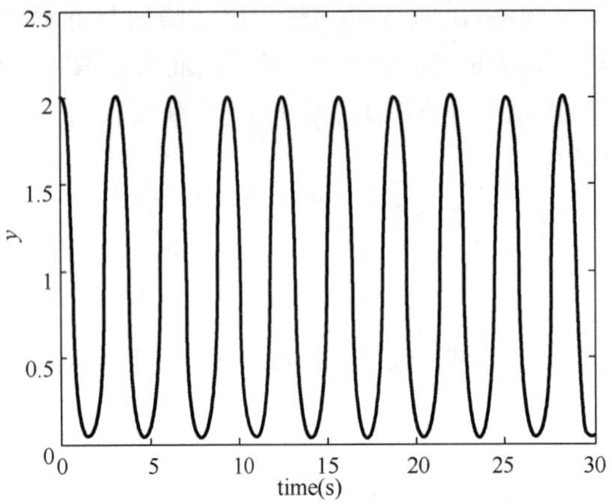

图 7-14　RBF 网络的输出

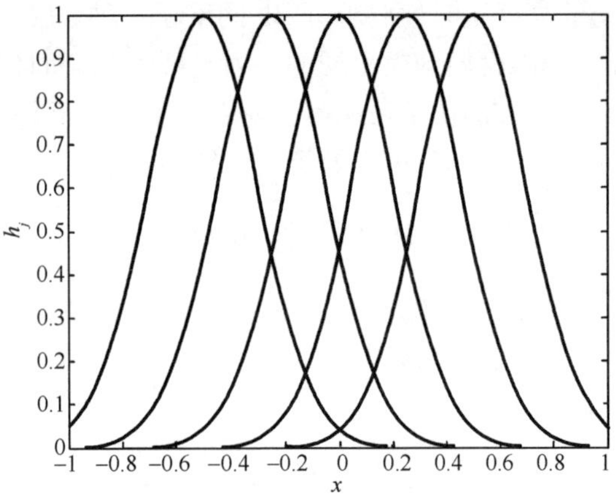

图 7-15　RBF 网络隐含层的输出

取网络的输入为 sin$t$ 时，网络的输出如图 7-16 所示，网络隐含层的输出如图 7-17 和图 7-18 所示。仿真程序为 chap7_4sim. mdl，程序见本章附录。

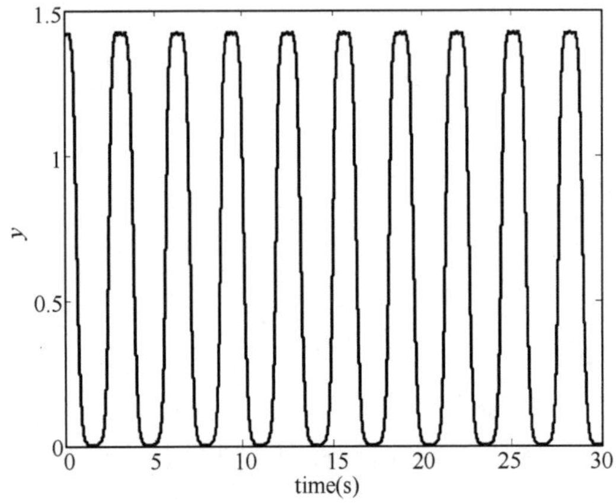

图 7-16　RBF 网络的输出

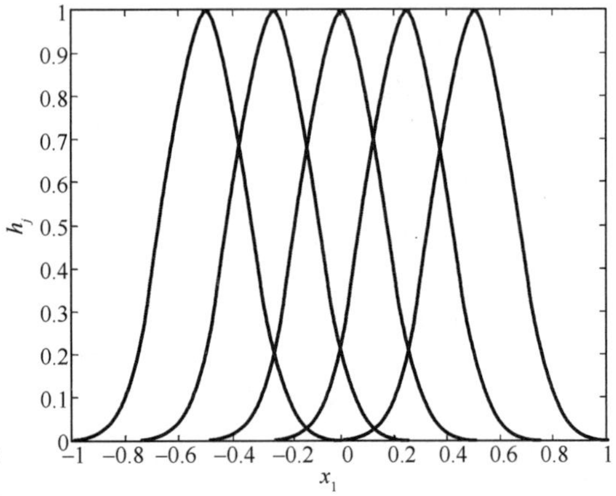

图 7-17　第一个输入的隐含层输出

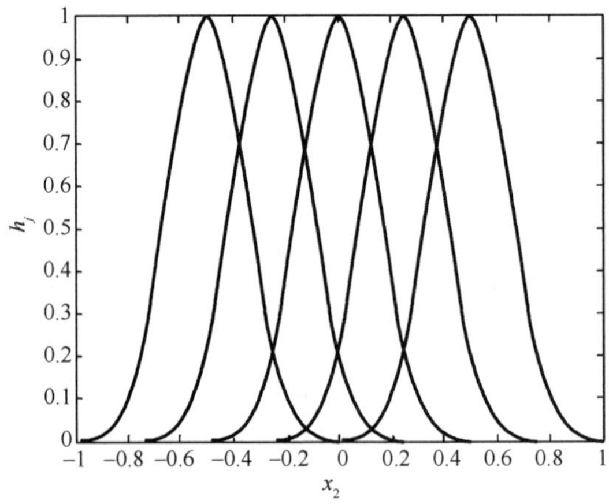

图 7-18　第二个输入的隐含层输出

7.3.3 RBF 网络的逼近

1. 基本原理

采用 RBF 网络逼近被控对象的结构如图 7-19 所示。

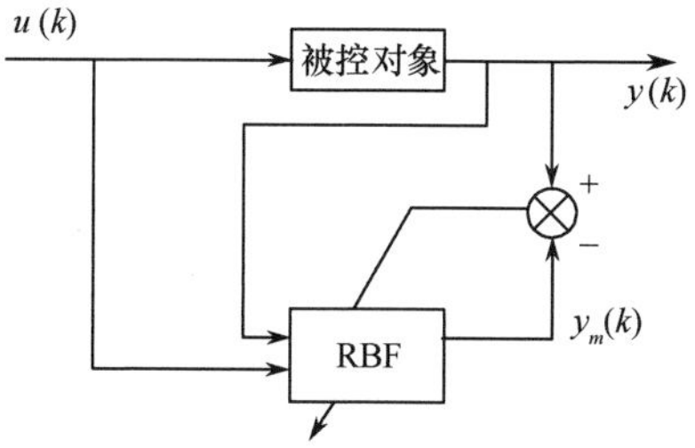

图 7-19 RBF 网络逼近被控对象的结构

网络逼近的性能指标函数为

$$E(k)=\frac{1}{2}(y(k)-y_m(k))^2 \tag{7.23}$$

根据梯度下降法，权值按以下方式调节

$$\Delta w_j(k)=-\eta\frac{\partial E}{\partial w_j}=\eta(y(k)-y_m(k))h_j$$

$$w_j(k)=w_j(k-1)+\Delta w_j(k)+\alpha(w_j(k-1)-w_j(k-2)) \tag{7.24}$$

式中，$j=1,2,\cdots,m$；$\eta\in(0,1)$ 为学习速率；$\alpha\in(0,1)$ 为动量因子。

在 RBF 网络设计中，需要注意的是，应将 $\boldsymbol{c}$ 和 b_j 的初始值设计在网络输入有效的映射范围内，否则高斯基函数将不能保证实现有效的映射，导致 RBF 网络失效。如果将 $\boldsymbol{c}$ 和 b_j 的初始值设计在有效的映射范围内，则只调节网络的权值便可实现 RBF 网络的有效学习。

2. 仿真实例

实例 1：连续系统

采用 RBF 网络对如下模型进行逼近

$$G(s)=\frac{133}{s^2+25s}$$

网络结构为 2-5-1，取 $x(1)=u(t)$，$x(2)=y(t)$，$\alpha=0.05$，$\eta=0.5$。网络的初始权值取[0,1]之间的随机值。考虑到网络的第一个输入范围为[0,1]，离线测试可得第二个输入范围为[0,10]，高斯基函数的参数取 $\boldsymbol{c}=\begin{bmatrix}-1 & -0.5 & 0 & 0.5 & 1\\ -10 & -5 & 0 & 5 & 10\end{bmatrix}$，$b_j=1.5$，$j=1,2,3,4,5$。

网络的第一个输入为 $u(t)=\sin t$，仿真中，只调节权值，取固定的 $\boldsymbol{c}$ 和 b_j，仿真结果如图 7-20 所示。仿真程序为 chap7_5 sim. mdl，程序见本章附录。

实例 2：离散系统

采用 RBF 网络对如下离散模型进行逼近

$$y(k)=u(k)^3+\frac{y(k-1)}{1+y(k-1)^2}$$

网络的第一个输入为 $u(t)=\sin t$，$t=k\times T$，$T=0.001$。

网络结构为 2-5-1，取 $x(1)=u(t)$，$x(2)=y(t)$，$\alpha=0.05$，$\eta=0.15$。网络的初始权值取[0,1]之间的随机值。考虑到网络的第一个输入范围为[0,1]，离线测试可得第二个输入范围为

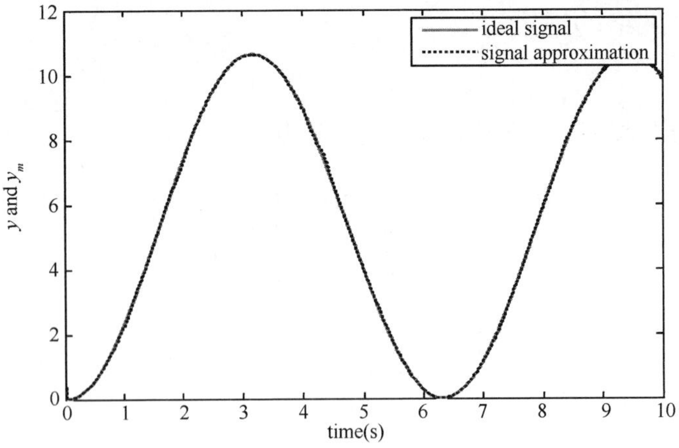

图 7-20　基于权值调节的 RBF 网络逼近(实例 1)

[0,1]，高斯基函数的参数取 $\boldsymbol{c}=\begin{bmatrix}-1 & -0.5 & 0 & 0.5 & 1\\ -1 & -0.5 & 0 & 0.5 & 1\end{bmatrix}$,$b_j = 3.0$，$j = 1,2,3,4,5$。

仿真中，调节权值，取固定的 $\boldsymbol{c}$ 和 b_j，仿真结果如图 7-21 所示。由仿真结果可见，采用梯度下降法可实现很好的逼近效果，其中高斯基函数的参数值 $\boldsymbol{c}$ 和 b_j 的取值很重要。仿真程序为 chap7_6. m，程序见本章附录。

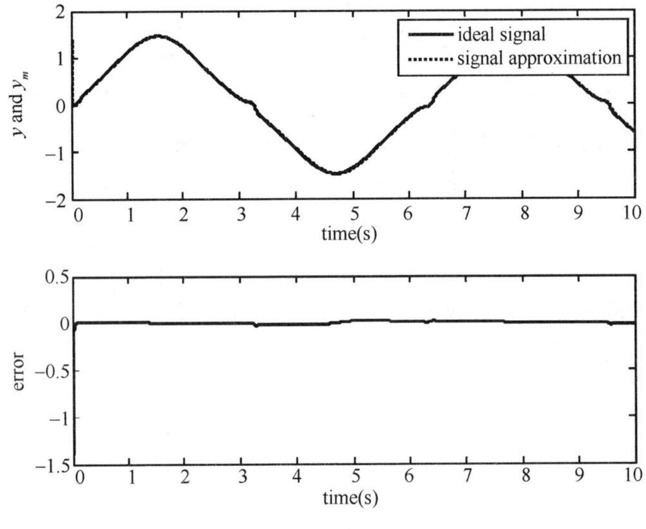

图 7-21　基于权值调节的 RBF 网络逼近(实例 2)

7.3.4　高斯基函数的参数对 RBF 网络逼近的影响

由高斯基函数的表达式可知，高斯基函数受参数 $\boldsymbol{c}_j$ 和 b_j 的影响，$\boldsymbol{c}_j$ 和 b_j 的设计原则如下。

(1) b_j 为隐含层第 j 个神经元的高斯基函数的宽度。b_j 越大，表示高斯基函数越宽。高斯基函数的宽度是影响网络映射范围的重要因素，高斯基函数越宽，网络对输入的映射范围越大，否则，网络对输入的映射范围越小。b_j 很大时，$h_j = 1.0$，网络为线性加权输出，变为线性神经网络。一般将 b_j 设计为适中的值。

(2) $\boldsymbol{c}_j$ 为隐含层第 j 个神经元高斯基函数的中心向量。$\boldsymbol{c}_j$ 离输入越近，高斯基函数对输入越敏感；否则，高斯基函数对输入越不敏感。

（3）中心向量 $\boldsymbol{c}_j$ 应使高斯基函数在有效的输入映射范围内。例如，RBF 网络输入为[−3 +3]，则 $\boldsymbol{c}_j$ 为[−3 +3]。

仿真中，应根据网络输入值的范围来设计 $\boldsymbol{c}_j$ 和 b_j，从而保证有效的高斯基函数映射，如图 7-22 所示为 5 个高斯基函数。仿真程序为 chap7_7.m。

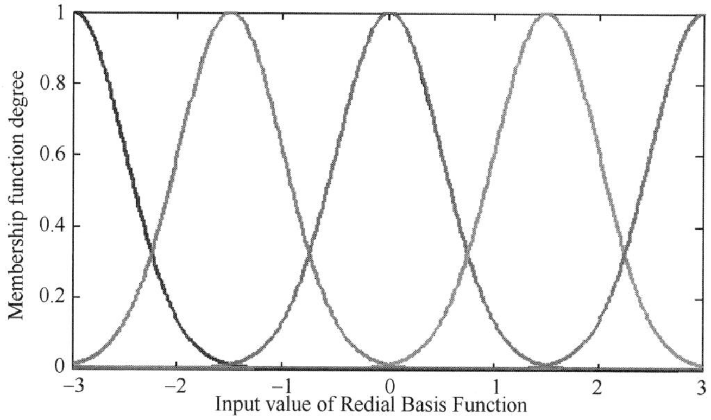

图 7-22　5 个高斯基函数

采用 RBF 网络对如下离散模型进行逼近

$$y(k)=u(k)^3+\frac{y(k-1)}{1+y(k-1)^2}$$

仿真中，取 RBF 网络输入为 $0.5\sin(2\pi t)$，网络结构为 2-5-1，通过改变高斯基函数的参数 $\boldsymbol{c}_j$ 和 b_j，可分析 $\boldsymbol{c}_j$ 和 b_j 对 RBF 网络逼近性能的影响，具体说明如下：

（1）合适的 b_j 和 $\boldsymbol{c}_j$ 对 RBF 网络逼近的影响（Mb = 1，Mc = 1）；

（2）不合适的 b_j 和合适的 $\boldsymbol{c}_j$ 对 RBF 网络逼近的影响（Mb = 2，Mc = 1）；

（3）合适的 b_j 与不合适的 $\boldsymbol{c}_j$ 对 RBF 网络逼近的影响（Mb = 1，Mc = 2）；

（4）不合适的 b_j 和 $\boldsymbol{c}_j$ 对 RBF 网络逼近的影响（Mb = 2，Mc = 2）。

仿真结果如图 7-23 至图 7-26 所示。由仿真结果可见，如果选取的参数 $\boldsymbol{c}_j$ 和 b_j 不合适，RBF 网络的逼近性能将得不到保证。仿真程序为 chap7_8.m，程序见本章附录。

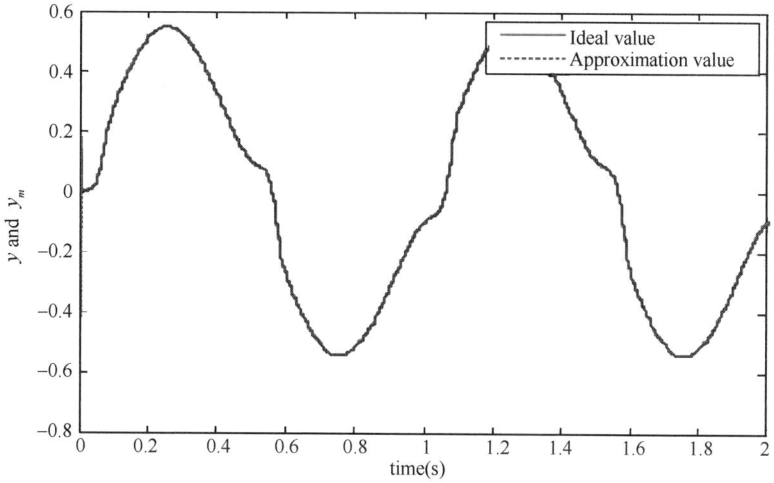

图 7-23　合适的 b_j 和 $\boldsymbol{c}_j$ 的 RBF 网络逼近（Mb = 1，Mc = 1）

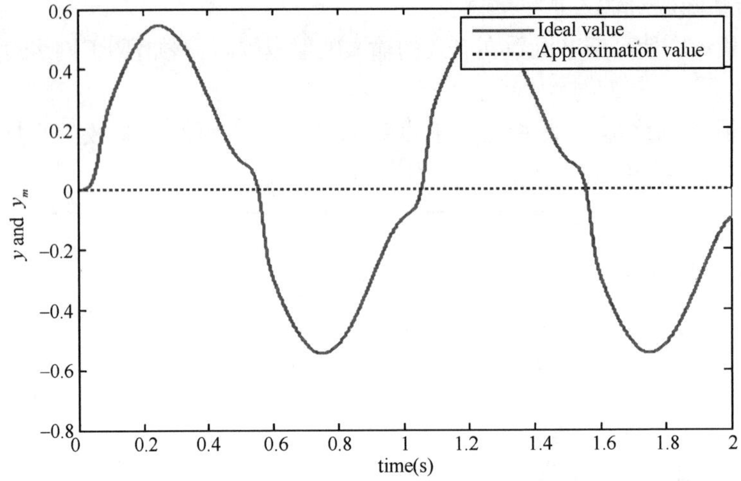

图 7-24　不合适的 b_j 和合适的 $\boldsymbol{c}_j$ 的 RBF 网络逼近（Mb = 2，Mc = 1）

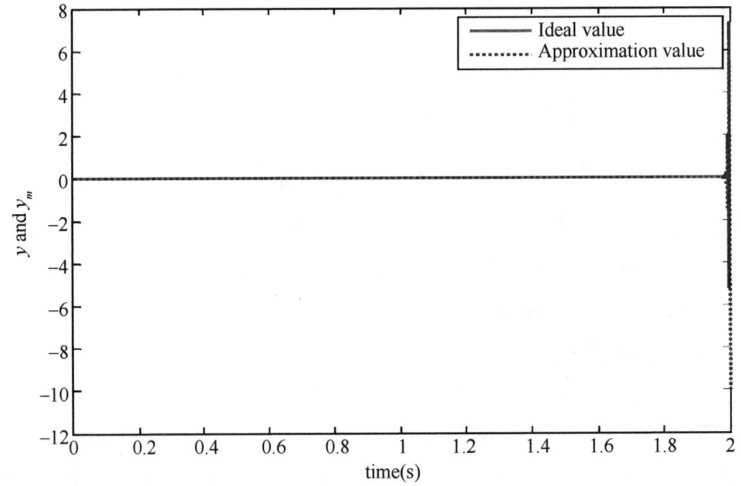

图 7-25　合适的 b_j 和不合适的 $\boldsymbol{c}_j$ 的 RBF 网络逼近（Mb = 1，Mc = 2）

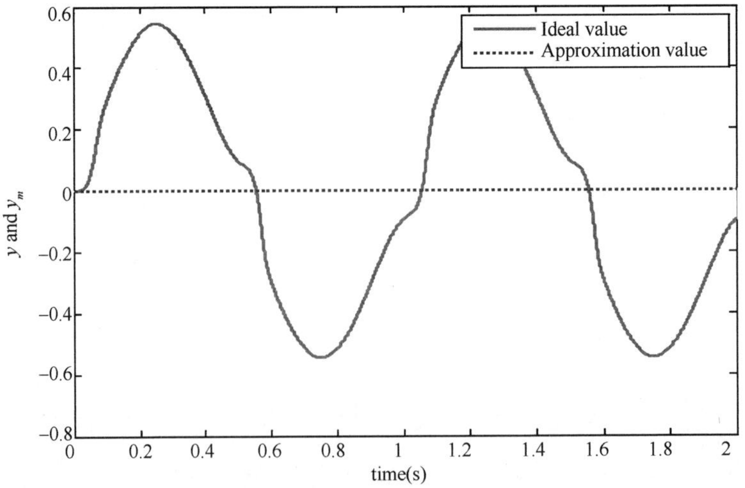

图 7-26　不合适的 b_j 和 $\boldsymbol{c}_j$ 的 RBF 网络逼近(Mb = 2，Mc = 2)

7.3.5 隐含层节点数对 RBF 网络逼近的影响

由高斯基函数的表达式可见，逼近误差除与高斯基函数的中心向量 $\boldsymbol{c}_j$ 和宽度参数 b_j 有关外，还与隐含层节点数有关。

采用 RBF 网络对如下离散模型进行逼近

$$y(k)=u^3(k)+\frac{y(k-1)}{1+y^2(k-1)}$$

仿真中，取 $\alpha=0.05$，$\eta=0.3$。网络权值的初始值取零，取高斯基函数的参数 $b_j=1.5$。取 RBF 网络的输入为 $u(k)=\sin t$ 和 $y(k)$，网络结构取 2-m-1，m 为隐含层节点数。为了表明隐含层节点数对网络逼近的影响，分别取 $m=1$，$m=3$，$m=7$，所对应的 $\boldsymbol{c}_j$ 分别取 0，$\frac{1}{3}[-1\quad 0\quad 1]$ 和 $\frac{1}{9}[-3\quad -2\quad -1\quad 0\quad 1\quad 2\quad 3]$。

仿真结果如图 7-27 至图 7-32 所示。由仿真结果可见，随着隐含层节点数的增加，逼近误差下降。同时，随着隐含层节点数的增加，为了防止梯度下降法的过度调整造成学习过程发散，应适当降低学习速率 η。仿真程序为 chap7_9.m，程序见本章附录。

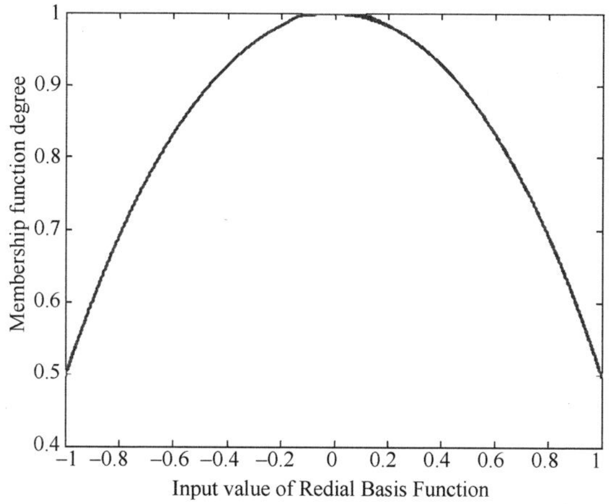

图 7-27　单个隐含层节点的高斯基函数($m=1$)

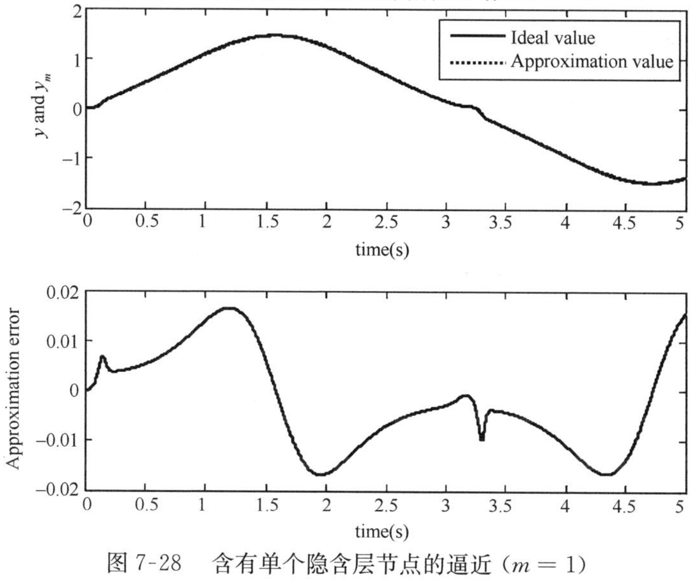

图 7-28　含有单个隐含层节点的逼近（$m=1$）

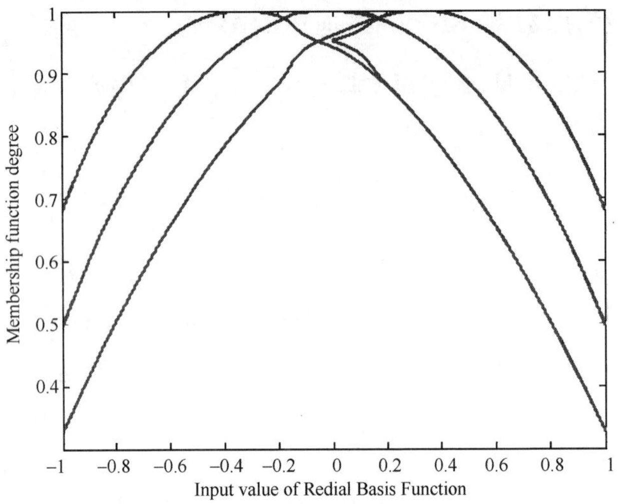

图 7-29　3 个隐含层节点的高斯基函数($m=3$)

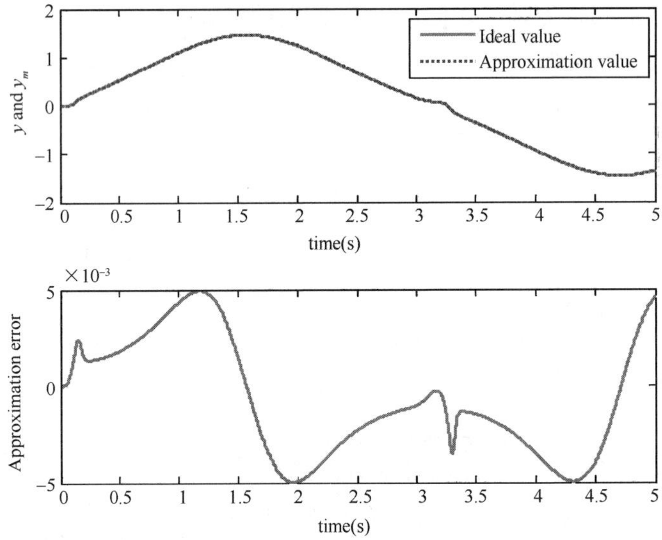

图 7-30　含有 3 个隐含层节点的逼近（$m=3$）

7.3.6　控制系统设计中 RBF 网络的逼近

RBF 网络可对任意未知非线性函数进行任意精度的逼近[1,2]。在控制系统设计中,采用 RBF 网络可实现对未知函数的逼近。

例如,为了估计未知函数 $f(\boldsymbol{x})$,可采用如下 RBF 网络算法进行逼近

$$\begin{gathered} h_j = \exp(-\|\boldsymbol{x}-\boldsymbol{c}_j^{\mathrm{T}}\|^2/b_j^2) \\ f(\boldsymbol{x}) = \boldsymbol{W}^* \boldsymbol{h} + \varepsilon \end{gathered} \tag{7.25}$$

式中,$\boldsymbol{x}$ 为网络的输入;i 表示输入层节点,j 为隐含层节点;$\boldsymbol{h}=[h_1 \quad h_2 \quad \cdots \quad h_n]^{\mathrm{T}}$ 为隐含层的输出;$\boldsymbol{W}^*$ 为理想权值;ε 为网络的逼近误差,$|\varepsilon| \leqslant \varepsilon_{\mathrm{N}}$。

一般可采用系统状态作为网络的输入,网络的输出为

$$\hat{f}(\boldsymbol{x}) = \hat{\boldsymbol{W}}^{\mathrm{T}} \boldsymbol{h} \tag{7.26}$$

式中,$\hat{\boldsymbol{W}}$ 为估计权值。

在控制系统的设计中,通过设计控制律和 $\hat{\boldsymbol{W}}$ 的自适应律来实现控制系统的稳定。

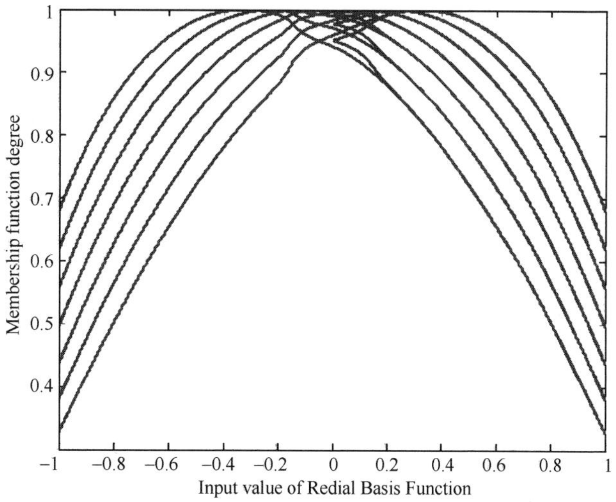

图 7-31　7 个隐含层节点的高斯基函数($m=7$)

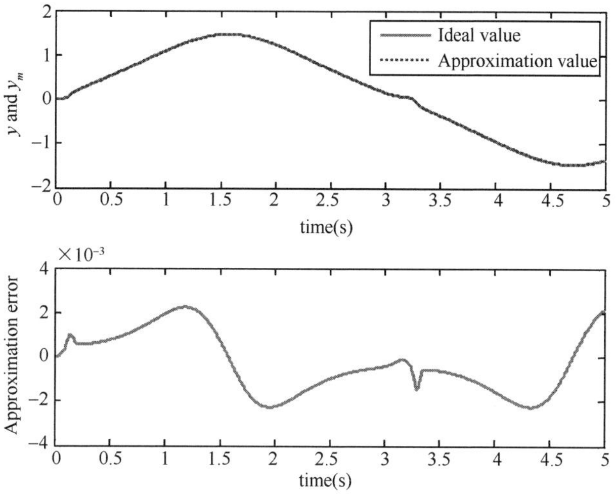

图 7-32　含有 7 个隐含层节点的逼近 ($m=7$)

在实际的控制系统设计中,为了保证网络的输入值处于高斯基函数的有效范围内,应根据网络的输入值实际范围确定高斯基函数中心向量 $\boldsymbol{c}_j$。为了保证高斯基函数的有效映射,需要将高斯基函数的宽度 b_j 取适当的值。$\hat{\boldsymbol{W}}$ 的调节是通过闭环的 Lyapunov 函数的稳定性分析中进行设计的。

思考题与习题 7

7-1　采用 BP 网络进行模式识别。训练样本为 3 对两输入单输出样本,见表 7-3。试采用 BP 网络对训练样本进行训练,并针对一组实际样本进行测试。用于测试的 3 组样本输入分别为 1,0.1;0.5,0.5 和 0.1,1。

表 7-3　训练样本

输入		输出
1	0	1
0	0	0
0	1	−1

7-2　采用 BP 网络、RBF 网络逼近非线性对象 $y(k)=(u(k-1)-0.9\,y(k-1))/(1+y^2(k-1))$,并分别进行 Matlab 仿真。

本章附录（程序代码）

BP 网络逼近程序:chap7_1. m

```
% BP identification
clear all;
close all;

xite=0.50;
alfa=0.05;

w2=rands(6,1);
w2_1=w2;w2_2=w2_1;

w1=rands(2,6);
w1_1=w1;w1_2=w1;

dw1=0* w1;

x=[0,0]';

u_1=0;
y_1=0;

I=[0,0,0,0,0,0]';
Iout=[0,0,0,0,0,0]';
FI=[0,0,0,0,0,0]';

ts=0.001;
for  k=1：1：1000

time(k)=k*ts;
u(k)=0.50*sin(3*2*pi*k*ts);
y(k)=u_1^3+y_1/(1+y_1^2);

for  j=1：1：6
     I(j)=x'*w1(：,j);
     Iout(j)=1/(1+exp(-I(j)));
end

yn(k)=w2'*Iout;      %  Output of NNI networks

e(k)=y(k)-yn(k);     %  Error calculation

w2=w2_1+(xite*e(k))*Iout+alfa*(w2_1-w2_2);
```

```
for j=1:1:6
    FI(j)=exp(-I(j))/(1+exp(-I(j)))^2;
end

for i=1:1:2
    for j=1:1:6
          dw1(i,j)=e(k)* xite* FI(j)* w2(j)* x(i);
    end
end
w1=w1_1+dw1+alfa* (w1_1-w1_2);

%%%%%%%%%%%%%% Jacobian%%%%%%%%%%%%%%
yu=0;
for j=1:1:6
    yu=yu+w2(j)* w1(1,j)* FI(j);
end
dyu(k)=yu;

x(1)=u(k);
x(2)=y(k);

w1_2=w1_1;w1_1=w1;
w2_2=w2_1;w2_1=w2;
u_1=u(k);
y_1=y(k);
end
figure(1);
plot(time,y,'r',time,yn,'b');
xlabel('time(s)');ylabel('y and yn');
figure(2);
plot(time,y-yn,'r');
xlabel('time(s)');ylabel('error');
figure(3);
plot(time,dyu);
xlabel('time(s)');ylabel('dy');
```

BP 网络模式识别程序：包括网络训练程序 chap7_2a. m 和网络测试程序 chap7_2b. m。

(1) **网络训练程序**：chap7_2a. m

```
% BP Training for MIMO and Multi-samples
clear all;
close all;

xite=0.50;
alfa=0.05;
```

```
w2=rands(6,2);
w2_1=w2;w2_2=w2_1;

w1=rands(3,6);
w1_1=w1;w1_2=w1;
dw1=0* w1;

I=[0,0,0,0,0,0]';
Iout=[0,0,0,0,0,0]';
FI=[0,0,0,0,0,0]';

OUT=2;
k=0;
E=1.0;
NS=3;

while E> =1e-020
k=k+1;
times(k)=k;

for s=1:1:NS   % MIMO Samples
xs=[1,0,0;
    0,1,0;
    0,0,1];       % Ideal Input
ys=[1,0;
    0,0.5;
    0,1];         % Ideal Output

x=xs(s,:);
for j=1:1:6
    I(j)=x*w1(:,j);
    Iout(j)=1/(1+exp(-I(j)));
end

yl=w2'*Iout;
yl=yl';

el=0;
y=ys(s,:);
for l=1:1:OUT
    el=el+0.5*(y(l)-yl(l))^2;   % Output error
end
es(s)=el;

E=0;
if s==NS
    for s=1:1:NS
         E=E+es(s);
  end
```

```
  end
ey=y-yl;

w2=w2_1+xite*Iout*ey+alfa*(w2_1-w2_2);

for j=1:1:6
    S=1/(1+exp(-I(j)));
    FI(j)=S*(1-S);
end

for i=1:1:3
    for j=1:1:6
           dw1(i,j)=xite*FI(j)*x(i)*(ey(1)*w2(j,1)+ey(2)*w2(j,2));
    end
end
w1=w1_1+dw1+alfa*(w1_1-w1_2);

w1_2=w1_1;w1_1=w1;
w2_2=w2_1;w2_1=w2;
end % End of for
Ek(k)=E;
end  % End of while
figure(1);
plot(times,Ek,'r');
xlabel('k');ylabel('E');

save wfile w1 w2;
```

（2）**网络测试程序**：chap7_2b.m

```
% Test BP
clear all;
load wfile w1 w2;

% N Samples
x=[0.970,0.001,0.001;
   0.000,0.980,0.000;
   0.002,0.000,1.040;
   0.500,0.500,0.500;
   1.000,0.000,0.000;
   0.000,1.000,0.000;
   0.000,0.000,1.000];
for i=1:1:7
    for j=1:1:6
    I(i,j)=x(i,:)* w1(:,j);
    Iout(i,j)=1/(1+exp(-I(i,j)));
    end
end
y=w2'*Iout';
y=y'
```

RBF 网络设计实例仿真程序

1. 结构为 1-5-1 的 RBF 网络

(1)**Simulink 主程序:**chap7_3sim. mdl

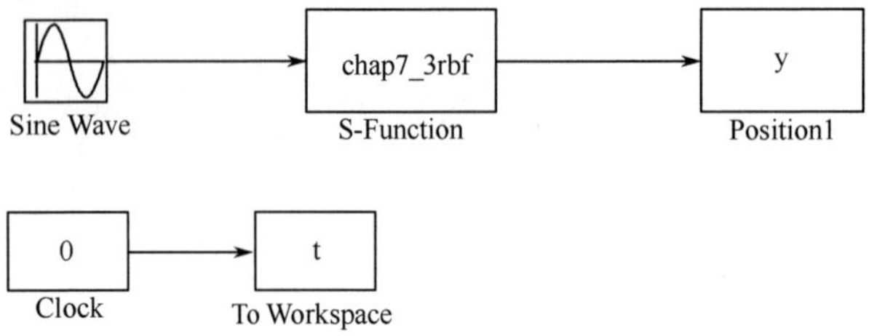

(2) **RBF 网络:**chap7_3rbf. m

```
function [sys,x0,str,ts] =spacemodel(t,x,u,flag)
switch flag,
case 0,
    [sys,x0,str,ts]=mdlInitializeSizes;
case 3,
    sys=mdlOutputs(t,x,u);
case {2,4,9}
    sys=[];
otherwise
    error(['Unhandled flag =',num2str(flag)]);
end
function [sys,x0,str,ts]=mdlInitializeSizes
sizes =simsizes;
sizes.NumContStates  =0;
sizes.NumDiscStates  =0;
sizes.NumOutputs     =7;
sizes.NumInputs      =1;
sizes.DirFeedthrough =1;
sizes.NumSampleTimes =0;
sys =simsizes(sizes);
x0  =[];
str =[];
ts  =[];
function sys=mdlOutputs(t,x,u)
x=u(1);   % Input Layer

% i=1
% j=1,2,3,4,5
% k=1
c=[-0.5 -0.25 0 0.25 0.5];  % cij
b=[0.2 0.2 0.2 0.2 0.2]';   % bj

W=ones(5,1);   % Wj
h=zeros(5,1);  % hj
for j=1:1:5
    h(j)=exp(-norm(x-c(:,j))^2/(2* b(j)* b(j)));  % Hidden Layer
end
```

```
y=W'*h;     % Output Layer

sys(1)=y;
sys(2)=x;
sys(3)=h(1);
sys(4)=h(2);
sys(5)=h(3);
sys(6)=h(4);
sys(7)=h(5);
```

(3)**作图程序**:chap7_3plot.m

```
close all;

figure(1);
plot(t,y(:,1),'k','linewidth',2);
xlabel('time(s)');ylabel('y');

figure(2);
plot(y(:,2),y(:,3),'k','linewidth',2);
xlabel('x');ylabel('hj');
hold on;
plot(y(:,2),y(:,4),'k','linewidth',2);
hold on;
plot(y(:,2),y(:,5),'k','linewidth',2);
hold on;
plot(y(:,2),y(:,6),'k','linewidth',2);
hold on;
plot(y(:,2),y(:,7),'k','linewidth',2);
```

2. 结构为 2-5-1 的 RBF 网络

(1)**Simulink 主程序**:chap7_4sim.mdl

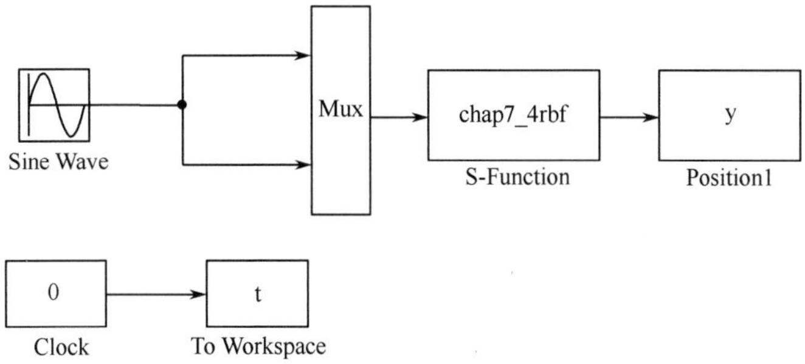

(2) **RBF 网络**: chap7_4rbf.m

```
function [sys,x0,str,ts] =spacemodel(t,x,u,flag)
switch flag,
case 0,
    [sys,x0,str,ts]=mdlInitializeSizes;
case 3,
    sys=mdlOutputs(t,x,u);
case {2,4,9}
    sys=[];
```

```
otherwise
    error(['Unhandled flag =',num2str(flag)]);
end
function [sys,x0,str,ts]=mdlInitializeSizes
sizes =simsizes;
sizes.NumContStates  =0;
sizes.NumDiscStates  =0;
sizes.NumOutputs     =8;
sizes.NumInputs      =2;
sizes.DirFeedthrough =1;
sizes.NumSampleTimes =0;
sys =simsizes(sizes);
x0  =[];
str =[];
ts  =[];
function sys=mdlOutputs(t,x,u)
x1=u(1);   % Input Layer
x2=u(2);
x=[x1 x2]';

% i=2
% j=1,2,3,4,5
% k=1
c=[-0.5 -0.25 0 0.25 0.5;
   -0.5 -0.25 0 0.25 0.5];    % cij
b=[0.2 0.2 0.2 0.2 0.2]';     % bj

W=ones(5,1);   % Wj
h=zeros(5,1);  % hj
for j=1:1:5
    h(j)=exp(-norm(x-c(:,j))^2/(2* b(j)* b(j)));  % Hidden Layer
end
yout=W'* h;    % Output Layer

sys(1)=yout;
sys(2)=x1;
sys(3)=x2;
sys(4)=h(1);
sys(5)=h(2);
sys(6)=h(3);
sys(7)=h(4);
sys(8)=h(5);
```

(3) **作图程序**：chap7_4plot.m

```
close all;

figure(1);
plot(t,y(:,1),'k','linewidth',2);
xlabel('time(s)');ylabel('y');
```

```
figure(2);
plot(y(:,2),y(:,4),'k','linewidth',2);
xlabel('x1');ylabel('hj');
hold on;
plot(y(:,2),y(:,5),'k','linewidth',2);
hold on;
plot(y(:,2),y(:,6),'k','linewidth',2);
hold on;
plot(y(:,2),y(:,7),'k','linewidth',2);
hold on;
plot(y(:,2),y(:,8),'k','linewidth',2);

figure(3);
plot(y(:,3),y(:,4),'k','linewidth',2);
xlabel('x2');ylabel('hj');
hold on;
plot(y(:,3),y(:,5),'k','linewidth',2);
hold on;
plot(y(:,3),y(:,6),'k','linewidth',2);
hold on;
plot(y(:,3),y(:,7),'k','linewidth',2);
hold on;
plot(y(:,3),y(:,8),'k','linewidth',2);
```

RBF 网络的逼近仿真程序

实例 1:连续系统

(1) **Simulink 主程序**:chap7_5sim. mdl

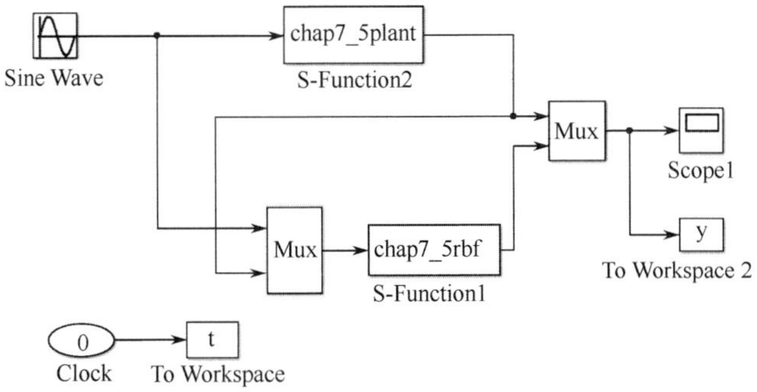

(2) **RBF 网络程序**:chap7_5rbf. m

```
function [sys,x0,str,ts]=s_function(t,x,u,flag)
switch flag,
case 0,
    [sys,x0,str,ts]=mdlInitializeSizes;
case 3,
    sys=mdlOutputs(t,x,u);
case {2, 4, 9 }
    sys =[];
otherwise
    error(['Unhandled flag =',num2str(flag)]);
```

```
end

function [sys,x0,str,ts]=mdlInitializeSizes
sizes =simsizes;
sizes.NumContStates  =0;
sizes.NumDiscStates  =0;
sizes.NumOutputs     =1;
sizes.NumInputs      =2;
sizes.DirFeedthrough =1;
sizes.NumSampleTimes =0;
sys=simsizes(sizes);
x0=[];
str=[];
ts=[];
function sys=mdlOutputs(t,x,u)
persistent w w_1 w_2 b ci
alfa=0.05;
xite=0.5;
if t==0
b=1.5;
    ci=[-1 -0.5 0 0.5 1;
        -10 -5 0 5 10];
w=rands(5,1);
w_1=w;w_2=w_1;
end
ut=u(1);
yout=u(2);
xi=[ut yout]';
for j=1:1:5
    h(j)=exp(-norm(xi-ci(:,j))^2/(2*b^2));
end
ymout=w'*h';

d_w=0*w;
for j=1:1:5  % Only weight value update
   d_w(j)=xite*(yout-ymout)*h(j);
end
w=w_1+d_w+alfa*(w_1-w_2);

w_2=w_1;w_1=w;
sys(1)=ymout;
```

(3) **逼近对象程序**:chap7_5plant.m

```
function [sys,x0,str,ts]=s_function(t,x,u,flag)
switch flag,
case 0,
    [sys,x0,str,ts]=mdlInitializeSizes;
case 1,
    sys=mdlDerivatives(t,x,u);
case 3,
```

```
    sys=mdlOutputs(t,x,u);
case {2, 4, 9 }
    sys =[];
otherwise
    error(['Unhandled flag =',num2str(flag)]);
end
function [sys,x0,str,ts]=mdlInitializeSizes
sizes =simsizes;
sizes.NumContStates  =2;
sizes.NumDiscStates  =0;
sizes.NumOutputs     =1;
sizes.NumInputs      =1;
sizes.DirFeedthrough =0;
sizes.NumSampleTimes =0;
sys=simsizes(sizes);
x0=[0,0];
str=[];
ts=[];
function sys=mdlDerivatives(t,x,u)
sys(1)=x(2);
sys(2)=-25*x(2)+133*u;
function sys=mdlOutputs(t,x,u)
sys(1)=x(1);
```

(4)**作图程序**:chap7_5plot.m

```
close all;

figure(1);
plot(t,y(:,1),'r',t,y(:,2),'k:','linewidth',2);
xlabel('time(s)');ylabel('y and ym');
legend('ideal signal','signal approximation');
```

实例2:离散系统

仿真程序:chap7_6.m

```
% RBF identification
clear all;
close all;

alfa=0.05;
xite=0.15;
x=[0,1]';

b=3*ones(5,1);
c=[-1 -0.5 0 0.5 1;
  -1 -0.5 0 0.5 1];
w=rands(5,1);

w_1=w;w_2=w_1;
d_w=0*w;
y_1=0;
```

```
ts=0.001;
for k=1:1:10000

time(k)=k*ts;
u(k)=sin(k*ts);

y(k)=u(k)^3+y_1/(1+y_1^2);

x(1)=u(k);
x(2)=y_1;

for j=1:1:5
    h(j)=exp(-norm(x-c(:,j))^2/(2*b(j)*b(j)));
end
ym(k)=w'*h';
em(k)=y(k)-ym(k);

d_w(j)=xite*em(k)*h(j);
w=w_1+d_w+alfa*(w_1-w_2);

y_1=y(k);

w_2=w_1;
w_1=w;
end
figure(1);
subplot(211);
plot(time,y,'r',time,ym,'k:','linewidth',2);
xlabel('time(s)');ylabel('y and ym');
legend('ideal signal','signal approximation');
subplot(212);
plot(time,y-ym,'k','linewidth',2);
xlabel('time(s)');ylabel('error');
```

5 个 RBF 网络高斯基函数仿真程序:chap7_7.m

```
% RBF function
clear all;
close all;

c=[-3 -1.5 0 1.5 3];

M=1;
if M==1
    b=0.50*ones(5,1);
elseif M==2
    b=1.50*ones(5,1);
end

h=[0,0,0,0,0]';
```

```
ts=0.001;
for k=1:1:2000

time(k)=k*ts;

% RBF function
x(1)=3*sin(2*pi*k*ts);

for j=1:1:5
    h(j)=exp(-norm(x-c(:,j))^2/(2*b(j)*b(j)));
end

x1(k)=x(1);
% First Redial Basis Function
h1(k)=h(1);
% Second Redial Basis Function
h2(k)=h(2);
% Third Redial Basis Function
h3(k)=h(3);
% Fourth Redial Basis Function
h4(k)=h(4);
% Fifth Redial Basis Function
h5(k)=h(5);
end
figure(1);
plot(x1,h1,'b');
figure(2);
plot(x1,h2,'g');
figure(3);
plot(x1,h3,'r');
figure(4);
plot(x1,h4,'c');
figure(5);
plot(x1,h5,'m');
figure(6);
plot(x1,h1,'b');
hold on;plot(x1,h2,'g');
hold on;plot(x1,h3,'r');
hold on;plot(x1,h4,'c');
hold on;plot(x1,h5,'m');
xlabel('Input value of Redial Basis Function');ylabel('Membership function degree');
```

高斯基函数的参数对 RBF 网络逼近的影响仿真程序：chap7_8.m

```
% RBF approximation test
clear all;
close all;

alfa=0.05;
xite=0.5;
x=[0,0]';
```

```
% The parameters design of Guassian Function
% The input of RBF (u(k),y(k)) must be in the effect range of Guassian function overlay

% The value of b represents the widenth of Guassian function overlay
Mb=1;
if Mb==1          % The width of Guassian function is moderate
    b=1.5*ones(5,1);
elseif Mb==2      % The width of Guassian function is too narrow, most overlap of the function
% is near to zero
    b=0.0005*ones(5,1);
end

% The value of c represents the center position of Guassian function overlay
% the NN structure is 2-5-1: i=2; j=1,2,3,4,5; k=1
Mc=1;
if Mc==1  % The center position of Guassian function is moderate
c=[-1.5 -0.5 0 0.5 1.5;
   -1.5 -0.5 0 0.5 1.5];   % cij
elseif Mc==2  % The center position of Guassian function is improper
c=0.1* [-1.5 -0.5 0 0.5 1.5;
        -1.5 -0.5 0 0.5 1.5];   % cij
end
w=rands(5,1);
w_1=w;w_2=w_1;
y_1=0;

ts=0.001;
for k=1:1:2000

time(k)=k*ts;
u(k)=0.50*sin(1*2*pi*k*ts);

y(k)=u(k)^3+y_1/(1+y_1^2);

x(1)=u(k);
x(2)=y(k);

for j=1:1:5
    h(j)=exp(-norm(x-c(:,j))^2/(2*b(j)*b(j)));
end
ym(k)=w'*h';
em(k)=y(k)-ym(k);

d_w=xite*em(k)*h';
w=w_1+d_w+alfa*(w_1-w_2);

y_1=y(k);
w_2=w_1;w_1=w;

end
figure(1);
```

```
plot(time,y,'r',time,ym,'b:','linewidth',2);
xlabel('time(s)');ylabel('y and ym');
legend('Ideal value','Approximation value');
```

隐含层节点数对 RBF 网络逼近的影响仿真程序：chap7_9.m

```
% RBF approximation test
clear all;
close all;

alfa=0.05;
xite=0.3;
x=[0,0]';

% The parameters design of Guassian Function
% The input of RBF (u(k),y(k)) must be in the effect range of Guassian function overlay
% The value of b represents the widenth of Guassian function overlay

bj=1.5;    % The width of Guassian function
% The value of c represents the center position of Guassian function overlay
% the NN structure is 2-m-1: i=2; j=1,2,...,m; k=1
M=3;   % Different hidden nets number
if M==1   % only one hidden net
m=1;
c=0;
elseif M==2
m=3;
c=1/3*[-1 0 1;
        -1 0 1];
elseif M==3
m=7;
c=1/9*[-3 -2 -1 0 1 2 3;
       -3 -2 -1 0 1 2 3];
end
w=zeros(m,1);
w_1=w;w_2=w_1;
y_1=0;

ts=0.001;
for k=1:1:5000

time(k)=k*ts;
u(k)=sin(k*ts);

y(k)=u(k)^3+y_1/(1+y_1^2);

x(1)=u(k);
x(2)=y(k);

for j=1:1:m
    h(j)=exp(-norm(x-c(:,j))^2/(2*bj^2));
```

```
end
ym(k)=w'*h';
em(k)=y(k)-ym(k);

d_w=xite*em(k)*h';
w=w_1+d_w+alfa*(w_1-w_2);

y_1=y(k);
w_2=w_1;w_1=w;

x1(k)=x(1);
for j=1:1:m
    H(j,k)=h(j);
end

if k==5000
    figure(1);
    for j=1:1:m
        plot(x1,H(j,:),'linewidth',2);
        hold on;
    end
    xlabel('Input value of Redial Basis Function');ylabel('Membership function degree');
end
end
figure(2);
subplot(211);
plot(time,y,'r',time,ym,'b:','linewidth',2);
xlabel('time(s)');ylabel('y and ym');
legend('Ideal value','Approximation value');
subplot(212);
plot(time,y-ym,'r','linewidth',2);
xlabel('time(s)');ylabel('Approximation error');
```

第 8 章　高级神经网络

8.1　模糊神经网络

在模糊系统中，模糊集、隶属函数和模糊规则的设计是建立在经验知识基础上的，因此设计方法存在很大的主观性。将学习能力引入模糊系统中，使模糊系统能够通过不断学习来修改与完善隶属函数和模糊规则，这是模糊系统的发展方向。

模糊神经网络是将模糊系统和神经网络相结合而构成的网络。模糊系统与模糊神经网络既有联系又有区别，其联系表现为模糊神经网络在本质上是模糊系统的实现，其区别表现为模糊神经网络又具有神经网络的特性。

模糊系统与神经网络的比较见表 8-1。模糊神经网络充分利用了神经网络和模糊系统各自的优点，因而受到了人们的重视。

表 8-1　模糊系统与神经网络的比较

	模 糊 系 统	神 经 网 络
获取知识	专家经验	算法实例
推理机制	启发式搜索	并行计算
推理速度	低	高
容错性	低	非常高
学习机制	归纳	调整权值
自然语言实现	明确的	不明显
自然语言灵活性	高	低

将神经网络的学习能力引入模糊系统中，将模糊系统的模糊化处理、模糊推理、精确化计算通过分布式的神经网络来表示，是实现模糊系统自组织、自学习的重要途径。在模糊神经网络中，神经网络的输入层节点、输出层节点用来表示模糊系统的输入、输出信号，神经网络的隐含层节点用来表示隶属函数和模糊规则，利用神经网络的并行处理能力使得模糊系统的推理能力大大提高。

模糊神经网络在本质上是将常规的神经网络赋予模糊输入信号和模糊权值，其学习算法通常是神经网络学习算法或其推广。模糊神经网络已经获得了广泛的应用，当前的应用主要集中在模糊回归、模糊控制、模糊专家系统、模糊矩阵方程、模糊建模和模糊模式识别等领域。

8.1.1　模糊 RBF 网络结构

利用 RBF 网络与模糊系统相结合，可构成模糊 RBF 网络。如图 8-1 所示为 2 输入 1 输出的模糊 RBF 网络，该网络由输入层、模糊化层、模糊推理层和输出层构成。模糊 RBF 网络中信号传播及各层的功能表示如下。

第一层：输入层。该层的各个节点直接与输入量的各个分量连接，将输入量传到下一层。对该层的每个节点 i 的输入/输出表示为

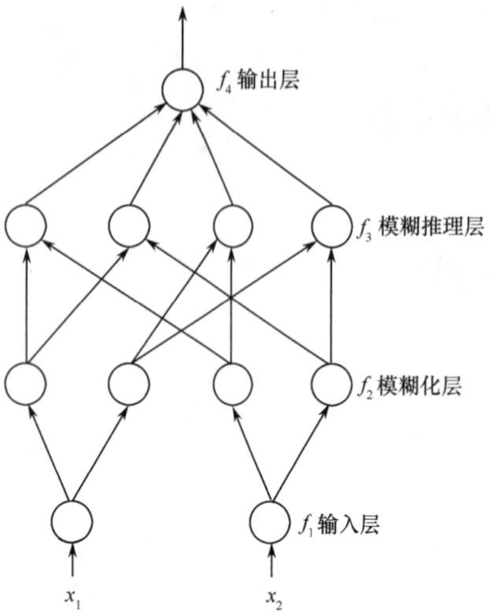

图 8-1　2 输入 1 输出的模糊 RBF 网络结构

$$\boldsymbol{f}_1=[x_1 \quad x_2] \tag{8.1}$$

第二层：模糊化层。采用高斯型函数作为隶属函数，c_{ij} 和 b_j 分别是第 i 个输入变量第 j 个模糊集合的隶属函数的均值和标准差。

$$f_2(i,j)=\exp\left(-\frac{(f_1(i)-c_{ij})^2}{b_j^2}\right) \tag{8.2}$$

其中 $i=1,2,j=1,2$。

第三层：模糊推理层。该层通过与模糊化层的连接来完成模糊规则的匹配，各个节点之间实现模糊运算，即通过各个模糊节点的组合得到相应的输出。

由于第一个输入经模糊化后输出为 2 个，第二个输入经模糊化后输出为 2 个，故两两组合后，构成 4 条模糊规则，从而可得到 4 个模糊输出，即

$$f_3(l)=f_2(1,j_1)f_2(2,j_2) \tag{8.3}$$

其中 $j_1=1,2,j_2=1,2,l=1,2,3,4$。

第四层：输出层。输出层为 f_4，即

$$f_4(l)=\sum_{l=1}^{4}w(l)\cdot f_3(l) \tag{8.4}$$

其中，$w(l)$ 为输出节点与第三层各节点的连接权值。

8.1.2　基于模糊 RBF 网络的逼近算法及仿真实例

采用模糊 RBF 网络逼近被控对象，如图 8-2 所示。$y_{\mathrm{m}}(k)$ 和 $y(k)$ 分别表示网络期望输出和实际输出。网络的输入为 $u(k)$ 和 $y(k)$，则网络的逼近误差为

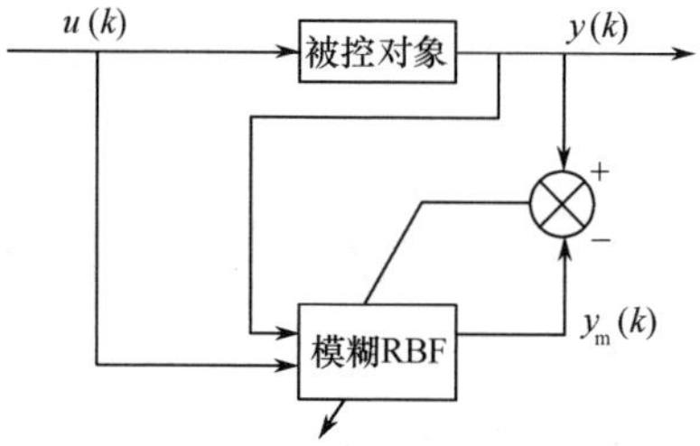

图 8-2　模糊 RBF 网络逼近被控对象

$$e(k)=y(k)-y_{\mathrm{m}}(k) \tag{8.6}$$

采用梯度下降法来修正可调参数，定义误差性能指标函数为

$$E=\frac{1}{2}e(k)^2 \tag{8.7}$$

网络的学习算法如下：

输出层的权值通过如下方式来调整

$$\Delta w(k)=-\eta\frac{\partial E}{\partial w}=-\eta\frac{\partial E}{\partial e}\frac{\partial e}{\partial y_{\mathrm{m}}}\frac{\partial y_{\mathrm{m}}}{\partial w}=\eta e(k)f_3(l)$$

则输出层的权值学习算法为

$$w(k)=w(k-1)+\Delta w(k)+\alpha(w(k-1)-w(k-2)) \tag{8.8}$$

式中，η 为学习速率，α 为动量因子，$\eta\in(0,1)$，$\alpha\in(0,1)$。

仿真实例：使用模糊 RBF 网络逼近非线性系统

$$y(k)=u(k)+\frac{y(k-1)}{1+y^2(k-1)}$$

其中，采样时间为 0.001s。

取网络结构为 2-5-25-1，输入信号为 $u(k)=\sin(0.1t)$，网络权值的初始值取$[-1,+1]$之间的随机值，网络输入为 $u(k)$ 和 $y(k)$，考虑到网络的第一个输入范围为$[-1,1]$，离线测试可得第二个输入范围为$[-1.5,1.5]$，高斯基函数的参数取 $\boldsymbol{c}=\begin{bmatrix}-1 & -0.5 & 0 & 0.5 & 1\\ -2 & -1 & 0 & 1 & 2\end{bmatrix}$和 $b_j=0.50, j=1,2,3,4,5$。网络的学习参数取 $\eta=0.50, \alpha=0.05$。

模糊 RBF 网络逼近程序见 chap8_1. m，仿真结果如图 8-3 和图 8-4 所示。由于本方法采用梯度下降法来调节权值，只能保证局部范围内的逼近，无法保证全局逼近。限于梯度下降法的局限性，本方法只适合慢时变系统的逼近，且学习速率不能过大。

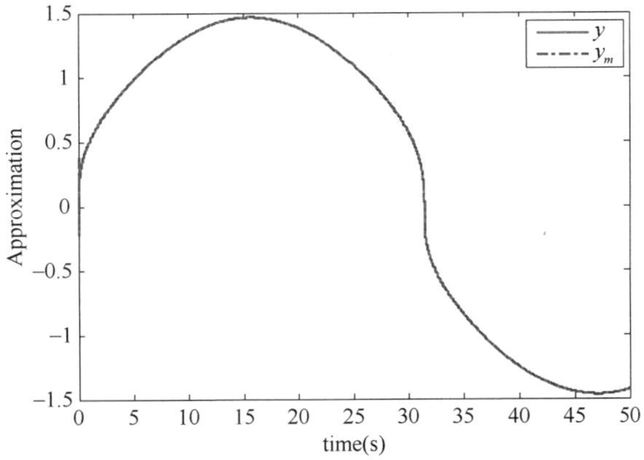

图 8-3　模糊 RBF 网络逼近效果

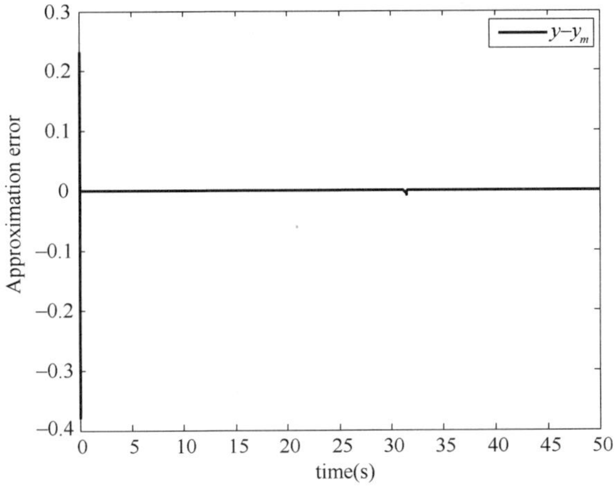

图 8-4　模糊 RBF 网络逼近误差

8.1.3　模糊 RBF 网络的离线建模及仿真实例

在神经网络数据建模中，根据标准的输入 / 输出模式对，采用神经网络学习算法，以标准的模式作为学习样本进行训练，通过学习调整神经网络的连接权值。当训练满足要求后，得到的神经网络权值构成了模型的知识库。

模糊 RBF 网络的训练过程如下：正向传播采用式(8.1) 至式(8.4)，输入信号从输入层经模糊化层和模糊推理层传向输出层，若输出层得到了期望的输出，则学习算法结束；否则，转至反向传播。反向传播采用梯度下降法，调整各层间的权值。网络的第 l 个输出与相应理想输出 x_l^0 的误差为

$$e_l = x_l^0 - x_l$$

其中，x_l 为式(8.4)中的 $f_4(l)$。

第 p 个样本的误差性能指标函数为

$$E_p = \frac{1}{2}\sum_{l=1}^{N} e_l^2 \tag{8.9}$$

其中，N 为网络输出层的个数。

输出层的权值通过如下方式来调整

$$\Delta w(k) = -\eta \frac{\partial E_p}{\partial w} = -\eta \frac{\partial E_p}{\partial e_l}\frac{\partial e_l}{\partial x_l}\frac{\partial x_l}{\partial w} = \eta e_l^{\mathrm{T}}(k) f_3(l) \tag{8.10}$$

则输出层的权值学习算法为

$$w(k) = w(k-1) + \Delta w(k) + \alpha(w(k-1) - w(k-2)) \tag{8.11}$$

其中，η 为学习速率；α 为动量因子。

每次迭代时，分别依次对各个样本进行训练，更新权值，直到所有样本训练完毕，再进行下一次迭代，直到满足要求为止。

仿真实例：模糊 RBF 网络为 3-15-125-2 结构，权值的初始值取$[-1\quad +1]$之间的随机值，学习参数取 $\eta = 0.50$，$\alpha = 0.05$。根据网络输入的取值范围来设计高斯基函数的参数，取 $\boldsymbol{c} = \begin{bmatrix} -1.5 & -1 & 0 & 1 & 1.5 \\ -1.5 & -1 & 0 & 1 & 1.5 \\ -1.5 & -1 & 0 & 1 & 1.5 \end{bmatrix}$ 和 $b_j = 0.50$，$j = 1,2,3,4,5$。

实例 1：单个样本

取标准样本为单个样本，该样本为 3 输入 2 输出样本，见表 8-2。

运行网络训练程序 chap8_2a.m，取网络训练的最终指标为 $E = 10^{-20}$，网络训练指标的收敛过程如图 8-5 所示。将网络训练的最终权值构成用于模型的知识库，将其保存在文件 wfile1.dat 中。运行网络测试程序 chap8_2b.m，调用文件 wfile1.dat，取一组实际样本进行测试，测试样本及测试结果见表 8-3。

表 8-2　训练样本

输入			输出	
1	0	0	1	0

表 8-3　测试样本及结果

输入			输出	
1	0	0	1	0

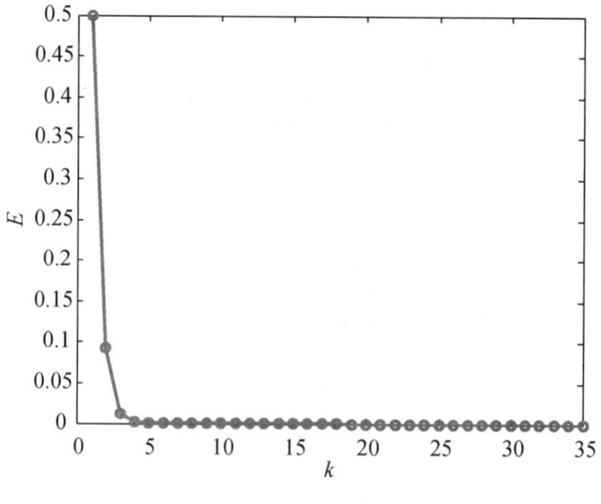

图 8-5　样本训练指标的收敛过程

实例 2：多个样本

取标准样本为 3 个样本，每个样本为 3 输入 2 输出样本，见表 8-4。

运行网络训练程序 chap8_3a.m，取网络训练的最终指标为 $E = 10^{-20}$，网络训练指标的收敛过程如图 8-6 所示。将网络训练的最终权值构成用于模型的知识库，将其保存在文件 wfile2.dat 中。运行网络测试程序 chap8_3b.m，调用文件 wfile2.dat，取一组实际样本进行测试，测试样本及测试结果见表 8-5。

表 8-4　训练样本

输入			输出	
1	0	0	1	0
0	1	0	0	0.5
0	0	1	0	1

表 8-5　测试样本及结果

输入			输出	
0.970	0.001	0.001	0.9862	0.0094
0.000	0.980	0.000	0.0080	0.4972
0.002	0.000	1.040	−0.0145	1.0202
0.500	0.500	0.500	0.2395	0.6108
1.000	0.000	0.000	1.0000	−0.0000
0.000	1.000	0.000	0.0000	0.5000
0.000	0.000	1.000	−0.0000	1.0000

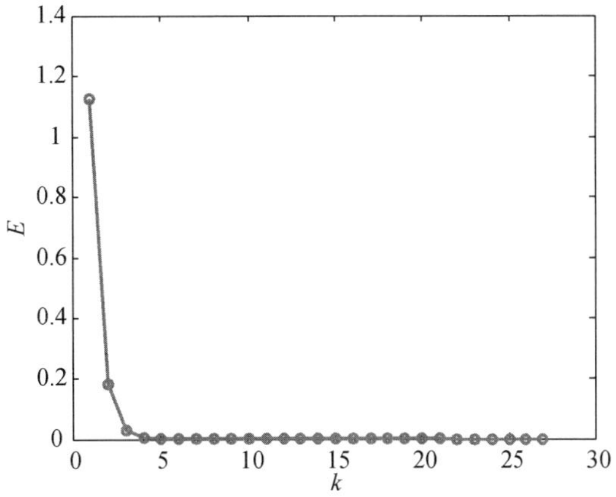

图 8-6　样本训练的收敛过程

由仿真结果可见，相同的输入得到相同的输出，相近的输入得到相近的输出。如果是新的没有经过训练的样本，则得到新的输入和新的输出。这表明模糊 RBF 网络具有很好的非线性建模能力。

8.2　CMAC 网络

8.2.1　CMAC 网络概述

小脑模型关节控制器(Cerebellar Model Articulation Controller，CMAC) 是一种表达复杂非线性函数的表格查询型自适应神经网络，该网络可通过学习算法改变表格的内容，具有信息分类存储的能力。

CMAC 网络把系统的输入状态作为一个指针，把相关信息分布式地存入一组存储单元中。CMAC 网络本质上是一种用于映射复杂非线性函数的查表技术。具体做法是：将输入空间分成许多块，每个分块指定一个实际存储位置；每个分块学习到的信息分布式地存储到相邻分块的位置上；存储单元数通常比所考虑问题的最大可能输入空间的分块数少得多，故实现的是多对一的映射，即多个分块映射到同一个存储地址上。

CMAC 网络已被公认为是一类联想记忆神经网络的重要组成部分，它能够学习任意多维非线性映射，可有效用于非线性函数逼近、动态建模、控制系统设计等。CMAC 网络较其他神经网络的优越性体现在：

① CMAC 网络是基于局部学习的神经网络，它把信息存储在局部结构上，使每次修正的权值很少，在保证函数非线性逼近性能的前提下，学习速度快，适合于实时控制；

② 具有一定的泛化能力，即所谓相近输入产生相近输出，不同输入给出不同输出；

③ 连续(模拟) 输入、输出能力；

④ 寻址编程方式，在利用串行计算机仿真时，它可使响应速度加快；

⑤ 作为非线性逼近器，它对学习数据出现的次序不敏感。

由于 CMAC 网络具有的上述优越性能，使它比一般神经网络具有更好的非线性逼近能力，更适合于复杂动态环境下的非线性实时控制。

CMAC 网络的基本思想在于：在输入空间中给出一个状态，从存储单元中找到对应于该状态的地址，将这些存储单元中的内容求和，得到 CMAC 网络的输出；将此输出值与期望输出值进行比较，并根据学习算法修改这些已激活的存储单元的内容。

CMAC 网络的结构如图 8-7 所示。

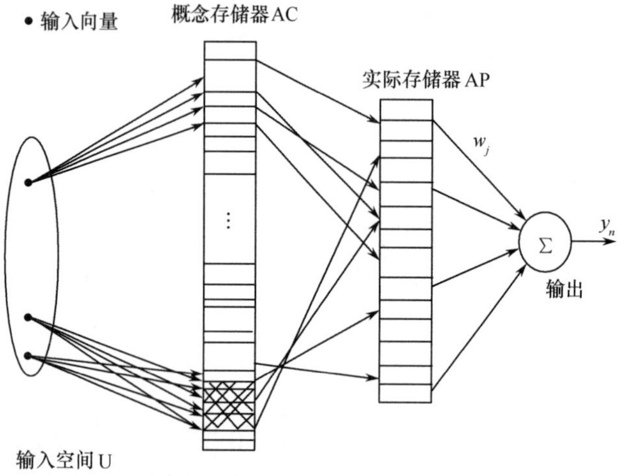

图 8-7　CMAC 网络结构

8.2.2　一种典型的 CMAC 网络算法

CMAC 网络由输入层、中间层和输出层组成。在输入层与中间层、中间层与输出层之间分别为由设计者预先确定的输入层非线性映射和输出层权值自适应线性映射。

在输入层对 n 维输入空间进行划分。中间层由若干个基函数构成，对任意一个输入只有少数几个基函数的输出为非零值，称非零输出的基函数为作用基函数。作用基函数的个数为泛化参数 c，它规定了网络内部影响网络输出的区域大小。

中间层基函数的个数用 M 表示，泛化参数 c 满足 $c \ll M$。在中间层的基函数与输出层的网络输出之间通过连接权值进行连接，采用梯度下降法实现权值的调整。

CMAC 网络的设计主要包括输入空间的划分、输入层至输出层非线性映射的实现及输出层权值学习算法。

CMAC 网络是前向型神经网络，输入与输出之间的非线性关系由以下两个基本映射实现。

1. 概念映射(U → AC)

概念映射是从输入空间 U 至概念存储器 AC 的映射。下面考虑单输入映射至 AC 中 c 个存储单元的情况。取 $u(k)$ 作为网络的输入，采用如下线性化函数对输入进行量化，实现 CMAC 网络的概念映射

$$s_i(k) = \text{round}\left((u(k) - x_{\min})\frac{M}{x_{\max} - x_{\min}}\right) + i \tag{8.12}$$

式中，$x_{\max}$ 和 $x_{\min}$ 为输入的最大、最小值，M 为 $x_{\max}$ 量化后所对应的初始地址，round() 为四舍五入的 Matlab 函数，$i = 1, 2, \cdots, c$。

由式(8.12)可见，当 $u(k)$ 为 $x_{\min}$ 时，$u(k)$ 的映射地址为 $1, 2, \cdots, c$；当 $u(k)$ 为 $x_{\max}$ 时，$u(k)$ 的映射地址为 $M+1, M+2, \cdots, M+c$。

映射原则为：输入空间邻近的两个点在 AC 中有部分的重叠单元被激励。距离越近，重叠单元越多；距离越远，重叠单元越少。这种映射称为局部泛化。

2. **实际映射（AC → AP）**

实际映射是指由概念存储器 AC 中的 c 个存储单元映射至实际存储器 AP 的 c 个存储单元，c 个存储单元中存放着相应的权值。网络的输出为 AP 中 c 个存储单元的权值的和。

可采用杂散编码技术中的除留余数法实现 CMAC 网络的实际映射。设杂凑表长为 m（m 为正整数），以元素值 $s_i(k)$ 除以某数 $N(c \leqslant N \leqslant m)$ 后所得余数 $+1$ 作为杂凑地址，实现实际映射，即

$$\mathrm{ad}(i) = (s_i(k)\ \ \mathrm{MOD}\ \ N) + 1 \tag{8.13}$$

式中，MOD() 为取余的 Matlab 函数，$i = 1,2,\cdots,c$。

若只考虑单输出，则输出为

$$y_n = \sum_{i=1}^{c} w(\mathrm{ad}(i)) \tag{8.14}$$

CMAC 网络采用的学习算法如下：

采用 δ 学习规则调整权值，权值调整指标为

$$E = \frac{1}{2}e(t)^2 \tag{8.15}$$

式中，$e(t) = y(t) - y_n(t)$，$y(t)$ 为理想的输出。

采用梯度下降法，权值按下式调整

$$\Delta w_j(t) = -\eta \frac{\partial E}{\partial w_j} = \eta(y(t) - y_n(t))\frac{\partial y_n}{\partial w_j} = \eta e(t) \tag{8.16}$$

$$w_j(t) = w_j(t-1) + \Delta w_j(t) + \alpha(w_j(t-1) - w_j(t-2)) \tag{8.17}$$

式中，η 为学习速率，α 为动量因子，$\eta \in (0,1)$，$\alpha \in (0,1)$，$j = \mathrm{ad}(i)$，$i = 1,2,\cdots,c$。

8.2.3 仿真实例

采用 CMAC 网络逼近非线性对象

$$y(k) = u^3(k-1) + y(k-1)/(1 + y^2(k-1)) \tag{8.18}$$

在仿真中，网络输入取方波信号，Matlab 表示为 $u(t) = \mathrm{sgn}(\sin t)$，采样时间取 0.05s，网络参数取 $M = 200$，$N = 100$，$c = 3$，$\eta = 0.20$，$\alpha = 0.05$，可保证 $c \ll M$ 及 $c \leqslant N \leqslant M$。

CMAC 网络逼近程序为 chap8_4.m，仿真结果如图 8-8 所示。

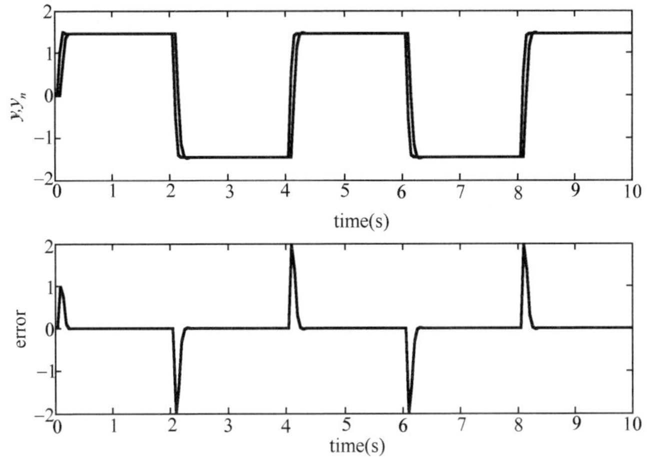

图 8-8　CMAC 网络的逼近

8.3　Hopfield 网络

8.3.1　Hopfield 网络原理

1986 年，美国物理学家 J. J. Hopfield 利用非线性动力学系统理论中的能量函数方法研究反馈神经网络的稳定性，提出了 Hopfield 网络，并建立了求解优化计算问题的方程。

基本的 Hopfield 网络是一个由非线性元件构成的全连接型单层反馈系统，网络中的每个神经元都将自己的输出通过连接权值传送给所有其他神经元，同时又都接收所有其他神经元传递过来的信息。Hopfield 网络是一个反馈型神经网络，网络中的神经元在 t 时刻的输出状态实际上间接地与自己的 $t-1$ 时刻的输出状态有关，其状态变化可以用差分方程来描述。反馈型网络的一个重要特点就是它具有稳定状态，当网络达到稳定状态时，也就是它的能量函数达到最小的时候。

Hopfield 网络分离散型和连续型两种，本书介绍连续型 Hopfield 网络。

Hopfield 网络的能量函数不是物理意义上的能量函数，而是在表达形式上与物理意义上的能量概念一致，表征网络状态的变化趋势，并可以依据 Hopfield 网络运行规则不断进行状态变化，最终能够达到的某个极小值的目标函数。网络收敛就是指能量函数达到极小值。如果把一个最优化问题的目标函数转换成网络的能量函数，把问题的变量对应于网络的状态，那么 Hopfield 网络就能够用于解决优化组合问题。

Hopfield 网络工作时，各个神经元的连接权值是固定的，更新的只是神经元的输出状态。Hopfield 网络的运行规则为：首先从网络中随机选取一个神经元 u_i 进行加权求和，再计算 u_i 的第 $t+1$ 时刻的输出值。除 u_i 外的所有神经元的输出值保持不变，直至网络进入稳定状态。

Hopfield 网络模型是由一系列互联的神经元组成的反馈型网络，如图 8-9 所示，其中虚线框内为一个神经元，u_i 为第 i 个神经元的输入，R_i 与 C_i 分别为输入电阻和输入电容，I_i 为输入电流，w_{ij} 为第 j 个神经元到第 i 个神经元的连接权值，v_i 为神经元的输出，是神经元输入 u_i 的非线性函数。

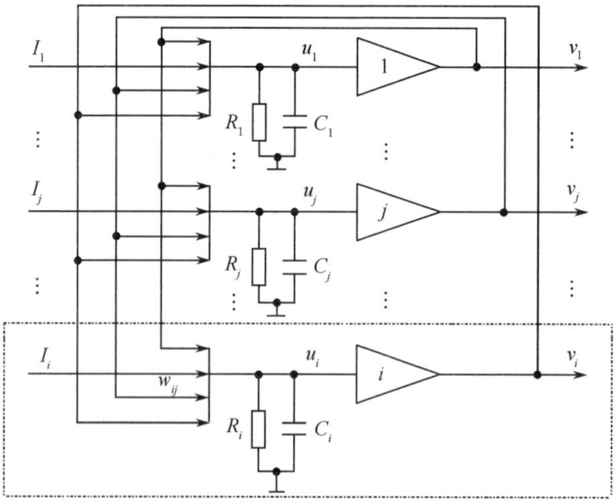

图 8-9　Hopfield 网络模型

对于 Hopfield 网络的第 i 个神经元，采用微分方程建立其输入 / 输出关系，即

$$\begin{cases} C_i \dfrac{du_i}{dt} = \sum\limits_{j=1}^{n} w_{ij} v_j - \dfrac{u_i}{R_i} + I_i \\ v_i = g(u_i) \end{cases} \tag{8.19}$$

式中，$i = 1,2,\cdots,n$。

函数 $g(\cdot)$ 为双曲函数，一般取为

$$g(x) = \rho \frac{1 - e^{-\lambda x}}{1 + e^{-\lambda x}} \tag{8.20}$$

式中，$\rho > 0, \lambda > 0$。

Hopfield 网络的动态特性要在状态空间中考虑，分别令 $\boldsymbol{u} = [u_1 \quad u_2 \quad \cdots \quad u_n]^{\mathrm{T}}$ 为具有 n 个神经元的 Hopfield 网络的状态向量，$\boldsymbol{V} = [v_1 \quad v_2 \quad \cdots \quad v_n]^{\mathrm{T}}$ 为输出向量，$\boldsymbol{I} = [I_1 \quad I_2 \quad \cdots \quad I_n]^{\mathrm{T}}$ 为网络的输出权值向量，$\boldsymbol{W} = [\omega_{ij}]$ 为网络的输入权值矩阵。

为了描述 Hopfield 网络的动态稳定性，定义能量函数为

$$E_N = -\frac{1}{2} \sum_i \sum_j w_{ij} v_i v_j + \sum_i \frac{1}{R_i} \int_0^{v_i} g_i^{-1}(v) dv - \sum_i I_i v_i \tag{8.21}$$

若考虑权值矩阵 $\boldsymbol{W}$ 和 $\boldsymbol{I}$ 为固定值，并取 $R \to \infty$，结合式(8.19)，可得

$$\frac{dE_N}{dt} = \sum_{i=1}^{n} \frac{\partial E_N}{\partial v_i} \frac{dv_i}{dt} = -\sum_i \frac{dv_i}{dt} \left(\sum_j w_{ij} v_j - \frac{u_i}{R_i} + I_i \right) = -\sum_i \frac{dv_i}{dt} \left(C_i \frac{du_i}{dt} \right) \tag{8.22}$$

由于 $v_i = g(u_i)$，则

$$\frac{dE_N}{dt} = -\sum_i C_i \frac{dg^{-1}(v_i)}{dv_i} \left(\frac{dv_i}{dt} \right)^2 \tag{8.23}$$

由于 $C_i > 0$，双曲函数是单调上升函数，显然它的反函数 $g^{-1}(v_i)$ 也为单调上升函数，即有 $\dfrac{dg^{-1}(v_i)}{dv_i} > 0$，则可得到 $\dfrac{dE_N}{dt} \leqslant 0$，即能量函数 E_N 具有负的梯度，当且仅当 $\dfrac{dv_i}{dt} = 0$ 时，$\dfrac{dE_N}{dt} = 0$ $(i = 1,2,\cdots,n)$。由此可见，随着时间的演化，网络的解在状态空间中总是朝着能量 E_N 减少的方向运动。网络最终输出向量 $\boldsymbol{V}$ 为网络的稳定平衡点，即 E_N 的极小值点。

Hopfield 网络在优化计算中得到了成功应用，有效解决了著名的旅行商问题（TSP 问题）。另外，Hopfield 网络在智能控制和系统辨识中也有广泛的应用。

8.3.2 基于 Hopfield 网络的路径优化

1. 旅行商问题的描述

旅行商问题（Traveling Salesman Problem，TSP）可描述为：已知 N 个城市之间的相互距离，现有一旅行商必须遍访这 N 个城市，并且每个城市只能访问一次，最后又必须返回出发城市。如何安排他对这些城市的访问次序，使其旅行路线的总长度最短呢？

作为一个组合优化问题，其可能的路径数目与城市数目 N 成指数级增长，一般很难精确地求出其最优解，因而寻找有效的近似求解算法具有重要的理论意义。另外，很多实际应用问题，经过简化处理后，均可化为旅行商问题，因而对旅行商问题求解方法的研究具有重要的应用价值。

旅行商问题是一个典型的组合优化问题，特别是当 N 的数目很大时，用常规方法求解的计算量太大。在庞大的搜索空间中寻找最优解，对于常规方法和现有的计算工具而言，存在很大的困难。但使用 Hopfield 网络可以很容易解决这类问题。

Hopfield等[16]采用神经网络求得经典组合优化问题——TSP问题的最优解，开创了组合优化问题求解的新方法。

2. **求解 TSP 问题的 Hopfield 网络设计**

TSP 问题是在一个城市集合{A_c，B_c，C_c，…}中找出一个最短且经过每个城市各一次并回到起点的路径。为了将 TSP 问题映射为一个神经网络的动态过程，Hopfield 采取了换位矩阵的表示方法，用 $N \times N$ 矩阵表示旅行商访问 N 个城市。例如，有 4 个城市{A_c，B_c，C_c，D_c}，访问路线是 $D_c \rightarrow A_c \rightarrow C_c \rightarrow B_c \rightarrow D_c$，则 Hopfield 网络输出所代表的有效解用表 8-6 来表示，其中"1"代表到达，"0"代表未到达。

表 8-6　4 个城市的访问路线

城市＼次序	1	2	3	4
A_c	0	1	0	0
B_c	0	0	0	1
C_c	0	0	1	0
D_c	1	0	0	0

表 8-6 构成了一个 4×4 的矩阵，该矩阵中，各行各列只有一个元素为 1，其余为 0，否则是一个无效的路径。用 V_{xi} 表示神经元(x,i)的输出，相应的输入用 U_{xi} 表示。如果城市 x 在 i 位置上被访问，则 $V_{xi}=1$，否则 $V_{xi}=0$。

针对 TSP 问题，Hopfield 定义了如下形式的 TSP 问题的能量函数[16]

$$E=\frac{A}{2}\sum_{x=1}^{N}\sum_{i=1}^{N}\sum_{j=1}^{N}V_{xi}V_{xj}+\frac{B}{2}\sum_{i=1}^{N}\sum_{x=1}^{N}\sum_{y=x}^{N}V_{xi}V_{yi}+$$
$$\frac{C}{2}\left(\sum_{x=1}^{N}\sum_{i=1}^{N}V_{xi}-N\right)^2+\frac{D}{2}\sum_{x=1}^{N}\sum_{y=1}^{N}\sum_{i=1}^{N}d_{xy}V_{xi}(V_{y,i+1}+V_{y,i-1}) \tag{8.24}$$

式中，A，B，C，D 是权值；d_{xy} 表示城市 x 到城市 y 之间的距离。

式(8.24)中，E 的前三项是问题的约束项，最后一项是优化目标项。第一项保证矩阵 $\boldsymbol{V}$ 的每一行不多于一个 1 时 E 最小(每个城市只去一次)，第二项保证矩阵 $\boldsymbol{V}$ 的每一列不多于一个 1 时 E 最小(每次只访问一城市)，第三项保证矩阵 $\boldsymbol{V}$ 中 1 的个数恰好为 N 时 E 最小。

Hopfield 将能量函数的概念引入神经网络，开创了求解组合优化问题的新方法。但该方法在求解中存在局部极小、不稳定等问题。为此，文献[17]将 TSP 问题的能量函数改进为

$$E=\frac{A}{2}\sum_{x=1}^{N}\left(\sum_{i=1}^{N}V_{xi}-1\right)^2+\frac{B}{2}\sum_{i=1}^{N}\left(\sum_{x=1}^{N}V_{xi}-1\right)^2+\frac{D}{2}\sum_{x=1}^{N}\sum_{y=1}^{N}\sum_{i=1}^{N}V_{xi}d_{xy}V_{y,i+1} \tag{8.25}$$

针对 TSP 问题的 Hopfield 网络设计中，由于 $\boldsymbol{W}$ 和 $\boldsymbol{I}$ 为固定值，与时间无关，则可保证式(8.23)中的 $\frac{\mathrm{d}E_N}{\mathrm{d}t}\leqslant 0$，从而实现 E_N 达到极小值。由式(8.19)和式(8.21)可知，Hopfield网络的动态方程存在如下关系

$$\frac{\mathrm{d}U_{xi}}{\mathrm{d}t}=-\frac{\partial E_N}{\partial V_{xi}}(x,i=1,2,\cdots,N-1)$$
$$=\sum_{j=1}^{n}w_{ij}v_j+I_i(\text{取 } C_i=1, R_i\rightarrow\infty)$$

按上式求出 U_{xi}，便可实现 Hopfield 网络能量函数 E_N 达到极小值。

按 E 设计能量函数 E_N[16]，即取 $E = E_N, A = B$，则

$$\frac{\mathrm{d}U_{xi}}{\mathrm{d}t} = -\frac{\partial E}{\partial V_{xi}} = -A\left(\sum_{i=1}^{N} V_{xi} - 1\right) - A\left(\sum_{y=1}^{N} V_{yi} - 1\right) - D\sum_{y=1}^{N} d_{xy} V_{y,i+1} \tag{8.26}$$

按式(8.26)求 $U_{xi}(t)$，则可保证 E 逐渐减小，并最终达到极小值。

采用 Hopfield 网络求解 TSP 问题的算法描述如下：

(1) 置初值：$t = 0, A = 1.5, D = 1.0, \mu = 50$；

(2) 计算 N 个城市之间的距离 $d_{xy}(x, y = 1, 2, \cdots, N)$；

(3) 神经网络输入 $U_{xi}(t)$ 的初始值在 0 附近产生；

(4) 利用动态方程式(8.26)计算 $\frac{\mathrm{d}U_{xi}}{\mathrm{d}t}$；

(5) 根据一阶欧拉法离散化式(8.26)，求 $U_{xi}(t+1)$

$$U_{xi}(t+1) = U_{xi}(t) + \frac{\mathrm{d}U_{xi}}{\mathrm{d}t}\Delta T \tag{8.27}$$

(6) 为了保证收敛于正确解，即矩阵 $\boldsymbol{V}$ 各行各列只有一个元素为 1，其余为 0，采用单调上升的 S 函数计算 $V_{xi}(t)$

$$V_{xi}(t) = \frac{1}{1 + \mathrm{e}^{-\mu U_{xi}(t)}} \tag{8.28}$$

式中，$\mu > 0$，μ 的大小决定了 S 函数的形状。

(7) 根据式(8.25)，计算能量函数 E；

(8) 检查路径的合法性，判断迭代次数是否结束，如果结束，则终止，否则返回第(4)步；

(9) 显示输出迭代次数、最优路径、最优能量函数、路径长度的值，并作出能量函数随时间变化的曲线图。

3. 仿真实例

在 TSP 问题的 Hopfield 网络能量函数式(8.25)中，取 $A = 1.5, D = 1.0$。对式(8.27)离散的间隔时间取 $\Delta T = 0.01$，网络输入 $U_{xi}(t)$ 的初始值选择为[-0.001，$+0.001$]之间的随机值，在式(8.28)中，取较大的 μ，即取 $\mu = 50$，以使 S 函数比较陡峭，从而稳态时 $V_{xi}(t)$ 能够趋于 1 或趋于 0。

采用 Hopfield 网络求解 TSP 问题的仿真程序为 chap8_5. m，见本章附录。以 8 个城市的路径优化为例，其城市路径坐标保存在当前路径的程序 city8. txt 中。如果初始化的寻优路径有效，即路径矩阵中各行各列只有一个元素为 1，其余为 0，则给出最后的优化路径，否则停止优化，需要重新运行优化程序。如果本次寻优路径有效，经过 2000 次迭代，最优能量函数为 Final_E = 1. 4468，初始路程为 Initial_Length = 4. 1419，最短路程为 Final_Length = 2. 8937。

由于网络输入 $U_{xi}(t)$ 初始值选择的随机性，可能会导致初始化的寻优路径无效，即路径矩阵中各行各列不满足"只有一个元素为 1，其余为 0"的条件，此时寻优失败，停止优化，需要重新运行优化程序。仿真过程表明，在 100 次仿真实验中，有 90 次以上可收敛到最优解。

仿真结果如图 8-10 和图 8-11 所示，其中，图 8-10 为初始路径及优化后的路径的比较，图 8-11 为能量函数随迭代次数的变化过程。由仿真结果可见，能量函数 E 单调下降，E 的最小点对应问题的最优解。

仿真中所采用的 Matlab 关键命令如下。

(1) sumsqr($\boldsymbol{X}$)：求矩阵 $\boldsymbol{X}$ 中各元素的平方之和。

(2) sum($\boldsymbol{X}$) 或 sum($\boldsymbol{X}$,1) 为矩阵 $\boldsymbol{X}$ 中各行相加，sum($\boldsymbol{X}$,2) 为矩阵中各列相加。

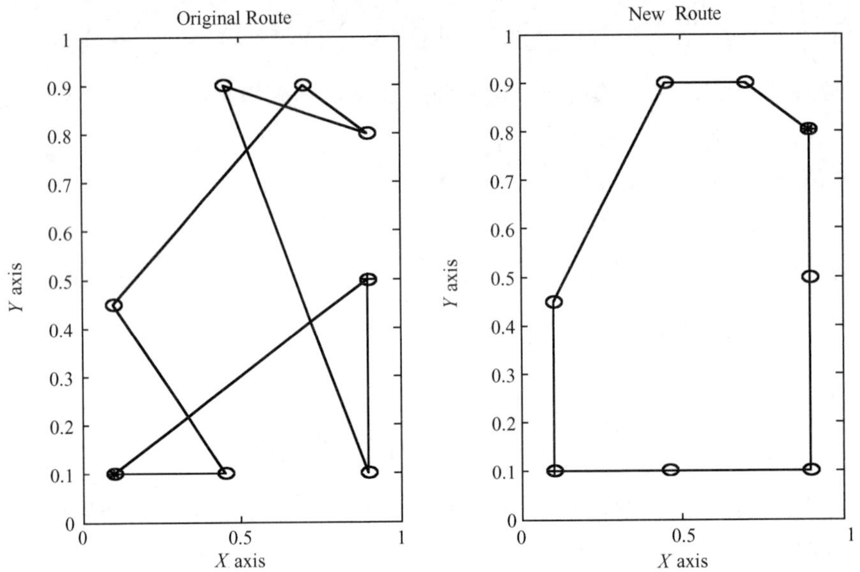

（a）初始路径　　（b）优化后的路径

图 8-10　初始路径及优化后的路径

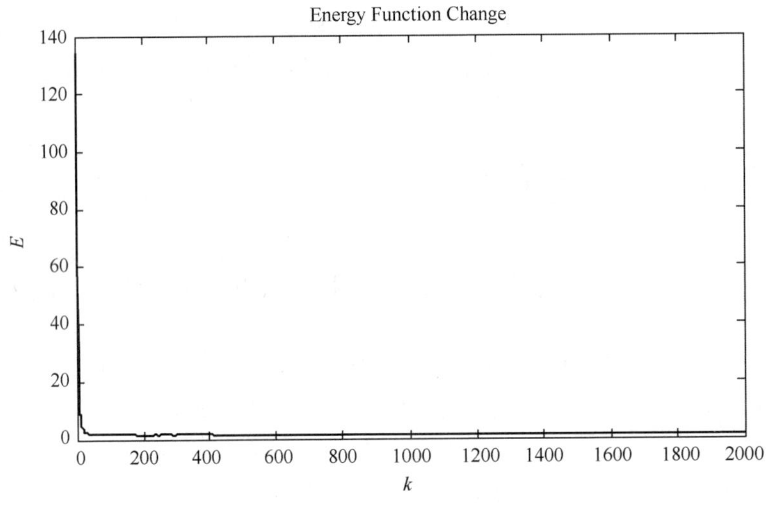

图 8-11　能量函数随迭代次数的变化过程

（3）repmat：用于矩阵复制，例如，$\boldsymbol{X}=\begin{bmatrix}1 & 2\\3 & 4\end{bmatrix}$，则 $\text{repmat}(\boldsymbol{X},1,1)=\boldsymbol{X}$，$\text{repmat}(\boldsymbol{X},1,2)=\begin{bmatrix}1 & 2 & 1 & 2\\3 & 4 & 3 & 4\end{bmatrix}$，$\text{repmat}(\boldsymbol{X},2,1)=\begin{bmatrix}1 & 2\\3 & 4\\1 & 2\\3 & 4\end{bmatrix}$。

（4）$\text{dist}(\boldsymbol{x},\boldsymbol{y})$：计算两点间的距离，例如 $\boldsymbol{x}=[1\quad 1]$，$\boldsymbol{y}=[2\quad 2]$，则 $\text{dist}(\boldsymbol{x},\boldsymbol{y})=\sqrt{(2-1)^2+(2-1)^2}=\sqrt{2}$。

思考题与习题 8

8-1　采用模糊 RBF 网络、CMAC 网络逼近非线性对象 $y(k)=(u(k-1)-0.9y(k-1))/(1+y^2(k-1))$，并分别进行 Matlab 仿真。

8-2　构造 30 个城市的位置坐标，采用 Hopfield 网络，实现 30 个城市路径的 TSP 问题优化，并进行 Matlab 仿真。

本章附录（程序代码）

模糊 RBF 网络逼近仿真程序：chap8_1. m

```
% Fuzzy RBF Approximation
clear all;
close all;

xite= 0.50;
alfa= 0.05;

bj= 0.50;
c1= [- 1 - 0.5 0 0.5 1];
c2= [- 2 - 1 0 1 2];
w= rands(25,1);
% w= zeros(25,1);

w_1= w;
w_2= w_1;

u_1= 0.0;
y_1= 0.0;

ts= 0.001;
for k= 1:1:50000
time(k)= k* ts;

u(k)= sin(0.1* k* ts);
y(k)= u(k)+ y_1/(1+ y_1^2);
% Layer1:input
f1= [u(k),y(k)];
% Layer2:fuzzation
  for j= 1:1:5
     net2_1(j)= - (f1(1)- c1(j))^2/bj^2;
     f2_1(j)= exp(net2_1(j));
  end
  for j= 1:1:5
     net2_2(j)= - (f1(2)- c2(j))^2/bj^2;
     f2_2(j)= exp(net2_2(j));
  end

% Layer3:fuzzy inference(25 rules)
for j1= 1:1:5
   for j2= 1:1:5
   ff3(j1,j2)= f2_1(j1)* f2_2(j2);
   end
end
f3= [ff3(1,:),ff3(2,:),ff3(3,:),ff3(4,:),ff3(5,:)];
% Layer4:output
f4= w_1'* f3';
ym(k)= f4;
```

```
e(k)= y(k)- ym(k);

d_w= 0* w_1;
for L= 1:1:25
    d_w(L)= xite* e(k)* f3(L);
end
w= w_1+ d_w+ alfa* (w_1- w_2);

   u_1= u(k);
   y_1= y(k);
   w_2= w_1;
   w_1= w;
end
figure(1);
plot(time,y,'r',time,ym,'- .b','linewidth',2);
xlabel('time(s)');ylabel('Approximation');
legend('y','ym');
figure(2);
plot(time,y- ym,'r','linewidth',2);
xlabel('time(s)');ylabel('Approximation error');
legend('y- ym');
```

模糊 RBF 网络的离线建模仿真程序

1. 单个样本

(1)网络训练程序:chap8_2a. m

```
% Fuzzy RBF Training for MIMO and one sample
clear all;
close all;

xite= 0.50;
alfa= 0.05;

bj= 0.50;
c= [- 1.5 - 1 0 1 1.5;
   - 1.5 - 1 0 1 1.5;
   - 1.5 - 1 0 1 1.5];
% w= rands(25,2);
w= zeros(125,2);

w_1= w;
w_2= w_1;

E= 1.0;
OUT= 2;
k= 0;
x= [1,0,0];      % Ideal Input
y= [1 0];        % Ideal Output
while E> = 1e- 050
```

```
k= k+ 1;
times(k)= k;

% Layer1:input
f1= x;
% Layer2:fuzzation
for i= 1:1:3
   for j= 1:1:5
      net2(i,j)= - (f1(i)- c(i,j))^2/bj^2;
      f2(i,j)= exp(net2(i,j));
   end
end
% Layer3:fuzzy inference(125 rules)
for j1= 1:1:5
    for j2= 1:1:5
    for j3= 1:1:5
    ff3(j1,j2,j3)= f2(1,j1)* f2(2,j2)* f2(3,j3);
      end
    end
end
f3= [ff3(1,:),ff3(2,:),ff3(3,:),ff3(4,:),ff3(5,:)];
% Layer4:output
f4= w_1'* f3';
yn= f4;

ey= y- yn';
d_w= xite* ey'* f3;
w= w_1+ d_w'+ alfa* (w_1- w_2);

E= 0;
for m= 1:1:OUT
   E= E+ 0.5* (y(m)- yn(m))^2;     % Output error
end

w_2= w_1;
w_1= w;
Ek(k)= E;
end   % End of while
figure(1);
plot(times,Ek,'- or','linewidth',2);
xlabel('k');ylabel('E');

save wfile1 w;
```

(2)**网络测试程序**:chap8_2b. m

```
% Test fuzzy RBF
clear all;
load wfile1 w;
bj= 0.50;
c= [- 1.5 - 1 0 1 1.5;
   - 1.5 - 1 0 1 1.5;
```

```
   - 1.5 - 1 0 1 1.5];

% N Samples
x= [1.000,0.000,0.000];
% x= [0.99,0.000,0.001];
%  Layer1:input
f1= x;
%  Layer2:fuzzation
for i= 1:1:3
   for j= 1:1:5
      net2(i,j)= - (f1(i)- c(i,j))^2/bj^2;
      f2(i,j)= exp(net2(i,j));
   end
end
%  Layer3:fuzzy inference(125 rules)
for j1= 1:1:5
    for j2= 1:1:5
    for j3= 1:1:5
    ff3(j1,j2,j3)= f2(1,j1)* f2(2,j2)* f2(3,j3);
        end
    end
end
f3= [ff3(1,:),ff3(2,:),ff3(3,:),ff3(4,:),ff3(5,:)];

%  Layer4:output
f4= w'* f3';
yn= f4
```

2. 多个样本

(1)网络训练程序:chap8_3a.m

```
% Fuzzy RBF Training for MIMO and Multi-samples
clear all;
close all;

xite= 0.50;
alfa= 0.05;

bj= 0.50;
c= [- 1.5 - 1 0 1 1.5;
   - 1.5 - 1 0 1 1.5;
   - 1.5 - 1 0 1 1.5];
% w= rands(25,2);
w= zeros(125,2);
w_1= w;
w_2= w_1;

E= 1.0;
OUT= 2;
k= 0;
NS= 3;
```

```
xs= [1,0,0;
   0,1,0;
   0,0,1];      % Ideal Input
ys= [1,0;
   0,0.5;
   0,1];        % Ideal Output

while E> = 1e- 020
k= k+ 1;
times(k)= k;

for s= 1:1:NS   % MIMO Samples begin training for each sample

% Layer1:input
f1= xs(s,:);

% Layer2:fuzzation
for i= 1:1:3
   for j= 1:1:5
      net2(i,j)= - (f1(i)- c(i,j))^2/bj^2;
      f2(i,j)= exp(net2(i,j));
   end
end
% Layer3:fuzzy inference(125 rules)
for j1= 1:1:5
    for j2= 1:1:5
    for j3= 1:1:5
    ff3(j1,j2,j3)= f2(1,j1)* f2(2,j2)* f2(3,j3);
        end
    end
end
f3= [ff3(1,:),ff3(2,:),ff3(3,:),ff3(4,:),ff3(5,:)];
% Layer4:output
f4= w_1'* f3';
yn= f4;

ey(s,:)= ys(s,:)- yn';
d_w= xite* ey(s,:)'* f3;
w= w_1+ d_w'+ alfa* (w_1- w_2);

eL= 0;
y= ys(s,:);
for L= 1:1:OUT
   eL= eL+ 0.5* (y(L)- yn(L))^2;     % Output error
end
es(s)= eL;

E= 0;
if s= = NS
   for s= 1:1:NS
    E= E+ es(s);
```

```
    end
end
w_2= w_1;
w_1= w;
end   % End of for   % end training for each sample

Ek(k)= E;
end   % End of while
figure(1);
plot(times,Ek,'- or','linewidth',2);
xlabel('k');ylabel('E');

save wfile2 w;
```

(2)**网络测试程序**:chap8_3b. m

```
% Test fuzzy RBF
clear all;
load wfile2 w;

bj= 0.50;
c= [- 1.5 - 1 0 1 1.5;
   - 1.5 - 1 0 1 1.5;
   - 1.5 - 1 0 1 1.5];
% N Samples
x= [0.970,0.001,0.001;
   0.000,0.980,0.000;
   0.002,0.000,1.040;
   0.500,0.500,0.500;
   1.000,0.000,0.000;
   0.000,1.000,0.000;
   0.000,0.000,1.000];
NS= 7;
for s= 1:1:NS
%  Layer1:input
f1= x(s,:);
%  Layer2:fuzzation
for i= 1:1:3
   for j= 1:1:5
      net2(i,j)= - (f1(i)- c(i,j))^2/bj^2;
      f2(i,j)= exp(net2(i,j));
   end
end
%  Layer3:fuzzy inference(125 rules)
for j1= 1:1:5
    for j2= 1:1:5
    for j3= 1:1:5
    ff3(j1,j2,j3)= f2(1,j1)* f2(2,j2)* f2(3,j3);
       end
    end
end
f3= [ff3(1,:),ff3(2,:),ff3(3,:),ff3(4,:),ff3(5,:)];
```

```
% Layer4:output
f4= w'* f3';
yn(s,:)= f4;
end
yn
```

CMAC 网络逼近仿真程序:chap8_4.m

```
% CMAC Approximation for nonlinear model
clear all;
close all;

xite=0.20;
alfa=0.05;

M=200;
N=100;
c=3;

w=zeros(N,1);
w_1=w;w_2=w;d_w=w;
u_1=0;y_1=0;
ts=0.05;
for k=1:1:200
time(k)=k*ts;

u(k)=sign(sin(k*ts));

xmin=-1.0;
xmax=1.0;

for i=1:1:c
    s(k,i)=round((u(k)-xmin)* M/(xmax-xmin))+i;     % Quantity:U--> AC
    ad(i)=mod(s(k,i),N)+1;                          % Hash transfer:AC--> AP
end

sum=0;
for i=1:1:c
sum=sum+w(ad(i));
end
yn(k)=sum;
y(k)=u_1^3+y_1/(1+y_1^2);                           % Nonlinear model

error(k)=y(k)-yn(k);
for i=1:1:c
ad(i)=mod(s(k,i),N)+1;
  j=ad(i);
d_w(j)=xite*error(k);
w(j)=w_1(j)+d_w(j)+alfa*(w_1(j)-w_2(j));
end
% % % %  Parameters Update % % % %
```

```
w_2=w_1;w_1=w;
u_1=u(k);
y_1=y(k);
end
figure(1);
subplot(211);
plot(time,y,'b',time,yn,'r');
xlabel('time(s)');ylabel('y,yn');
subplot(212);
plot(time,y-yn,'k');
xlabel('time(s)');ylabel('error');
```

采用 Hopfield 网络求解 TSP 问题的仿真程序：chap8_5. m

```
%  TSP Solving by Hopfield Neural Network
function TSP_hopfield()
clear all;
close all;

% Step 1:置初始值
A=1.5;
D=1;
Mu=50;
Step=0.01;

% Step 2: % 计算 N 个城市之间的距离,计算初始路径
N=8;
cityfile =fopen(city8.txt', 'rt' );
cities =fscanf( cityfile, '% f % f',[ 2,inf] )
fclose(cityfile);
Initial_Length=Initial_RouteLength(cities);  % 计算初始路径

DistanceCity=dist(cities',cities);
% Step 3: 神经网络输入的初始化
U=0.001*rands(N,N);
V=1./(1+exp(- Mu*U)); % S 函数

for k=1:1:2000   % 神经网络优化
times(k)=k;
% Step 4: 计算 du/dt
    dU=DeltaU(V,DistanceCity,A,D);
% Step 5: 计算 u(t)
    U=U+dU*Step;
% Step 6: 计算网络输出
    V=1./(1+exp(-Mu*U)); % S 函数
% Step 7: 计算能量函数
    E=Energy(V,DistanceCity,A,D);
    Ep(k)=E;
% Step 8: 检查路径合法性
    [V1,CheckR]=RouteCheck(V);
end
```

```
% Step 9:显示及作图
if(CheckR==0)
   Final_E=Energy(V1,DistanceCity,A,D);
   Final_Length=Final_RouteLength(V1,cities); % 计算最终路径
    disp('迭代次数');k
    disp('寻优路径矩阵:');V1
    disp('最优能量函数:');Final_E
      disp('初始路程:');Initial_Length
      disp('最短路程:');Final_Length

    PlotR(V1,cities);  % 寻优路径作图
else
    disp('寻优路径矩阵:');V1
    disp('寻优路径无效,需要重新对神经网络输入进行初始化');
end

figure(2);
plot(times,Ep,'r');
title('Energy Function Change');
xlabel('k');ylabel('E');

% % % % % % % 计算能量函数
function E=Energy(V,d,A,D)
[n,n]=size(V);
t1=sumsqr(sum(V,2)- 1);
t2=sumsqr(sum(V,1)- 1);
PermitV=V(:,2:n);
PermitV=[PermitV,V(:,1)];
temp=d*PermitV;
t3=sum(sum(V.*temp));
E=0.5*(A*t1+A*t2+D*t3);

% % % % % % % 计算 du/dt
function du=DeltaU(V,d,A,D)
[n,n]=size(V);
t1=repmat(sum(V,2)-1,1,n);
t2=repmat(sum(V,1)-1,n,1);
PermitV=V(:,2:n);
PermitV=[PermitV, V(:,1)];
t3=d*PermitV;
du=-1*(A*t1+A*t2+D*t3);

% % % % % % 标准化路径,并检查路径合法性:要求每行每列只有一个“1”
function [V1,CheckR]=RouteCheck(V)
[rows,cols]=size(V);
V1=zeros(rows,cols);
[XC,Order]=max(V);
for j=1:cols
    V1(Order(j),j)=1;
end
C=sum(V1);
```

```
R=sum(V1');
CheckR=sumsqr(C-R);

% % % % % % % % 计算初始总路程
function L0=Initial_RouteLength(cities)
[r,c]=size(cities);
L0=0;
for i=2:c
   L0=L0+dist(cities(:,i-1)',cities(:,i));
end

% % % % % % % 计算最终总路程
function L=Final_RouteLength(V,cities)
[xxx,order]=max(V);
New=cities(:,order);
New=[New New(:,1)];
[rows,cs]=size(New);

L=0;
for i=2:cs
    L=L+dist(New(:,i-1)',New(:,i));
end

% % % % % % 路径寻优作图
function PlotR(V,cities)
figure;

cities=[cities cities(:,1)];

[xxx,order]=max(V);
New=cities(:,order);
New=[New New(:,1)];

subplot(1,2,1);
plot( cities(1,1), cities(2,1),'r*' );    % First city
hold on;
plot( cities(1,2), cities(2,2),'+' );     % Second city
hold on;
plot( cities(1,:), cities(2,:),'o-' ), xlabel('X axis'), ylabel('Y axis'), title('Original
Route');
axis([0,1,0,1]);

subplot(1,2,2);
plot( New(1,1), New(2,1),'r*' );    % First city
hold on;
plot( New(1,2), New(2,2),'+' );     % Second city
hold on;
plot(New(1,:),New(2,:),'o-');
title('TSP solution');
xlabel('X axis');ylabel('Y axis');
title('New Route');
```

```
axis([0,1,0,1]);
axis on
```

8 个城市路径坐标程序：city8. txt

```
0.1 0.1
0.9 0.5
0.9 0.1
0.45 0.9
0.9 0.8
0.7 0.9
0.1 0.45
0.45 0.1
```

第 9 章　神经网络控制

9.1 概　　述

神经网络是一种具有高度非线性的连续时间动力系统，有很强的自学习能力和对非线性系统的强大映射能力，已广泛应用于复杂对象的控制中。神经网络所具有的大规模并行性、冗余性、容错性、本质的非线性及自组织、自学习、自适应能力，给不断面临挑战的控制理论带来生机。

控制理论在经历了经典控制和现代控制以后，随着被控对象变得越来越复杂、控制精度越来越高、对被控对象和环境的知识知道得越来越少，人们迫切希望控制系统具有自适应、自学习能力和良好的鲁棒性、实时性。

神经网络的智能处理能力及控制系统所面临的越来越严重的挑战是神经网络控制的发展动力。由于神经网络本身具备传统的控制手段无法实现的一些优点和特征，使得神经网络控制器的研究迅速发展。从控制角度来看，神经网络用于控制的优越性主要表现为：

① 神经网络能处理那些难以用模型或规则描述的对象；

② 神经网络采用并行分布式信息处理方式，具有很强的容错性；

③ 神经网络在本质上是非线性系统，可以实现任意非线性映射，在非线性控制系统中具有很大的发展前途；

④ 神经网络具有很强的信息综合能力，能够同时处理大量不同类型的输入，能够很好解决输入信息之间的互补性和冗余性问题；

⑤ 神经网络的硬件实现愈趋方便，大规模集成电路技术的发展为神经网络的硬件实现提供了技术手段，为神经网络在控制系统中的应用开辟了广阔的前景。

神经网络控制所取得的进展体现在以下几个方面。

① 基于神经网络的系统辨识：可在已知常规模型结构的情况下，估计模型的参数；利用神经网络的线性、非线性特性，建立线性、非线性系统的静态、动态、逆动态及预测模型。

② 神经网络控制器：神经网络作为控制器，可实现对不确定系统或未知系统进行有效的控制，使控制系统达到所要求的动态、静态特性。

③ 神经网络与其他算法相结合：神经网络与专家系统、模糊逻辑、遗传算法等相结合可构成新型控制器。

④ 优化计算：在常规控制系统的设计中，常遇到求解约束优化问题，神经网络为这类问题的解决提供了有效的途径。

⑤ 控制系统的故障诊断：利用神经网络的逼近特性，可对控制系统的各种故障进行模式识别，从而实现控制系统的故障诊断。

在理论和实践上，以下问题是神经网络控制研究的重点：

① 神经网络的稳定性与收敛性；

② 神经网络控制系统的稳定性与收敛性；

③ 神经网络学习算法的实时性；

④ 神经网络控制器和辨识器的模型及结构。

9.2 神经网络控制的结构

神经网络控制的研究随着神经网络理论研究的不断深入而不断发展起来。根据神经网络在控制器中的作用不同，神经网络控制器（NNC）可分为两类：一类为神经网络控制，它是以神经网络为基础而形成的独立智能控制系统；另一类为神经网络混合控制，它是指利用神经网络的学习和优化能力来改善传统控制的智能控制方法，如自适应神经网络控制等。

目前神经网络控制器尚无统一的分类方法。综合目前的各种分类方法，可将神经网络控制的结构归结为以下 7 类。

9.2.1 神经网络监督控制

通过对传统控制器进行学习，然后用神经网络控制器逐渐取代传统控制器的方法，称为神经网络监督控制。神经网络监督控制的结构如图 9-1 所示。神经网络控制器实际上是一个前馈控制器，它建立的是被控对象的逆模型。神经网络控制器通过对传统控制器的输出进行学习，在线调整网络的权值，使反馈控制输入 $u_p(t)$ 趋近于零，从而使神经网络控制器逐渐在控制作用中占据主导地位，最终取消传统控制器的反馈作用。一旦系统出现干扰，传统控制器将重新起作用。因此，这种前馈加反馈的监督控制方法，不仅可以确保控制系统的稳定性和鲁棒性，而且可有效地提高系统的精度和自适应能力。

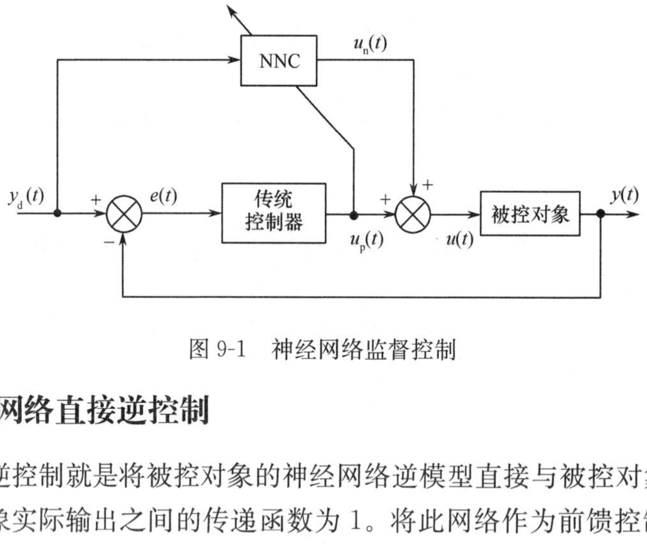

图 9-1 神经网络监督控制

9.2.2 神经网络直接逆控制

神经网络直接逆控制就是将被控对象的神经网络逆模型直接与被控对象串联起来，以便使期望输出与被控对象实际输出之间的传递函数为 1。将此网络作为前馈控制器后，被控对象的输出为期望输出。

显然，神经网络直接逆控制的可用性在相当程度上取决于逆模型的准确精度。由于缺乏反馈，简单连接的直接逆控制缺乏鲁棒性。为此，一般应使其具有在线学习能力，即作为逆模型的神经网络连接权值能够在线调整。

图 9-2 所示为神经网络直接逆控制的两种结构方案。在图 9-2(a)中，NN1 和 NN2 为具有完全相同的网络结构，并采用相同的学习算法，分别实现被控对象的逆控制。在图 9-2(b)中，神经网络 NN 通过评价函数进行学习，实现被控对象的逆控制。

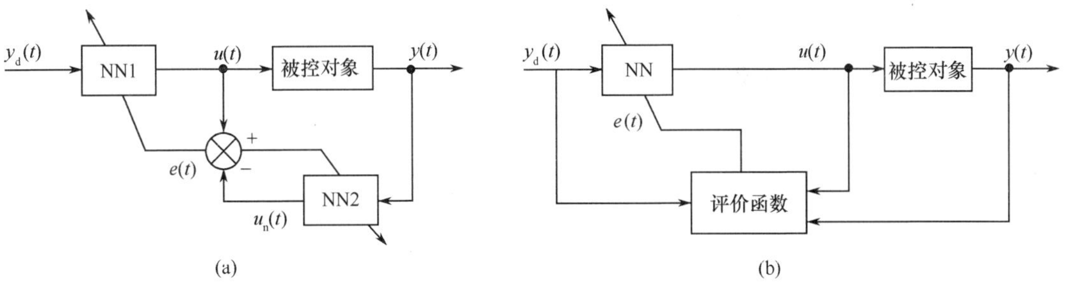

图 9-2　神经网络直接逆控制的两种结构方案

9.2.3　神经网络自适应控制

与传统自适应控制相同，神经网络自适应控制也分为神经网络自校正控制和神经网络模型参考自适应控制两种。自校正控制根据系统正向或逆模型的结果调节控制器的内部参数，使系统满足给定的指标，而在模型参考自适应控制中，闭环控制系统的期望性能由一个稳定的参考模型来描述。

1. 神经网络自校正控制

神经网络自校正控制分为直接自校正控制和间接自校正控制。间接自校正控制使用常规控制器，神经网络估计器需要较高的建模精度。直接自校正控制同时使用神经网络控制器和神经网络估计器。

(1) 神经网络直接自校正控制

神经网络直接自校正控制在本质上同神经网络直接逆控制，其结构如图 9-2 所示。

(2) 神经网络间接自校正控制

其结构如图 9-3 所示。假设被控对象为如下单变量非线性系统

$$y(t) = f(y(t)) + g(y(t))u(t)$$

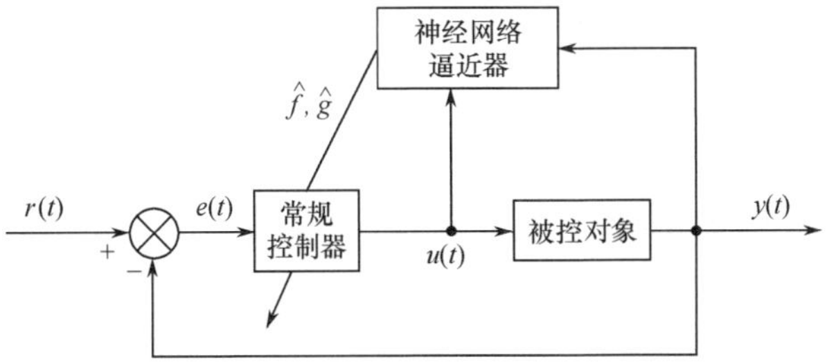

图 9-3　神经网络间接自校正控制

若利用神经网络对非线性函数 $f(y(t))$ 和 $g(y(t))$ 进行逼近，得到 $\hat{f}(y(t))$ 和 $\hat{g}(y(t))$，则常规控制器为

$$u(t) = [r(t) - \hat{f}(y(t))]/\hat{g}(y(t))$$

式中，$r(t)$ 为 t 时刻的期望输出值。

2. 神经网络模型参考自适应控制

神经网络模型参考自适应控制分为直接模型参考自适应控制和间接模型参考自适应控制两种。

(1) 直接模型参考自适应控制

如图 9-4 所示。神经网络控制器(NNC) 的作用是使被控对象与参考模型输出之差为最小。

但该方法需要知道对象的 Jacobian 信息$\frac{\partial y}{\partial u}$。

(2) 间接模型参考自适应控制

如图 9-5 所示。神经网络辨识器(NNI) 向神经网络控制器(NNC) 提供对象的 Jacobian 信息,用于 NNC 的学习。

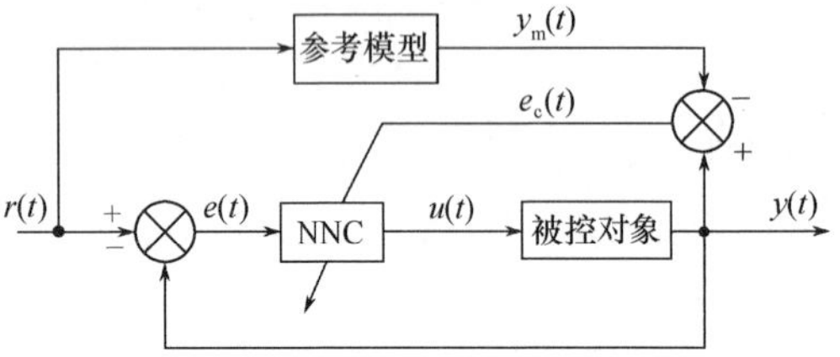

图 9-4　神经网络直接模型参考自适应控制

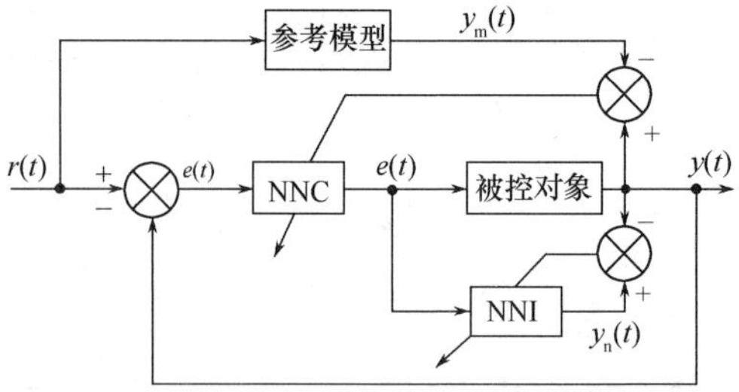

图 9-5　神经网络间接模型参考自适应控制

9.2.4　神经网络内模控制

经典的内模控制将被控对象的正向模型和逆模型直接加入反馈回路,系统的正向模型作为被控对象的近似模型与实际对象并联,两者输出之差被用作反馈信号,该反馈信号又经过前向通道的滤波器及神经网络控制器(NNC) 进行处理。NNC 直接与系统的逆模型有关,通过引入滤波器来提高系统的鲁棒性。图 9-6 所示为神经网络内模控制,被控对象的正向模型及控制器均由神经网络来实现,NN2 实现对象的逼近,NN1 实现对象的逆。

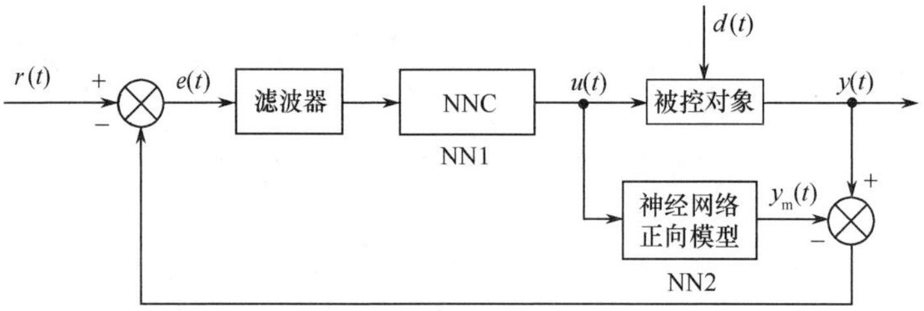

图 9-6　神经网络内模控制

9.2.5　神经网络预测控制

预测控制又称为基于模型的控制,是 20 世纪 70 年代后期发展起来的一类计算机控制方法,该方法的特征是预测模型、滚动优化和反馈校正。

神经网络预测控制的结构如图 9-7 所示,神经网络预测器建立了非线性被控对象的预测模

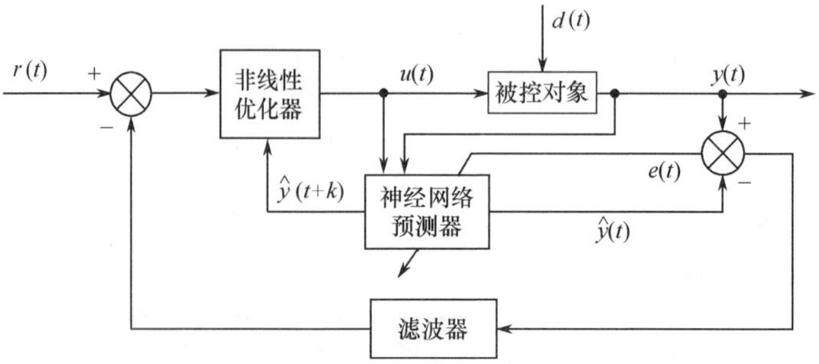

图 9-7　神经网络预测控制

型，并可在线进行学习修正。利用此预测模型，可以由当前的系统控制信息预测出未来一段时间 $(t+k)$ 范围内的输出值 $\hat{y}(t+k)$。通过设计优化性能指标，利用非线性优化器可求出优化的控制作用 $u(t)$。

9.2.6 神经网络自适应评判控制

神经网络自适应评判控制通常由两个网络组成，如图 9-8 所示。其中自适应评判网络在控制系统中相当于一个需要进行再励学习的"教师"，它通过不断的奖励、惩罚等再励学习，使自己逐渐成为一个合格的"教师"，学习完成后，根据系统目前的状态和外部再励反馈信号 $r(t)$ 产生一个内部再励信号 $\hat{r}(t)$，以对目前的控制效果作出评价。控制选择网络相当于一个在内部再励信号 $\hat{r}(t)$ 指导下进行学习的多层前馈神经网络控制器，该网络进行学习后，根据编码后的系统状态，再允许控制集中选择下一步的控制作用。

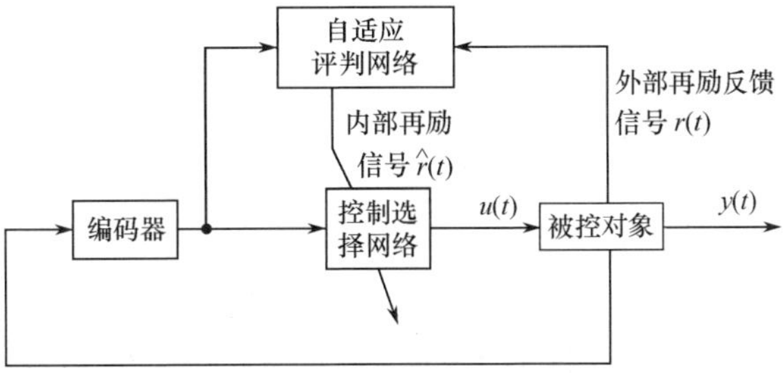

图 9-8　神经网络自适应评判控制

9.2.7 神经网络混合控制

神经网络混合控制是集成人工智能各分支的优点，由神经网络技术与模糊控制、专家系统等相结合而形成的一种具有很强学习能力的智能控制系统。其中，由神经网络和模糊控制相结合构成模糊神经网络，由神经网络和专家系统相结合构成神经网络专家系统。神经网络混合控制可使控制系统同时具有学习、推理和决策能力。

9.3 单神经元自适应控制

9.3.1 单神经元自适应控制算法

单神经元自适应控制的结构如图 9-9 所示。

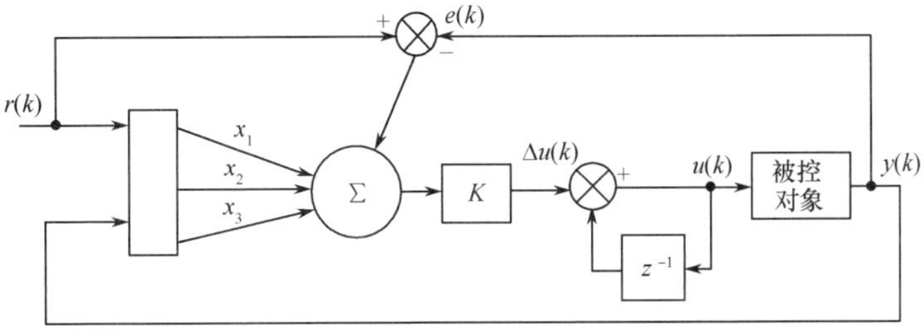

图 9-9　单神经元自适应控制的结构

单神经元自适应控制器通过对权值的调整来实现自适应、自组织功能，控制算法为

$$u(k) = u(k-1) + K\sum_{i=1}^{3} w_i(k)x_i(k) \tag{9.1}$$

如果权值的调整按有监督的 Hebb 学习规则实现，在学习算法中加入监督项 $z(k)$，则神经网络权值学习算法为

$$\begin{cases} w_1(k) = w_1(k-1) + \eta z(k)u(k)x_1(k) \\ w_2(k) = w_2(k-1) + \eta z(k)u(k)x_2(k) \\ w_3(k) = w_3(k-1) + \eta z(k)u(k)x_3(k) \end{cases} \tag{9.2}$$

式中，$z(k) = e(k)$；$x_1(k) = e(k)$，$x_2(k) = e(k) - e(k-1)$，$x_3(k) = \Delta^2 e(k) = e(k) - 2e(k-1) + e(k-2)$；$\eta$ 为学习速率，$\eta \in (0,1)$；K 为神经元的比例系数，$K > 0$。

K 值的选择非常重要。K 值越大，则快速性越好，但超调量大，甚至可能使系统不稳定。当被控对象时延增大时，K 值必须减少，以保证系统稳定。K 值选择过小，会使系统的快速性变差。

9.3.2 仿真实例

被控对象为

$$y(k) = 0.368y(k-1) + 0.26y(k-2) + 0.10u(k-1) + 0.632u(k-2)$$

输入指令为一方波信号：$r(k) = 0.5\mathrm{sgn}(\sin(4\pi t))$，采样时间为 1ms，采用式(9.1)，采用有监督的 Hebb 学习规则即式(9.2)实现权值的学习，初始权值取 $\boldsymbol{W} = [w_1 \quad w_2 \quad w_3] = [0.1 \quad 0.1 \quad 0.1]$，$\eta = 0.40$，$K = 0.12$。单神经元自适应控制程序见本章附录程序 chap9_1.m，仿真结果如图 9-10 至图 9-13 所示。

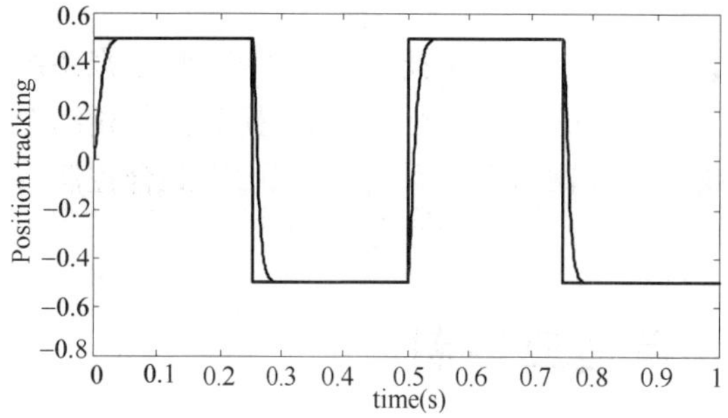

图 9-10 基于 Hebb 学习规则的位置跟踪

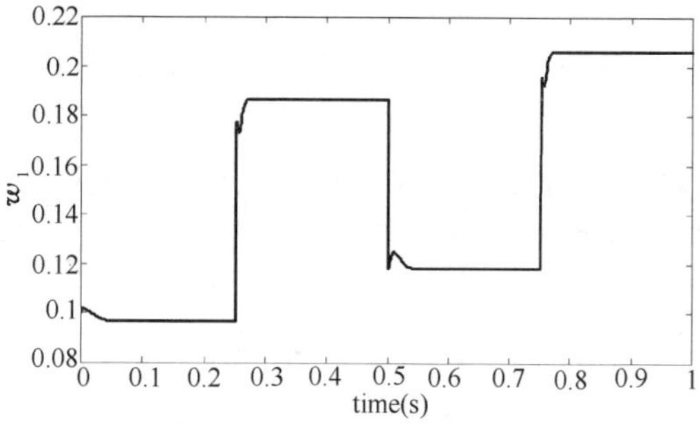

图 9-11 权值 w_1 的变化

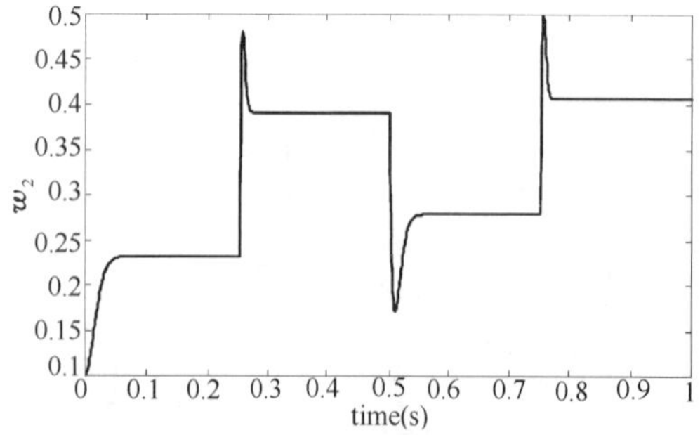

图 9-12 权值 w_2 的变化

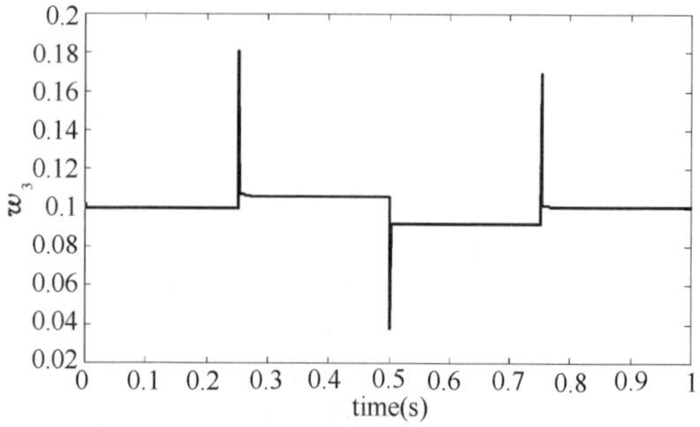

图 9-13 权值 w_3 的变化

9.4 RBF 网络监督控制

9.4.1 RBF 网络监督控制算法

基于 RBF 网络的监督控制系统结构如图 9-14 所示，其设计思想见 9.2.1 节。

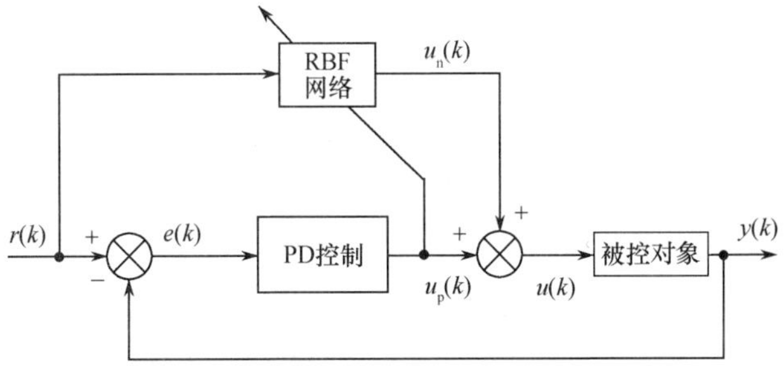

图 9-14　基于 RBF 网络的监督控制系统结构

在 RBF 网络结构中，取网络的输入为 $\boldsymbol{r}(k)$，网络的径向基向量为 $\boldsymbol{h}=[h_1 \quad \cdots \quad h_m]^{\mathrm{T}}$，$h_j$ 为高斯基函数，即

$$h_j=\exp\left(-\frac{\|\boldsymbol{r}(k)-\boldsymbol{c}_j^{\mathrm{T}}\|^2}{2b_j^2}\right) \tag{9.3}$$

式中，$j=1,\cdots,m$；b_j 为节点 j 的基宽参数，$b_j>0$；$\boldsymbol{c}_j$ 为网络第 j 个节点的中心向量，$\boldsymbol{c}_j=[c_{1j} \quad \cdots \quad c_{nj}]$；$\boldsymbol{b}=[b_1 \quad \cdots \quad b_m]^{\mathrm{T}}$。

网络的权值向量为

$$\boldsymbol{W}=[w_1 \quad \cdots \quad w_m]^{\mathrm{T}}$$

RBF 网络的输出为

$$u_{\mathrm{n}}(k)=h_1w_1+\cdots+h_jw_j+\cdots+h_mw_m \tag{9.4}$$

式中，m 为 RBF 网络隐含层神经元的个数。

控制律为

$$u(k)=u_{\mathrm{p}}(k)+u_{\mathrm{n}}(k) \tag{9.5}$$

根据神经网络监督控制原理，要想使神经网络控制器占主导地位，设神经网络调整的性能指标为

$$E(k)=\frac{1}{2}(u_{\mathrm{n}}(k)-u(k))^2 \tag{9.6}$$

采用梯度下降法调整网络的权值为

$$\Delta w_j(k)=-\eta\frac{\partial E(k)}{\partial w_j(k)}=\eta(u_{\mathrm{n}}(k)-u(k))h_j(k)$$

近似取$\dfrac{\partial u_{\mathrm{p}}(k)}{\partial w_j(k)}\approx\dfrac{\partial u_{\mathrm{n}}(k)}{\partial w_i(k)}$，由此所产生的不精确通过权值调节来补偿。

神经网络权值的调整过程为

$$\boldsymbol{W}(k)=\boldsymbol{W}(k-1)+\Delta\boldsymbol{W}(k)+\alpha(\boldsymbol{W}(k-1)-\boldsymbol{W}(k-2)) \tag{9.7}$$

式中，η 为学习速率；α 为动量因子。

9.4.2 仿真实例

被控对象为

$$G(s)=\frac{1000}{s^2+50s+2000}$$

取采样时间为 1ms，采用 z 变换进行离散化，经过 z 变换后的离散化对象为

$$y(k)=-\mathrm{den}(2)y(k-1)-\mathrm{den}(3)y(k-2)+\mathrm{num}(2)u(k-1)+\mathrm{num}(3)u(k-2)$$

指令信号是幅值为 0.5、频率为 2Hz 的方波信号。取指令信号 $r(k)$ 作为网络的输入，网络隐含层神经元个数取 $m=4$，网络结构为 1-4-1，网络的初始权值 $\boldsymbol{W}$ 取 0～1 之间的随机值，高斯基函数的参数值取 $\boldsymbol{c}_j=[-2\quad -1\quad 1\quad 2]$，$\boldsymbol{b}=[0.5\quad 0.5\quad 0.5\quad 0.5]^{\mathrm{T}}$。

采用式(9.5)和式(9.7)，取学习参数为 $\eta=0.30$，$\alpha=0.05$。RBF 网络监督控制程序见本章附录程序chap9_2.m，仿真结果如图 9-15 和图 9-16 所示。

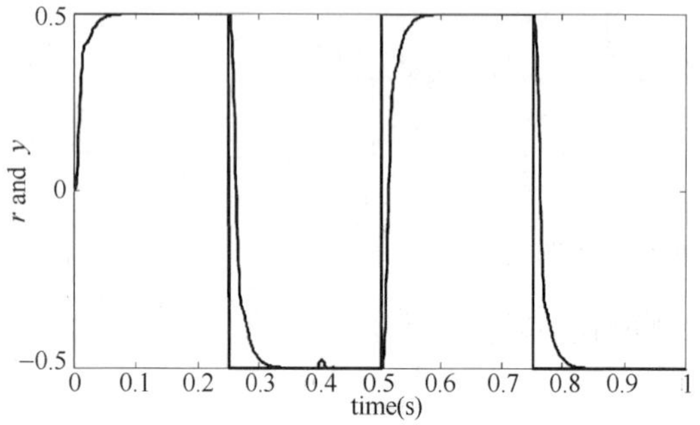

图 9-15　方波位置跟踪

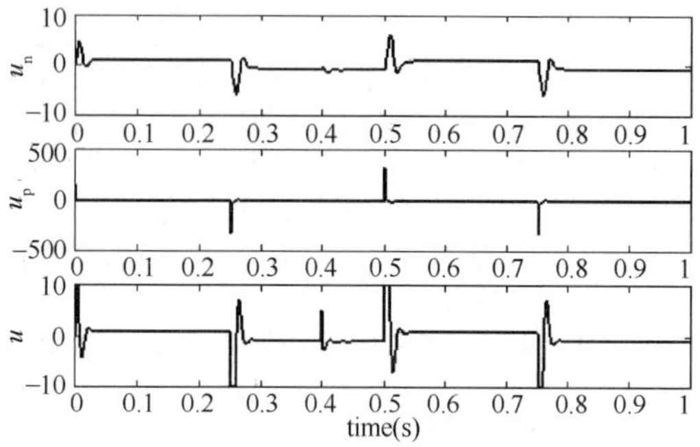

图 9-16　神经网络、PD 及总控制器输出的比较

9.5　RBF 网络自校正控制

9.5.1　神经网络自校正控制原理

自校正控制有两种结构：直接型与间接型。直接型自校正控制也称直接逆动态控制，是前馈控制。间接自校正控制是一种由逼近器将对象参数进行在线估计，用调节器（或控制器）实现参数自动整定的自适应控制技术，可用于结构已知而参数未知但恒定的随机系统，也可用于结构已知而参数缓慢时变的随机系统。

神经网络间接自校正控制结构如图 9-17 所示，它由两个回路组成：

① 自校正控制器与被控对象构成的反馈回路；

② 神经网络逼近器，以得到自校正控制器的参数。

可见，神经网络逼近器与自校正控制器的在线设计是自校正控制实现的关键。

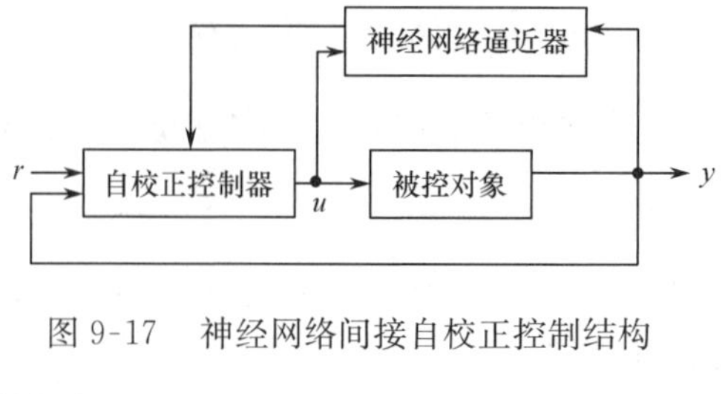

图 9-17　神经网络间接自校正控制结构

9.5.2　自校正控制算法

考虑被控对象

$$y(k+1)=g[y(k)]+\varphi[y(k)]u(k) \tag{9.8}$$

式中，$u(k)$、$y(k)$ 分别为被控对象的输入、输出；$\varphi[\cdot]$ 为非零函数。

若 $g[\cdot]$、$\varphi[\cdot]$ 已知，则根据确定性等价原则，自校正控制算法为

$$u(k)=\frac{-g[\cdot]}{\varphi[\cdot]}+\frac{r(k+1)}{\varphi[\cdot]} \tag{9.9}$$

将控制器代入式(9.8)，则系统的输出 $y(k)$ 能精确地跟踪输入 $r(k)$。

若 $g[\cdot]$、$\varphi[\cdot]$ 未知，则可通过在线训练神经网络，得到 $g[\cdot]$、$\varphi[\cdot]$ 的估计值 $Ng[\cdot]$、$N\varphi[\cdot]$，此时自校正控制算法为

$$u(k)=\frac{-Ng[\cdot]}{N\varphi[\cdot]}+\frac{r(k+1)}{N\varphi[\cdot]} \tag{9.10}$$

式中，$Ng[\cdot]$、$N\varphi[\cdot]$ 分别为神经网络的输出。

9.5.3 RBF 网络自校正控制算法

采用两个 RBF 网络分别实现未知项 $g[\cdot]$、$\varphi[\cdot]$ 的逼近。RBF 网络逼近器的结构如图 9-18 所示，$\boldsymbol{W}$ 和 $\boldsymbol{V}$ 分别为两个神经网络的权值向量。

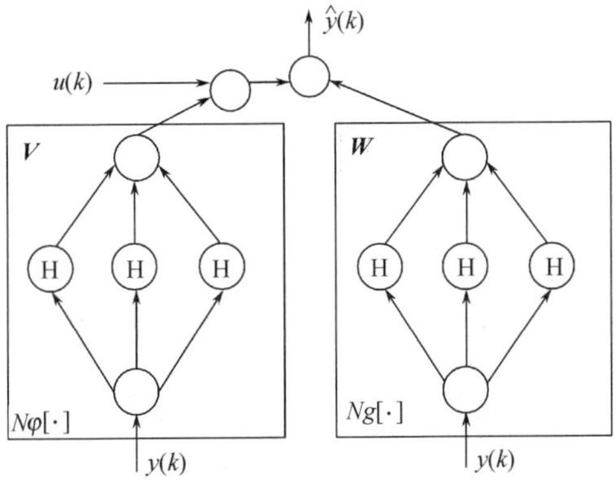

图 9-18　RBF 网络逼近器

在 RBF 网络结构中，取网络的输入为 $y(k)$，网络的径向基向量为 $\boldsymbol{h}=[h_1 \quad \cdots \quad h_m]^{\mathrm{T}}$，$h_j$ 为高斯基函数，即

$$h_j=\exp\left(-\frac{\| y(k)-\boldsymbol{c}_j^{\mathrm{T}} \|^2}{2b_j^2}\right) \tag{9.11}$$

式中，$j=1,\cdots,m$；b_j 为节点 j 的基宽参数，$b_j>0$；$\boldsymbol{c}_j$ 为网络第 j 个节点的中心向量，$\boldsymbol{c}_j=[c_{1j} \quad \cdots \quad c_{nj}]$，$\boldsymbol{b}=[b_1 \quad \cdots \quad b_m]^{\mathrm{T}}$。

网络的权值向量为

$$\boldsymbol{W}=[w_1 \quad \cdots \quad w_m]^{\mathrm{T}} \tag{9.12}$$

$$\boldsymbol{V}=[v_1 \quad \cdots \quad v_m]^{\mathrm{T}} \tag{9.13}$$

两个 RBF 网络的输出分别为

$$Ng(k)=h_1w_1+\cdots+h_jw_j+\cdots+h_mw_m \tag{9.14}$$

$$N\varphi(k)=h_1v_1+\cdots+h_jv_j+\cdots+h_mv_m \tag{9.15}$$

式中，m 为 RBF 网络隐含层神经元的个数。

采用逼近值,对象的输出估计值为

$$y_m(k) = Ng[y(k-1);W(k)] + N\varphi[y(k-1);V(k)]u(k-1) \tag{9.16}$$

神经网络调整的性能指标为

$$E(k) = \frac{1}{2}(y(k) - y_m(k))^2 \tag{9.17}$$

采用梯度下降法调整网络的权值为

$$\Delta w_j(k) = -\eta_w \frac{\partial E(k)}{\partial w_j(k)} = \eta_w(y(k) - y_m(k))h_j(k)$$

$$\Delta v_j(k) = -\eta_v \frac{\partial E(k)}{\partial v_j(k)} = \eta_v(y(k) - y_m(k))h_j(k)u(k-1)$$

神经网络权值的调整过程为

$$\boldsymbol{W}(k) = \boldsymbol{W}(k-1) + \Delta\boldsymbol{W}(k) + \alpha(\boldsymbol{W}(k-1) - \boldsymbol{W}(k-2)) \tag{9.18}$$

$$\boldsymbol{V}(k) = \boldsymbol{V}(k-1) + \Delta\boldsymbol{V}(k) + \alpha(\boldsymbol{V}(k-1) - \boldsymbol{V}(k-2)) \tag{9.19}$$

式中,η_w 和 η_v 为学习速率;α 为动量因子。

综上所述,神经网络自校正控制的结构如图 9-19 所示。

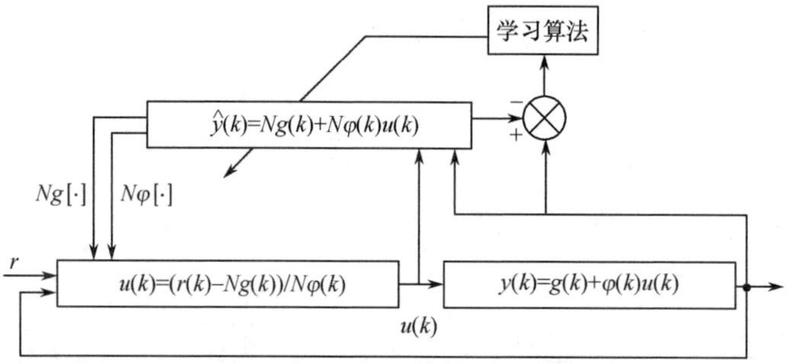

图 9-19　神经网络自校正控制的结构

由于本方法采用梯度下降法调节权值,无法保证闭环系统的稳定性,因此只适合于慢时变系统的控制。

9.5.4　仿真实例

被控对象为

$$y(k) = g[y(k)] + \varphi[y(k)]u(k-1)$$

式中,$g[y(k)] = 0.8\sin(y(k-1))$,$\varphi[y(k)] = 0.5 + 0.2\sin(y(k-1))$。

输入信号为正弦信号 $r(t) = \sin(0.1\pi t)$。取 $y(k-1)$ 作为网络的输入,网络隐含层神经元个数取 $m = 5$,神经网络结构为 1-5-1,网络的初始权值取 $\boldsymbol{W} = [0.5 \quad 0.5 \quad 0.5 \quad 0.5 \quad 0.5]^{\mathrm{T}}$,$\boldsymbol{V} = [0.5 \quad 0.5 \quad 0.5 \quad 0.5 \quad 0.5]^{\mathrm{T}}$,根据网络输入 $y(k-1)$ 的范围,高斯基函数的初始值取 $\boldsymbol{c}_j = [-1 \quad -0.5 \quad 0 \quad 0.5 \quad 1]$,$b_j = 1.0$,$j = 1,2,3,4,5$。

采用式(9.10)和式(9.18)、式(9.19),取学习参数为 $\eta_1 = 0.15$,$\eta_2 = 0.50$,$\alpha = 0.05$。RBF 网络自校正控制程序见本章附录程序 chap9_3.m,仿真结果如图 9-20 至图 9-22 所示。

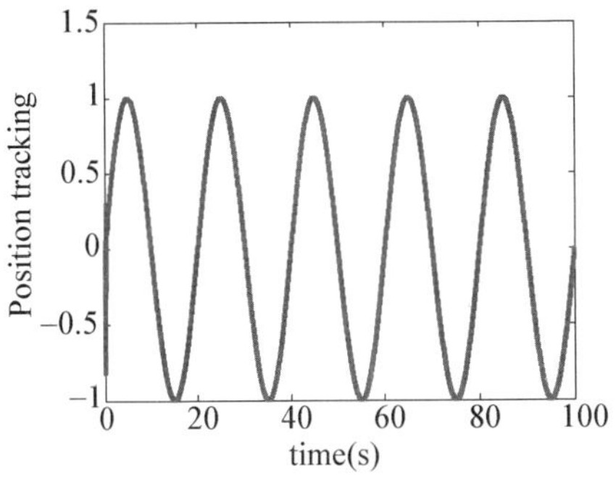

图 9-20　正弦位置跟踪

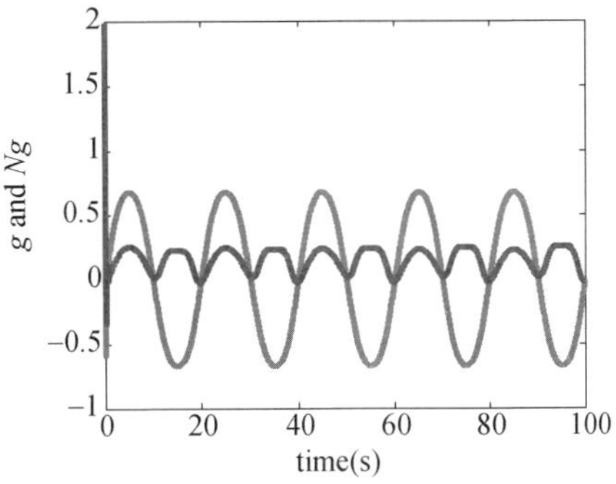

图 9-21　$g(x,t)$及其调节

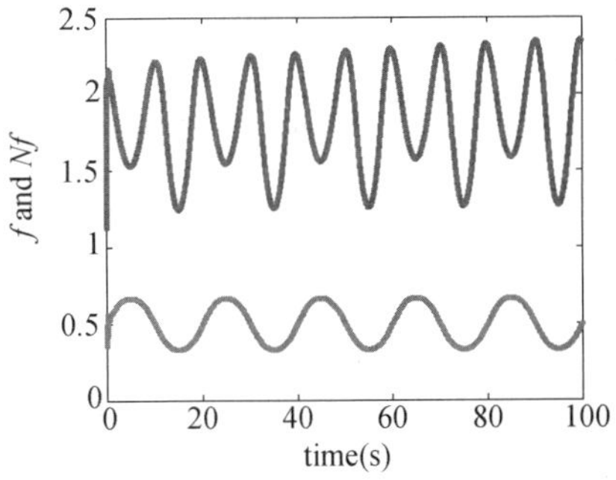

图 9-22　$f(x,t)$ 及其调节

9.6　基于 RBF 网络的直接模型参考自适应控制

9.6.1　基于 RBF 网络的控制器设计

基于 RBF 网络的直接模型参考自适应控制的结构如图 9-23 所示。

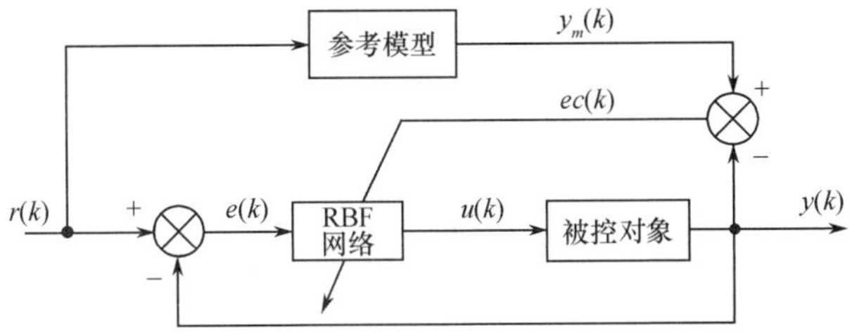

图 9-23　基于 RBF 网络的直接模型参考自适应控制的结构

设参考模型输出为 $y_m(k)$，系统要求被控对象的输出 $y(k)$ 能够跟踪参考模型的输出 $y_m(k)$，则跟踪误差为

$$ec(k) = y_m(k) - y(k) \tag{9.20}$$

控制目标函数为

$$E(k) = \frac{1}{2}ec(k)^2 \tag{9.21}$$

控制器为 RBF 网络的输出为

$$u(k) = h_1 w_1 + \cdots + h_j w_j + \cdots + h_m w_m \tag{9.22}$$

式中，m 为 RBF 网络隐含层神经元的个数；w_j 为第 j 个隐含层神经元与输出层之间的连接权值；h_j 为第 j 个隐含层神经元的输出。

在 RBF 网络结构中，$\boldsymbol{x}=[x_1 \quad \cdots \quad x_n]^{\mathrm{T}}$ 为网络的输入向量。RBF 网络的径向基向量为 $\boldsymbol{h}=[h_1 \quad \cdots \quad h_m]^{\mathrm{T}}$，$h_j$ 为高斯基函数，即

$$h_j=\exp\left(-\frac{\|\boldsymbol{x}-\boldsymbol{c}_j^{\mathrm{T}}\|^2}{2b_j^2}\right) \tag{9.23}$$

式中，$j=1,2,\cdots,m$；b_j 为节点 j 的基宽参数，$b_j>0$；$\boldsymbol{c}_j$ 为网络第 j 个节点的中心向量，$\boldsymbol{c}_j=[c_{1j} \quad \cdots \quad c_{nj}]$；$\boldsymbol{b}=[b_1 \quad \cdots \quad b_m]^{\mathrm{T}}$。

网络的权值向量为

$$\boldsymbol{W}=[w_1 \quad \cdots \quad w_m]^{\mathrm{T}} \tag{9.24}$$

按梯度下降法及链式法则，可得权值的学习算法如下

$$\Delta w_j(k)=-\eta\frac{\partial E(k)}{\partial w}=\eta ec(k)\frac{\partial y(k)}{\partial u(k)}h_j$$

$$w_j(k)=w_j(k-1)+\Delta w_j(k)+\alpha\Delta w_j(k) \tag{9.25}$$

式中，η 为学习速率；α 为动量因子。

同理，可得 RBF 网络隐含层神经元的高斯基函数的基宽参数及中心向量参数的学习算法如下

$$\Delta b_j(k)=-\eta\frac{\partial E(k)}{\partial b_j}=\eta ec(k)\frac{\partial y(k)}{\partial u(k)}\frac{\partial u(k)}{\partial b_j}=\eta ec(k)\frac{\partial y(k)}{\partial u(k)}w_j h_j\frac{\|\boldsymbol{x}-\boldsymbol{c}_j\|^2}{b_j^3} \tag{9.26}$$

$$b_j(k)=b_j(k-1)+\eta\Delta b_j(k)+\alpha(b_j(k-1)-b_j(k-2)) \tag{9.27}$$

$$\Delta c_{ij}(k)=-\eta\frac{\partial E(k)}{\partial c_{ij}}=\eta ec(k)\frac{\partial y(k)}{\partial u(k)}\frac{\partial u(k)}{\partial c_{ij}}=\eta ec(k)\frac{\partial y(k)}{\partial u(k)}w_j h_j\frac{x_i-c_{ij}}{b_j^2} \tag{9.28}$$

$$c_{ij}(k)=c_{ij}(k-1)+\eta\Delta c_{ij}(k)+\alpha(c_{ij}(k-1)-c_{ij}(k-2)) \tag{9.29}$$

其中，$b_j(k)$ 和 $c_{ij}(k)$ 的初始值根据网络输入范围来给定，原则是要保证网络输入对高斯函数映射的有效性。

需要说明的是，如果参数 b_j 和 c_{ij} 按网络输入范围根据经验进行设计，也可以不进行调整，同样可以实现网络输入的有效映射。

在学习算法中，$\dfrac{\partial y(k)}{\partial u(k)}$ 称为 Jacobian 信息，表示系统的输出对控制输入的敏感性，其值可由神经网络辨识而得。在神经网络算法中，对 $\dfrac{\partial y(k)}{\partial u(k)}$ 的精确度要求不是很高，不精确部分可通过网络参数及权值的调整来修正，关键是其符号，因此可用 $\pm\dfrac{\partial y(k)}{\partial u(k)}$ 来代替，这样可使算法更加简单。

9.6.2 仿真实例

被控对象为一非线性模型

$$y(k)=(-0.10y(k-1)+u(k-1))/(1+y^2(k-1))$$

取采样周期为 $t_s=1\text{ms}$，参考模型为 $y_m(k)=0.6y_m(k-1)+r(k)$，其中 $r(k)$ 为正弦信号，$r(k)=0.50\sin(2\pi k\times t_s)$。

采用 RBF 网络进行控制，取 $r(k)$、$ec(k)$ 和 $y(k)$ 作为 RBF 网络的输入，网络采用 3-6-1 结构，取 $\eta=0.35$，$\alpha=0.05$。

采用式(9.22)和式(9.25)，根据网络输入值的范围，高斯基函数参数的初始值取 $\boldsymbol{c}=\begin{bmatrix}-3 & -2 & -1 & 1 & 2 & 3\\ -3 & -2 & -1 & 1 & 2 & 3\\ -3 & -2 & -1 & 1 & 2 & 3\end{bmatrix}$，$\boldsymbol{b}=[2 \quad 2 \quad 2 \quad 2 \quad 2 \quad 2]^{\mathrm{T}}$。首先，网络的初始权值取$[-1,+1]$之间的随机值。在 Matlab 仿真中，采用 $\operatorname{sgn}\left(\dfrac{\Delta y(k)}{\Delta u(k)}\right)$ 近似实现 $\dfrac{\partial y(k)}{\partial u(k)}$。

仿真中，取 $M=1$ 时为调整 $\boldsymbol{b}$ 和 $\boldsymbol{c}$，$M=2$ 时为不调整 $\boldsymbol{b}$ 和 $\boldsymbol{c}$，基于 RBF 网络的直接模型参考自适应控制程序见本章附录程序 chap9_4.m。仿真时间为 3s，取 $M=1$，仿真结果如图 9-24 所示。由仿真分析可见，采用调整 $\boldsymbol{b}$ 和 $\boldsymbol{c}$ 的方法可得到更好的效果。

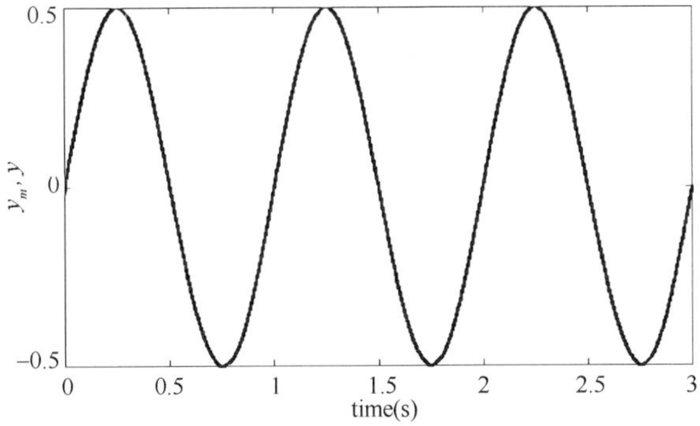

图 9-24　正弦信号跟踪

需要注意的是，9.3～9.6 节所设计的控制算法采用 Hebb 学习规则或梯度下降法来设计权值调节算法，而 Hebb 学习规则和梯度下降法只能保证系统在理想值附近有效，不能保证全局收敛，因此闭环系统的稳定性得不到保障。因此，在控制系统设计中，不建议采用上述方法。

针对这一问题，人们提出了在线自适应神经网络控制方法，它基于 Lyapunov 稳定性理论获得权值自适应算法，闭环系统的稳定性得到了保障，最近十多年这种方法被广泛采用[18,21]。9.8 节和 9.9 节将介绍两种针对机械手的在线自适应神经网络控制方法。

9.7　一种简单的 RBF 网络自适应控制

9.7.1　问题描述

考虑一种简单的动力学系统

$$\ddot{\theta}=f(\theta,\dot{\theta})+u \tag{9.30}$$

式中，θ 为转动角度；u 为控制输入。

写成状态方程形式为

$$\begin{aligned}\dot{x}_1&=x_2\\ \dot{x}_2&=f(\boldsymbol{x})+u\end{aligned} \tag{9.31}$$

式中，$f(\boldsymbol{x})$ 为未知。

位置指令为 x_{d}，则误差及其导数为

$$e=x_1-x_{\mathrm{d}},\dot{e}=x_2-\dot{x}_{\mathrm{d}}$$

定义误差函数为

$$s=\lambda e+\dot{e},\lambda>0 \tag{9.32}$$

则

$$\dot{s}=\lambda\dot{e}+\ddot{e}=\lambda\dot{e}+\dot{x}_2-\ddot{x}_{\mathrm{d}}=\lambda\dot{e}+f(\boldsymbol{x})+u-\ddot{x}_{\mathrm{d}}$$

由式(9.32)可见，如果 $s\to 0$，则 $e\to 0$ 且 $\dot{e}\to 0$。

9.7.2　RBF 网络自适应控制原理

由于 RBF 网络具有万能逼近特性[20]，因此采用 RBF 网络逼近 $f(\boldsymbol{x})$，算法为

$$h_j = \exp\left(\frac{\| \boldsymbol{x} - \boldsymbol{c}_j^{\mathrm{T}} \|^2}{2b_j^2}\right) \tag{9.33}$$

$$f(\boldsymbol{x}) = \boldsymbol{W}^{*\mathrm{T}}\boldsymbol{h} + \varepsilon \tag{9.34}$$

式中，$\boldsymbol{x}$ 为网络的输入；j 为网络隐含层的第 j 个节点；$\boldsymbol{h} = [h_1 \quad \cdots \quad h_j]^{\mathrm{T}}$ 为网络的高斯基函数输出；$\boldsymbol{c}_j$ 为网络第 j 个节点的中心向量，$\boldsymbol{c}_j = [c_{1j} \quad \cdots \quad c_{nj}]$；$\boldsymbol{W}^*$ 为网络的理想权值；ε 为网络的逼近误差，$\varepsilon \leqslant \varepsilon_{\mathrm{N}}$。

网络输入取 $\boldsymbol{x} = [x_1 \quad x_2]^{\mathrm{T}}$，则网络输出为

$$\hat{f}(\boldsymbol{x}) = \hat{\boldsymbol{W}}^{\mathrm{T}}\boldsymbol{h} \tag{9.35}$$

9.7.3 控制算法设计与分析

由于

$$f(\boldsymbol{x}) - \hat{f}(\boldsymbol{x}) = \boldsymbol{W}^{*\mathrm{T}}\boldsymbol{h} + \varepsilon - \hat{\boldsymbol{W}}^{\mathrm{T}}\boldsymbol{h} = -\tilde{\boldsymbol{W}}^{\mathrm{T}}\boldsymbol{h} + \varepsilon$$

定义 Lyapunov 函数为

$$V = \frac{1}{2}s^2 + \frac{1}{2\gamma}\tilde{\boldsymbol{W}}^{\mathrm{T}}\tilde{\boldsymbol{W}} \tag{9.36}$$

式中，$\gamma > 0$，$\tilde{\boldsymbol{W}} = \hat{\boldsymbol{W}} - \boldsymbol{W}^*$，则

$$\dot{V} = s\dot{s} + \frac{1}{\gamma}\tilde{\boldsymbol{W}}^{\mathrm{T}}\dot{\hat{\boldsymbol{W}}} = s(\lambda\dot{e} + f(\boldsymbol{x}) + u - \ddot{x}_{\mathrm{d}}) + \frac{1}{\gamma}\tilde{\boldsymbol{W}}^{\mathrm{T}}\dot{\hat{\boldsymbol{W}}}$$

设计控制律为

$$u = -\lambda\dot{e} - \hat{f}(\boldsymbol{x}) + \ddot{x}_{\mathrm{d}} - \eta\operatorname{sgn}(s) \tag{9.37}$$

则

$$\begin{aligned}\dot{V} &= s(f(\boldsymbol{x}) - \hat{f}(\boldsymbol{x}) - \eta\operatorname{sgn}(s)) + \frac{1}{\gamma}\tilde{\boldsymbol{W}}^{\mathrm{T}}\dot{\hat{\boldsymbol{W}}} \\ &= s(-\tilde{\boldsymbol{W}}^{\mathrm{T}}\boldsymbol{h} + \varepsilon - \eta\operatorname{sgn}(s)) + \frac{1}{\gamma}\tilde{\boldsymbol{W}}^{\mathrm{T}}\dot{\hat{\boldsymbol{W}}} \\ &= \varepsilon s - \eta|s| + \tilde{\boldsymbol{W}}^{\mathrm{T}}\left(\frac{1}{\gamma}\dot{\hat{\boldsymbol{W}}} - s\boldsymbol{h}\right)\end{aligned}$$

取 $\eta > \varepsilon_{\mathrm{N}}$，自适应律为

$$\dot{\hat{\boldsymbol{W}}} = \gamma s\boldsymbol{h} \tag{9.38}$$

则 $\dot{V} = \varepsilon s - \eta|s| \leqslant 0$。

由于当且仅当 $s = 0$ 时，$\dot{V} = 0$，即当 $\dot{V} \equiv 0$ 时，$s \equiv 0$。根据 LaSalle 不变性原理[35]，闭环系统为渐近稳定，即当 $t \to \infty$ 时，$s \to 0$，系统的收敛速度取决于 η。

由于 $V \geqslant 0$，$\dot{V} \leqslant 0$，则当 $t \to \infty$ 时，V 有界，从而 $\tilde{\boldsymbol{W}}$ 有界。

可见，控制律中的鲁棒项 $\eta\operatorname{sgn}(s)$ 的作用是克服神经网络的逼近误差，以保证系统稳定。

9.7.4 仿真实例

考虑如下被控对象

$$\dot{x}_1 = x_2$$
$$\dot{x}_2 = f(\boldsymbol{x}) + u$$

式中，$f(\boldsymbol{x}) = 10x_1x_2$。

位置指令为 $x_d = \sin t$，控制律采用式(9.37)，自适应律采用式(9.38)，取 $\lambda = 10$，$\gamma = 500$，$\eta = 0.50$。根据网络输入 x_1 和 x_2 的实际范围来设计高斯基函数的参数，参数 $\boldsymbol{c}_j$ 和 b_j 取值分别为 $[-2 \quad -1 \quad 0 \quad 1 \quad 2]$ 和 3.0。网络权值中各个元素的初始值取 0.10。仿真结果如图 9-25 和图 9-26 所示。

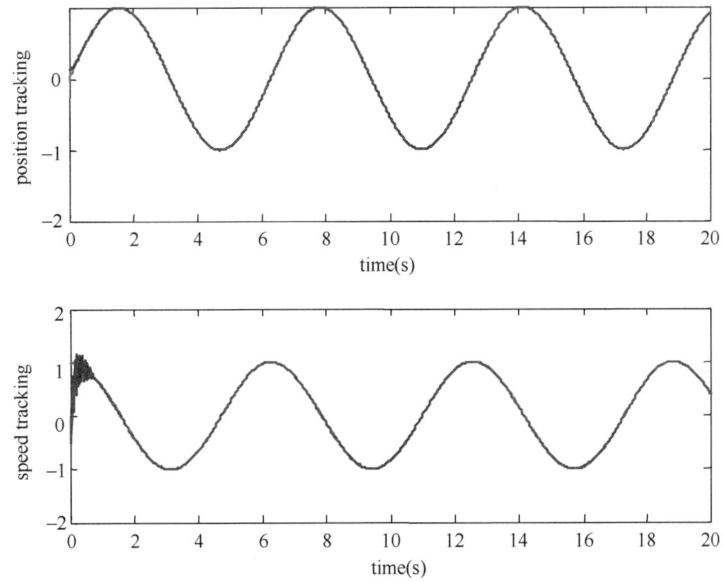

图 9-25 位置和速度跟踪

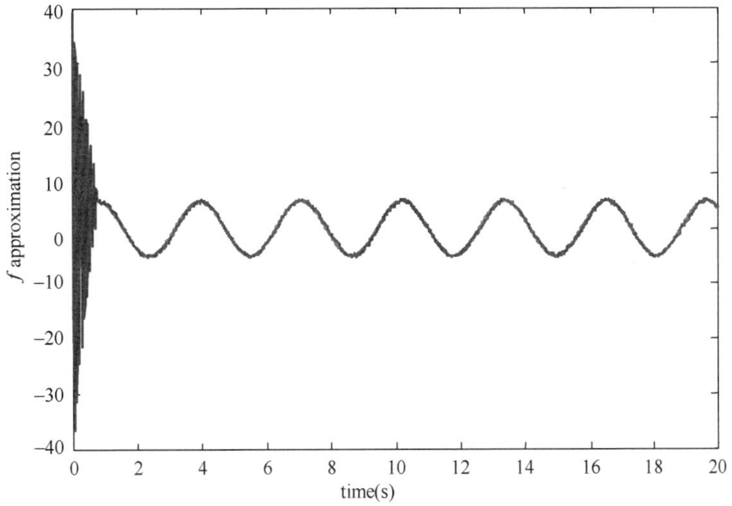

图 9-26 $f(\boldsymbol{x})$ 逼近

一种简单的 RBF 网络自适应控制程序有 4 个：①Simulink 主程序，chap9_5sim.mdl；② 控制律及自适应律 S 函数程序，chap9_5ctrl.m；③ 被控对象 S 函数程序，chap9_5plant.m；④ 作图程序，chap9_5plot.m。程序见本章附录。

9.8 基于模型不确定逼近的机器人 RBF 网络自适应控制

下面研究基于模型不确定逼近的机器人 RBF 网络自适应控制的设计方法。

9.8.1 问题的提出

设 n 关节机械手的动力学方程为

$$\boldsymbol{D}(\boldsymbol{q})\ddot{\boldsymbol{q}}+\boldsymbol{C}(\boldsymbol{q},\dot{\boldsymbol{q}})\dot{\boldsymbol{q}}+\boldsymbol{G}(\boldsymbol{q})=\boldsymbol{\tau}+\boldsymbol{d} \tag{9.39}$$

式中，$\boldsymbol{D}(\boldsymbol{q})$ 为 $n\times n$ 阶正定惯性矩阵；$\boldsymbol{C}(\boldsymbol{q},\dot{\boldsymbol{q}})$ 为 $n\times n$ 阶惯性矩阵；$\boldsymbol{G}(\boldsymbol{q})$ 为 $n\times 1$ 阶惯性向量。

如果模型建模精确，且 $\boldsymbol{d}=0$，则控制律可设计为

$$\boldsymbol{\tau}=\boldsymbol{D}(\boldsymbol{q})(\ddot{\boldsymbol{q}}_{\mathrm{d}}-\boldsymbol{k}_{\mathrm{v}}\dot{\boldsymbol{e}}-\boldsymbol{k}_{\mathrm{p}}\boldsymbol{e})+\boldsymbol{C}(\boldsymbol{q},\dot{\boldsymbol{q}})\dot{\boldsymbol{q}}+\boldsymbol{G}(\boldsymbol{q}) \tag{9.40}$$

将式(9.40)代入式(9.39)中，得到稳定的闭环系统为

$$\ddot{\boldsymbol{e}}+\boldsymbol{k}_{\mathrm{v}}\dot{\boldsymbol{e}}+\boldsymbol{k}_{\mathrm{p}}\boldsymbol{e}=0 \tag{9.41}$$

式中，$\boldsymbol{q}_{\mathrm{d}}$ 为理想的角度，$\boldsymbol{e}=\boldsymbol{q}-\boldsymbol{q}_{\mathrm{d}}$，$\dot{\boldsymbol{e}}=\dot{\boldsymbol{q}}-\dot{\boldsymbol{q}}_{\mathrm{d}}$。

在实际工程中，对象的实际模型很难得到，即无法得到精确的 $\boldsymbol{D}(\boldsymbol{q})$，$\boldsymbol{C}(\boldsymbol{q},\dot{\boldsymbol{q}})$，$\boldsymbol{G}(\boldsymbol{q})$，只能建立理想的名义模型。

将机器人名义模型(已知)表示为 $\boldsymbol{D}_0(\boldsymbol{q})$，$\boldsymbol{C}_0(\boldsymbol{q},\dot{\boldsymbol{q}})$，$\boldsymbol{G}_0(\boldsymbol{q})$，针对名义模型，控制律设计为

$$\boldsymbol{\tau}=\boldsymbol{D}_0(\boldsymbol{q})(\ddot{\boldsymbol{q}}_{\mathrm{d}}-\boldsymbol{k}_{\mathrm{v}}\dot{\boldsymbol{e}}-\boldsymbol{k}_{\mathrm{p}}e)+\boldsymbol{C}_0(\boldsymbol{q},\dot{\boldsymbol{q}})\dot{\boldsymbol{q}}+\boldsymbol{G}_0(\boldsymbol{q}) \tag{9.42}$$

将式(9.42)代入式(9.39)中，得

$$\boldsymbol{D}(\boldsymbol{q})\ddot{\boldsymbol{q}}+\boldsymbol{C}(\boldsymbol{q},\dot{\boldsymbol{q}})\dot{\boldsymbol{q}}+\boldsymbol{G}(\boldsymbol{q})=\boldsymbol{D}_0(\boldsymbol{q})(\ddot{\boldsymbol{q}}_{\mathrm{d}}-\boldsymbol{k}_{\mathrm{v}}\dot{\boldsymbol{e}}-\boldsymbol{k}_{\mathrm{p}}\boldsymbol{e})+\boldsymbol{C}_0(\boldsymbol{q},\dot{\boldsymbol{q}})\dot{\boldsymbol{q}}+\boldsymbol{G}_0(\boldsymbol{q})+\boldsymbol{d} \tag{9.43}$$

取 $\Delta\boldsymbol{D}=\boldsymbol{D}_0-\boldsymbol{D}$，$\Delta\boldsymbol{C}=\boldsymbol{C}_0-\boldsymbol{C}$，$\Delta\boldsymbol{G}=\boldsymbol{G}_0-\boldsymbol{G}$，则

$$\ddot{\boldsymbol{e}}+\boldsymbol{k}_{\mathrm{v}}\dot{\boldsymbol{e}}+\boldsymbol{k}_{\mathrm{p}}\boldsymbol{e}=\boldsymbol{D}_0^{-1}(\Delta\boldsymbol{D}\ddot{\boldsymbol{q}}+\Delta\boldsymbol{C}\dot{\boldsymbol{q}}+\Delta\boldsymbol{G}+\boldsymbol{d}) \tag{9.44}$$

由式(9.44)可见，由于模型建模的不精确会导致控制性能的下降，因此，需要对建模不精确部分进行逼近[18]。

取 $\boldsymbol{x}=[\boldsymbol{e}\quad\dot{\boldsymbol{e}}]^{\mathrm{T}}$，建模不精确部分为 $f(\boldsymbol{x})=\boldsymbol{D}_0^{-1}(\Delta\boldsymbol{D}\ddot{\boldsymbol{q}}+\Delta\boldsymbol{C}\dot{\boldsymbol{q}}+\Delta\boldsymbol{G}+\boldsymbol{d})$，则可将式(9.44)转化为如下误差状态方程

$$\dot{\boldsymbol{x}}=\boldsymbol{A}\boldsymbol{x}+\boldsymbol{B}f(\boldsymbol{x}) \tag{9.45}$$

式中，$\boldsymbol{A}=\begin{bmatrix}0 & \boldsymbol{I}\\ -\boldsymbol{k}_{\mathrm{p}} & -\boldsymbol{k}_{\mathrm{v}}\end{bmatrix}$，$\boldsymbol{B}=\begin{bmatrix}0\\ \boldsymbol{I}\end{bmatrix}$，$\boldsymbol{I}$ 为单位矩阵。

假设模型不确定项 $f(\boldsymbol{x})$ 为已知，则修正的控制律为

$$\boldsymbol{\tau}=\boldsymbol{D}_0(\boldsymbol{q})(\ddot{\boldsymbol{q}}_{\mathrm{d}}-\boldsymbol{k}_{\mathrm{v}}\dot{\boldsymbol{e}}-\boldsymbol{k}_{\mathrm{p}}\boldsymbol{e})+\boldsymbol{C}_0(\boldsymbol{q},\dot{\boldsymbol{q}})\dot{\boldsymbol{q}}+\boldsymbol{G}_0(\boldsymbol{q})-\boldsymbol{D}_0(\boldsymbol{q})f(\boldsymbol{x}) \tag{9.46}$$

将式(9.46)代入式(9.39)中，则得到稳定的闭环系统式(9.41)。

在实际工程中，模型不确定项 $f(\boldsymbol{x})$ 为未知，为此，需要对不确定项 $f(\boldsymbol{x})$ 进行逼近，从而在控制律中实现对不确定项的补偿[18]。

9.8.2 模型不确定项的 RBF 网络逼近

采用 RBF 网络对不确定项 $f(\boldsymbol{x})$ 进行自适应逼近。

RBF 网络的输入、输出算法为

$$\phi_j=g(\|\boldsymbol{x}-\boldsymbol{c}_j^{\mathrm{T}}\|^2/b_j^2),\ j=1,2,\cdots,n$$

$$y=\boldsymbol{\theta}^{\mathrm{T}}\boldsymbol{\varphi}(\boldsymbol{x})$$

式中，$\boldsymbol{x}$ 为网络的输入信号；$\boldsymbol{\varphi}=[\phi_1 \quad \phi_2 \quad \cdots \quad \phi_n]$ 为高斯基函数的输出；$\boldsymbol{\theta}$ 为网络的权值。

由已知证明可知[19,20]，在下述假设条件下，RBF 网络针对连续函数在紧集范围内具有任意精度的逼近能力。

假设：

(1) 网络输出 $\hat{f}(\boldsymbol{x},\boldsymbol{\theta})$ 为连续的；

(2) 存在理想的网络输出 $\hat{f}(\boldsymbol{x},\boldsymbol{\theta}^*)$，针对一个非常小的正实数 ε_0，有

$$\max\|\hat{f}(\boldsymbol{x},\boldsymbol{\theta}^*)-f(\boldsymbol{x})\|\leqslant\varepsilon_0$$

误差状态方程式(9.45)可写为

$$\dot{\boldsymbol{x}}=\boldsymbol{A}\boldsymbol{x}+\boldsymbol{B}\{\hat{f}(\boldsymbol{x},\boldsymbol{\theta}^*)+[f(\boldsymbol{x})-\hat{f}(\boldsymbol{x},\boldsymbol{\theta}^*)]\} \tag{9.47}$$

式中，$\boldsymbol{\theta}^*=\arg\min\limits_{\theta\in\beta(M_\theta)}\{\sup\limits_{x\in\varphi(M_x)}\|f(\boldsymbol{x})-\hat{f}(\boldsymbol{x},\boldsymbol{\theta})\|\}$，$\boldsymbol{\theta}^*$ 为 $n\times n$ 阶矩阵，表示对 $f(\boldsymbol{x})$ 最佳逼近的网络权值。

取 $\|\boldsymbol{\theta}^*\|_{\mathrm{F}}\leqslant\boldsymbol{\theta}_{\max}$，由于 $f(\boldsymbol{x})$ 有界，则 $\boldsymbol{\theta}^*$ 有界，即 $\boldsymbol{\theta}_{\max}$ 有界。F-范数定义见附录 A。

式(9.47)可写为

$$\dot{\boldsymbol{x}}=\boldsymbol{A}\boldsymbol{x}+\boldsymbol{B}\{\hat{f}(\boldsymbol{x},\boldsymbol{\theta}^*)+\boldsymbol{\eta}\} \tag{9.48}$$

式中，$\boldsymbol{\eta}$ 为网络理想逼近误差，即

$$\boldsymbol{\eta}=f(\boldsymbol{x})-\hat{f}(\boldsymbol{x},\boldsymbol{\theta}^*) \tag{9.49}$$

网络理想逼近误差 $\boldsymbol{\eta}$ 为有界，其界为 $\boldsymbol{\eta}_0$，即

$$\boldsymbol{\eta}_0=\sup\|f(\boldsymbol{x})-\hat{f}(\boldsymbol{x},\boldsymbol{\theta}^*)\| \tag{9.50}$$

网络输出 $\hat{f}(\cdot)$ 的最佳估计值为

$$\hat{f}(\boldsymbol{x},\boldsymbol{\theta}^*)=\boldsymbol{\theta}^{*\mathrm{T}}\boldsymbol{\varphi}(\boldsymbol{x}) \tag{9.51}$$

则式(9.48)可写为

$$\dot{\boldsymbol{x}}=\boldsymbol{A}\boldsymbol{x}+\boldsymbol{B}\{\boldsymbol{\theta}^{*\mathrm{T}}\boldsymbol{\varphi}(\boldsymbol{x})+\boldsymbol{\eta}\} \tag{9.52}$$

9.8.3 控制器的设计及分析

控制器设计为

$$\boldsymbol{\tau}=\boldsymbol{\tau}_1+\boldsymbol{\tau}_2 \tag{9.53}$$

其中

$$\boldsymbol{\tau}_1=\boldsymbol{D}_0(\boldsymbol{q})(\ddot{\boldsymbol{q}}_{\mathrm{d}}-\boldsymbol{k}_{\mathrm{v}}\dot{\boldsymbol{e}}-\boldsymbol{k}_{\mathrm{p}}\boldsymbol{e})+\boldsymbol{C}_0(\boldsymbol{q},\dot{\boldsymbol{q}})\dot{\boldsymbol{q}}+\boldsymbol{G}_0(\boldsymbol{q}) \tag{9.54}$$

$$\boldsymbol{\tau}_2=-\boldsymbol{D}_0(\boldsymbol{q})\hat{f}(\boldsymbol{x},\boldsymbol{\theta}) \tag{9.55}$$

式中，$\hat{\boldsymbol{\theta}}$ 为 $\boldsymbol{\theta}^*$ 的估计值，$\hat{f}(\boldsymbol{x},\boldsymbol{\theta})=\hat{\boldsymbol{\theta}}^{\mathrm{T}}\boldsymbol{\varphi}(\boldsymbol{x})$。

同理，将式(9.53)代入式(9.39)中，得

$$\begin{aligned}&\boldsymbol{D}(\boldsymbol{q})\ddot{\boldsymbol{q}}+\boldsymbol{C}(\boldsymbol{q},\dot{\boldsymbol{q}})\dot{\boldsymbol{q}}+\boldsymbol{G}(\boldsymbol{q})\\&=\boldsymbol{D}_0(\boldsymbol{q})(\ddot{\boldsymbol{q}}_{\mathrm{d}}-\boldsymbol{k}_{\mathrm{v}}\dot{\boldsymbol{e}}-\boldsymbol{k}_{\mathrm{p}}\boldsymbol{e})+\boldsymbol{C}_0(\boldsymbol{q},\dot{\boldsymbol{q}})\dot{\boldsymbol{q}}+\boldsymbol{G}_0(\boldsymbol{q})-\boldsymbol{D}_0(\boldsymbol{q})\hat{f}(\boldsymbol{x},\boldsymbol{\theta})+\boldsymbol{d}\end{aligned}$$

将 $\boldsymbol{D}_0(\boldsymbol{q})\ddot{\boldsymbol{q}}+\boldsymbol{C}_0(\boldsymbol{q},\dot{\boldsymbol{q}})\dot{\boldsymbol{q}}+\boldsymbol{G}_0(\boldsymbol{q})$ 分别减去上式两边，得

$$\begin{aligned}&\Delta\boldsymbol{D}(\boldsymbol{q})\ddot{\boldsymbol{q}}+\Delta\boldsymbol{C}(\boldsymbol{q},\dot{\boldsymbol{q}})\dot{\boldsymbol{q}}+\Delta\boldsymbol{G}(\boldsymbol{q})+\boldsymbol{d}\\&=\boldsymbol{D}_0(q)\ddot{\boldsymbol{q}}-\boldsymbol{D}_0(\boldsymbol{q})(\ddot{\boldsymbol{q}}_{\mathrm{d}}-\boldsymbol{k}_{\mathrm{v}}\dot{\boldsymbol{e}}-\boldsymbol{k}_{\mathrm{p}}\boldsymbol{e})+\boldsymbol{D}_0(\boldsymbol{q})\hat{f}(\boldsymbol{x},\boldsymbol{\theta})\end{aligned}$$

即

$$\Delta\boldsymbol{D}(\boldsymbol{q})\ddot{\boldsymbol{q}}+\Delta\boldsymbol{C}(\boldsymbol{q},\dot{\boldsymbol{q}})\dot{\boldsymbol{q}}+\Delta\boldsymbol{G}(\boldsymbol{q})+\boldsymbol{d}=\boldsymbol{D}_0(\boldsymbol{q})(\ddot{\boldsymbol{e}}+\boldsymbol{k}_{\mathrm{v}}\dot{\boldsymbol{e}}+\boldsymbol{k}_{\mathrm{p}}\boldsymbol{e}+\hat{f}(\boldsymbol{x},\boldsymbol{\theta}))$$

则 $$\ddot{\boldsymbol{e}}+\boldsymbol{k}_{\mathrm{v}}\dot{\boldsymbol{e}}+\boldsymbol{k}_{\mathrm{p}}\boldsymbol{e}+\hat{f}(\boldsymbol{x},\boldsymbol{\theta})=\boldsymbol{D}_0^{-1}(\boldsymbol{q})(\Delta\boldsymbol{D}(\boldsymbol{q})\ddot{\boldsymbol{q}}+\Delta\boldsymbol{C}(\boldsymbol{q},\dot{\boldsymbol{q}})\dot{\boldsymbol{q}}+\Delta\boldsymbol{G}(\boldsymbol{q})+\boldsymbol{d})$$

即 $$\ddot{\boldsymbol{e}}+\boldsymbol{k}_{\mathrm{v}}\dot{\boldsymbol{e}}+\boldsymbol{k}_{\mathrm{p}}\boldsymbol{e}+\hat{f}(\boldsymbol{x},\boldsymbol{\theta})=f(\boldsymbol{x})$$

式中，$f(\boldsymbol{x})=\boldsymbol{D}_0^{-1}(\Delta\boldsymbol{D}\ddot{\boldsymbol{q}}+\Delta\boldsymbol{C}\dot{\boldsymbol{q}}+\Delta\boldsymbol{G}+\boldsymbol{d})$。

上式可写为

$$\dot{\boldsymbol{x}}=\boldsymbol{A}\boldsymbol{x}+\boldsymbol{B}\{f(\boldsymbol{x})-\hat{f}(\boldsymbol{x},\boldsymbol{\theta})\}$$

式中，$\boldsymbol{A}=\begin{bmatrix}0 & \boldsymbol{I}\\ -\boldsymbol{k}_{\mathrm{p}} & -\boldsymbol{k}_{\mathrm{v}}\end{bmatrix}$，$\boldsymbol{B}=\begin{bmatrix}0\\ \boldsymbol{I}\end{bmatrix}$。

由于

$$\begin{aligned}f(\boldsymbol{x})-\hat{f}(\boldsymbol{x},\boldsymbol{\theta})&=f(\boldsymbol{x})-\hat{f}(\boldsymbol{x},\boldsymbol{\theta}^*)+\hat{f}(\boldsymbol{x},\boldsymbol{\theta}^*)-\hat{f}(\boldsymbol{x},\boldsymbol{\theta})\\&=\boldsymbol{\eta}+\boldsymbol{\theta}^{*\mathrm{T}}\boldsymbol{\varphi}(\boldsymbol{x})-\hat{\boldsymbol{\theta}}^{\mathrm{T}}\boldsymbol{\varphi}(\boldsymbol{x})=\boldsymbol{\eta}+\tilde{\boldsymbol{\theta}}^{\mathrm{T}}\boldsymbol{\varphi}(\boldsymbol{x})\end{aligned}$$

则

$$\dot{\boldsymbol{x}}=\boldsymbol{A}\boldsymbol{x}+\boldsymbol{B}(\boldsymbol{\eta}+\tilde{\boldsymbol{\theta}}^{\mathrm{T}}\boldsymbol{\varphi}(\boldsymbol{x}))\tag{9.56}$$

式中，$\tilde{\boldsymbol{\theta}}=\boldsymbol{\theta}^*-\hat{\boldsymbol{\theta}}$。

定义 Lyapunov 函数为

$$V=\frac{1}{2}\boldsymbol{x}^{\mathrm{T}}\boldsymbol{P}\boldsymbol{x}+\frac{1}{2\gamma}\|\tilde{\boldsymbol{\theta}}\|_{\mathrm{F}}^2\tag{9.57}$$

式中，$\gamma>0$。

由于 $\boldsymbol{A}$ 矩阵特征根的实部为负，则存在正定矩阵 $\boldsymbol{P}$ 和 $\boldsymbol{Q}$，满足如下 Lyapunov 方程[29]

$$\boldsymbol{P}\boldsymbol{A}+\boldsymbol{A}^{\mathrm{T}}\boldsymbol{P}=-\boldsymbol{Q}\tag{9.58}$$

参考文献[18]，下面给出控制系统稳定性分析。

定义

$$\|\boldsymbol{R}\|_{\mathrm{F}}^2=\sum_{i,j}|r_{ij}|^2=\mathrm{tr}(\boldsymbol{R}\boldsymbol{R}^{\mathrm{T}})=\mathrm{tr}(\boldsymbol{R}^{\mathrm{T}}\boldsymbol{R})$$

式中，tr(·) 为矩阵 $\boldsymbol{R}$ 的迹，则根据迹的定义，有

$$\|\tilde{\boldsymbol{\theta}}\|_{\mathrm{F}}^2=\mathrm{tr}(\tilde{\boldsymbol{\theta}}^{\mathrm{T}}\tilde{\boldsymbol{\theta}})$$

$$\begin{aligned}\dot{V}&=\frac{1}{2}[\boldsymbol{x}^{\mathrm{T}}\boldsymbol{P}\dot{\boldsymbol{x}}+\dot{\boldsymbol{x}}^{\mathrm{T}}\boldsymbol{P}\boldsymbol{x}]+\frac{1}{\gamma}\mathrm{tr}(\dot{\tilde{\boldsymbol{\theta}}}^{\mathrm{T}}\tilde{\boldsymbol{\theta}})\\&=\frac{1}{2}[\boldsymbol{x}^{\mathrm{T}}\boldsymbol{P}(\boldsymbol{A}\boldsymbol{x}+\boldsymbol{B}(\tilde{\boldsymbol{\theta}}^{\mathrm{T}}\boldsymbol{\varphi}(\boldsymbol{x})+\boldsymbol{\eta}))+(\boldsymbol{x}^{\mathrm{T}}\boldsymbol{A}^{\mathrm{T}}+(\tilde{\boldsymbol{\theta}}^{\mathrm{T}}\boldsymbol{\varphi}(\boldsymbol{x})+\boldsymbol{\eta})^{\mathrm{T}}\boldsymbol{B}^{\mathrm{T}})\boldsymbol{P}\boldsymbol{x}]+\frac{1}{\gamma}\mathrm{tr}(\dot{\tilde{\boldsymbol{\theta}}}^{\mathrm{T}}\tilde{\boldsymbol{\theta}})\\&=\frac{1}{2}[\boldsymbol{x}^{\mathrm{T}}(\boldsymbol{P}\boldsymbol{A}+\boldsymbol{A}^{\mathrm{T}}\boldsymbol{P})\boldsymbol{x}+(\boldsymbol{x}^{\mathrm{T}}\boldsymbol{P}\boldsymbol{B}\tilde{\boldsymbol{\theta}}^{\mathrm{T}}\boldsymbol{\varphi}(\boldsymbol{x})+\boldsymbol{x}^{\mathrm{T}}\boldsymbol{P}\boldsymbol{B}\boldsymbol{\eta}+\varphi^{\mathrm{T}}(\boldsymbol{x})\tilde{\boldsymbol{\theta}}\boldsymbol{B}^{\mathrm{T}}\boldsymbol{P}\boldsymbol{x}+\boldsymbol{\eta}^{\mathrm{T}}\boldsymbol{B}^{\mathrm{T}}\boldsymbol{P}\boldsymbol{x})]+\frac{1}{\gamma}\mathrm{tr}(\dot{\tilde{\boldsymbol{\theta}}}^{\mathrm{T}}\tilde{\boldsymbol{\theta}})\\&=-\frac{1}{2}\boldsymbol{x}^{\mathrm{T}}\boldsymbol{Q}\boldsymbol{x}+\boldsymbol{\varphi}^{\mathrm{T}}(\boldsymbol{x})\tilde{\boldsymbol{\theta}}\boldsymbol{B}^{\mathrm{T}}\boldsymbol{P}\boldsymbol{x}+\boldsymbol{\eta}^{\mathrm{T}}\boldsymbol{B}^{\mathrm{T}}\boldsymbol{P}\boldsymbol{x}+\frac{1}{\gamma}\mathrm{tr}(\dot{\tilde{\boldsymbol{\theta}}}^{\mathrm{T}}\tilde{\boldsymbol{\theta}})\end{aligned}\tag{9.59}$$

其中，$\boldsymbol{x}^{\mathrm{T}}\boldsymbol{P}\boldsymbol{B}\boldsymbol{\eta}=\boldsymbol{\eta}^{\mathrm{T}}\boldsymbol{B}^{\mathrm{T}}\boldsymbol{P}\boldsymbol{x}$，$\boldsymbol{x}^{\mathrm{T}}\boldsymbol{P}\boldsymbol{B}\tilde{\boldsymbol{\theta}}^{\mathrm{T}}\boldsymbol{\varphi}(\boldsymbol{x})=\boldsymbol{\varphi}^{\mathrm{T}}(\boldsymbol{x})\tilde{\boldsymbol{\theta}}\boldsymbol{B}^{\mathrm{T}}\boldsymbol{P}\boldsymbol{x}$，$\boldsymbol{P}^{\mathrm{T}}=\boldsymbol{P}$。

以 n 关节机械手动力学方程为例(如 $n=2$)，$\boldsymbol{\varphi}^{\mathrm{T}}(\boldsymbol{x})\tilde{\boldsymbol{\theta}}$ 为 $1\times n$ 维向量，$\boldsymbol{B}^{\mathrm{T}}\boldsymbol{P}\boldsymbol{x}$ 为 $n\times 1$ 维向量，则 $\boldsymbol{\varphi}^{\mathrm{T}}(\boldsymbol{x})\tilde{\boldsymbol{\theta}}\boldsymbol{B}^{\mathrm{T}}\boldsymbol{P}\boldsymbol{x}$ 为一实数，且等于 $\boldsymbol{B}^{\mathrm{T}}\boldsymbol{P}\boldsymbol{x}\boldsymbol{\varphi}^{\mathrm{T}}(\boldsymbol{x})\tilde{\boldsymbol{\theta}}$ 的主对角元素之和，则

$$\boldsymbol{\varphi}^{\mathrm{T}}(\boldsymbol{x})\tilde{\boldsymbol{\theta}}\boldsymbol{B}^{\mathrm{T}}\boldsymbol{P}\boldsymbol{x}=\mathrm{tr}[\boldsymbol{B}^{\mathrm{T}}\boldsymbol{P}\boldsymbol{x}\boldsymbol{\varphi}^{\mathrm{T}}(\boldsymbol{x})\tilde{\boldsymbol{\theta}}]\tag{9.60}$$

成立，则

$$\dot{V}=-\frac{1}{2}\boldsymbol{x}^{\mathrm{T}}\boldsymbol{Q}\boldsymbol{x}+\frac{1}{\gamma}\mathrm{tr}(\gamma\boldsymbol{B}^{\mathrm{T}}\boldsymbol{P}\boldsymbol{x}\boldsymbol{\varphi}^{\mathrm{T}}(\boldsymbol{x})\tilde{\boldsymbol{\theta}}+\dot{\tilde{\boldsymbol{\theta}}}^{\mathrm{T}}\tilde{\boldsymbol{\theta}})+\boldsymbol{\eta}^{\mathrm{T}}\boldsymbol{B}^{\mathrm{T}}\boldsymbol{P}\boldsymbol{x}\tag{9.61}$$

由于 $\dot{\tilde{\boldsymbol{\theta}}}=-\dot{\hat{\boldsymbol{\theta}}}$,取自适应律为

$$\dot{\hat{\boldsymbol{\theta}}}^{\mathrm{T}}=\gamma\boldsymbol{B}^{\mathrm{T}}\boldsymbol{P}\boldsymbol{x}\boldsymbol{\varphi}^{\mathrm{T}}(\boldsymbol{x})$$

即

$$\dot{\hat{\boldsymbol{\theta}}}=\gamma\boldsymbol{\varphi}(\boldsymbol{x})\boldsymbol{x}^{\mathrm{T}}\boldsymbol{P}\boldsymbol{B} \tag{9.62}$$

则

$$\dot{V}=-\frac{1}{2}\boldsymbol{x}^{\mathrm{T}}\boldsymbol{Q}\boldsymbol{x}+\boldsymbol{\eta}^{\mathrm{T}}\boldsymbol{B}^{\mathrm{T}}\boldsymbol{P}\boldsymbol{x}$$

由于$\boldsymbol{Q}>0$,$\boldsymbol{\eta}$是最小逼近误差,通过设计神经网络可使$\boldsymbol{\eta}$充分小,并满足$|\boldsymbol{\eta}^{\mathrm{T}}\boldsymbol{B}^{\mathrm{T}}\boldsymbol{P}\boldsymbol{x}|\leqslant\frac{1}{2}\boldsymbol{x}^{\mathrm{T}}\boldsymbol{Q}\boldsymbol{x}$,从而使得 $\dot{V}\leqslant 0$,闭环系统稳定。

由于

$$-2\boldsymbol{\eta}^{\mathrm{T}}\boldsymbol{B}^{\mathrm{T}}\boldsymbol{P}\boldsymbol{x}\leqslant(\boldsymbol{B}^{\mathrm{T}}\boldsymbol{P}\boldsymbol{x})^{\mathrm{T}}(\boldsymbol{B}^{\mathrm{T}}\boldsymbol{P}\boldsymbol{x})+\|\boldsymbol{\eta}\|^{2}$$

则

$$\begin{aligned}\dot{V}&\leqslant-\frac{1}{2}\boldsymbol{x}^{\mathrm{T}}\boldsymbol{Q}\boldsymbol{x}+\frac{1}{2}\boldsymbol{x}^{\mathrm{T}}(\boldsymbol{P}\boldsymbol{B}\boldsymbol{B}^{\mathrm{T}}\boldsymbol{P})\boldsymbol{x}+\frac{1}{2}\|\boldsymbol{\eta}\|^{2}=-\frac{1}{2}\boldsymbol{x}^{\mathrm{T}}(\boldsymbol{Q}-\boldsymbol{P}\boldsymbol{B}\boldsymbol{B}^{\mathrm{T}}\boldsymbol{P})\boldsymbol{x}+\frac{1}{2}\|\boldsymbol{\eta}\|^{2}\\&\leqslant-\frac{1}{2}l_{\min}(\boldsymbol{Q}-\boldsymbol{P}\boldsymbol{B}\boldsymbol{B}^{\mathrm{T}}\boldsymbol{P})\|\boldsymbol{x}\|^{2}+\frac{1}{2}\|\boldsymbol{\eta}\|_{\max}^{2}\end{aligned} \tag{9.63}$$

其中 $l(\cdot)$ 为矩阵的特征值,$l(\boldsymbol{Q})>l(\boldsymbol{P}\boldsymbol{B}\boldsymbol{B}^{\mathrm{T}}\boldsymbol{P})$。则满足 $\dot{V}\leqslant 0$ 的收敛性结果为

$$\|\boldsymbol{x}\|\leqslant\frac{\|\boldsymbol{\eta}\|_{\max}^{2}}{\sqrt{l_{\min}(\boldsymbol{Q}-\boldsymbol{P}\boldsymbol{B}\boldsymbol{B}^{\mathrm{T}}\boldsymbol{P})}}$$

可见,收敛误差 $\|\boldsymbol{x}\|$ 与$\boldsymbol{Q}$和$\boldsymbol{P}$的特征值、最小逼近误差$\boldsymbol{\eta}$有关,$\boldsymbol{Q}$的特征值越大,$\boldsymbol{P}$的特征值越小,$\|\boldsymbol{\eta}\|_{\max}^{2}$ 越小,收敛误差越小,从而可以实现 $\boldsymbol{e}$ 和 $\dot{\boldsymbol{e}}$ 收敛到很小的值。

由于 $V\geqslant 0$,$\dot{V}\leqslant 0$,则V有界,因此 $\tilde{\boldsymbol{\theta}}$ 有界,但无法保证 $\hat{\boldsymbol{\theta}}$ 收敛于$\boldsymbol{\theta}^{*}$,即无法保证 $f(\boldsymbol{x})$ 的精确逼近。

可见,当 $\boldsymbol{Q}$ 的特征值越大,$\boldsymbol{P}$ 的特征值越小,误差 $\boldsymbol{\eta}$ 的上界 $\boldsymbol{\eta}_0$ 越小,则 $\boldsymbol{x}$ 的收敛半径越小,跟踪效果越好。

9.8.4 仿真实例

选两关节机器人系统(不考虑摩擦力),其动力学模型为

$$\boldsymbol{D}(\boldsymbol{q})\ddot{\boldsymbol{q}}+\boldsymbol{C}(\boldsymbol{q},\dot{\boldsymbol{q}})\dot{\boldsymbol{q}}+\boldsymbol{G}(\boldsymbol{q})=\boldsymbol{\tau}+\boldsymbol{d}$$

其中

$$\boldsymbol{D}(\boldsymbol{q})=\begin{bmatrix}v+q_{01}+2\gamma\cos(q_2) & q_{01}+q_{02}\cos(q_2)\\ q_{01}+q_{02}\cos(q_2) & q_{01}\end{bmatrix}$$

$$\boldsymbol{C}(\boldsymbol{q},\dot{\boldsymbol{q}})=\begin{bmatrix}-q_{02}\dot{q}_2\sin(q_2) & -q_{02}(\dot{q}_1+\dot{q}_2)\sin(q_2)\\ q_{02}\dot{q}_1\sin(q_2) & 0\end{bmatrix}$$

$$\boldsymbol{G}(\boldsymbol{q})=\begin{bmatrix}15g\cos q_1+8.75g\cos(q_1+q_2)\\ 8.75g\cos(q_1+q_2)\end{bmatrix}$$

式中,$v=13.33$,$q_{01}=8.98$,$q_{02}=8.75$,$g=9.8$。

上述模型可写为

$$(\boldsymbol{D}_0(\boldsymbol{q})-\Delta\boldsymbol{D}(\boldsymbol{q}))\ddot{\boldsymbol{q}}+(\boldsymbol{C}_0(\boldsymbol{q},\dot{\boldsymbol{q}})-\Delta\boldsymbol{C}(\boldsymbol{q},\dot{\boldsymbol{q}}))\dot{\boldsymbol{q}}+(\boldsymbol{G}_0(\boldsymbol{q})-\Delta\boldsymbol{G}(\boldsymbol{q}))=\boldsymbol{\tau}+\boldsymbol{d}$$

即

$$\boldsymbol{D}_0\ddot{\boldsymbol{q}}+\boldsymbol{C}_0\dot{\boldsymbol{q}}+\boldsymbol{G}_0=\boldsymbol{\tau}+\boldsymbol{d}+\Delta\boldsymbol{D}\ddot{\boldsymbol{q}}+\Delta\boldsymbol{C}\dot{\boldsymbol{q}}+\Delta\boldsymbol{G}$$

由 $f(\boldsymbol{x})$ 的定义可得

$$\ddot{\boldsymbol{q}} = \boldsymbol{D}_0^{-1}(\boldsymbol{\tau} - \boldsymbol{C}_0\dot{\boldsymbol{q}} - \boldsymbol{G}_0) + f(\boldsymbol{x})$$

仿真中用上式描述被控对象。

设误差扰动为

$$d_1 = 2, d_2 = 3, d_3 = 6$$

$$\omega = d_1 + d_2 \|\boldsymbol{e}\| + d_3 \|\dot{\boldsymbol{e}}\|$$

两个关节的角度指令分别为

$$\begin{cases} q_{1\mathrm{d}} = 1 + 0.2\sin(0.5\pi t) \\ q_{2\mathrm{d}} = 1 - 0.2\cos(0.5\pi t) \end{cases}$$

被控对象的初值为 $[q_1 \quad q_2 \quad q_3 \quad q_4]^{\mathrm{T}} = [0.6 \quad 0.3 \quad 0.5 \quad 0.5]^{\mathrm{T}}$，控制参数取

$$\boldsymbol{Q} = \begin{bmatrix} 50 & 0 & 0 & 0 \\ 0 & 50 & 0 & 0 \\ 0 & 0 & 50 & 0 \\ 0 & 0 & 0 & 50 \end{bmatrix}, \alpha = 3, \boldsymbol{k}_{\mathrm{p}} = \begin{bmatrix} \alpha^2 & 0 \\ 0 & \alpha^2 \end{bmatrix}, \boldsymbol{k}_{\mathrm{v}} = \begin{bmatrix} 2\alpha & 0 \\ 0 & 2\alpha \end{bmatrix}$$

参数 $\boldsymbol{c}_i$ 为第 i 个高斯基函数的中心向量，$\boldsymbol{c}$ 值反映了高斯基函数的映射范围，要根据 RBF 网络输入值的实际变化范围来确定。参数 b_i 为第 i 个高斯基函数的基宽，反映了该高斯基函数的灵敏度，其值要根据输出函数与输入变量 $\boldsymbol{x}$ 的变化快慢来确定。如果这两个参数选择得不合适，就无法得到有效的映射结果。根据 RBF 网络输入 $\boldsymbol{x} = (\boldsymbol{e} \quad \dot{\boldsymbol{e}})^{\mathrm{T}}$ 的范围，$\boldsymbol{c}_j$ 和 b_j 分别取为 $[-2 \quad -1 \quad 0 \quad 1 \quad 2]$ 和 3.0。RBF 网络高斯基函数的参数初始化见程序 chap9_6ctrl. m。

采用式(9.53) 和式(9.62)，采用 Simulink 和 S 函数进行控制系统的设计，仿真结果如图 9-27 至图 9-30 所示。

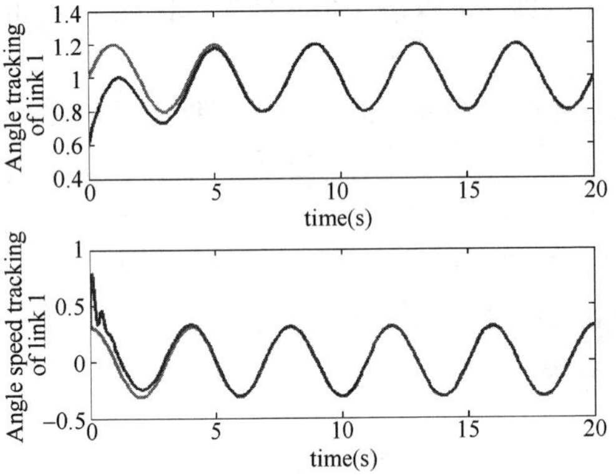

图 9-27　关节 1 的位置跟踪

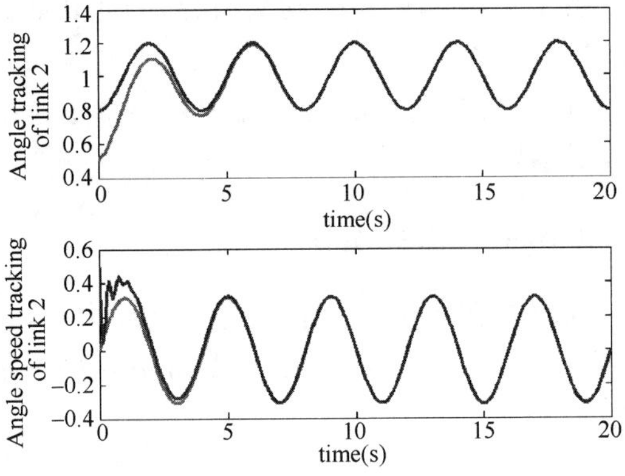

图 9-28　关节 2 的位置跟踪

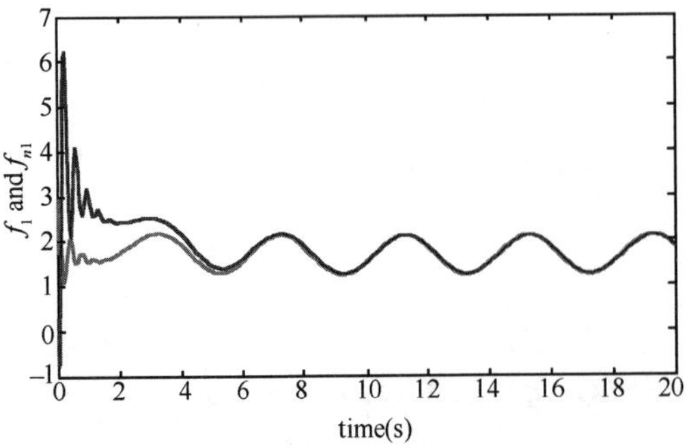

图 9-29　关节 1 的建模不精确部分及其逼近

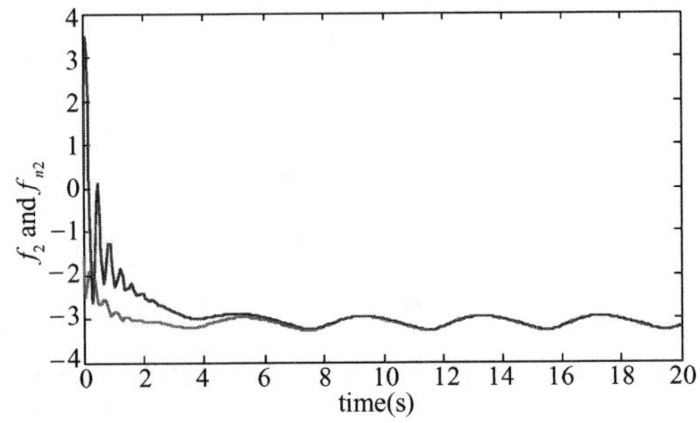

图 9-30　关节 2 的建模不精确部分及其逼近

基于模型不确定逼近的机器人 RBF 网络自适应控制仿真程序包括：①Simulink 主程序，chap9_6sim. mdl；② 角度指令子程序，chap9_6input. m；③ 控制器子程序，chap9_6ctrl. m；④ 被控对象子程序，chap9_6plant. m；⑤ 绘图子程序，chap9_6plot. m。程序请扫二维码。

基于模型不确定逼近的机器人 RBF 网络自适应控制仿真程序

9.9 基于模型整体逼近的机器人 RBF 网络自适应控制

本节参考文献[21]的控制方法，研究基于模型整体逼近的机器人 RBF 网络自适应控制设计方法。

9.9.1 问题的提出

设 n 关节机械手方程为

$$\boldsymbol{D}(\boldsymbol{q})\ddot{\boldsymbol{q}}+\boldsymbol{C}(\boldsymbol{q},\dot{\boldsymbol{q}})\dot{\boldsymbol{q}}+\boldsymbol{G}(\boldsymbol{q})+\boldsymbol{F}(\dot{\boldsymbol{q}})+\boldsymbol{\tau}_{\mathrm{d}}=\boldsymbol{\tau} \tag{9.64}$$

式中，$\boldsymbol{D}(\boldsymbol{q})$ 为 $n\times n$ 阶正定惯性矩阵；$\boldsymbol{C}(\boldsymbol{q},\dot{\boldsymbol{q}})$ 为 $n\times n$ 阶惯性矩阵；$\boldsymbol{G}(\boldsymbol{q})$ 为 $n\times 1$ 阶惯性向量；$\boldsymbol{F}(\ddot{\boldsymbol{q}})$ 为摩擦力；$\boldsymbol{\tau}_{\mathrm{d}}$ 为未知外加干扰；$\boldsymbol{\tau}$ 为控制输入。

跟踪误差为

$$\boldsymbol{e}(t)=\boldsymbol{q}_{\mathrm{d}}(t)-\boldsymbol{q}(t)$$

定义误差函数为

$$\boldsymbol{r}=\dot{\boldsymbol{e}}+\boldsymbol{\Lambda}\boldsymbol{e} \tag{9.65}$$

式中，$\boldsymbol{\Lambda}=\boldsymbol{\Lambda}^{\mathrm{T}}>0$，则当 $\boldsymbol{r}\to 0$ 时，$\boldsymbol{e}\to 0,\dot{\boldsymbol{e}}\to 0$。

由于

$$\dot{\boldsymbol{q}}=-\boldsymbol{r}+\dot{\boldsymbol{q}}_{\mathrm{d}}+\boldsymbol{\Lambda}\boldsymbol{e}$$

则

$$\begin{aligned}
\boldsymbol{D}\dot{\boldsymbol{r}}&=\boldsymbol{D}(\ddot{\boldsymbol{q}}_{\mathrm{d}}-\ddot{\boldsymbol{q}}+\boldsymbol{\Lambda}\dot{\boldsymbol{e}})=\boldsymbol{D}(\ddot{\boldsymbol{q}}_{\mathrm{d}}+\boldsymbol{\Lambda}\dot{\boldsymbol{e}})-\boldsymbol{D}\ddot{\boldsymbol{q}}\\
&=\boldsymbol{D}(\ddot{\boldsymbol{q}}_{\mathrm{d}}+\boldsymbol{\Lambda}\dot{\boldsymbol{e}})+\boldsymbol{C}\dot{\boldsymbol{q}}+\boldsymbol{G}+\boldsymbol{F}+\boldsymbol{\tau}_{\mathrm{d}}-\boldsymbol{\tau}\\
&=\boldsymbol{D}(\ddot{\boldsymbol{q}}_{\mathrm{d}}+\boldsymbol{\Lambda}\dot{\boldsymbol{e}})-\boldsymbol{C}\boldsymbol{r}+\boldsymbol{C}(\dot{\boldsymbol{q}}_{\mathrm{d}}+\boldsymbol{\Lambda}\boldsymbol{e})+\boldsymbol{G}+\boldsymbol{F}+\boldsymbol{\tau}_{\mathrm{d}}-\boldsymbol{\tau}\\
&=-\boldsymbol{C}\boldsymbol{r}-\boldsymbol{\tau}+\boldsymbol{f}(\boldsymbol{x})+\boldsymbol{\tau}_{\mathrm{d}}
\end{aligned} \tag{9.66}$$

式中，$\boldsymbol{f}(\boldsymbol{x})=\boldsymbol{D}(\ddot{\boldsymbol{q}}_{\mathrm{d}}+\boldsymbol{\Lambda}\dot{\boldsymbol{e}})+\boldsymbol{C}(\dot{\boldsymbol{q}}_{\mathrm{d}}+\boldsymbol{\Lambda}\boldsymbol{e})+\boldsymbol{G}+\boldsymbol{F}$。

在实际工程中，模型不确定项 $f(\boldsymbol{x})$ 未知，为此，需要对不确定项 $f(\boldsymbol{x})$ 进行逼近。采用RBF网络逼近 $f(\boldsymbol{x})$，根据 $f(\boldsymbol{x})$ 的表达式，网络输入取

$$\boldsymbol{x}=[\boldsymbol{e}^{\mathrm{T}}\quad \dot{\boldsymbol{e}}^{\mathrm{T}}\quad \boldsymbol{q}_{\mathrm{d}}^{\mathrm{T}}\quad \dot{\boldsymbol{q}}_{\mathrm{d}}^{\mathrm{T}}\quad \ddot{\boldsymbol{q}}_{\mathrm{d}}^{\mathrm{T}}]$$

设计控制律为

$$\boldsymbol{\tau}=\hat{f}(\boldsymbol{x})+\boldsymbol{K}_{\mathrm{v}}\boldsymbol{r} \tag{9.67}$$

式中，$\hat{f}(\boldsymbol{x})$ 为针对 $f(\boldsymbol{x})$ 进行逼近的 RBF 网络输出值。

将式(9.67)代入式(9.66)，得

$$\begin{aligned}
\boldsymbol{D}\dot{\boldsymbol{r}}&=-\boldsymbol{C}\boldsymbol{r}-\hat{f}(\boldsymbol{x})-\boldsymbol{K}_{\mathrm{v}}\boldsymbol{r}+f(\boldsymbol{x})+\boldsymbol{\tau}_{\mathrm{d}}\\
&=-(\boldsymbol{K}_{\mathrm{v}}+\boldsymbol{C})\boldsymbol{r}+\tilde{f}(\boldsymbol{x})+\boldsymbol{\tau}_{\mathrm{d}}=-(\boldsymbol{K}_{\mathrm{v}}+\boldsymbol{C})\boldsymbol{r}+\boldsymbol{\varsigma}_0
\end{aligned} \tag{9.68}$$

式中，$\tilde{f}(\boldsymbol{x})=f(\boldsymbol{x})-\hat{f}(\boldsymbol{x}),\boldsymbol{\varsigma}_0=\tilde{f}(\boldsymbol{x})+\boldsymbol{\tau}_{\mathrm{d}}$。

定义 Lyapunov 函数

$$V = \frac{1}{2}\boldsymbol{r}^{\mathrm{T}}\boldsymbol{D}\boldsymbol{r}$$

则

$$\dot{V} = \boldsymbol{r}^{\mathrm{T}}\boldsymbol{D}\dot{\boldsymbol{r}} + \frac{1}{2}\boldsymbol{r}^{\mathrm{T}}\dot{\boldsymbol{D}}\boldsymbol{r} = -\boldsymbol{r}^{\mathrm{T}}\boldsymbol{K}_{\mathrm{v}}\boldsymbol{r} + \frac{1}{2}\boldsymbol{r}^{\mathrm{T}}(\dot{\boldsymbol{D}} - 2\boldsymbol{C})\boldsymbol{r} + \boldsymbol{r}^{\mathrm{T}}\boldsymbol{\varsigma}_0$$

$$\dot{V} = \boldsymbol{r}^{\mathrm{T}}\boldsymbol{\varsigma}_0 - \boldsymbol{r}^{\mathrm{T}}\boldsymbol{K}_{\mathrm{v}}\boldsymbol{r}$$

可见，在 $\boldsymbol{K}_{\mathrm{v}}$ 固定的条件下，控制系统的稳定依赖于 $\boldsymbol{\varsigma}_0$，即 $\hat{f}(\boldsymbol{x})$ 对 $f(\boldsymbol{x})$ 的逼近精度及干扰 $\boldsymbol{\tau}_{\mathrm{d}}$ 的大小。

采用 RBF 网络对不确定项 $f(\boldsymbol{x})$ 进行逼近。理想的 RBF 网络算法为

$$\phi_j = g(\|\boldsymbol{x} - \boldsymbol{c}_j^{\mathrm{T}}\|^2/b_j^2),\ j = 1,2,\cdots,n$$

$$y = \boldsymbol{W}^{*\mathrm{T}}\boldsymbol{\varphi}(\boldsymbol{x}),\ f(\boldsymbol{x}) = \boldsymbol{W}^{*}\boldsymbol{\varphi}(\boldsymbol{x}) + \varepsilon$$

式中，$\boldsymbol{x}$ 为网络的输入信号；$\boldsymbol{\varphi} = [\phi_1 \quad \phi_2 \quad \cdots \quad \phi_n]^{\mathrm{T}}$；$\varepsilon$ 为网络的逼近误差；$\boldsymbol{W}^{*}$ 为理想 RBF 网络的权值。

9.9.2 针对 $f(x)$ 进行逼近的控制

1. 控制器的设计

采用 RBF 网络逼近 $f(\boldsymbol{x})$，则 RBF 网络的输出为

$$\hat{f}(\boldsymbol{x}) = \hat{\boldsymbol{W}}^{\mathrm{T}}\boldsymbol{\varphi}(\boldsymbol{x}) \tag{9.69}$$

取

$$\tilde{\boldsymbol{W}} = \boldsymbol{W}^{*} - \hat{\boldsymbol{W}},\ \|\boldsymbol{W}^{*}\|_{\mathrm{F}} \leqslant W_{\max}$$

设计控制律为

$$\boldsymbol{\tau} = \hat{f}(\boldsymbol{x}) + \boldsymbol{K}_{\mathrm{v}}\boldsymbol{r} - \boldsymbol{v} \tag{9.70}$$

式中，$\boldsymbol{v}$ 为用于克服 RBF 网络逼近误差 ε 的鲁棒项。

将式(9.70)代入式(9.66)，得

$$\boldsymbol{D}\dot{\boldsymbol{r}} = -(\boldsymbol{K}_{\mathrm{v}} + \boldsymbol{C})\boldsymbol{r} + \tilde{\boldsymbol{W}}^{\mathrm{T}}\boldsymbol{\varphi}(\boldsymbol{x}) + (\boldsymbol{\varepsilon} + \boldsymbol{\tau}_{\mathrm{d}}) + \boldsymbol{v} = -(\boldsymbol{K}_{\mathrm{v}} + \boldsymbol{C})\boldsymbol{r} + \boldsymbol{\varsigma}_1 \tag{9.71}$$

式中，$\boldsymbol{\varsigma}_1 = \tilde{\boldsymbol{W}}^{\mathrm{T}}\boldsymbol{\varphi}(\boldsymbol{x}) + (\boldsymbol{\varepsilon} + \boldsymbol{\tau}_{\mathrm{d}}) + \boldsymbol{v}$。

将鲁棒项 $\boldsymbol{v}$ 设计为

$$\boldsymbol{v} = -(\boldsymbol{\varepsilon}_{\mathrm{N}} + \boldsymbol{b}_{\mathrm{d}} + \boldsymbol{\eta}_0)\operatorname{sgn}(\boldsymbol{r}) \tag{9.72}$$

式中，$\|\boldsymbol{\varepsilon}\| \leqslant \boldsymbol{\varepsilon}_{\mathrm{N}}$，$\|\boldsymbol{\tau}_{\mathrm{d}}\| \leqslant \boldsymbol{b}_{\mathrm{d}}$，$\boldsymbol{\eta}_0 > 0$。

2. 稳定性分析

参考文献[21]，下面给出控制系统的稳定性分析。

定义 Lyapunov 函数

$$V = \frac{1}{2}\boldsymbol{r}^{\mathrm{T}}\boldsymbol{D}\boldsymbol{r} + \frac{1}{2}\mathrm{tr}(\tilde{\boldsymbol{W}}^{\mathrm{T}}\boldsymbol{F}_{\mathrm{W}}^{-1}\tilde{\boldsymbol{W}})$$

其中，$\boldsymbol{D}$ 和 $\boldsymbol{F}_{\mathrm{W}}$ 为正定矩阵。则

$$\dot{V} = \boldsymbol{r}^{\mathrm{T}}\boldsymbol{D}\dot{\boldsymbol{r}} + \frac{1}{2}\boldsymbol{r}^{\mathrm{T}}\dot{\boldsymbol{D}}\boldsymbol{r} + \mathrm{tr}(\tilde{\boldsymbol{W}}^{\mathrm{T}}\boldsymbol{F}_{\mathrm{W}}^{-1}\dot{\tilde{\boldsymbol{W}}})$$

将式(9.71)代入上式，得

$$\dot{V} = -\boldsymbol{r}^{\mathrm{T}}\boldsymbol{K}_{\mathrm{v}}\boldsymbol{r} + \frac{1}{2}\boldsymbol{r}^{\mathrm{T}}(\dot{\boldsymbol{D}} - 2\boldsymbol{C})\boldsymbol{r} + \mathrm{tr}\,\tilde{\boldsymbol{W}}^{\mathrm{T}}(\boldsymbol{F}_{\mathrm{W}}^{-1}\dot{\tilde{\boldsymbol{W}}} + \boldsymbol{\varphi}\boldsymbol{r}^{\mathrm{T}}) + \boldsymbol{r}^{\mathrm{T}}(\boldsymbol{\varepsilon} + \boldsymbol{\tau}_{\mathrm{d}} + \boldsymbol{v})$$

根据机器人的物理特性，有 $\boldsymbol{r}^{\mathrm{T}}(\dot{\boldsymbol{D}} - 2\boldsymbol{C})\boldsymbol{r} = 0$。取 $\dot{\tilde{\boldsymbol{W}}} = -\boldsymbol{F}_{\mathrm{W}}\boldsymbol{\varphi}\boldsymbol{r}^{\mathrm{T}}$，即自适应律为

$$\dot{\hat{\boldsymbol{W}}} = \boldsymbol{F}_{\mathrm{W}}\boldsymbol{\varphi}\boldsymbol{r}^{\mathrm{T}} \tag{9.73}$$

则

$$\dot{V} = -\boldsymbol{r}^{\mathrm{T}}\boldsymbol{K}_{\mathrm{v}}\boldsymbol{r} + \boldsymbol{r}^{\mathrm{T}}(\boldsymbol{\varepsilon} + \boldsymbol{\tau}_{\mathrm{d}} + \boldsymbol{v})$$

由于

$$\boldsymbol{r}^{\mathrm{T}}(\boldsymbol{\varepsilon}+\boldsymbol{\tau}_{\mathrm{d}}+\boldsymbol{v})=\boldsymbol{r}^{\mathrm{T}}(\boldsymbol{\varepsilon}+\boldsymbol{\tau}_{\mathrm{d}})+\boldsymbol{r}^{\mathrm{T}}\boldsymbol{v}=\boldsymbol{r}^{\mathrm{T}}(\boldsymbol{\varepsilon}+\boldsymbol{\tau}_{\mathrm{d}})-\|\boldsymbol{r}\|(\boldsymbol{\varepsilon}_{\mathrm{N}}+\boldsymbol{b}_{\mathrm{d}}+\boldsymbol{\eta}_0)\leqslant\boldsymbol{\eta}_0\|\boldsymbol{r}\|\leqslant 0$$

则
$$\dot{V}=-\boldsymbol{r}^{\mathrm{T}}\boldsymbol{K}_{\mathrm{v}}\boldsymbol{r}+\boldsymbol{r}^{\mathrm{T}}(\boldsymbol{\varepsilon}+\boldsymbol{\tau}_{\mathrm{d}}+\boldsymbol{v})\leqslant-\boldsymbol{r}^{\mathrm{T}}\boldsymbol{K}_{\mathrm{v}}\boldsymbol{r}+\boldsymbol{\eta}_0\|\boldsymbol{r}\|\leqslant 0$$

由于当且仅当 $\boldsymbol{r}=0$ 时，$\dot{V}=0$，即当 $\dot{L}\equiv 0$ 时，$\boldsymbol{r}\equiv 0$。根据 LaSalle 不变性原理[35]，闭环系统为渐近稳定，即当 $t\rightarrow\infty$ 时，$\boldsymbol{r}\rightarrow 0$，从而 $\boldsymbol{e}\rightarrow 0$，$\dot{\boldsymbol{e}}\rightarrow 0$，系统的收敛速度取决于 $\boldsymbol{K}_{\mathrm{v}}$。

由于 $V\geqslant 0$，$\dot{V}\leqslant 0$，则当 $t\rightarrow\infty$ 时，V 有界，从而 $\widetilde{\boldsymbol{W}}$ 有界。

9.9.3 仿真实例

选两关节机器人系统，其动力学模型为

$$\boldsymbol{D}(\boldsymbol{q})\ddot{\boldsymbol{q}}+\boldsymbol{C}(\boldsymbol{q},\dot{\boldsymbol{q}})\dot{\boldsymbol{q}}+\boldsymbol{G}(\boldsymbol{q})+\boldsymbol{F}(\dot{\boldsymbol{q}})+\boldsymbol{\tau}_{\mathrm{d}}=\boldsymbol{\tau}$$

其中

$$\boldsymbol{D}(\boldsymbol{q})=\begin{bmatrix}p_1+p_2+2p_3\cos q_2 & p_2+p_3\cos q_2\\ p_2+p_3\cos q_2 & p_2\end{bmatrix},\boldsymbol{C}(\boldsymbol{q},\dot{\boldsymbol{q}})=\begin{bmatrix}-p_3\dot{q}_2\sin q_2 & -p_3(\dot{q}_1+\dot{q}_2)\sin q_2\\ p_3\dot{q}_1\sin q_2 & 0\end{bmatrix}$$

$$\boldsymbol{G}(\boldsymbol{q})=\begin{bmatrix}p_4 g\cos q_1+p_5 g\cos(q_1+q_2)\\ p_5 g\cos(q_1+q_2)\end{bmatrix},\boldsymbol{F}(\dot{\boldsymbol{q}})=0.2\mathrm{sgn}(\dot{\boldsymbol{q}}),\boldsymbol{\tau}_{\mathrm{d}}=[0.1\sin(t)\quad 0.1\sin(t)]^{\mathrm{T}}$$

取 $\boldsymbol{p}=[p_1\quad p_2\quad p_3\quad p_4\quad p_5]=[2.9\quad 0.76\quad 0.87\quad 3.04\quad 0.87]$。RBF 网络高斯基函数参数的取值对网络控制的作用很重要，如果参数取值不合适，将使高斯基函数无法得到有效的映射，从而导致 RBF 网络无效。故按网络具体输入值的范围取值，取 $\boldsymbol{c}_j=0.1\times[-1.5\quad -1\quad -0.5\quad 0\quad 0.5\quad 1\quad 1.5]$，$b_j=10$，网络的初始权值矩阵各元素取 0 或 0.1，网络输入取 $\boldsymbol{z}=[\boldsymbol{e}\quad \dot{\boldsymbol{e}}\quad \boldsymbol{q}_{\mathrm{d}}\quad \dot{\boldsymbol{q}}_{\mathrm{d}}\quad \ddot{\boldsymbol{q}}_{\mathrm{d}}]$。

系统的初始状态为 $[0.09\quad 0\quad -0.09\quad 0]$，两个关节的位置指令分别为 $q_{1\mathrm{d}}=0.1\sin t$，$q_{2\mathrm{d}}=0.1\sin t$，控制参数取 $\boldsymbol{K}_{\mathrm{v}}=\mathrm{diag}\{20,20\}$，$\boldsymbol{F}_{\mathrm{W}}$ 取对角阵，其每个元素取值为 15，$\boldsymbol{\Lambda}=\mathrm{diag}\{5,5\}$，$\mathrm{diag}\{\cdot\}$ 为 Matlab 对角阵表示，$\varepsilon_{\mathrm{N}}=0.2$，$b_{\mathrm{d}}=0.1$。

采用 Simulink 和 S 函数进行控制系统的仿真。首先采用针对 $f(\boldsymbol{x})$ 进行逼近的控制器子程序 chap9_6ctrl.m，控制律取式(9.70)，自适应律取式(9.73)，仿真结果如图 9-31 至图 9-33 所示。

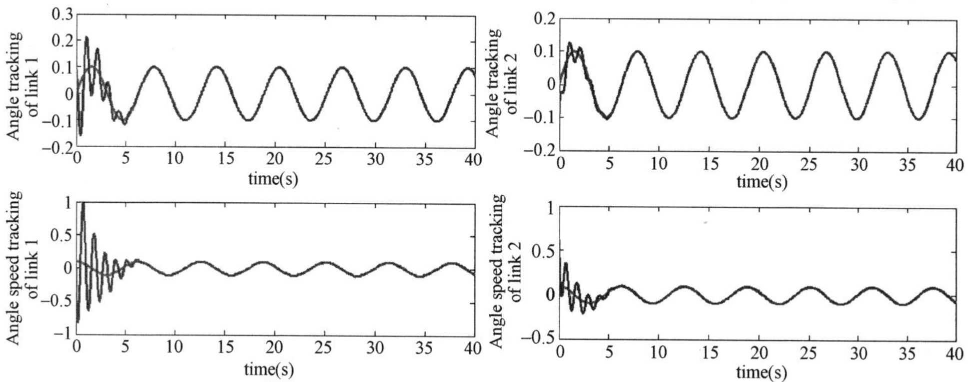

(a)关节1　　(b)关节2

图 9-31　关节 1 和关节 2 的角度和角速度跟踪

基于模型整体逼近的机器人 RBF 网络自适应控制仿真程序包括：①Simulink 主程序，chap9_7sim.mdl；② 角度指令子程序，chap9_7input.m；③ 控制器子程序，chap9_7ctrl.m；④ 被控对象子程序，chap9_7plant.m；⑤ 绘图子程序，chap9_7plot.m。程序请扫二维码。

基于模型整体逼近的机器人 RBF 网络自适应控制仿真程序

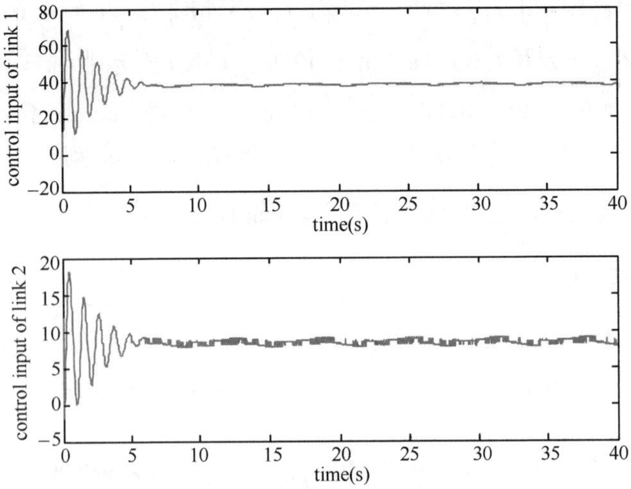

图 9-32　关节 1 和关节 2 的控制输入

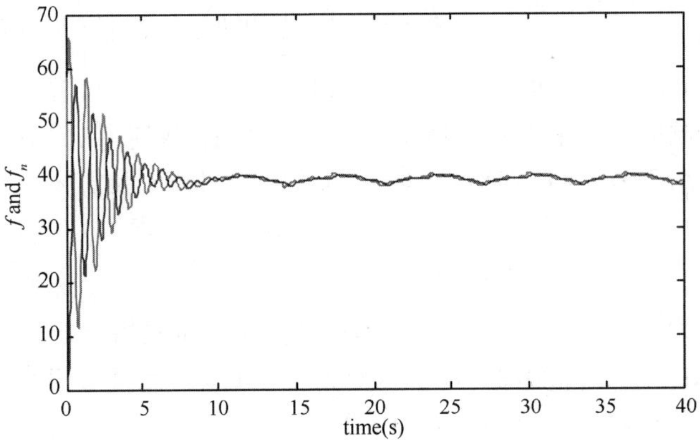

图 9-33　关节 1 和关节 2 的 $\|f(\boldsymbol{x})\|$ 及其逼近 $\|\hat{f}(\boldsymbol{x})\|$

9.10　神经网络数字控制

9.10.1　基本原理

在工程实际中，控制算法一般在计算机或 DSP(数字信号处理器）中实现，这就需要将控制算法离散化。本节讨论神经网络自适应控制律的数字化实现方法。

数字控制系统结构如图 9-34 所示，其中控制器采用数字控制算法，被控对象的输入、输出为模拟信号，通过 D/A 转换和 A/D 转换与数字信号相连接。数字控制算法的程序框图如图 9-35 所示。

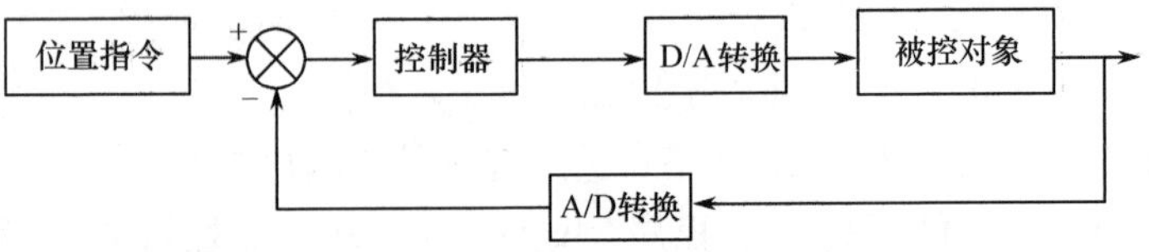

图 9-34　数字控制系统结构

针对9.8节中的控制算法，选择被控对象为单电机模型，其动力学模型为

$$\boldsymbol{D}\ddot{\boldsymbol{q}}+\boldsymbol{C}\dot{\boldsymbol{q}}+\boldsymbol{G}=\boldsymbol{\tau}+\boldsymbol{d} \tag{9.74}$$

式中，$D_0=\dfrac{3}{4}ml^2$，$G_0=mlg\cos q$。

取 $x_1=q$，$x_2=\dot{q}$，则式(9.74)可转化为动力学方程

$$\begin{aligned}\dot{x}_1&=x_2\\ \dot{x}_2&=\boldsymbol{D}^{-1}(\boldsymbol{\tau}+\boldsymbol{d}-\boldsymbol{C}\dot{\boldsymbol{q}}-\boldsymbol{G})\end{aligned} \tag{9.75}$$

控制目标为：$t\to\infty$ 时，$\boldsymbol{q}\to\boldsymbol{q}_{\mathrm{d}}$，$\dot{\boldsymbol{q}}\to\boldsymbol{q}_{\mathrm{d}}$。

在Matlab仿真中，在每个采样时间 T 内，采用Runge-Kutta迭代算法求解式(9.75)，从而实现连续被控对象的离散求解[31]，仿真中采用了Matlab函数“ode45”进行离散积分求解。

针对自适应律的离散化问题，一种方法是利用采样时间进行差分的离散化，另一种方法是利用数值迭代方法进行离散化。下面介绍一种高精度数值迭代方法——RKM(Runge-Kutta-Merson)方法[32]。以离散化 $\dot{x}=f(t,x)$ 为例，采样时间为 T，如果采用差分方法离散化，$n+1$ 时刻的 x 值为 $x_{n+1}=x_n+Tf(t_n,x_n)$，而采用RKM方法，则 $n+1$ 时刻的 x 值为

$$x_{n+1}=x_n+\frac{1}{6}(k_1+4k_4+k_5) \tag{9.76}$$

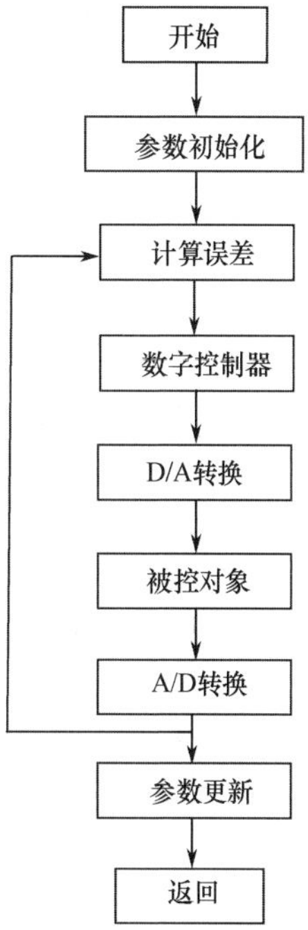

图9-35　数字控制算法的程序框图

其中

$$k_1=Tf(t_n,x_n)$$

$$k_2=Tf\left(t_n+\frac{1}{3}T,x_n+\frac{1}{3}k_1\right)$$

$$k_3=Tf\left(t_n+\frac{1}{3}T,x_n+\frac{1}{6}k_1+\frac{1}{6}k_2\right)$$

$$k_4=Tf\left(t_n+\frac{1}{2}T,x_n+\frac{1}{8}k_1+\frac{3}{8}k_3\right)$$

$$k_5=Tf\left(t_n+T,x_n+\frac{1}{2}k_1-\frac{3}{2}k_3+2k_4\right)$$

针对式(9.62)，另外一种改进的自适应律 $\dot{\hat{\boldsymbol{W}}}=\gamma\boldsymbol{h}\boldsymbol{x}^{\mathrm{T}}\boldsymbol{P}\boldsymbol{B}-k_1\gamma\|\boldsymbol{x}\|\hat{\boldsymbol{W}}$[39]。对每个采样时间，采用RKM迭代算法式(9.76)进行求解。考虑到自适应律表达式中权值 $\hat{\boldsymbol{W}}$ 相当于式(9.76)中的 x_n，且没有出现时间变量 t，采样时间为 t_s，故离散求解式(9.62)的Matlab程序如下：

```
w(i,1) =  w_1(i,1)+1/6*(k1+4*k4+k5);
k1= ts*(gama*h(i)*xi'*P*B-k1*gama*norm(xi)*w_1(i,1));
k2= ts*(gama*h(i)*xi'*P*B-k1*gama*norm(xi)*(w_1(i,1)+1/3*k1));
k3= ts*(gama*h(i)*xi'*P*B-k1*gama*norm(xi)*(w_1(i,1)+1/6*k1+1/6*k2));
k4= ts*(gama* h(i)*xi'*P*B- k1*gama*norm(xi)*(w_1(i,1)+1/8*k1+3/8*k3));
k5= ts*(gama*h(i)*xi'*P*B-k1*gama*norm(xi)*(w_1(i,1)+1/2*k1-3/2*k3+2*k4));
```

9.10.2　仿真实例

仿真中，采用控制律式(9.53)和自适应律式(9.62)。在离散化式(9.62)时，取两种离散化方

法：当 $M=1$ 时，采用简单的差分方法进行离散化；当 $M=2$ 时，采用 RKM 方法进行离散化。取 $m=1, l=1, g=9.8, d=0.5\sin t, C_0=2, \Delta D=0.8D_0, \Delta C=0.8C_0, \Delta G=0.8G_0$。系统的初始状态为 $\boldsymbol{x}=[0\quad 0]$。角度指令为 $q_{\rm d}=0.5\sin(k\cdot t_{\rm s})$，采样时间取 $t_{\rm s}=0.001$，取控制器参数为 $k_{\rm p}=40, k_{\rm v}=20, \boldsymbol{Q}=\begin{bmatrix}2000 & 0\\ 0 & 2000\end{bmatrix}$，取自适应律参数为 $\gamma=5, k_1=0.01$。RBF 网络的隐含层节点数取 10，网络权值的初始值取 0，高斯基函数参数初值的选取见控制器主程序 chap9_8.m。取 $M=1$，未采用神经网络补偿，仿真结果如图 9-36 所示。取 $M=2$，采用神经网络补偿，仿真结果如图 9-37 和图 9-38 所示。

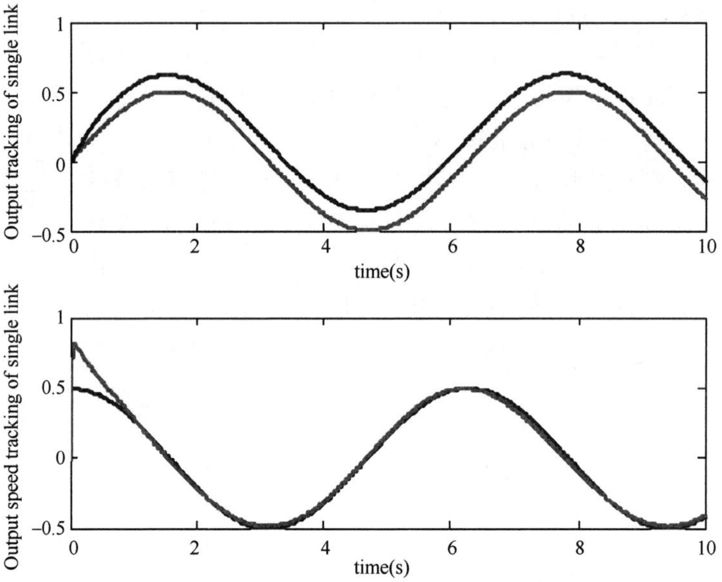

图 9-36　未采用神经网络补偿的输出跟踪及输出速度跟踪（$M=1$）

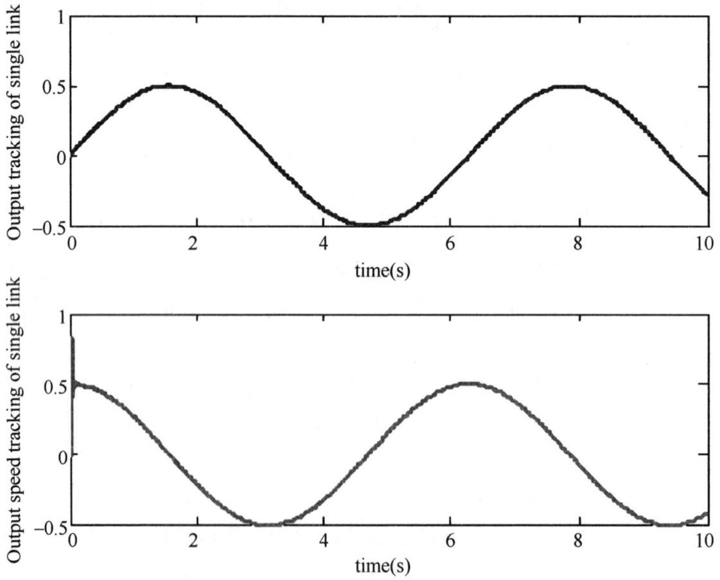

图 9-37　采用神经网络补偿的输出跟踪及输出速度跟踪（$M=2$）

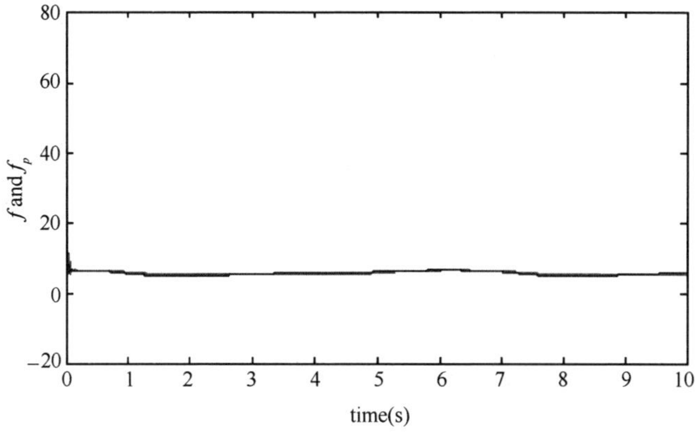

图 9-38　不确定项及其神经网络逼近结果($M=2$)

仿真程序为 chap9_8.m 和 chap9_8plant.m，详见本章附录。

9.11　离散系统的 RBF 网络控制

离散时间控制系统设计在实际工程中具有重要意义。设计离散数字控制器有两种方法：一种方法是首先基于连续系统设计连续控制器，然后再将其离散化；另一种方法是基于离散系统直接设计离散控制器。本节讨论第二种方法，即非线性离散系统的神经网络控制方法。

在离散系统的 Lyapunov 稳定性分析中，容易含有系统状态和神经网络权值的耦合平方项，使离散系统控制律的设计比连续系统控制律的设计复杂。

9.11.1　系统描述

考虑如下非线性离散系统

$$y(k+1)=f(\boldsymbol{x}(k))+u(k) \tag{9.77}$$

式中，$\boldsymbol{x}(k)=[y(k)\quad y(k-1)\quad\cdots\quad y(k-n+1)]^{\mathrm{T}}$ 为状态向量；$u(k)$ 为控制输入；$y(k)$ 为系统输出，假设非线性光滑函数 $f:\mathbf{R}^n\rightarrow\mathbf{R}$ 为未知。

控制任务为 $y(k)$ 跟踪 $y_{\mathrm{d}}(k)$。

9.11.2　经典控制器设计

定义跟踪误差为 $e(k)=y(k)-y_{\mathrm{d}}(k)$。如果 $f(\boldsymbol{x}(k))$ 已知，则可设计反馈线性化控制律为

$$u(k)=y_{\mathrm{d}}(k+1)-f(\boldsymbol{x}(k))-c_1e(k) \tag{9.78}$$

将式(9.78)代入式(9.77)中，可得到渐近收敛误差动态方程为

$$e(k+1)+c_1e(k)=0 \tag{9.79}$$

如果取 $|c_1|<1$，则可保证 $k\rightarrow\infty$ 时，$e(k)\rightarrow 0$。

9.11.3　自适应神经网络控制器设计

如果 $f(\boldsymbol{x}(k))$ 是未知的，可用 RBF 网络逼近 $f(\boldsymbol{x}(k))$。RBF 网络的输出为

$$\hat{f}(\boldsymbol{x}(k))=\hat{\boldsymbol{w}}(k)^{\mathrm{T}}\boldsymbol{h}(\boldsymbol{x}(k)) \tag{9.80}$$

式中，$\hat{\boldsymbol{w}}(k)$ 为神经网络输出的权值向量；$\boldsymbol{h}(\boldsymbol{x}(k))$ 为高斯基函数（按式(7.20)设计）。

根据 RBF 网络逼近定理，对于任意小的非零逼近误差 ε_f，存在某个最优权值向量 $\boldsymbol{w}^*$，使

$$f(\boldsymbol{x}) = \hat{f}(\boldsymbol{x},\boldsymbol{w}^*) - \Delta_f(\boldsymbol{x}) \tag{9.81}$$

式中，$\Delta_f(\boldsymbol{x})$ 为最优神经网络逼近误差，$|\Delta_f(\boldsymbol{x})| < \varepsilon_f$。

神经网络逼近误差为

$$\begin{aligned}\tilde{f}(\boldsymbol{x}(k)) &= f(\boldsymbol{x}(k)) - \hat{f}(\boldsymbol{x}(k)) \\ &= \hat{f}(\boldsymbol{x},\boldsymbol{w}^*) - \Delta_f(\boldsymbol{x}(k)) - \hat{\boldsymbol{w}}(k)^{\mathrm{T}}\boldsymbol{h}(\boldsymbol{x}(k)) \\ &= -\tilde{\boldsymbol{w}}(k)^{\mathrm{T}}\boldsymbol{h}(\boldsymbol{x}(k)) - \Delta_f(\boldsymbol{x}(k))\end{aligned} \tag{9.82}$$

式中，$\tilde{\boldsymbol{w}}(k) = \hat{\boldsymbol{w}}(k) - \boldsymbol{w}^*$。

采用神经网络逼近未知函数，根据式(9.78)，控制律可设计为

$$u(k) = y_{\mathrm{d}}(k+1) - \hat{f}(\boldsymbol{x}(k)) - c_1 e(k) \tag{9.83}$$

图 9-39 为基于神经网络逼近的自适应控制框图。

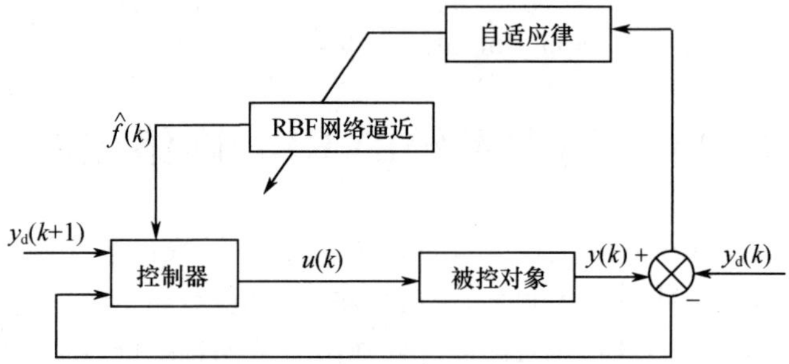

图 9-39　基于神经网络逼近的自适应控制

将式(9.83)代入式(9.77)，可得

$$e(k+1) = \tilde{f}(\boldsymbol{x}(k)) - c_1 e(k)$$

则

$$e(k) + c_1 e(k-1) = \tilde{f}(\boldsymbol{x}(k-1)) \tag{9.84}$$

式(9.84)的另一种表达方式为

$$e(k) = \Gamma^{-1}(z^{-1})\tilde{f}(\boldsymbol{x}(k-1)) \tag{9.85}$$

式中，$\Gamma(z^{-1}) = 1 + c_1 z^{-1}$，$z^{-1}$ 为离散时间延时因子。

参考文献[37]，定义一个新的误差函数为

$$e_1(k) = \beta(e(k) - \Gamma^{-1}(z^{-1})v(k)) \tag{9.86}$$

式中，$\beta > 0$。

将式(9.85)代入式(9.86)，可得

$$e_1(k) = \beta\Gamma^{-1}(z^{-1})(\tilde{f}(\boldsymbol{x}(k-1)) - v(k)) = \beta\frac{1}{1+c_1 z^{-1}}(\tilde{f}(\boldsymbol{x}(k-1)) - v(k))$$

整理可得

$$e_1(k-1) = \frac{\beta(\tilde{f}(\boldsymbol{x}(k-1)) - v(k)) - e_1(k)}{c_1} \tag{9.87}$$

根据文献[37]，设计自适应控制律为

$$\Delta\hat{\boldsymbol{w}}(k) = \begin{cases}\dfrac{\beta}{\gamma c_1^2}\boldsymbol{h}(\boldsymbol{x}(k-1))e_1(k) & |e_1(k)| > \varepsilon_f/G \\ 0 & |e_1(k)| \leqslant \varepsilon_f/G\end{cases} \tag{9.88}$$

式中，$\Delta\hat{\boldsymbol{w}}(k) = \hat{\boldsymbol{w}}(k) - \hat{\boldsymbol{w}}(k-1)$；$\gamma$ 和 G 是严格的正常数。

9.11.4 稳定性分析

根据闭环系统的性能要求,定义离散时间 Lyapunov 函数为

$$V(k)=e_1^2(k)+\gamma\tilde{\boldsymbol{w}}^{\mathrm{T}}(k)\tilde{\boldsymbol{w}}(k) \tag{9.89}$$

$V(k)$ 的一阶差分为

$$\Delta V(k)=V(k)-V(k-1)=e_1^2(k)-e_1^2(k-1)+\gamma(\tilde{\boldsymbol{w}}^{\mathrm{T}}(k)+\tilde{\boldsymbol{w}}^{\mathrm{T}}(k-1))(\tilde{\boldsymbol{w}}(k)-\tilde{\boldsymbol{w}}(k-1))$$

稳定性分析分为以下三步进行。

(1) 将式(9.87) 的 $e_1(k-1)$ 代入上式,可得

$$\begin{aligned}\Delta V(k)=&e_1^2(k)-\frac{e_1^2(k)+\beta^2(\tilde{f}(\boldsymbol{x}(k-1))-v(k))^2-2\beta(\tilde{f}(\boldsymbol{x}(k-1))-v(k))e_1(k)}{c_1^2}+\\&\gamma((\hat{\boldsymbol{w}}(k)-\boldsymbol{w}^*)^{\mathrm{T}}+(\hat{\boldsymbol{w}}(k-1)-\boldsymbol{w}^*)^{\mathrm{T}})((\hat{\boldsymbol{w}}(k)-\boldsymbol{w}^*)-(\hat{\boldsymbol{w}}(k-1)-\boldsymbol{w}^*))\\=&-V_1+\frac{2\beta(\tilde{f}(\boldsymbol{x}(k-1))-v(k))e_1(k)}{c_1^2}+\gamma(\Delta\hat{\boldsymbol{w}}^{\mathrm{T}}(k)+2\tilde{\boldsymbol{w}}^{\mathrm{T}}(k-1))\Delta\hat{\boldsymbol{w}}(k)\end{aligned}$$

式中,$V_1=\dfrac{e_1^2(k)(1-c_1^2)}{c_1^2}+\dfrac{\beta^2(\tilde{f}(\boldsymbol{x}(k-1))-v(k))^2}{c_1^2}\geqslant 0$。

(2) 将式(9.82) 代入上式的 $\tilde{f}(\boldsymbol{x}(k-1))$ 中,整理可得

$$\begin{aligned}\Delta V(k)=&-V_1+\frac{2\beta(-\tilde{\boldsymbol{w}}(k-1)^{\mathrm{T}}\boldsymbol{h}(\boldsymbol{x}(k-1))-\Delta_f(\boldsymbol{x}(k-1))-v(k))e_1(k)}{c_1^2}+\\&\gamma\Delta\hat{\boldsymbol{w}}^{\mathrm{T}}(k)\Delta\hat{\boldsymbol{w}}(k)+2\gamma\tilde{\boldsymbol{w}}^{\mathrm{T}}(k-1)\Delta\hat{\boldsymbol{w}}(k)\\=&-V_1+2\tilde{\boldsymbol{w}}^{\mathrm{T}}(k-1)\left(\gamma\Delta\hat{\boldsymbol{w}}(k)-\frac{\beta}{c_1^2}\boldsymbol{h}(\boldsymbol{x}(k-1))e_1(k)\right)-\\&\frac{2\beta}{c_1^2}(\Delta_f(\boldsymbol{x}(k-1))+v(k))e_1(k)+\gamma\Delta\hat{\boldsymbol{w}}^{\mathrm{T}}(k)\Delta\hat{\boldsymbol{w}}(k)\end{aligned}$$

(3) 将自适应律式(9.88) 代入上式,可得

$$\Delta V(k)=\begin{cases}-V_1-\dfrac{2\beta}{c_1^2}(\Delta_f(\boldsymbol{x}(k-1))+v(k))e_1(k)+\\\quad\left(\dfrac{\beta}{\sqrt{\gamma}c_1^2}\right)^2\boldsymbol{h}^{\mathrm{T}}(\boldsymbol{x}(k-1))\boldsymbol{h}(\boldsymbol{x}(k-1))e_1^2(k) & |e_1(k)|>\varepsilon_f/G\\-V_1-\dfrac{2\beta}{c_1^2}[((\tilde{\boldsymbol{w}}^{\mathrm{T}}(k-1)\boldsymbol{h}(\boldsymbol{x}(k-1)))+\\\quad v(k)+\Delta_f(\boldsymbol{x}(k-1))e_1(k)] & |e_1(k)|\leqslant\varepsilon_f/G\end{cases} \tag{9.90}$$

辅助控制信号 $v(k)$ 的设计应保证 $e_1(k)\rightarrow 0$,从而 $e(k)\rightarrow 0$。设计辅助控制信号为[38]

$$v(k)=v_1(k)+v_2(k) \tag{9.91}$$

式中,$v_1(k)=\dfrac{\beta}{2\gamma c_1^2}\boldsymbol{h}^{\mathrm{T}}(\boldsymbol{x}(k-1))\boldsymbol{h}(\boldsymbol{x}(k-1))e_1(k)$ 和 $v_2(k)=Ge_1(k)$。

如果 $|e_1(k)|>\varepsilon_f/G$,将式(9.91) 代入式(9.90),整理可得

$$\begin{aligned}\Delta V(k)=&-V_1-\frac{2\beta}{c_1^2}(\Delta_f(\boldsymbol{x}(k-1))+Ge_1(k))e_1(k)\\\leqslant&-\frac{2\beta}{c_1^2}(\Delta_f(\boldsymbol{x}(k-1))+Ge_1(k))e_1(k)\end{aligned}$$

由于 $|\Delta_f(\boldsymbol{x})|<\varepsilon_f$,$|e_1(k)|>\varepsilon_f/G$,则 $|e_1(k)|>\dfrac{|\Delta_f(\boldsymbol{x}(k-1))|}{G}$,$e_1^2(k)>-\dfrac{\Delta_f(\boldsymbol{x}(k-1))e_1(k)}{G}$,

因此$(\Delta_f(\boldsymbol{x}(k-1))+Ge_1(k))e_1(k)>0$,从而可得 $\Delta V(k)<0$。

如果$|e_1(k)|\leqslant\varepsilon_f/G$,则可保证跟踪性能,且 $\Delta V(k)$ 可以任意小。

仿真说明如下:

(1) 由式(9.86) 可得 $e_1(k)=\beta\left(e(k)-\dfrac{1}{1+c_1z^{-1}}v(k)\right)$,则 $e_1(k)(1+c_1z^{-1})=\beta(e(k)(1+c_1z^{-1})-v(k))$,因此

$$e_1(k)=-c_1e_1(k-1)+\beta(e(k)+c_1e(k-1)-v(k)) \tag{9.92}$$

(2) 通过 Lyapunov 稳定性分析,如果 $k\to\infty$,$e_1(k)\to 0$,由式(9.91) 可得 $v(k)\to 0$,再由式(9.92),很显然 $e(k)+c_1e(k-1)\to 0$。考虑到$|c_1|<1$,可得 $e(k)\to 0$。

(3) $v(k)$ 是一个虚拟变量,由式(9.91),令 $v'_1(k)=\dfrac{\beta}{2\gamma c_1^2}\boldsymbol{h}^{\mathrm{T}}(\boldsymbol{x}(k-1))\boldsymbol{h}(\boldsymbol{x}(k-1))$,可得 $v(k)=(v'_1(k)+G)e_1(k)$,将 $v(k)$ 代入式(9.92) 中,可得 $e_1(k)=-c_1e_1(k-1)+\beta(e(k)+c_1e(k-1)-(v'_1(k)+G)e_1(k))$,进一步整理得

$$e_1(k)=\frac{-c_1e_1(k-1)+\beta(e(k)+c_1e(k-1))}{1+\beta(v'_1(k)+G)} \tag{9.93}$$

9.11.5 仿真实例

考虑离散非线性系统为

$$y(k)=\frac{0.5y(k-1)(1-y(k-1))}{1+\exp(-0.25y(k-1))}+u(k-1)$$

式中,$f(\boldsymbol{x}(k-1))=\dfrac{0.5y(k-1)(1-y(k-1))}{1+\exp(-0.25y(k-1))}$。

假设 $f(\boldsymbol{x}(k-1))$ 为已知,控制律采用式(9.78),取 $c_1=-0.01$,仿真结果如图 9-40 和图 9-41 所示。

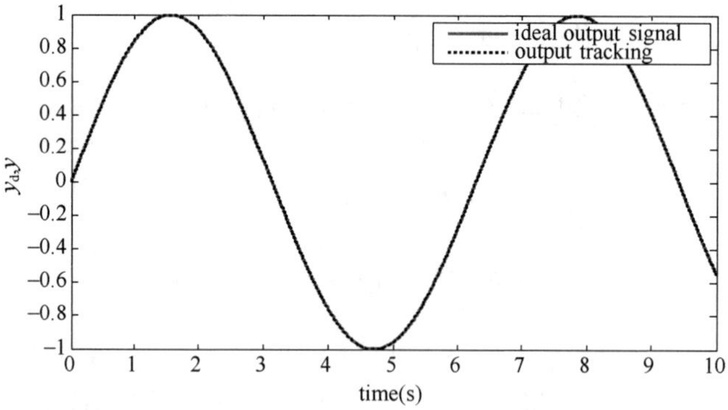

图 9-40 $f(\boldsymbol{x}(k-1))$ 已知时的跟踪

假设 $f(\boldsymbol{x}(k-1))$ 为未知,并用 RBF 网络对其进行逼近,RBF 网络的结构为 1-9-1,由 $f(\boldsymbol{x}(k-1))$ 的表达式可知,网络输入可取 $y(k-1)$,高斯基函数的参数 $\boldsymbol{c}_j$ 和 b_j 分别选为 $[-2\quad -1.5\quad -1.0\quad -0.5\quad 0\quad 0.5\quad 1.0\quad 1.5\quad 2]$ 和 15($i=1,j=1,2,\cdots,9$),RBF 网络的初始权值取(0,1)之间的随机数。控制对象的初始值为 0,理想跟踪信号为 $y_d(k)=\sin t$。$e_1(k)$ 由式(9.93) 计算可得,控制律采用式(9.83),自适应律采用式(9.88),控制参数取 $c_1=-0.01$,$\beta=0.001$,$\gamma=0.001$,$G=50000$,$\varepsilon_f=0.003$。仿真结果如图 9-42 至图 9-44 所示。

$f(\boldsymbol{x}(k-1))$ 为已知的仿真程序为 chap9_9.m,$f(\boldsymbol{x}(k-1))$ 为未知的仿真程序为 chap9_10.m,详见本章附录。

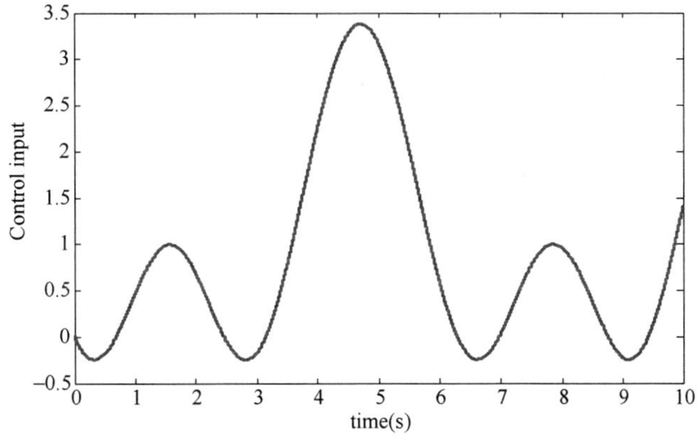

图 9-41　$f(\boldsymbol{x}(k-1))$ 已知时的控制输入

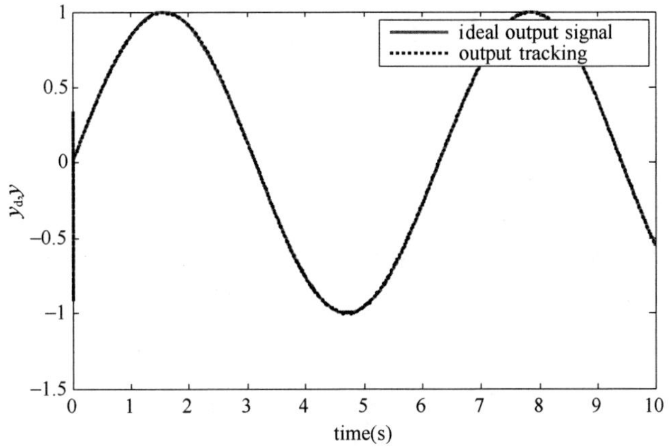

图 9-42　$f(\boldsymbol{x}(k-1))$ 未知时的跟踪

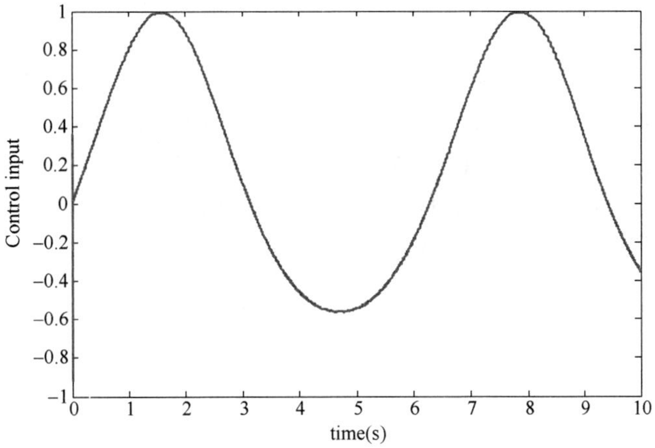

图 9-43　$f(\boldsymbol{x}(k-1))$ 未知时的控制输入

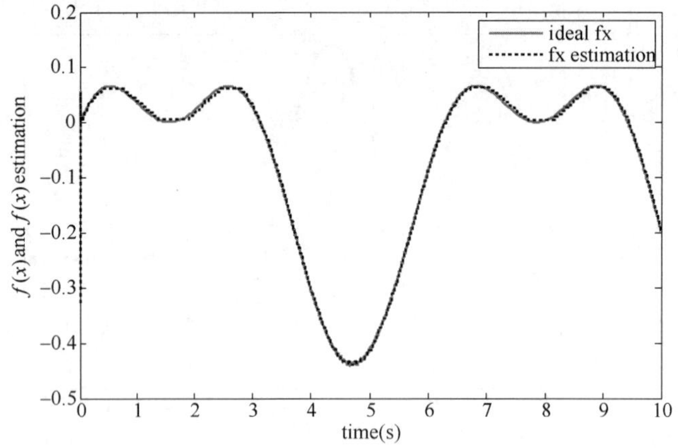

图 9-44　$f(\boldsymbol{x}(k-1))$ 及其逼近

思考题与习题 9

9-1　参照RBF网络直接模型参考自适应控制算法，试推导BP网络直接模型参考自适应控制算法。

9-2　参照RBF网络的自校正控制方法，设计基于RBF网络的模型参考自校正控制器，并进行Matlab仿真。被控对象为 $y(k)=0.8\sin(y(k-1))+15u(k-1)$，采样周期为 $T=0.001$，参考模型为 $y_m(k)=0.6y_m(k-1)+r(k)$，$r(k)$ 为正弦信号，$r(k)=0.50\sin(2\pi kT)$。

9-3　已知一非线性系统

$$y(k+1)=\frac{y(k)}{1+y^2(k)}+u^3(k)$$

给定的期望轨迹为

$$y_{\mathrm{d}}(k)=\sin\frac{2\pi k}{25}+\sin\frac{2\pi k}{10}$$

试采用RBF网络进行自适应控制，其中Jacobian信息由RBF网络辨识，并进行Matlab仿真。

9-4　参照9.8节内容，针对电机模型 $J\ddot{q}=\tau+d$，其中 J 为转动惯量，τ 为控制输入，q 为转动角度，d 为未知外加干扰，$J=0.02$，$d=10\sin t$，期望轨迹 $q_{\mathrm{d}}=0.5\sin t$。设计基于不确定逼近的RBF网络自适应控制算法，并进行稳定性分析和Matlab仿真。

9-5　针对9.9节介绍的神经网络自适应控制方法和仿真实例，将控制律和自适应律离散化，实现两关节机械手的神经网络数字控制，并进行Matlab仿真。

本章附录（程序代码）

单神经元自适应控制程序：chap9_1.m

```
% Single Neural Adaptive Controller
clear all;
close all;

x=[0,0,0]';

xite=0.40;

w1_1=0.10;
w2_1=0.10;
w3_1=0.10;

e_1=0;
e_2=0;
y_1=0;y_2=0;
u_1=0;u_2=0;

ts=0.001;
for k=1:1:1000
    time(k)=k*ts;
    r(k)=0.5*sign(sin(2*2*pi*k*ts));
    y(k)=0.368*y_1+0.26*y_2+0.1*u_1+0.632*u_2;
    e(k)=r(k)-y(k);

% Adjusting Weight Value by supervised Heb learning algorithm
    w1(k)=w1_1+xite*e(k)*u_1*x(1);
    w2(k)=w2_1+xite*e(k)*u_1*x(2);
    w3(k)=w3_1+xite*e(k)*u_1*x(3);
    K=0.12;

    x(1)=e(k)-e_1;
    x(2)=e(k);
    x(3)=e(k)-2*e_1+e_2;

    w=[w1(k),w2(k),w3(k)];
    u(k)=u_1+K*w*x;          % Control law

e_2=e_1;
e_1=e(k);

u_2=u_1;u_1=u(k);
y_2=y_1;y_1=y(k);

w1_1=w1(k);
w2_1=w2(k);
w3_1=w3(k);
end
```

```
figure(1);
plot(time,r,'b',time,y,'r');
xlabel('time(s)');ylabel('Position tracking');
figure(2);
plot(time,e,'r');
xlabel('time(s)');ylabel('error');
figure(3);
plot(time,w1,'r');
xlabel('time(s)');ylabel('w1');
figure(4);
plot(time,w2,'r');
xlabel('time(s)');ylabel('w2');
figure(5);
plot(time,w3,'r');
xlabel('time(s)');ylabel('w3');
```

RBF 网络监督控制程序：chap9_2.m

```
% RBF Supervisory Control
clear all;
close all;

ts=0.001;
sys=tf(1000,[1,50,2000]);
dsys=c2d(sys,ts,'z');
[num,den]=tfdata(dsys,'v');

y_1=0;y_2=0;
u_1=0;u_2=0;
e_1=0;

xi=0;
x=[0,0]';

b=0.5*ones(4,1);
c=[-2 -1 1 2];
w=rands(4,1);
w_1=w;
w_2=w_1;

xite=0.30;
alfa=0.05;

kp=25;
kd=0.3;
for k=1:1:1000
    time(k)=k*ts;
S=1;
if S==1
    r(k)=0.5*sign(sin(2*2*pi*k*ts));  % Square Signal
elseif S==2
    r(k)=0.5*(sin(3*2*pi*k*ts));      % Sine Signal
```

```
end

y(k)=-den(2)*y_1-den(3)*y_2+num(2)* u_1+num(3)*u_2;
e(k)=r(k)-y(k);

xi=r(k);

for j=1:1:4
    h(j)=exp(-norm(xi-c(:,j))^2/(2*b(j)*b(j)));
end
un(k)=w'*h';

% PD Controller
up(k)=kp*x(1)+kd*x(2);

M=2;
if M==1        % Only Using PID Control
    u(k)=up(k);
elseif M==2  % Total control output
    u(k)=up(k)+un(k);
end

if u(k)> =10
    u(k)=10;
end
if u(k)< =-10
    u(k)=-10;
end
if k==400
    u(k)=u(k)+6.0;
end

% Update NN Weight
d_w=-xite*(un(k)-u(k))* h';
w=w_1+d_w+alfa*(w_1-w_2);

w_2=w_1;
w_1=w;
u_2=u_1;
u_1=u(k);
y_2=y_1;
y_1=y(k);

x(1)=e(k);                    % Calculating P
x(2)=(e(k)-e_1)/ts;           % Calculating D
e_1=e(k);
end
figure(1);
plot(time,r,'r',time,y,'b');
xlabel('time(s)');ylabel('r and y');
figure(2);
```

```
subplot(311);
plot(time,un,'b');
xlabel('time(s)');ylabel('un');
subplot(312);
plot(time,up,'k');
xlabel('time(s)');ylabel('up');
subplot(313);
plot(time,u,'r');
xlabel('time(s)');ylabel('u');
```

RBF 网络自校正控制程序：chap9_3. m

```
% Self-Correct control based RBF Identification
clear all;
close all;

xite1= 0.15;
xite2=0.50;
alfa=0.05;

w=0.5* ones(5,1);
v=0.5* ones(5,1);

cij=[-1 -0.5 0 0.5 1];
bj=1.0;
h=zeros(5,1);

  w_1=w;w_2=w_1;
  v_1=v;v_2=v_1;
  u_1=0;y_1=0;

  ts=0.02;
  for k=1:1:5000
  time(k)=k* ts;
  r(k)=sin(0.1* pi* k* ts);

  % Practical Plant;
  g(k)=0.8* sin(y_1);
  f(k)=0.5+ 0.2* sin(y_1);
  y(k)=g(k)+ f(k)* u_1;

  for j=1:1:5
    h(j)=exp(- norm(y_1- cij(:,j))^2/(2* bj* bj));
  end

  Ng(k)=w'* h;
  Nf(k)=v'* h;
```

```
  ym(k)=Ng(k)+ Nf(k)* u_1;

  e(k)=y(k)- ym(k);

  d_w=0* w;
  for j=1:1:5
    d_w(j)=xite1* e(k)* h(j);
  end
  w=w_1+ d_w+ alfa* (w_1-w_2);

  d_v=0* v;
  for j=1:1:5
    d_v(j)=xite2* e(k)* h(j)* u_1;
  end
  v=v_1+ d_v+ alfa* (v_1- v_2);

  u(k)=- Ng(k)/Nf(k)+ r(k)/Nf(k);

  u_1=u(k);
  y_1=y(k);

  w_2=w_1;
  w_1=w;

  v_2=v_1;
  v_1=v;
end

figure(1);
plot(time,r,'r',time,y,'b','linewidth',2);
xlabel('time(s)');ylabel('Position tracking');
figure(2);
plot(time,g,'r',time,Ng,'b','linewidth',2);
xlabel('time(s)');ylabel('g and Ng');
figure(3);
plot(time,f,'r',time,Nf,'b','linewidth',2);
xlabel('time(s)');ylabel('f and Nf');
```

RBF 网络直接模型参考自适应控制程序：chap9_4.m

```
% Model Reference Adaptive RBF Control
clear all;
close all;

u_1=0;
```

```
y_1=0;
ym_1=0;

x=[0,0,0]';
c=[-3 -2 -1 1 2 3;
   -3 -2 -1 1 2 3;
   -3 -2 -1 1 2 3];
b=2*ones(6,1);
w=rands(6,1);

xite=0.35;
alfa=0.05;
h=[0,0,0,0,0,0]';

c_1=c;c_2=c;
b_1=b;b_2=b;
w_1=w;w_2=w;

ts=0.001;
for k=1:1:3000
time(k)=k*ts;

r(k)=0.5*sin(2*pi*k*ts);
ym(k)=0.6*ym_1+r(k);

y(k)=(-0.1*y_1+u_1)/(1+y_1^2); % Nonlinear plant

for j=1:1:6
    h(j)=exp(-norm(x-c(:,j))^2/(2*b(j)*b(j)));
end
u(k)=w'*h;

ec(k)=ym(k)-y(k);
dyu(k)=sign((y(k)-y_1)/(u(k)-u_1));

d_w=0*w;
for j=1:1:6
d_w(j)=xite*ec(k)*h(j)*dyu(k);
end
    w=w_1+d_w+alfa*(w_1-w_2);

    M=1;
if M==1
d_b=0*b;
for j=1:1:6
d_b(j)=xite*ec(k)*w(j)*h(j)*(b(j)^-3)*norm(x-c(:,j))^2*dyu(k);
end
    b=b_1+d_b+alfa*(b_1-b_2);

d_c=0*c;
for j=1:1:6
```

```
for i=1:1:3
d_c(i,j)=xite*ec(k)*w(j)*h(j)*(x(i)-c(i,j))*(b(j)^-2)*dyu(k);
end
end
    c=c_1+d_c+alfa*(c_1-c_2);
elseif M==2
        b=b_1;
        c=c_1;
end
% Return of parameters
    u_1=u(k);
    y_1=y(k);
    ym_1=ym(k);

x(1)=r(k);
x(2)=ec(k);
x(3)=y(k);

    w_2=w_1;w_1=w;
    c_2=c_1;c_1=c;
    b_2=b_1;b_1=b;
end
figure(1);
plot(time,ym,'r',time,y,'b');
xlabel('time(s)');ylabel('ym,y');
figure(2);
plot(time,ym-y,'r');
xlabel('time(s)');ylabel('tracking error');
```

一种简单的 RBF 网络自适应控制仿真程序

(1) **Simulink 主程序**:chap9_5sim. mdl

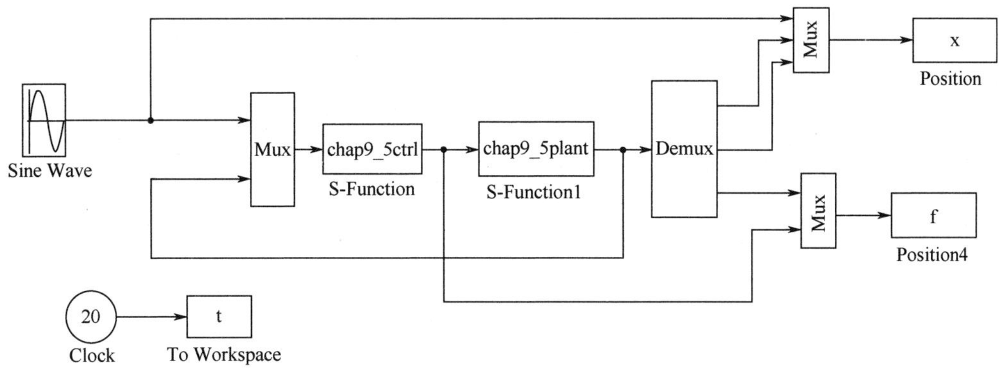

(2) **控制律及自适应律 S 函数**:chap9_5ctrl. m

```
function [sys,x0,str,ts]=spacemodel(t,x,u,flag)
switch flag,
case 0,
    [sys,x0,str,ts]=mdlInitializeSizes;
```

```
case 1,
    sys=mdlDerivatives(t,x,u);
case 3,
    sys=mdlOutputs(t,x,u);
case {2,4,9}
    sys=[];
otherwise
    error(['Unhandled flag=',num2str(flag)]);
end
function [sys,x0,str,ts]=mdlInitializeSizes
global b c lama
sizes=simsizes;
sizes.NumContStates =5;
sizes.NumDiscStates =0;
sizes.NumOutputs=2;
sizes.NumInputs=4;
sizes.DirFeedthrough=1;
sizes.NumSampleTimes=1;
sys=simsizes(sizes);
x0 =0.1*ones(1,5);
str=[];
ts =[0 0];
c=0.5* [-2 -1 0 1 2;
       -2 -1 0 1 2];
b=3.0;
lama=10;
function sys=mdlDerivatives(t,x,u)
global b c lama
xd=sin(t);
dxd=cos(t);

x1=u(2);
x2=u(3);
e=x1-xd;
de=x2-dxd;
s=lama*e+de;

W=[x(1) x(2) x(3) x(4) x(5)]';
xi=[x1;x2];

h=zeros(5,1);
for j=1:1:5
    h(j)=exp(-norm(xi-c(:,j))^2/(2* b^2));
end
```

```
gama=1500;
for i=1:1:5
    sys(i)=gama*s*h(i);
end

function sys=mdlOutputs(t,x,u)
global b c lama
xd=sin(t);
dxd=cos(t);
ddxd=-sin(t);

x1=u(2);
x2=u(3);
e=x1-xd;
de=x2-dxd;
s=lama*e+de;

W=[x(1) x(2) x(3) x(4) x(5)];
xi=[x1;x2];

h=zeros(5,1);
for j=1:1:5
    h(j)=exp(-norm(xi-c(:,j))^2/(2*b^2));
end
fn=W*h;
xite=1.50;

% fn=10*x1+x2; % Precise f
ut=-lama*de+ddxd-fn-xite*sign(s);

sys(1)=ut;
sys(2)=fn;
```

(3) **被控对象 S 函数**:chap9_5plant. m

```
function [sys,x0,str,ts]=s_function(t,x,u,flag)
switch flag,
case 0,
    [sys,x0,str,ts]=mdlInitializeSizes;
case 1,
    sys=mdlDerivatives(t,x,u);
case 3,
    sys=mdlOutputs(t,x,u);
case {2,4,9 }
    sys=[];
otherwise
```

```
    error(['Unhandled flag=',num2str(flag)]);
end
function [sys,x0,str,ts]=mdlInitializeSizes
sizes=simsizes;
sizes.NumContStates=2;
sizes.NumDiscStates=0;
sizes.NumOutputs=3;
sizes.NumInputs=2;
sizes.DirFeedthrough=0;
sizes.NumSampleTimes=0;
sys=simsizes(sizes);
x0=[0.15;0];
str=[];
ts=[];
function sys=mdlDerivatives(t,x,u)
ut=u(1);

f=10*x(1)*x(2);
sys(1)=x(2);
sys(2)=f+ut;
function sys=mdlOutputs(t,x,u)
f=10*x(1)*x(2);

sys(1)=x(1);
sys(2)=x(2);
sys(3)=f;
```

(4) **作图程序**:chap9_5plot.m

```
close all;

figure(1);
subplot(211);
plot(t,x(:,1),'r',t,x(:,2),'b','linewidth',2);
xlabel('time(s)');ylabel('position tracking');
subplot(212);
plot(t,cos(t),'r',t,x(:,3),'b','linewidth',2);
xlabel('time(s)');ylabel('speed tracking');

figure(2);
plot(t,f(:,1),'r',t,f(:,3),'b','linewidth',2);
xlabel('time(s)');ylabel('f approximation');
```

神经网络数字控制仿真程序

(1) 控制器主程序:chap9_8.m

```
% Discrete RBF control for Motor
clear all;
close all;
ts=0.001;  % Sampling time

node=10;
gama=5;
c=0;
b=4;

h=zeros(node,1);
kp=40;kv=20;
q_1=0;dq_1=0;tol_1=0;
xk=[0 0];
w_1=zeros(node,1);

A=[0    1;
  -kp -kv];
B=[0;1];
Q=[2000 0;
   0 2000];
P=lyap(A',Q);
eig(P);
k1=0.01;
for k=1:1:10000
time(k) =k*ts;

qd(k)=0.50*sin(k*ts);
dqd(k)=0.50*cos(k*ts);
ddqd(k)=-0.50*sin(k*ts);

tSpan=[0 ts];
para=tol_1;              % D/A
[t,xx]=ode45('chap9_7plant',tSpan,xk,[],para);    % Plant
xk=xx(length(xx),:);    % A/D

q(k)=xk(1);
% dq(k)=xk(2);
dq(k)=(q(k)-q_1)/ts;
ddq(k)=(dq(k)-dq_1)/ts;

e(k)=q(k)-qd(k);
de(k)=dq(k)-dqd(k);
xi=[e(k);de(k)];
for j=1:1:node
    h(j)=exp(-norm(xi-c)^2/(2*b*b));
end
```

```
for i=1:1:node
    S=2;
    if S==1
     w(i,1)=w_1(i,1)+ts*(gama*h(i)*xi'*P*B+k1*gama*norm(xi)*w_1(i,1)); % Adaptive law
    elseif S==2
        k1=ts*(gama*h(i)*xi'*P*B-k1*gama*norm(xi)*w_1(i,1));
        k2=ts*(gama*h(i)*xi'*P*B-k1*gama*norm(xi)*(w_1(i,1)+1/3*k1));
        k3=ts*(gama*h(i)*xi'*P*B- k1*gama*norm(xi)*(w_1(i,1)+1/6*k1+1/6*k2));
        k4=ts*(gama*h(i)*xi'*P*B- k1*gama*norm(xi)*(w_1(i,1)+1/8*k1+3/8*k3));
        k5=ts*(gama*h(i)*xi'*P*B- k1*gama*norm(xi)*(w_1(i,1)+1/2*k1-3/2*k3+2*k4));
        w(i,1)=w_1(i,1)+1/6*(k1+4*k4+k5);
    end
end
g=9.8;m=1;l=1;
D0=4/3*m*l^2;
d_D=0.8*D0;
C0=2;
d_C=0.8*C0;
G0(k)=m*g*l*cos(q(k));
d_G(k)=0.8*G0(k);
d(k)=0.5*sin(k*ts);

f(k)=inv(D0)*(d_D*ddq(k)+d_C*dq(k)+d_G(k)+d(k));
fp(k)=w'*h;
% Control input
M=2;
if M==1        % No compensation
    tol(k)=D0*(ddqd(k)-kv*de(k)-kp*e(k))+C0*dq(k)+G0(k);
elseif M==2  % Neural network compensation
    tol(k)=D0*(ddqd(k)-kv*de(k)-kp*e(k))+C0*dq(k)+G0(k)-D0*fp(k);
end
q_1=q(k);
dq_1=dq(k);
w_1=w;
tol_1=tol(k);
end
figure(1);
subplot(211);
plot(time,qd,'r',time,q,'b','linewidth',2);
xlabel('time(s)'),ylabel('Output tracking of single link');
subplot(212);
plot(time,dqd,'b',time,dq,'r','linewidth',2);
xlabel('time(s)'),ylabel('Output speed tracking of single link');
figure(2);
plot(time,tol,'linewidth',2);
xlabel('time(s)'),ylabel('Control input of single link');
if M= = 2
    figure(3);
    plot(time,f,'r',time,fp,'b','linewidth',2);
    xlabel('time(s)'),ylabel('f and fp');
end
```

(2) **被控对象子程序**：chap9_8plant.m

```
function dx=Plant(t,x,flag,para)
dx=zeros(2,1);
g=9.8;m=1;l=1;

D0=4/3*m*l^2;
d_D=0.8*D0;
C0=2;
d_C=0.8*C0;
G0=m*g*l*cos(x(1));
d_G=0.8*G0;

D=D0-d_D;
C=C0-d_C;
G=G0-d_G;
d=0.5*sin(t);

tol=para;

dx(1)=x(2);
dx(2)=inv(D)*(tol+d- C*x(2)- G);
```

离散系统的 RBF 网络控制仿真程序

(1) $f(\boldsymbol{x}(k-1))$**为已知的仿真程序**：chap9_9.m

```
% Discrete controller
clear all;
close all;
ts=0.001;

c1=-0.01;
u_1=0;y_1=0;
fx_1=0;
for k=1:1:20000
time(k)=k*ts;

yd(k)=sin(k*ts);
yd1=sin((k+1)*ts);
% Nonlinear plant
fx(k)=0.5*y_1*(1-y_1)/(1+exp(-0.25*y_1));
y(k)=fx_1+u_1;

e(k)=y(k)-yd(k);

u(k)=yd1-fx(k)-c1*e(k);

y_1=y(k);
u_1=u(k);
fx_1=fx(k);
end
```

```
figure(1);
plot(time,yd,'r',time,y,'k:','linewidth',2);
xlabel('time(s)');ylabel('yd,y');
legend('ideal output signal','output tracking');
figure(2);
plot(time,u,'r','linewidth',2);
xlabel('time(s)');ylabel('Control input');
```

(2) $f(\boldsymbol{x}(k-1))$为未知的仿真程序：chap9_10.m

```
% Discrete RBF controller
clear all;
close all;
ts=0.001;

c1=-0.01;
beta=0.001;
epcf=0.003;
gama=0.001;
G=50000;

b=15;
c=[-2 -1.5 -1 -0.5 0 0.5 1 1.5 2];
w=rands(9,1);
w_1=w;

u_1=0;
y_1=0;
e1_1=0;
e_1=0;
fx_1=0;
for k=1:1:10000
time(k)=k*ts;

yd(k)=sin(k*ts);
yd1(k)=sin((k+1)*ts);
% Nonlinear plant
fx(k)=0.5*y_1*(1-y_1)/(1+exp(-0.25*y_1));
y(k)=fx_1+u_1;

e(k)=y(k)-yd(k);

x(1)=y_1;
for j=1:1:9
    h(j)=exp(-norm(x-c(:,j))^2/(2*b^2));
end
v1_bar(k)=beta/(2*gama*c1^2)*h*h';

e1(k)=(-c1*e1_1+beta*(e(k)+c1*e_1))/(1+beta*(v1_bar(k)+G));

if abs(e1(k))> epcf/G
    w=w_1+beta/(gama*c1^2)*h'*e1(k);
```

```
elseif abs(e1(k))< =epcf/G
    w=w_1;
end
fnn(k)=w'*h';

u(k)=yd1(k)-fnn(k)-c1*e(k);
% u(k)=yd1(k)-fx(k)-c1*e(k); % With precise fx

fx_1=fx(k);
y_1=y(k);

w_1=w;
u_1=u(k);
e1_1=e1(k);
e_1=e(k);
end
figure(1);
plot(time,yd,'r',time,y,'k:','linewidth',2);
xlabel('time(s)');ylabel('yd,y');
legend('ideal output signal','output tracking');
figure(2);
plot(time,u,'r','linewidth',2);
xlabel('time(s)');ylabel('Control input');
figure(3);
plot(time,fx,'r',time,fnn,'k:','linewidth',2);
xlabel('time(s)');ylabel('fx and fx estimation');
legend('ideal fx','fx estimation');
```

第10章　智能算法

随着优化理论的发展，一些新的智能算法得到了迅速发展和广泛应用，成为解决传统系统控制问题的新方法，如遗传算法、蚁群算法、粒子群算法、差分进化算法等。这些优化算法都是通过模拟揭示自然现象和过程来实现的，其优点和机制的独特，为具有非线性系统的控制问题提供了切实可行的解决方案。

10.1　遗传算法的基本原理

10.1.1　遗传算法的设计思想

遗传算法(Genetic Algorithms,GA)是1962年由美国密歇根大学Holland教授提出的模拟自然界遗传机制和生物进化论而形成的一种并行随机搜索最优化方法。

遗传算法是以达尔文的自然选择学说为基础发展起来的。自然选择学说包括以下3个方面。

(1) 遗传

这是生物的普遍特征，亲代把生物信息交给子代，子代按照所得信息而发育、分化，因而子代总是和亲代具有相同或相似的性状。生物有了这个特征，物种才能稳定存在。

(2) 变异

亲代和子代之间及子代的不同个体之间总是有些差异，这种现象称为变异。变异是随机发生的，变异的选择和积累是生命多样性的根源。

(3) 生存斗争和适者生存

自然选择来自繁殖过剩和生存斗争。由于弱肉强食的生存斗争不断地进行，其结果是适者生存，即具有适应性变异的个体被保留下来，不具有适应性变异的个体被淘汰，通过一代代的生存环境的选择作用，个体的性状逐渐与祖先有所不同，从而演变为新的物种。这种自然选择过程是一个长期的、缓慢的、连续的过程。

遗传算法将"优胜劣汰，适者生存"的生物进化法则引入优化参数形成的编码串(位串)种群中，按所选择的适应度函数并通过遗传中的复制、交叉及变异对个体进行筛选，使适应度高的个体被保留下来，组成新的种群，新的种群既继承了上一代的信息，又优于上一代。这样周而复始，种群中个体适应度不断提高，直到满足一定的条件。遗传算法简单，可并行处理，并能得到全局最优解。

遗传算法的基本操作分为如下3种。

(1) 复制(Reproduction Operator)

复制是从一个旧种群中选择生命力强的个体(位串)产生新种群的过程。根据位串的适应度复制，也就是指具有高适应度的位串更有可能在下一代中产生一个或多个子孙。复制模仿了自然现象，应用了达尔文的自然选择学说。复制操作可以通过随机方法来实现。若用计算机程序来实现，可考虑首先产生0～1之间均匀分布的随机数，若某位串的复制概率为0.40，则当产生的随机数在 0.40 ~ 1.0 之间时，该位串被复制，否则被淘汰。此外，还可以通过计算方法实现，其中较典型的方法如适应度比例法、期望值法、排位次法等，其中适应度比例法比较常用。选择运算是复制中的重要步骤。

(2) 交叉(Crossover Operator)

复制操作能从旧种群中选择出优秀者，但不能创造新的染色体。而交叉模拟了生物进化过程中的繁殖现象，通过两个染色体的交换组合，来产生新的优良品种。交叉过程为：在匹配池中任选两个染色体，随机选择一个或多个交换点位置；交换双亲染色体交换点右边的部分，即可得到两个新的染色体符号串。交换体现了自然界中信息交换的思想。交叉有一点交叉、多点交叉，还有一致交叉、顺序交叉和周期交叉。一点交叉是最基本的方法，应用较广。例如

$$A{:}101100\ 1110 \rightarrow 101100\ 0101$$

$$B{:}001010\ 0101 \rightarrow 001010\ 1110$$

(3) 变异(Mutation Operator)

变异操作用来模拟生物在自然的遗传环境中由于各种偶然因素引起的基因突变，它以很小的概率随机改变遗传基因(表示染色体符号串的某一位)的值。在染色体以二进制编码的系统中，变异随机地将染色体的某一个基因由 1 变为 0，或由 0 变为 1。若只有选择和交叉，而没有变异，则无法在初始基因组合以外的空间进行搜索，使进化过程在早期就陷入局部解而进入终止过程，从而影响解的质量。为了在尽可能大的空间中获得质量较高的优化解，必须采用变异操作。

10.1.2 遗传算法的特点

遗传算法主要有以下几个特点。

① 遗传算法是对参数的编码进行操作，而非对参数本身，这就使得在优化计算过程中可以借鉴生物学中染色体和基因等概念，模仿自然界中生物的遗传和进化等机理。

② 遗传算法同时使用多个搜索点的搜索信息。传统的优化方法往往是从解空间的一个初始点开始最优解的迭代搜索过程，单个搜索点所提供的信息不多，搜索效率不高，有时甚至使搜索过程局限于局部最优解而停滞不前。遗传算法从由很多个体组成的一个初始种群开始最优解的搜索过程，而不是从一个单一的个体开始搜索的，这是遗传算法所特有的一种隐含并行性，因此遗传算法的搜索效率较高。

③ 遗传算法直接以目标函数作为搜索信息。传统的优化算法不仅需要利用目标函数值，而且需要目标函数的导数值等辅助信息才能确定搜索方向。而遗传算法仅使用由目标函数值变换来的适应度值，就可以确定进一步的搜索方向和搜索范围，无须目标函数的导数值等辅助信息。因此，遗传算法可应用于目标函数无法求导数或导数不存在的函数的优化问题，以及组合优化问题等。而且直接利用目标函数值或适应度值，也可将搜索范围集中到适应度较高的部分搜索空间中，从而提高搜索效率。

④ 遗传算法使用概率搜索技术。许多传统的优化算法使用的是确定性搜索算法，一个搜索点到另一个搜索点的转移有确定的转移方法和转移关系，这种确定性的搜索方法有可能使搜索无法达到最优点，因而限制了算法的使用范围。遗传算法的复制、交叉、变异等操作都是以一种概率的方式来进行的，因而遗传算法的搜索过程具有很好的灵活性。随着进化过程的进行，遗传算法新的种群会产生出更多的、新的优良个体。理论已经证明，遗传算法在一定条件下以概率 1 收敛于问题的最优解。

⑤ 遗传算法在解空间进行高效启发式搜索，而非盲目地穷举或完全随机搜索。

⑥ 遗传算法对于待寻优的函数基本无限制，它既不要求函数连续，也不要求函数可微，既可

以是数学解析式所表示的显函数，又可以是映射矩阵甚至是神经网络的隐函数，因而应用范围较广。

⑦ 遗传算法具有并行计算的特点，因而可通过大规模并行计算来提高计算速度，适合大规模复杂问题的优化。

10.1.3 遗传算法的发展

遗传算法起源于对生物系统所进行的计算机模拟研究。早在 20 世纪 40 年代，就有学者开始研究如何利用计算机进行生物模拟的技术，他们从生物学的角度进行了生物的进化过程模拟、遗传过程模拟等研究工作。进入 20 世纪 60 年代，美国密歇根大学的 Holland 教授及其学生受到这种生物模拟技术的启发，创造出一种基于生物遗传和进化机制的、适合于复杂系统优化计算的自适应概率优化技术 —— 遗传算法。

以下是在遗传算法发展进程中一些关键人物所作出的主要贡献。

(1) J. H. Holland

20 世纪 70 年代初，Holland 教授提出了遗传算法的基本定理 —— 模式定理，从而奠定了遗传算法的理论基础。模式定理揭示了种群中优良个体(较好的模式)的样本数将以指数级规律增长，从理论上保证了遗传算法用于寻求最优可行解的优化过程。1975 年，Holland 出版了第一本系统论述遗传算法和人工自适应系统的专著《自然系统和人工系统的自适应性》。20 世纪 80 年代，Holland 实现了第一个基于遗传算法的机器学习系统 —— 分类器系统，开创了基于遗传算法的机器学习的新概念。

(2) J. D. Bagley

1967 年，Holland 的学生 Bagley 在其博士论文中首次提出了“遗传算法”一词，并发表了遗传算法应用方面的第一篇论文。他发展了复制、交叉、变异、显性、倒位等遗传算子，在个体编码上使用了双倍体的编码方法。在遗传算法的不同阶段采用了不同的概率，从而创立了自适应遗传算法的概念。

(3) K. A. De Jong

1975 年，De Jong 在其博士论文中结合模式定理进行了大量纯数值函数优化计算实验，树立了遗传算法的工作框架。他推荐了在大多数优化问题中都较适用的遗传算法的参数，建立了著名的 De Jong 五函数测试平台，定义了评价遗传算法性能的在线指标和离线指标。

(4) D. J. Goldberg

1989 年，Goldberg 出版了专著《搜索、优化和机器学习中的遗传算法》，该书全面论述了遗传算法的基本原理及其应用，奠定了现代遗传算法的科学基础。

(5) L. Davis

1991 年，Davis 出版了《遗传算法手册》一书，该书为推广和普及遗传算法的应用起到了重要的指导作用。

(6) J. R. Koza

1992 年，Koza 将遗传算法应用于计算机程序的优化设计及自动生成，提出了遗传编程的概念，并成功地将遗传编程的方法应用于人工智能、机器学习和符号处理等方面。

10.1.4 遗传算法的应用

1. 函数优化

函数优化是遗传算法的经典应用领域，也是遗传算法进行性能评价的常用算例。尤其是对非线性、多模型、多目标的函数优化问题，采用其他优化方法较难求解，而遗传算法却可以得到较好的结果。

2. **组合优化**

随着问题的增大，组合优化问题的搜索空间也急剧扩大，采用传统的优化方法很难得到最优解。遗传算法是寻求这种满意解的最佳工具。例如，遗传算法已经在求解旅行商问题、背包问题、装箱问题、图形划分问题等方面得到了成功的应用。

3. **生产调度问题**

在很多情况下，采用建立数学模型的方法难以对生产调度问题进行精确求解。在现实生产中，多采用一些经验进行调度。遗传算法是解决复杂调度问题的有效工具，在单件生产车间调度、流水线生产车间调度、生产规划、任务分配等方面都得到了有效的应用。

4. **自动控制**

在自动控制领域中，有很多与优化相关的问题需要求解，遗传算法已经在其中得到了初步的应用。例如，利用遗传算法进行控制器参数的优化、基于遗传算法的模糊控制规则的学习、基于遗传算法的参数辨识、基于遗传算法的神经网络结构的优化和权值学习等。

5. **机器人**

例如，遗传算法已经在移动机器人路径规划、关节机器人运动轨迹规划、机器人结构优化和行为协调等方面得到了研究及应用。

6. **图像处理**

遗传算法可用于图像处理过程中的扫描、特征提取、图像分割等的优化计算。目前遗传算法已经在模式识别、图像恢复、图像边缘特征提取等方面得到了应用。

7. **人工生命**

人工生命是用计算机、机械等人工媒体模拟或构造出的具有生物系统特有行为的人造系统。人工生命与遗传算法有着密切的联系，基于遗传算法的进化模型是研究人工生命现象的重要基础理论。遗传算法为人工生命的研究提供了一个有效的工具。

8. **遗传编程**

遗传算法已成功地应用于人工智能、机器学习等领域的编程中。

9. **机器学习**

基于遗传算法的机器学习在很多领域都得到了应用。例如，采用遗传算法实现模糊控制规则的优化，可以改进模糊系统的性能；遗传算法可用于神经网络连接权的调整和结构的优化；采用遗传算法设计的分类器系统可用于学习式多机器人路径规划。

10.2 遗传算法的设计与应用

10.2.1 遗传算法的构成要素

1. **染色体编码方法**

基本遗传算法使用固定长度的二进制符号来表示种群中的个体，其基因是由二值符号集 $\{0,1\}$ 所组成的。初始个体的基因值可用均匀分布的随机值来生成，如 $x = 100111001000101101$ 就可表示一个个体，该个体的染色体长度是 $n = 18$。

2. **个体适应度评价**

在基本遗传算法中，每个个体按与该个体适应度成正比的概率来决定该个体遗传到下一代种群中的概率。为正确计算这个概率，要求所有个体的适应度值必须为正数或零。因此，必须先确定由目标函数值到个体适应度值之间的转换规则。

3. 遗传算子

基本遗传算法中的 3 种运算使用下述 3 种遗传算子。

① 选择运算使用比例选择算子；

② 交叉运算使用单点交叉算子；

③ 变异运算使用基本位变异算子或均匀变异算子。

4. 基本遗传算法的运行参数

有下述 4 个运行参数需要提前设定。

M：种群大小，即种群中所含个体的数量，一般取 20 ～ 100；

G：遗传算法的终止迭代次数，一般取 100 ～ 500；

P_c：交叉概率，一般取 0.4 ～ 0.99；

P_m：变异概率，一般取 0.0001 ～ 0.1。

10.2.2 遗传算法的应用步骤

对于一个需要进行优化的实际问题，一般可按下述步骤构造遗传算法。

第 1 步：确定决策变量及各种约束条件，即确定出个体表现型 X 和问题的解空间。

第 2 步：建立优化模型，即确定出目标函数的类型及数学描述形式或量化方法。

第 3 步：确定表示可行解的染色体编码方法，即确定出个体基因型 x 及遗传算法的搜索空间。

第 4 步：确定个体适应度的量化评价方法，即确定出由目标函数 $J(x)$ 到个体适应度函数 $F(x)$ 的转换规则。

第 5 步：设计遗传算子，即确定选择运算、交叉运算、变异运算等的具体操作方法。

第 6 步：确定遗传算法的有关运行参数，即 M, G, P_c, P_m 等参数。

第 7 步：确定解码方法，即确定出由个体表现型 X 到个体基因型 x 的对应关系或转换方法。

以上操作过程可以用图 10-1 来表示。

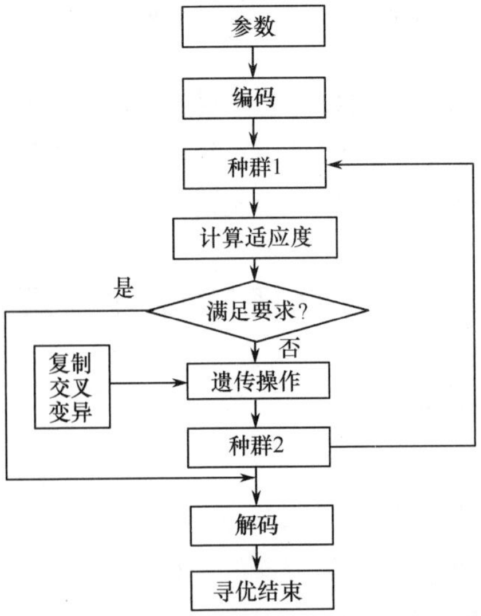

图 10-1 遗传算法流程图

10.2.3　遗传算法求函数极大值

利用遗传算法求 Rosenbrock 函数的极大值

$$\begin{cases} f(x_1,x_2)=100(x_1^2-x_2)^2+(1-x_1)^2 \\ -2.048\leqslant x_i\leqslant 2.048 \qquad (i=1,2) \end{cases}$$

该函数有两个局部极大值，分别是 $f(2.048,-2.048)=3897.7342$ 和 $f(-2.048,-2.048)=3905.9262$，其中后者为全局最大值。

函数 $f(x_1,x_2)$ 的三维图形如图 10-2 所示，可以发现该函数在指定的定义域上有两个接近的极值，即一个全局极大值和一个局部极大值。因此，采用寻优算法求极大值时，需要避免陷入局部最优解。仿真程序为 function_plot.m，见本章附录。

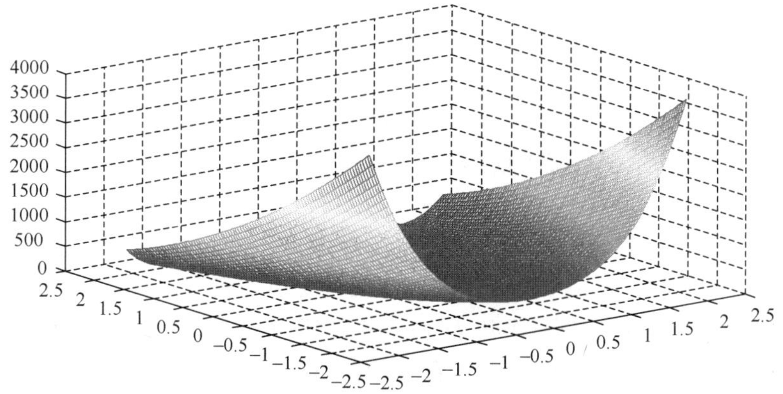

图 10-2　$f(x_1,x_2)$ 的三维图形

采用二进制编码遗传算法求函数极大值，求解该问题的遗传算法的构造过程如下：

① 确定决策变量和约束条件。

② 建立优化模型。

③ 确定编码方法：用长度为 10 位的二进制编码串来分别表示两个决策变量 x_1,x_2。10 位二进制编码串可以表示 0～1023 之间的 1024 个不同的数，故将 x_1,x_2 的定义域离散化为 1023 个均等的区域，包括两个端点在内共有 1024 个不同的离散点。从离散点 -2.048 到离散点 2.048，依次让它们分别对应于从 0000000000(0) ～ 1111111111(1023) 之间的二进制编码。再将分别表示 x_1,x_2 的两个 10 位长的二进制编码串连接在一起，组成一个 20 位长的二进制编码串，它就构成了这个函数优化问题的染色体编码方法。使用这种编码方法，解空间和遗传算法的搜索空间就具有一一对应的关系。例如，x：0000110111 1101110001 就表示一个个体的基因型，其中前 10 位表示 x_1，后 10 位表示 x_2。

④ 确定解码方法：解码时需要将 20 位长的二进制编码串切断为两个 10 位长的二进制编码串，然后分别将它们转换为对应的十进制整数代码，分别记为 y_1 和 y_2。由个体编码方法和对定义域的离散化方法可知，将代码 y_i 转换为实数变量 x_i 的解码公式为

$$\frac{x_i-(-2.048)}{y_i}=\frac{2.048-(-2.048)}{1023} \tag{10.1}$$

即

$$x_i=4.096\times\frac{y_i}{1023}-2.048 \qquad (i=1,2)$$

例如，对个体 x：0000110111 1101110001，前 10 位为 x_1，后 10 位为 x_2，转化为十进制整数，分别为

$$y_1 = 55, y_2 = 881$$

上述两个代码经过解码后，可得到两个实际的值为

$$x_1 = -1.828, x_2 = 1.476$$

⑤ 确定个体评价方法：由于 Rosenbrock 函数的值域总是非负的，并且优化目标是求函数的极大值，故可将个体适应度直接取为对应的函数值，即

$$F(x) = f(x_1, x_2) \tag{10.2}$$

选个体适应度函数的倒数作为目标函数

$$J(x) = \frac{1}{F(x)} \tag{10.3}$$

⑥ 设计遗传算子：选择运算使用比例选择算子，交叉运算使用单点交叉算子，变异运算使用基本位变异算子。

⑦ 确定遗传算法的运行参数：种群大小 $M = 80$，终止迭代次数 $G = 100$，交叉概率 $P_c = 0.60$，变异概率 $P_m = 0.10$。

上述 7 个步骤构成了用于求 Rosenbrock 函数极大值优化计算的二进制编码遗传算法。

二进制编码遗传算法求函数极大值的仿真程序见本章附录程序 chap10_1.m。仿真程序经过 100 步迭代，最佳样本为

$$\text{BestS} = [0\,0\,0\,0\,0\,0\,0\,0\,0\,0\,0\,0\,0\,0\,0\,0\,0\,0\,0\,0\,0\,0\,0\,0]$$

即当 $x_1 = -2.0480, x_2 = -2.0480$ 时，Rosenbrock 函数具有极大值，极大值为 3905.9。

在遗传算法的优化过程中，目标函数 $J(x)$ 和个体适应度函数 $F(x)$ 的变化过程如图 10-3 所示。由仿真结果可知，随着进化过程的进行，种群中适应度较低的一些个体逐渐被淘汰，而适应度较高的一些个体会越来越多，并且它们都集中在所求问题的最优点附近，从而搜索到问题的最优解。

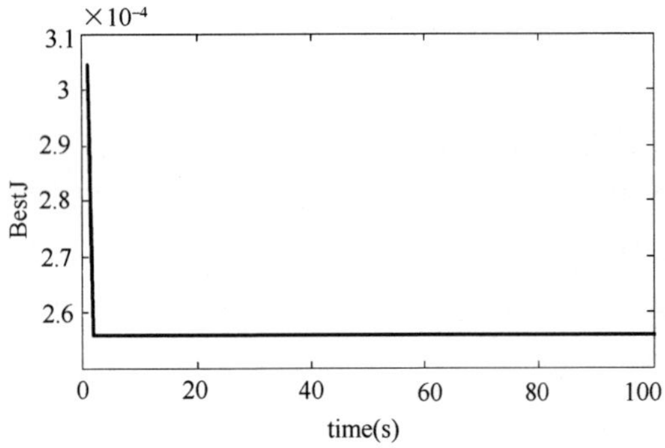

(a) 目标函数 $J(x)$ 的优化过程

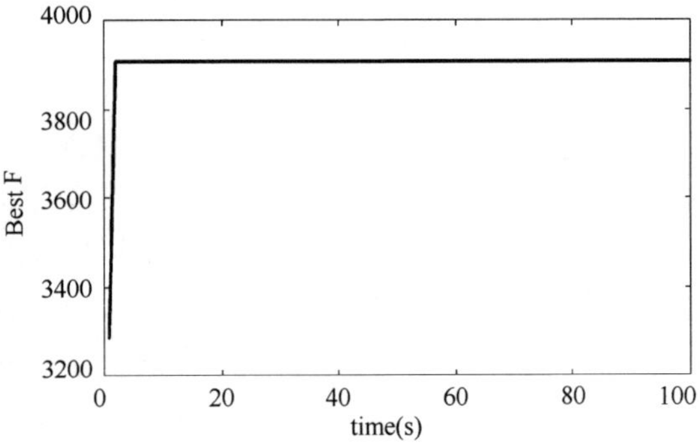

(b) 个体适应度函数 $F(x)$ 的优化过程

图 10-3　目标函数 $J(x)$ 和个体适应度函数 $F(x)$ 的变化过程

10.3　粒子群算法

粒子群算法，也称粒子群优化(Particle Swarm Optimization，PSO) 算法。粒子群算法是一种进化计算技术，1995 年由 Eberhart 博士和 Kennedy 博士提出[36]，该算法源于对鸟群觅食的行为研究，是近年来迅速发展的一种新的进化算法。

最早的 PSO 算法是模拟鸟群觅食行为而发展起来的一种基于种群协作的随机搜索算法，让一群鸟在空间里自由飞翔、觅食，每只鸟都能记住它曾经飞过最高的位置，然后就随机地靠近那

个位置，不同的鸟之间可以互相交流，它们都尽量靠近整个鸟群中曾经飞过的最高点，这样，经过一段时间就可以找到近似的最高点。

PSO 算法和遗传算法相似，也是从随机解出发，通过迭代寻找最优解；也是通过适应度来评价解的品质，但它比遗传算法更为简单，没有遗传算法的交叉和变异操作，通过追随当前搜索到的最优值来寻找全局最优。这种算法以其实现容易、精度高、收敛快等优点引起了学术界的重视，并且在解决实际问题中展示了其优越性，目前已广泛应用于函数优化、系统辨识、模糊控制等领域。

10.3.1 标准粒子群算法

设想这样一个场景：一群鸟在随机搜索食物，在这个区域里只有一块食物，所有的鸟都不知道食物在哪里，但是它们知道当前的位置离食物还有多远。那么，找到食物的最优策略就是搜寻目前离食物最近的鸟的周围区域。

PSO 算法从这种模型中得到启示并用于解决优化问题。PSO 算法中，每个优化问题的解都是搜索空间中的一只鸟，称为“粒子”。所有的粒子都有一个由被优化的函数决定的适应度值，适应度值越大越好。每个粒子还有一个速度来决定来它们飞行的方向和距离，粒子们追随当前的最优粒子在解空间中搜索。

PSO 算法首先初始化为一群随机粒子(随机解)，然后通过迭代找到最优解。在每次迭代中，粒子通过跟踪两个“极值”来更新自己的位置。第一个极值是粒子本身所找到的最优解，这个解称为个体极值。另一个极值是整个种群目前找到的最优解，这个极值称为全局极值。另外，也可以不用整个种群而只是用其中一部分作为粒子的邻域，那么在所有邻域中的极值就是全局极值。

10.3.2 粒子群算法的参数设置

应用 PSO 算法解决优化问题的过程中有两个重要的步骤：问题解的编码和适应度函数。

1. 编码

PSO 算法的一个优势就是采用实数编码。例如，对于问题 $f(x)=x_1^2+x_2^2+x_3^2$ 求最大值，粒子可以直接编码为(x_1,x_2,x_3)，而适应度函数就是 $f(x)$。

2. PSO 算法中需要调节的参数

① 粒子数：一般取 20 ～ 40，对于比较难的问题，粒子数可以取 100 或 200。

② 最大速度 $V_{\max}$：决定粒子在一个循环中最大的移动距离，通常小于粒子的范围宽度。较大的 $V_{\max}$ 可以保证粒子种群的全局搜索能力，较小的 $V_{\max}$ 则使粒子种群的局部搜索能力加强。

③ 学习因子：c_1 为局部学习因子，c_2 为全局学习因子，一般取 c_2 大一些。c_1 和 c_2 通常可设定为 2.0。

④ 惯性权重：一个大的惯性权重有利于展开全局寻优，而一个小的惯性权重有利于局部寻优。当粒子的最大速度 $V_{\max}$ 很小时，使用接近于 1 的惯性权重；当 $V_{\max}$ 不是很小时，使用惯性权重 0.8 较好。

还可以使用时变权重。如果在迭代过程中采用线性递减惯性权值，则 PSO 算法在开始时具有良好的全局搜索性能，能够迅速定位到接近全局最优点的区域，而在后期具有良好的局部搜索性能，能够精确得到全局最优解。经验表明，惯性权重采用从 0.90 线性递减到 0.10 的策略，会获得比较好的算法性能。

⑤ 中止条件：最大循环数或最小误差要求。

10.3.3 粒子群算法的基本流程

① 初始化：设定参数运动范围，学习因子 c_1、c_2，最大迭代次数 G，kg 表示当前的迭代次数。在一个 D 维参数的搜索解空间中，粒子组成的种群规模大小为 Size，每个粒子代表解空间的一个候选解，其中第 $i(1 \leqslant i \leqslant \text{Size})$ 个粒子在整个解空间的位置表示为 X_i，速度表示为 V_i。第 i 个粒子从初始到当前迭代次数搜索产生的最优解为个体极值 p_i，整个种群目前的最优解为 BestS。随机产生 Size 个粒子，随机产生初始种群的位置矩阵和速度矩阵。

② 个体评价（适应度评价）：将各个粒子的初始位置作为个体极值，计算种群中各个粒子的初始适应度值 $f(X_i)$，并求出种群的最优位置。

③ 更新粒子的速度和位置，产生新种群，并对粒子的速度和位置进行越界检查。为避免算法陷入局部最优，加入一个局部自适应变异算子进行调整。第 kg + 1 步更新的速度和位置表示为

$$V_i^{\text{kg}+1} = w(t) \times V_i^{\text{kg}} + c_1 r_1 (p_i^{\text{kg}} - X_i^{\text{kg}}) + c_2 r_2 (\text{BestS}_i^{\text{kg}} - X_i^{\text{kg}}) \tag{10.4}$$

$$X_i^{\text{kg}+1} = X_i^{\text{kg}} + V_i^{\text{kg}+1} \tag{10.5}$$

其中，$\text{kg} = 1,2,\cdots,G$；$i = 1,2,\cdots,\text{Size}$；$r_1$ 和 r_2 为 0 ～ 1 的随机数；c_1 为局部学习因子；c_2 为全局学习因子，一般取 c_2 大一些。

④ 比较粒子的当前适应值 $f(X_i)$ 和自身历史最优值 p_i。如果 $f(X_i)$ 优于 p_i，则置 p_i 为当前适应度值 $f(X_i)$，并更新粒子位置。

⑤ 比较粒子当前适应度值 $f(X_i)$ 与种群最优值 BestS。如果 $f(X_i)$ 优于 BestS，则置 BestS 为当前适应度值 $f(X_i)$，更新种群全局最优值。

⑥ 检查结束条件，若满足，则结束寻优；否则 $\text{kg} = \text{kg} + 1$，转至 ③。结束条件为寻优达到最大迭代次数，或评价值小于给定精度。

PSO 算法的流程图如图 10-4 所示。

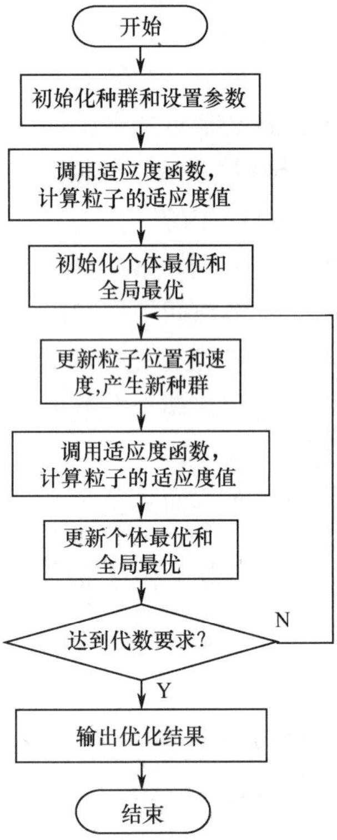

图 10-4 PSO 算法的流程图

10.4 粒子群算法的函数优化与参数辨识

10.4.1 基于粒子群算法的函数优化

利用粒子群算法求 Rosenbrock 函数的极大值

$$\begin{cases} f(x_1, x_2) = 100(x_1^2 - x_2)^2 + (1 - x_1)^2 \\ -2.048 \leqslant x_i \leqslant 2.048 \qquad (i = 1,2) \end{cases}$$

该函数有两个局部极大值，分别是 $f(2.048, -2.048) = 3897.7342$ 和 $f(-2.048, -2.048) = 3905.9262$，其中后者为全局最大值。

粒子群算法包括全局粒子群算法和局部粒子群算法。在全局粒子群算法中，每个粒子的速度是根据粒子自己历史极值 p_i 和种群的全局最优值 BestS 进行更新的。在局部粒子群算法中，每个粒子的速度是根据粒子自己的历史极值 p_i 和粒子邻域内的最优值 p_{ilocal} 进行更新的。

在全局粒子群算法中，粒子 i 的邻域随着迭代次数的增加而逐渐增加。开始第一次迭代时，

它的邻域粒子的个数为0。随着迭代次数的增加，邻域线性变大，最后邻域扩展到整个种群。全局粒子群算法的收敛速度快，但容易陷入局部最优；而局部粒子群算法的收敛速度慢，但可有效避免局部最优。

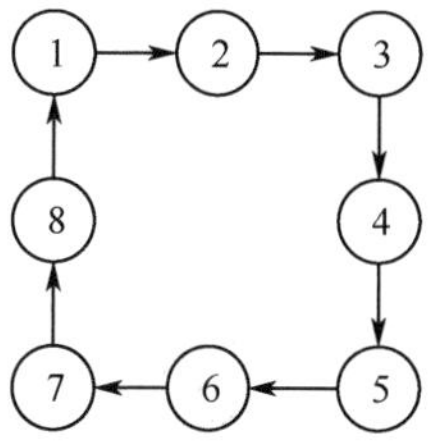

图 10-5　环形邻域法

根据取邻域的方式的不同，局部粒子群算法有很多不同的实现方法。本节采用最简单的环形邻域法，如图10-5所示。

以8个粒子为例说明局部粒子群算法，如图10-5所示。在每次进行速度和位置更新时，粒子1追踪1、2、8这3个粒子中的最优个体，粒子2追踪1、2、3这3个粒子中的最优个体，依次类推。仿真中，求解某个粒子邻域中的最优个体是由函数 chap10_2lbest.m 来完成的。

在局部粒子群算法中，按如下两式更新粒子第 kg+1 步的速度和位置

$$V_i^{kg+1} = w(t) \times V_i^{kg} + c_1 r_1 (p_i^{kg} - X_i^{kg}) + c_2 r_2 (p_{ilocal}^{kg} - X_i^{kg}) \tag{10.6}$$

$$X_i^{kg+1} = X_i^{kg} + V_i^{kg+1} \tag{10.7}$$

式中，p_{ilocal}^{kg} 为局部寻优粒子的最优值。

同样，对粒子的速度和位置要进行越界检查。为避免算法陷入局部最优，加入一个局部自适应变异算子进行调整。

采用实数编码求函数极大值，用两个实数分别表示两个决策变量 x_1, x_2，分别将 x_1, x_2 的定义域离散化为从离散点 -2.048 到离散点 2.048 的 Size 个实数。个体的适应度值直接取为对应的目标函数值，而且越大越好，即取适应度函数为 $F(x) = f(x_1, x_2)$。

在粒子群算法仿真中，取粒子群个数为 Size = 50，最大迭代次数 $G = 100$，粒子运动的最大速度为 $V_{max} = 1.0$，即速度范围为$[-1,1]$。学习因子取 $c_1 = 1.3$，$c_2 = 1.7$，采用线性递减的惯性权重，惯性权重采用从 0.90 线性递减到 0.10 的策略。

在主程序 chap10_2.m 中，根据M的不同可采用不同的粒子群算法。取$M=2$，采用局部粒子群算法。按式(10.6)和式(10.7)更新粒子的速度和位置，产生新种群。经过100步迭代，最佳样本为 BestS $= [-2.048 \quad -2.048]$，即当 $x_1 = -2.048$，$x_2 = -2.048$ 时，Rosenbrock 函数具有极大值，极大值为3905.9。

适应度函数的变化过程如图10-6所示。由仿真可见，随着迭代过程的进行，粒子群通过追踪自身极值和局部极值，不断更新自身的速度和位置，从而找到全局最优解。通过采用局部粒子群算法，增强了算法的局部搜索能力，有效避免了陷入局部最优，仿真结果表明正确率在95%以上。

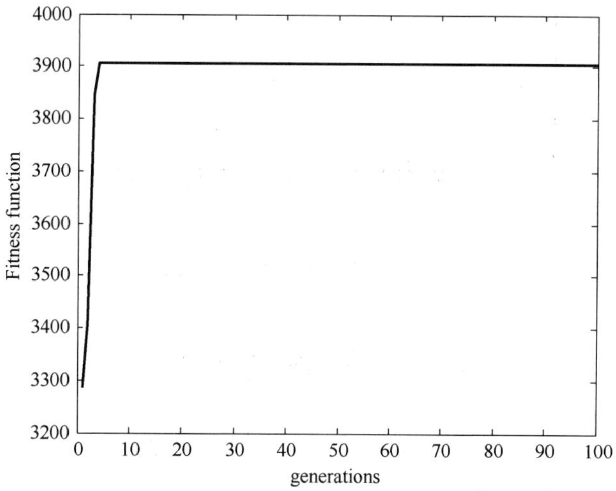

图 10-6　适应度函数 F 的变化过程

10.4.2 基于粒子群算法的参数辨识

利用粒子群算法辨识非线性静态模型

$$y=\begin{cases}0\\ k_1(x-g\mathrm{sgn}(x))\\ k_2(x-h\mathrm{sgn}(x))+k_1(h-g)\mathrm{sgn}(x)\end{cases}\tag{10.8}$$

辨识参数为$\hat{\boldsymbol{\theta}}=[\hat{g}\quad \hat{h}\quad \hat{k}_1\quad \hat{k}_2]$,真实参数为$\boldsymbol{\theta}=[g\quad h\quad k_1\quad k_2]=[1\quad 2\quad 1\quad 0.5]$。

采用实数编码,辨识误差指标取为

$$J=\sum_{i=1}^{N}\frac{1}{2}(y_i-\hat{y}_i)^2\tag{10.9}$$

式中,N 为测试数据的数量;y_i 为模型第 i 个测试样本的输出。

首先运行模型测试程序 chap10_3.m,对象的输入样本区间为[-4,4],步长为 0.10,由式(10.8) 计算样本输出值,共有 81 对输入/输出样本。

在粒子群算法仿真程序 chap10_4.m 中,将待辨识的参数向量记为 $\boldsymbol{X}$,取粒子群个数为 Size = 80,最大迭代次数 $G=500$,采用实数编码,4 个参数的搜索范围均为[0,5],粒子运动的最大速度为 $V_{\max}=1.0$,即速度范围为[-1,1]。学习因子取 $c_1=1.3$,$c_2=1.7$,采用线性递减的惯性权重,惯性权重采用从 0.90 线性递减到 0.10 的策略。目标函数的倒数作为粒子群的适应度函数。将辨识误差指标直接作为粒子的目标函数,并且越小越好。

按式(10.4) 和式(10.5) 更新粒子的速度和位置,产生新种群,辨识误差指标的优化过程如图 10-7 所示。辨识结果为$\hat{\boldsymbol{\theta}}=[\hat{g}\quad \hat{h}\quad \hat{k}_1\quad \hat{k}_2]=[0.999999930217796\quad 2.000000160922045\quad 0.999999322205419\quad 0.500000197043791]$。最终的辨识误差指标为 $J=3.6166\times 10^{-12}$。

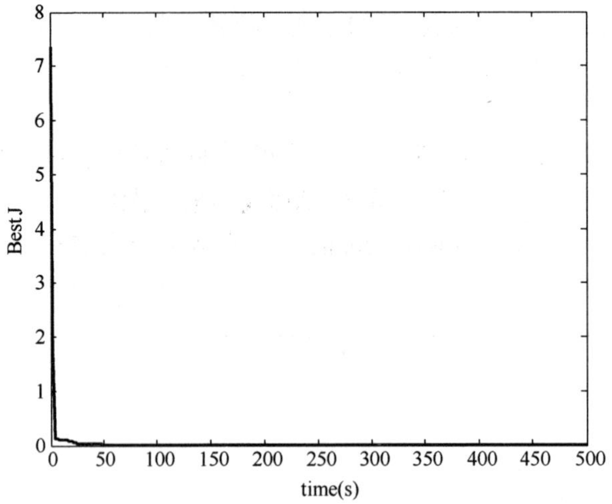

图 10-7 辨识误差指标的优化过程

10.5 差分进化算法

差分进化(Differential Evolution,DE) 算法是模拟自然界生物种群以"优胜劣汰、适者生存"的进化发展规律而形成的一种随机启发式搜索算法,是一种新兴的进化计算技术。它于 1995 年由 Rainer Storn 和 Kenneth Price 提出[22]。由于具有简单易用、稳健性好及强大的全局搜索能力，差分进化算法已在多个领域应用并取得成功。

差分进化算法保留了基于种群的全局搜索策略，采用实数编码、基于差分的简单变异操作和一对一的竞争生存策略，降低了遗传算法的复杂性。同时，差分进化算法特有的记忆能力使其可以动态跟踪当前的搜索情况，以调整其搜索策略，具有较强的全局收敛能力和鲁棒性，且不需要借助问题的特征信息，适于求解一些利用常规的数学规划方法所无法求解的复杂环境中的优化问题。采用差分进化算法可实现复杂系统的参数辨识[23]。

实验结果表明，差分进化算法的性能优于其他进化算法，该算法已成为一种求解非线性、不可微、多极值和高维复杂函数的有效方法。

10.5.1 标准差分进化算法

差分进化算法是基于种群理论的智能优化算法，其主要优点可以总结为：待定参数少；不易陷入局部最优；收敛速度快。

差分进化算法根据父代个体间的差分向量进行变异、交叉和选择操作，其基本思想是从某一随机产生的初始种群开始，通过把种群中任意两个个体的向量差加权后，按一定的规则与第三个个体求和来产生新个体，然后将新个体与当代种群中某个预先确定的个体相比较，如果新个体的适应度值优于与之相比较的个体的适应度值，则在下一代中就用新个体取代旧个体，否则旧个体仍保存下来。通过不断的迭代运算，保留优良个体，淘汰劣质个体，引导搜索过程向最优解逼近。

在优化设计中，差分进化算法与传统的优化方法相比，具有以下主要特点：

① 差分进化算法从一个种群即多个点而不是从一个点开始搜的，这是它能以较大的概率找到整体最优解的主要原因；

② 差分进化算法的进化准则是基于适应性信息的，无须借助其他辅助性信息（如要求函数可导或连续），大大扩展了其应用范围；

③ 差分进化算法具有内在的并行性，这使得它非常适用于大规模并行分布处理，减少时间成本开销；

④ 差分进化算法采用概率转移规则，不需要确定性的规则。

10.5.2 差分进化算法的基本流程

差分进化算法是基于实数编码的进化算法，整体结构上与其他进化算法类似，由变异、交叉和选择 3 个基本操作构成。标准差分进化算法主要包括以下 4 个步骤。

（1）生成初始种群

在 n 维空间里随机产生满足约束条件的 M 个个体，实施措施如下：

$$x_{ij}(0) = \mathrm{rand}_{ij}(0,1)(x_{ij}^{U} - x_{ij}^{L}) + x_{ij}^{L} \tag{10.10}$$

式中，x_{ij}^{U} 和 x_{ij}^{L} 分别是第 j 个染色体的上界和下界；$\mathrm{rand}_{ij}(0,1)$ 是[0,1]之间的随机数。

（2）变异操作

从种群中随机选择 3 个个体 x_{p1}，x_{p2} 和 x_{p3}，且 $i \neq p_1 \neq p_2 \neq p_3$，则基本的变异操作为

$$h_{ij}(t+1) = x_{p_1 j}(t) + F(x_{p_2 j}(t) - x_{p_3 j}(t)) \tag{10.11}$$

如果无局部优化问题，变异操作可写为

$$h_{ij}(t+1) = x_{bj}(t) + F(x_{p_2 j}(t) - x_{p_3 j}(t)) \tag{10.12}$$

式中，$x_{p_2j}(t)-x_{p_3j}(t)$ 为变异项，此差分操作是差分进化算法的关键；F 为变异因子；p_1，p_2，p_3 为随机整数，表示个体在种群中的序号；$x_{bj}(t)$ 为当代种群中最好的个体。由于式(10.12) 借鉴了当代种群中最好的个体信息，因此可加快收敛速度。

(3) 交叉操作

交叉操作是为了增加种群的多样性，具体操作为

$$v_{ij}(t+1)=\begin{cases}h_{ij}(t+1), & \text{rand } l_{ij}\leqslant \text{CR}\\ x_{ij}(t), & \text{rand } l_{ij}>\text{CR}\end{cases} \tag{10.13}$$

式中，rand l_{ij} 为[0,1] 之间的随机数；CR 为交叉概率，CR $\in$ [0,1]。

(4) 选择操作

为了确定 $x_{ij}(t)$ 是否成为下一代的成员，$v_{ij}(t+1)$ 和 $x_{ij}(t)$ 对评价函数进行比较

$$x_{ij}(t+1)=\begin{cases}v_{ij}(t+1), & f(v_{i1}(t+1),\cdots,v_{in}(t+1))>f(x_{i1}(t),\cdots,x_{in}(t))\\ x_{ij}(t), & f(v_{i1}(t+1),\cdots,v_{in}(t+1))\leqslant f(x_{i1}(t),\cdots,x_{in}(t))\end{cases} \tag{10.14}$$

反复执行步骤(2) 至步骤(4)，直至达到最大迭代次数 G。差分进化算法的流程如图 10-8 所示。

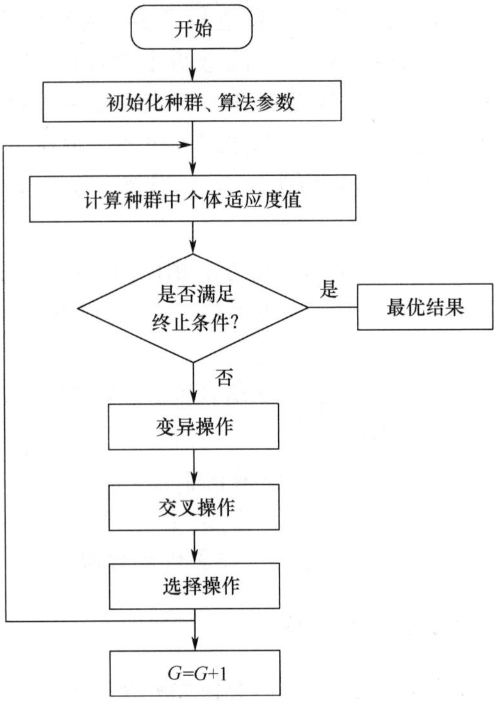

图 10-8 差分进化算法的流程

10.5.3 差分进化算法的参数设置

为了取得理想的结果，需要对差分进化算法的各参数进行合理的设置。针对不同的优化问题，参数的设置往往也是不同的。另外，为了使差分进化算法的收敛速度得到提高，研究者们针对差分进化算法的核心部分 —— 变异项的构造形式提出了多种扩展模式，以适应更广泛的优化问题。

差分进化算法的运行参数主要有：变异因子 F、交叉因子 CR、种群规模 M 和最大迭代次数 G。

(1) 变异因子 F

变异因子 F 是控制种群多样性和收敛性的重要参数，一般在[0,2] 之间取值。变异因子 F 较小时，种群的差异度减小，进化过程不易跳出局部极值，从而导致种群过早收敛；变异因子 F 较大时，虽然容易跳出局部极值，但是收敛速度会变慢。一般可选 $F=0.3\sim 0.6$。

(2) 交叉因子 CR

交叉因子 CR 可控制个体对交叉的参与程度，以及全局与局部搜索能力的平衡，一般在[0,1]之间取值。交叉因子 CR 越小，种群多样性减小，容易过早收敛；CR 越大，收敛速度越大，但过大可能导致收敛变慢，因为扰动超过了种群差异度。CR 一般应选在[0.6,0.9]之间。

CR 越大，F 越小，种群的收敛逐渐速度加大，但随着交叉因子 CR 的增大，收敛对变异因子 F 的敏感度逐渐提高。

(3) 种群规模 M

种群所含个体数量 M 一般介于 $5D$ 与 $10D$ 之间(D 为问题空间的维度)，但不能少于 $4D$，否则无法进行变异操作。M 越大，种群多样性越强，获得最优解的概率越大，但是计算时间更长，一般取 $20 \sim 50$。

(4) 最大迭代次数 G

最大迭代次数 G 一般作为进化过程的终止条件。迭代次数越大，最优解更精确，但同时计算的时间会更长，需要根据具体问题设定。

以上 4 个参数对差分进化算法的求解结果和求解效率都有很大的影响，因此，要合理设定这些参数才能获得较好的效果。

10.6 差分进化算法的函数优化与参数辨识

10.6.1 基于差分进化算法的函数优化

利用差分进化算法求 Rosenbrock 函数的极大值

$$\begin{cases} f(x_1,x_2) = 100(x_1^2 - x_2)^2 + (1 - x_1)^2 \\ -2.048 \leqslant x_i \leqslant 2.048 \qquad (i = 1,2) \end{cases} \tag{10.15}$$

该函数有两个局部极大值，分别是 $f(2.048,-2.048) = 3897.7342$ 和 $f(-2.048,-2.048) = 3905.9262$，其中后者为全局最大值。

采用实数编码求函数极大值，用两个实数分别表示两个决策变量 x_1,x_2，分别将 x_1,x_2 的定义域离散化为从离散点 -2.048 到离散点 2.048 的 Size 个实数。个体适应度值直接取为对应的目标函数值，并且越大越好，即取适应度函数为 $F(x) = f(x_1,x_2)$。

在差分进化算法仿真中，取 $F = 1.2$，$\mathrm{CR} = 0.90$，样本个数为 Size = 30，最大迭代次数 $G = 50$。按式(10.10)至式(10.14)设计差分进化算法，经过 30 步迭代，最佳样本为 $\mathrm{BestS} = [-2.048 \quad -2.048]$，即当 $x_1 = -2.048$，$x_2 = -2.048$ 时，Rosenbrock 函数具有极大值，极大值为 3905.9。

适应度函数的优化过程如图 10-9 所示，通过适当增大 F 及增加样本数量，有效避免了陷入局部最优，仿真结果表明正确率接近 100%。

差分进化算法函数优化仿真程序为 chap10_5.m 和 chap10_5obj.m。

10.6.2 基于差分进化算法的参数辨识

利用差分进化算法辨识非线性静态模型

$$y = \begin{cases} 0 \\ k_1(x - g\mathrm{sgn}(x)) \\ k_2(x - h\mathrm{sgn}(x)) + k_1(h - g)\mathrm{sgn}(x) \end{cases} \tag{10.16}$$

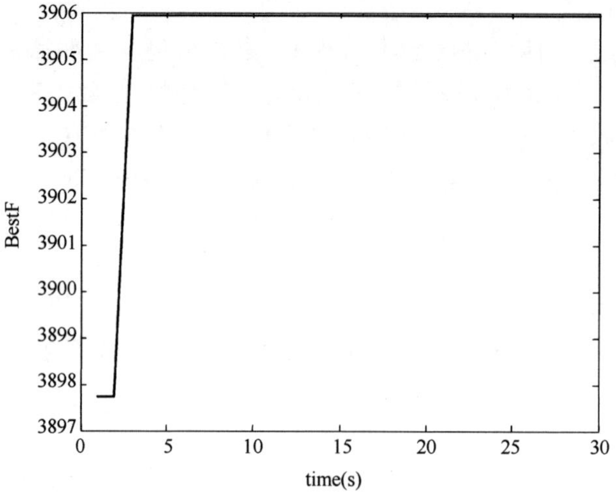

图 10-9　适应度函数的优化过程

辨识参数为 $\hat{\boldsymbol{\theta}}=[\hat{g}\quad \hat{h}\quad \hat{k}_1\quad \hat{k}_2]$，真实参数为 $\boldsymbol{\theta}=[g\quad h\quad k_1\quad k_2]=[1\quad 2\quad 1\quad 0.5]$。

采用实数编码，辨识误差指标取

$$J=\sum_{i=1}^{N}\frac{1}{2}(y_i-\hat{y}_i)^2 \tag{10.17}$$

式中，N 为测试数据的数量；y_i 为模型第 i 个测试样本的输出。

首先运行模型测试程序 chap10_6.m，对象的输入样本区间为[−4,4]，步长为 0.10，由式(10.16)计算样本输出值，共有 81 对输入/输出样本。

将待辨识的参数向量记为 $\boldsymbol{X}$，取样本个数为 Size = 80，最大迭代次数 $G=500$，采用实数编码，4 个参数的搜索范围均为[0,5]。

在差分进化算法仿真中，取 $F=0.70$，CR = 0.60。按式(10.10)至式(10.14)设计差分进化算法，辨识程序为 chap10_7.m。经过 200 步迭代，辨识误差指标的优化过程如图 10-10 所示。辨识结果为 $\hat{\boldsymbol{X}}=[1\quad 2\quad 1\quad 0.5]$，最终的辨识误差指标为 $J=9.0680\times10^{-23}$。

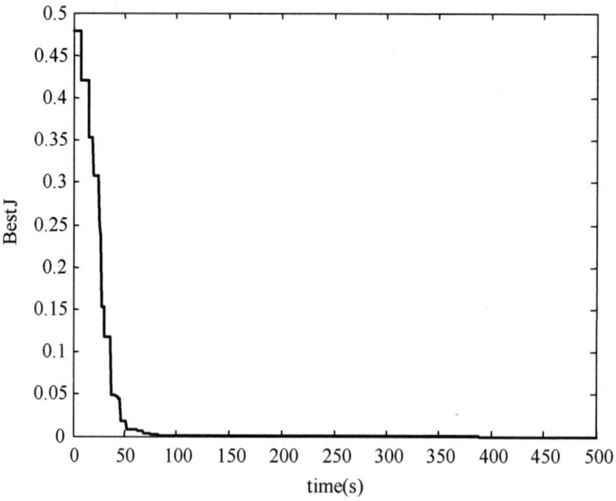

图 10-10　辨识误差指标的优化过程

思考题与习题 10

10-1　在 Rosenbrock 函数极大值遗传算法仿真程序 chap10_1. m 和 chap10_2. m 中，通过改变种群大小 M、终止迭代次数 G、交叉概率 P_c 和变异概率 P_m，分析种群大小、终止迭代次数、交叉概率和变异概率对优化效果的影响。

10-2　采用二进制编码方法，利用遗传算法求函数 $f(x_1, x_2, x_3)$ 的极小值。

$$\begin{cases} f(x_1, x_2, x_3) = \sum_{i=1}^{3} x_i^2 \\ -5.12 \leqslant x_i \leqslant 5.12 \qquad (i = 1, 2, 3) \end{cases}$$

10-3　在 7.2.5 节的 BP 网络逼近算法仿真实例中，试采用遗传算法进行 BP 网络学习参数及权值的优化设计，并进行 Matlab 仿真。

10-4　参考 2.3 节专家 PID 控制的整定方法，对 PID 调节参数进行二进制编码，采用遗传算法实现 PID 调节参数的在线整定，试给出遗传算法的设计过程，并进行 Matlab 仿真。

10-5　分别利用粒子群算法和差分进化算法辨识如下非线性动态模型并进行比较分析。

$$G(s) = \frac{K}{(T_1 s + 1)(T_2 s + 1)} e^{-Ts}$$

其中，参数真实值为 $K = 2, T_1 = 1, T_2 = 20, T = 0.8$。

试给出算法的设计过程，并进行 Matlab 仿真。

本章附录(程序代码)

$f(x_1, x_2)$的三维图仿真程序:function_plot.m

```
clear all;
close all;

x_min=-2.048;
x_max=2.048;

L=x_max-x_min;
N=101;
for i=1:1:N
    for j=1:1:N
        x1(i)=x_min+L/(N-1)*(i-1);  % x1 取 100 个点
        x2(j)=x_min+L/(N-1)*(j-1);  % x2 取 100 个点
        fx(i,j)=100*(x1(i)^2-x2(j))^2+(1-x1(i))^2;
    end
end
figure(1);
surf(x1,x2,fx);
title('f(x)');

display('Maximum value of fx=');
disp(max(max(fx)));
```

遗传算法二进制编码求函数极大值程序:chap10_1.m

```
% Generic Algorithm for function f(x1,x2) optimum
clear all;
close all;

% Parameters
Size=80;
G=100;
CodeL=10;

umax=2.048;
umin=-2.048;

E=round(rand(Size,2*CodeL));    % Initial Code

% Main Program
for k=1:1:G
time(k)=k;

for s=1:1:Size
m=E(s,:);
y1=0;y2=0;
```

```
% Uncoding
m1=m(1:1:CodeL);
for i=1:1:CodeL
    y1=y1+m1(i)*2^(i-1);
end
x1=(umax-umin)*y1/1023+umin;
m2=m(CodeL+1:1:2*CodeL);
for i=1:1:CodeL
    y2=y2+m2(i)*2^(i-1);
end
x2=(umax-umin)*y2/1023+umin;

F(s)=100*(x1^2-x2)^2+(1-x1)^2;
end

Ji=1./F;
% ****** Step 1 : Evaluate BestJ ******
BestJ(k)=min(Ji);

fi=F;                          % Fitness Function
[Oderfi,Indexfi]=sort(fi);     % Arranging fi small to bigger
Bestfi=Oderfi(Size);           % Let Bestfi=max(fi)
BestS=E(Indexfi(Size),:);      % Let BestS=E(m), m is the Indexfi belong to max(fi)
bfi(k)=Bestfi;

% ****** Step 2 : Select and Reproduct Operation******
  fi_sum=sum(fi);
  fi_Size=(Oderfi/fi_sum)*Size;

  fi_S=floor(fi_Size);         % Selecting Bigger fi value
  % sum(fi_S)         % Before fill
  r=Size-sum(fi_S);
  Rest=fi_Size-fi_S;
  [RestValue,Index]=sort(Rest);
  for i=Size:-1:Size-r+1        %  Adding rest to equal Size
    fi_S(Index(i))=fi_S(Index(i))+1;
  end
  % sum(fi_S)         % After fill
  kk=1;
  for i=1:1:Size
      for j=1:1:fi_S(i)        % Select and Reproduce
       TempE(kk,:)=E(Indexfi(i),:);
        kk=kk+1;              % kk is used to reproduce
    end
  end
  E=TempE;
% ************ Step 3 : Crossover Operation ************
pc=0.60;
n=ceil(20*rand);
for i=1:2:(Size-1)
```

```
    temp=rand;
    if pc> temp                    % Crossover Condition
    for j=n:1:20
        TempE(i,j)=E(i+1,j);
        TempE(i+1,j)=E(i,j);
    end
    end
end
TempE(Size,:)=BestS;
E=TempE;

% ************ Step 4: Mutation Operation **************
% pm=0.001;
% pm=0.001-[1:1:Size]*(0.001)/Size; % Bigger fi, smaller Pm
% pm=0.0;     % No mutation
pm=0.1;      % Big mutation

  for i=1:1:Size
    for j=1:1:2*CodeL
      temp=rand;
      if pm> temp                  % Mutation Condition
        if TempE(i,j)==0
          TempE(i,j)=1;
        else
          TempE(i,j)=0;
        end
      end
    end
  end

% Guarantee TempPop(30,:) is the code belong to the best individual(max(fi))
TempE(Size,:)=BestS;
E=TempE;
end

Max_Value=Bestfi
BestS
x1
x2
figure(1);
plot(time,BestJ);
xlabel('time(s)');ylabel('BestJ');
figure(2);
plot(time,bfi);
xlabel('time(s)');ylabel('BestF');
```

粒子群优化仿真程序

(1) **主程序**:chap10_2.m

```
clear all;
```

```
close all;
% (1)初始化粒子群算法参数
min=- 2.048;max=2.048;% 粒子位置范围
Vmax=1;Vmin=-1;% 粒子运动速度范围
c1=1.3;c2=1.7; % 学习因子[0,4]

wmin=0.10;wmax=0.90;      % 惯性权重
G=100;                    % 最大迭代次数
Size=50;                  % 初始化种群个体数目

for i=1:G
    w(i)=wmax-((wmax-wmin)/G)* i;     % 随着优化进行,应降低自身权重
end

for i=1:Size
for j=1:2
    x(i,j)=min+(max-min)*rand(1);           % 随机初始化位置
    v(i,j)=Vmin +(Vmax-Vmin)*rand(1);       % 随机初始化速度
end
end

% (2)计算各个粒子的适应度,并初始化 pi、plocal 和最优个体 BestS
for i=1:Size
p(i)=chap10_2func(x(i,:));
y(i,:)=x(i,:);

if i==1
plocal(i,:)=chap10_2lbest(x(Size,:),x(i,:),x(i+1,:));
elseif i==Size
plocal(i,:)=chap10_2lbest(x(i-1,:),x(i,:),x(1,:));
else
plocal(i,:)=chap10_2lbest(x(i-1,:),x(i,:),x(i+1,:));
end
end

BestS=x(1,:);% 初始化最优个体 BestS
for i=2:Size
if chap10_2func(x(i,:))> chap10_2func(BestS)
BestS=x(i,:);
end
end

% (3)进入主要循环
for kg=1:G
for i=1:Size

    M=1;
if M==1
```

```
v(i,:)=w(kg)*v(i,:)+c1*rand*(y(i,:)-x(i,:))+c2*rand*(plocal(i,:)-x(i,:));
% 局部寻优:加权,实现速度的更新
elseif M==2
        v(i,:)=w(kg)*v(i,:)+c1*rand*(y(i,:)-x(i,:))+c2*rand*(BestS-x(i,:));
% 全局寻优:加权,实现速度的更新
end
        for j=1:2    % 检查速度是否越界
if v(i,j)< Vmin
v(i,j)=Vmin;
elseif x(i,j)> Vmax
v(i,j)=Vmax;
end
end
        x(i,:)=x(i,:)+v(i,:)*1; % 实现位置的更新
        for j=1:2 % 检查位置是否越界
if x(i,j)< min
x(i,j)=min;
elseif x(i,j)> max
x(i,j)=max;
end
end
% 自适应变异,避免粒子群算法陷入局部最优
if rand>0.60
            k=ceil(2*rand);
x(i,k)=min+ (max-min)*rand(1);
end
% (4)判断和更新
if i==1
plocal(i,:)=chap10_2lbest(x(Size,:),x(i,:),x(i+1,:));
elseif i==Size
plocal(i,:)=chap10_2lbest(x(i-1,:),x(i,:),x(1,:));
else
plocal(i,:)=chap10_2lbest(x(i-1,:),x(i,:),x(i+1,:));
end

if chap10_2func(x(i,:))> p(i) % 判断此时的位置是否为最优的情况,当不满足时继续更新
p(i)=chap10_2func(x(i,:));
y(i,:)=x(i,:);
end
if p(i)> chap10_2func(BestS)
BestS=y(i,:);
end
end
Best_value(kg)=chap10_2func(BestS);
end
figure(1);
kg=1:G;
plot(kg,Best_value,'r','linewidth',2);
```

```
xlabel('generations');ylabel('Fitness function');
display('Best Sample=');disp(BestS);
display('Biggest value=');disp(Best_value(G));
```

(2) **局部最优排序函数**:chap10_2lbest. m

```
function f =evaluate_localbest(x1,x2,x3)% 求解粒子环形邻域中的局部最优个体
K0=[x1;x2;x3];
K1=[chap10_2func(x1),chap10_2func(x2),chap10_2func(x3)];
[maxvalue index]=max(K1);
plocalbest=K0(index,:);
f=plocalbest;
```

(3) **函数计算程序**:chap10_2func. m

```
function f =func(x)
f=100*(x(1)^2-x(2))^2+(1-x(1))^2;
```

粒子群辨识仿真程序

(1) **模型测试程序**:chap10_3. m

```
clear all;
close all;
g=1;
h=2;
k1=1;
k2=0.5;

xmin=-4;
xmax=4;
N=(xmax-xmin)/0.1+1;

for i=1:1:N
x(i)=xmin+(i-1)*0.10;
x_abs=abs(x(i));
ifx_abs<=g
y(i)=0;
elseifx_abs> g&&x_abs<=h
y(i)=k1*(x(i)-g*sign(x(i)));
elseifx_abs> =h
y(i)=k2*(x(i)-h*sign(x(i)))+k1*(h-g)*sign(x(i));
end
end

save pso1_file N x y;
```

(2) **粒子群算法辨识程序**:chap10_4. m

```
clear all;
close all;
load pso1_file;
```

```
% 限定位置和速度的范围
MinX=[0 0 0 0];        % 参数搜索范围
MaxX=[5 5 5 5];
Vmax=1;
Vmin=-1;               % 限定速度的范围

% 设计粒子群参数
Size=80;               % 种群规模
CodeL=4;               % 参数个数

c1=1.3;c2=1.7;         % 学习因子:[1,2]
wmax=0.90;wmin=0.10;% 惯性权重最小值:(0,1)
G=500;                 % 最大迭代次数
% (1)初始化种群的个体
for i=1:G              % 采用时变权重
w(i)=wmax-((wmax-wmin)/G)*i;
end
for i=1:1:CodeL       % 十进制浮点制编码
    X(:,i)=MinX(i)+(MaxX(i)-MinX(i))*rand(Size,1);
    v(:,i)=Vmin+(Vmax-Vmin)*rand(Size,1);% 随机初始化速度
end
% (2)初始化个体最优和全局最优:先计算各个粒子的目标函数,并初始化 Ji 和 BestS
for i=1:Size
Ji(i)=chap10_4obj(X(i,:),y,N);
    Xl(i,:)=X(i,:); % Xl 用于局部优化
end

BestS=X(1,:);          % 全局最优个体初始化
for i=2:Size
if chap10_4obj(X(i,:),y,N)<chap10_4obj(BestS,y,N)
BestS=X(i,:);
end
end
% (3)进入主要循环,直到满足精度要求
for kg=1:1:G
times(kg)=kg;
for i=1:Size
    v(i,:)=w(kg)*v(i,:)+c1*rand*(Xl(i,:)-X(i,:))+c2*rand*(BestS-X(i,:));
% 加权,实现速度的更新
        for j=1:CodeL     % 检查速度是否越界
if v(i,j)<Vmin
v(i,j)=Vmin;
elseif  v(i,j)> Vmax
v(i,j)=Vmax;
end
end
    X(i,:)=X(i,:)+v(i,:);  % 实现位置的更新
    for j=1:CodeL          % 检查位置是否越界
if X(i,j)< MinX(j)
X(i,j)=MinX(j);
elseif X(i,j)> MaxX(j)
```

```
X(i,j)=MaxX(j);
end
end
% 自适应变异,避免陷入局部最优
if rand>0.8
        k=ceil(4*rand);     % ceil 为向上取整
X(i,k)=5*rand;
end
% (4)判断和更新
    if chap10_4obj(X(i,:),y,N)< Ji(i) % 局部优化:判断此时的位置是否为最优的情况
Ji(i)=chap10_4obj(X(i,:),y,N);
Xl(i,:)=X(i,:);
end

    if Ji(i)< chap10_4obj(BestS,y,N) % 全局优化
BestS=Xl(i,:);
end
end
Best_J(kg)=chap10_4obj(BestS,y,N);
end
display('true value: g=1,h=2,k1=1,k2=0.5');

BestS % 最佳个体
Best_J(kg)% 最佳目标函数值

figure(1);% 目标函数值变化曲线
plot(times,Best_J(times),'r','linewidth',2);
xlabel('time(s)');ylabel('BestJ');
```

(3) 目标函数计算子程序:chap10_4obj. m

```
function J=obj(X,y,N)% ********计算个体目标函数值
gp=X(1);
hp=X(2);
    k1p=X(3);
    k2p=X(4);

xmin=-4;
xmax=4;

for i=1:1:N
x(i)=xmin+(i-1)*0.10;
x_abs=abs(x(i));
if x_abs<=gp
yp(i)=0;
elseif x_abs> gp&&x_abs<=hp
yp(i)=k1p*(x(i)-gp*sign(x(i)));
elseif x_abs>=hp
yp(i)=k2p*(x(i)-hp*sign(x(i)))+k1p*(hp-gp)*sign(x(i));
end
end
```

```
E=yp-y;
J=0;
for i=1:1:N
        J=J+0.5*E(i)*E(i);
end
end
```

差分进化算法优化程序：包括以下两部分。

(1) **主程序**：chap10_5.m

```
% To Get maximum value of function f(x1,x2) by Differential Evolution
clear all;
close all;

Size=30;
CodeL=2;

MinX(1)=-2.048;
MaxX(1)=2.048;
MinX(2)=-2.048;
MaxX(2)=2.048;

G=50;

F=1.2;              % 变异因子[0,2]
cr=0.9;             % 交叉因子[0.6,0.9]
% 初始化种群
for i=1:1:CodeL
    P(:,i)=MinX(i)+(MaxX(i)-MinX(i))*rand(Size,1);
end

BestS=P(1,:); % 全局最优个体
for i=2:Size
if(chap10_5obj(P(i,1),P(i,2))> chap10_5obj(BestS(1),BestS(2)))
        BestS=P(i,:);
    end
end

fi=chap10_5obj(BestS(1),BestS(2));

% 进入主要循环，直到满足精度要求
for kg=1:1:G
    time(kg)=kg;
% 变异
    for i=1:Size
```

```
        r1=1;r2=1;r3=1;
        while(r1==r2|| r1==r3 || r2==r3 || r1==i || r2 ==i || r3==i )
            r1=ceil(Size*rand(1));
             r2=ceil(Size*rand(1));
              r3=ceil(Size*rand(1));
        end
        h(i,:)=P(r1,:)+F*(P(r2,:)-P(r3,:));

        for j=1:CodeL     % 检查位置是否越界
            if h(i,j)< MinX(j)
                h(i,j)=MinX(j);
            elseif h(i,j)> MaxX(j)
                h(i,j)=MaxX(j);
            end
        end

    % 交叉
        for j=1:1:CodeL
                tempr=rand(1);
                if(tempr<cr)
                    v(i,j)=h(i,j);
                else
                    v(i,j)=P(i,j);
                end
        end

    % 选择
if(chap10_5obj( v(i,1),v(i,2))> chap10_5obj( P(i,1),P(i,2)))
            P(i,:)=v(i,:);
        end
    % 判断和更新
        if(chap10_5obj( P(i,1),P(i,2))> fi) % 判断此时的位置是否为最优的情况
          fi=chap10_5obj( P(i,1),P(i,2));
          BestS=P(i,:);
        end
    end
    Best_f(kg)=chap10_5obj( BestS(1),BestS(2));
    end
    BestS          % 最佳个体
    Best_f(kg)     % 最大函数值

    figure(1);
    plot(time,Best_f(time),'k','linewidth',2);
    xlabel('time(s)');ylabel('BestF');
```

(2) **函数计算程序**:chap10_5obj. m

```
function J=evaluate_objective(x1,x2) % 计算函数值
J=100*( x1^2-x2)^2+(1-x1)^2;
end
```

差分进化算法参数辨识仿真程序

1. 模型测试程序:chap10_6. m

```
clear all;
close all;
g=1;
h=2;
k1=1;
k2=0.5;

xmin=-4;
xmax=4;
N=(xmax-xmin)/0.1+1;

for i=1:1:N
    x(i)=xmin+(i-1)*0.10;
    x_abs=abs(x(i));
if x_abs<=g
    y(i)=0;
elseif x_abs> g&&x_abs<=h
    y(i)=k1*(x(i)-g*sign(x(i)));
elseif x_abs> =h
    y(i)=k2*(x(i)-h*sign(x(i)))+k1*(h-g)*sign(x(i));
end
end

save de1_file N x y;
```

2. 辨识程序

(1) **差分进化算法辨识程序**:chap10_7. m

```
clear all;
close all;
load de1_file;

MinX=[0 0 0 0];  % 参数搜索范围
MaxX=[5 5 5 5];

% 设计粒子群参数
Size=80;  % 种群规模
CodeL=4;  % 参数个数

F=0.80;          % 变异因子:[1,2]
cr =0.6;          % 交叉因子
G=500;                % 最大迭代次数
```

```
% 初始化种群的个体
for i=1:1:CodeL
    X(:,i)=MinX(i)+ (MaxX(i)-MinX(i))*rand(Size,1);
end

BestS=X(1,:); % 全局最优个体
for i=2:Size
    if chap10_7obj(X(i,:),y,N)< chap10_7obj(BestS,y,N)
        BestS=X(i,:);
    end
end
Ji=chap10_7obj(BestS,y,N);
% 进入主要循环,直到满足精度要求
for kg=1:1:G
    time(kg)=kg;
% 变异
    for i=1:Size
        r1=1;r2=1;r3=1;r4=1;
        while(r1==r2|| r1 ==r3 || r2==r3 || r1==i|| r2 ==i || r3==i||r4==i ||r1==r4||r2==r4
||r3==r4 )
            r1=ceil(Size*rand(1));
            r2=ceil(Size*rand(1));
            r3=ceil(Size*rand(1));
            r4=ceil(Size*rand(1));
        end
        h(i,:)=BestS+F*(X(r1,:)-X(r2,:));
        % h(i,:)=X(r1,:)+F*(X(r2,:)-X(r3,:));

        for j=1:CodeL  % 检查是否越界
            if h(i,j)< MinX(j)
                h(i,j)=MinX(j);
            elseif h(i,j)> MaxX(j)
                h(i,j)=MaxX(j);
            end
        end
% 交叉
        for j=1:1:CodeL
              tempr=rand(1);
              if(tempr<cr)
                  v(i,j)=h(i,j);
              else
                  v(i,j)=X(i,j);
              end
        end
% 选择
        if(chap10_7obj(v(i,:),y,N)< chap10_7obj(X(i,:),y,N))
            X(i,:)=v(i,:);
        end
% 判断和更新
        if chap10_7obj(X(i,:),y,N)< Ji % 判断此时的指标是否为最优的情况
          Ji=chap10_7obj(X(i,:),y,N);
```

```
            BestS=X(i,:);
        end
    end
Best_J(kg)=chap10_7obj(BestS,y,N);
end
display('true value: g=1,h=2,k1=1,k2=0.5');

BestS     % 最佳个体
Best_J(kg)% 最佳目标函数值

figure(1);% 指标函数值变化曲线
plot(time,Best_J(time),'r','linewidth',2);
xlabel('time(s)');ylabel('BestJ');
```

(2) **目标函数计算程序**:chap10_7obj. m

```
function J=obj(X,y,N)% ********计算个体目标函数值
  gp=X(1);
  hp=X(2);
  k1p=X(3);
  k2p=X(4);

  xmin=-4;
  xmax=4;

for i=1:1:N
    x(i)=xmin+(i-1)*0.10;
    x_abs=abs(x(i));
    if x_abs< =gp
        yp(i)=0;
    elseif x_abs> gp&&x_abs<=hp
        yp(i)=k1p*(x(i)-gp*sign(x(i)));
    elseif x_abs> =hp
        yp(i)=k2p*(x(i)-hp*sign(x(i)))+k1p*(hp-gp)*sign(x(i));
    end
end

E=yp-y;
J=0;
    for i=1:1:N
        J=J+0.5*E(i)*E(i);
    end
end
```

第 11 章　智能算法的应用

11.1　TSP 问题优化及关键问题

本书 8.3.2 节已经对 TSP 问题进行了描述。设 $\boldsymbol{D}=\{d_{ij}\}$ 是由城市 i 和城市 j 之间的距离组成的距离矩阵，TSP 问题就是求出一条通过所有城市且每个城市只通过一次的具有最短距离的回路。

TSP 问题是很多问题的基石，其理论广泛应用于解决规划、调度等的优化问题，这些问题包括数字化时代的送货取货、基因组图谱的绘制、搜寻行星、激光方向瞄准、印刷电路板钻孔、微处理器测试、生产作业任务调度等。因此，针对 TSP 问题的研究具有重要的应用价值。

目前针对 TSP 问题的研究成果已经十分丰富，但实际问题中，还存在很多不确定因素，比如路径的成本问题、路径的时间问题等，都需要与其他知识理论相结合。

一般求解 TSP 问题的算法分为两大类：精确算法和启发式算法。精确算法主要有定界法、规划法等，启发式算法有遗传算法、模拟退火算法、粒子群算法、蚁群算法、差分进化算法等。TSP 问题优化中有以下几个关键问题。

1. 生成初始种群

在 n 维空间里随机产生满足约束条件的所有个体，采用对访问城市序列进行排列组合的方法编码，即某个巡回路径的个体是该巡回路径的城市序列，种群中每个个体的维数为城市数量。在 TSP 问题中，每个城市必须且仅可到达一次，不能重复，可采用 Matlab 中的 randperm 函数初始化种群。

2. 保证城市序号不重不漏

针对 TSP 问题，需要保证所访问的城市不重不漏。为此，在优化过程中，采用设计禁忌表或城市查重算法来记录待访问的城市，从而实现所访问的城市不重不漏。

3. 距离函数的计算

在 TSP 问题中，距离函数为路径距离的总和。两个城市 i 和 j 的位置分别为 $[x_i, y_i]$ 和 $[x_j, y_j]$，则求解两个城市之间距离的公式为 $d_{ij}=\sqrt{(x_i-x_j)^2+(y_i-y_j)^2}$。巡回路径中两两城市组合数共有 n 组，首先计算城市 i 和城市 j 之间的路径长度，在此基础可得到整个城市的路径长度。

11.2　蚁 群 算 法

11.2.1　蚁群算法的基本原理

蚁群算法（Ant Colony Optimization，ACO）是一种新型的优化算法，来源于模拟蚂蚁的觅食过程，该算法最早于 20 世纪 90 年代初由意大利学者 Dorigo M 等[43]提出。在蚂蚁寻找食物的过程中，蚂蚁会分泌信息素记录所走的路径，其他蚂蚁则根据信息素的浓度，选择其中较短路径去寻觅食物。当路径上的蚂蚁分布越多，该路径上的信息素也就越多，更多的蚂蚁会选择信息素浓度大的路径去寻觅食物。

蚁群算法是一种随机的概率搜索算法，它是目前求解复杂组合优化问题较为有效的手段之一。该算法借助信息反馈机制，能够实现算法的快速进化，从而更加快速地找到最优解。蚁群算法具有自组织性、正负反馈性、鲁棒性、分布式计算等优点，广泛应用于网络优化和路径寻优，是解决组合优化问题的有效算法之一。

近年来，关于蚁群算法有很多研究成果[44,45]。为了提高蚁群算法的性能，许多学者提出了各种改进的蚁群算法[46,47]。

11.2.2 基于 TSP 问题优化的蚁群算法

仿生进化思想的发展为解决 TSP 问题提供了新的思路，这其中以蚁群算法的贡献最为显著。根据蚁群算法的生物学机理，可设计蚁群路径搜索算法，该算法的路径搜索机理为：

① 蚂蚁在所经过的路径上释放信息素；

② 如果碰到没走过的路径，就随机挑选一条路走，同时释放与路径长度有关的信息素；

③ 信息素浓度与路径长度成反比，后来的蚂蚁再次碰到该路径时，就选择信息素浓度较大的路径；

④ 最优路径上的信息素浓度越来越大；

⑤ 最终蚁群找到最优觅食路径。

在 TSP 问题求解过程中，蚂蚁每次周游中在其经过的路径(i,j)上都留下信息素，蚂蚁选择城市的概率与城市之间的距离和当前连接支路上所包含的信息素余量有关。为了强制蚂蚁进行合法的周游，直到一次周游完成后，才允许蚂蚁行走已访问过的城市，该功能可由禁忌表来实现。

假设蚁群中蚂蚁的数量为m，城市个数取n，城市i与城市j之间的距离为$d_{ij}(i,j=1,2,\cdots,n)$，在t时刻处于城市i的蚂蚁个数为$b_i(t)$，则$m=\sum_{i=1}^{n}b_i(t)$，城市i和城市j之间残留的信息素为$\tau_{ij}(t)$，取$\tau_{ij}(0)=C$(C为常数)。基本蚁群算法分为两个步骤。

1. 状态转移

蚂蚁$k(k=1,2,\cdots,m)$在移动过程中，根据路径上的信息素，按概率进行路径选择。若计算的概率大于当前的随机值，则选择该路径。t时刻蚂蚁k从位置i至位置j的概率定义为

$$p_{ij}^k(t)=\frac{\tau_{ij}^{\alpha}(t)\eta_{ij}^{\beta}(t)}{\sum_{k=1}^{m}\tau_{ij}^{\alpha}(t)\eta_{ij}^{\beta}(t)} \tag{11.1}$$

其中，$\eta_{ij}=\frac{1}{d_{ij}}$，为启发式因子，取行走距离的倒数，表示从位置$i$运动到位置$j$的期望程度；$\alpha$和$\beta$分别表示信息素和启发式因子的重要程度。

由式(11.1)可见，当前路径的信息素浓度越大，行走的距离d_{ij}越短，则选择该路径的概率越大。

为了避免残留信息素过多而淹没启发信息，在每只蚂蚁走完一步或走完所有n个城市后，对残留信息素进行更新处理。在$t+1$时刻，路径(i,j)上的信息素按下式更新

$$\tau_{ij}(t+1)=(1-\rho)\tau_{ij}(t)+\Delta\tau_{ij}(t) \tag{11.2}$$

$$\Delta\tau_{ij}(t)=\sum_{k=1}^{m}\Delta\tau_{ij}^k(t) \tag{11.3}$$

2. 信息素更新

如果第k次蚂蚁在本次循环中经过路径(i,j)，则

$$\Delta\tau_{ij}^{k}(t)=\frac{Q}{L_k} \tag{11.4}$$

其中，L_k 表示第 k 次蚂蚁在本次循环中经过路径的总长度；Q 为信息素因子。

由式(11.1)选择路径，由式(11.2)和式(11.3)进行路径上的信息素更新，不断重复迭代，最终生成的路径则构成最优路径。蚁群算法的基本流程图如图 11-1 所示。

蚁群算法参数见表 11-1。

表 11-1 蚁群算法参数

参数	定义	取值范围	影响分析
α	信息素重要程度	[0 5]	信息素重要程度反映残留的信息素的相对重要程度。α 越大，蚂蚁选择之前走过的路径的可能性越大，但搜索路径的随机性减弱，容易陷入局部最优
β	启发式因子重要程度	[0 5]	启发式因子重要程度表示期望的相对重要程度。β 越大，蚂蚁越容易选择较短路径，收敛速度加快，但随机性不高，容易得到局部的相对最优
Q	信息素因子	[10 10000]	表示信息素的强度
ρ	信息素挥发因子	[0.1 0.99]	ρ 过小时，在路径上残留的信息素越多，导致无效的路径被搜索，影响算法的收敛速度；ρ 过大时，可排除无效的路径被搜索，但有效的路径也会被排除，影响最优值的搜索。$1-\rho$ 表示残留因子
$G_{\max}$	最大迭代次数		
m	蚂蚁数		

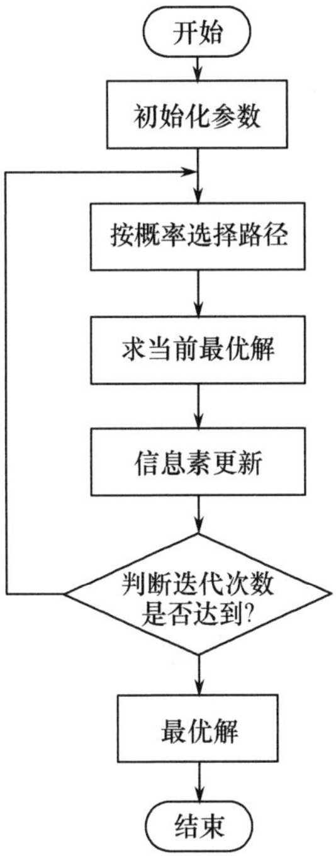

图 11-1 蚁群算法的基本流程图

11.2.3 仿真实例

在蚁群算法路径优化中，采用 Matlab 中的 randperm 函数初始化种群。为了保证城市序号不重不漏，设计禁忌表 Tabu，以存储并记录已访问的路径，并记录待访问的城市，该功能通过子程序 chap11_1Nc.m 来实现。用于计算城市 i 和城市 j 之间路径长度的子程序为 chap11_1D.m，用于计算整个城市路径长度的子程序为 chap11_1L.m。程序见本章附录。

仿真中采用了如下 6 步：第 1 步初始化；第 2 步为将 m 只蚂蚁放到 n 个城市上；第 3 步为 m 只蚂蚁按概率函数选择下一个城市，完成各自的周游；第 4 步为记录本次迭代的最佳路径；第 5 步为更新信息素；第 6 步为禁忌表清零。

蚁群算法参数设定为：$m=50$，$\alpha=1$，$\beta=5$，$Q=100$，$\rho=0.1$。以 8 个城市的 TSP 问题路径优化为例，其城市路径坐标保存在当前路径程序 city8.txt 中。通过改变迭代次数，观察不同迭代次数下路径的优化情况，经过 100 次进化的仿真结果如图 11-2 所示，此时城市组合路径达到最小，最短路径长度为 2.8937。通过仿真表明，在 20 次仿真实验中，有 18 次以上可收敛到最优解。以 20 个城市的路径优化为例，其城市路径坐标保存在当前路径程序 city20.txt 中。通过改变迭代次数，观察不同迭代次数下路径的优化情况，仿真结果如图 11-3 所示，经过 300 次进化，城市组合路径达到最小，最短路径长度为 3.3486。通过仿真表明，在 20 次仿真实验中，有 15 次以上可收敛到最优解。

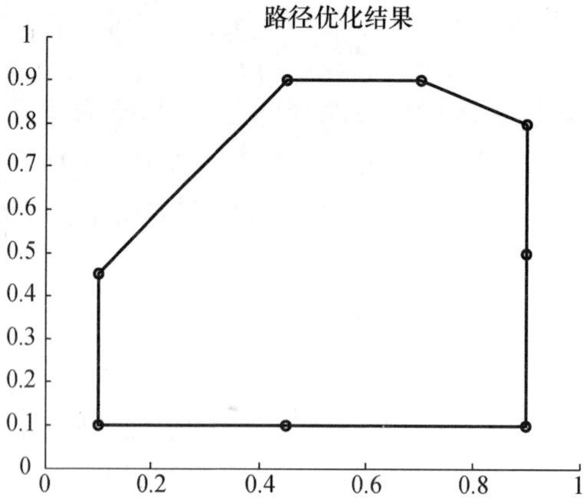

图 11-2　8 个城市迭代次数为 100 时的轨迹优化

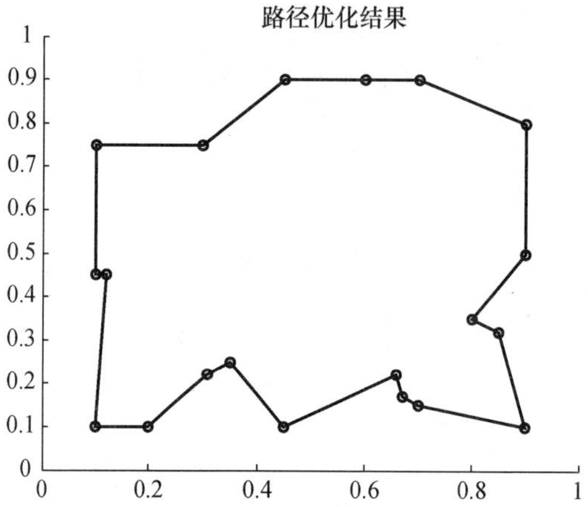

图 11-3　20 个城市迭代次数为 300 时的轨迹优化

11.3　基于粒子群算法的 TSP 问题优化

11.3.1　TSP 问题优化的粒子群算法

采用粒子群算法进行城市的路径优化，初始化中，为了防止城市重复，个体之间也不重复，采用 Matlab 中的 randperm 函数初始化种群。为了保证在优化过程中城市序号不重不漏，设计了城市查重算法，首先采用 Matlab 中的 find()指令来确定有重复城市的编码位置，然后判断在该样本中漏掉的城市序号，采用 Matlab 中的 ismember()指令来确定遗漏的城市序号，再用漏掉的城市序号替代城市重复的位置，该功能通过主程序 chap11_2. m 实现。用于计算整个城市路径长度的子程序为 chap11_2dis. m。采用环形邻域法确定局部最优个体，仿真程序采用 chap11_2best. m 来实现。程序见本章附录。

11.3.2　仿真实例

仿真中，城市数量为 CodeL，取粒子群个数为 Size＝50，最大迭代次数 $G=100$，粒子运动最大速度为 $V_{\max}=1.0$，即速度范围为[－1，1]，粒子群算法采用式(10. 6)和式(10. 7)，学习因子取 $c_1=1.3$，$c_2=1.7$，采用线性递减的惯性权重，惯性权重采用从 0. 90 线性递减到 0. 10 的策略。取

8 个城市进行路径优化，取迭代次数为 100 次，路径优化前、后的仿真结果如图 11-4 所示，优化后最短路径长度为 2.8937，路径优化的收敛过程如图 11-5 所示。由仿真结果可见，粒子群算法收敛速度快，经过 6 次进化，城市组合路径就已经达到最小。

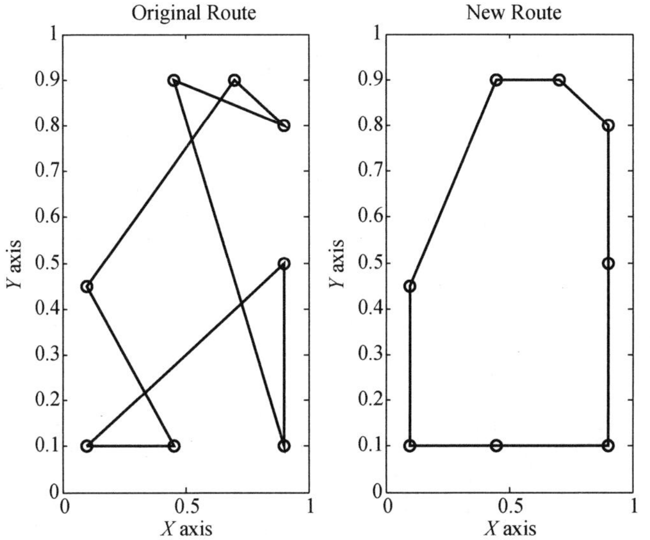

(a) 初始路径　(b) 优化后的路径

图 11-4　路径优化前、后的仿真结果

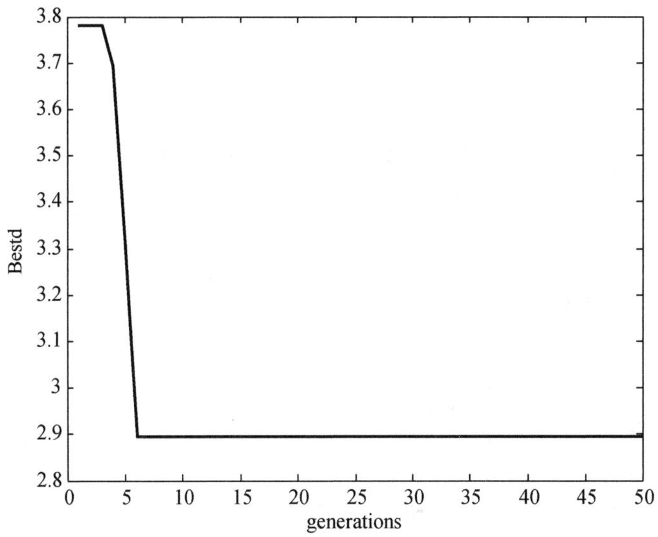

图 11-5　路径优化的收敛过程

11.4　基于差分进化算法的 TSP 问题优化

11.4.1　TSP 问题优化的差分进化算法

采用差分进化算法进行城市的路径优化，初始化中，为了防止城市重复，个体之间也不重复，采用 Matlab 中的 randperm 函数初始化种群。为了保证在优化过程中城市序号不重不漏，设计了城市查重算法，首先采用 Matlab 中的 find()指令来确定有重复城市的编码位置，然后判断在该样本中漏掉的城市序号，采用 Matlab 中的 ismember()指令来确定遗漏的城市序号，再用漏掉的城市序号替代城市重复的位置,该功能通过主程序 chap11_3. m 实现。用于计算整个城市路径长度的子程序为 chap11_3dis. m。程序见本章附录。

11.4.2 仿真实例

对 8 个城市进行路径规划,城市路径坐标保存在 city8. txt 中。取种群中个体数目 Size=40,差分进化算法采用式(10.10)至式(10.14),$F=1$,CR=0.9。取迭代次数为 200 次,路径优化前、后的仿真结果如图 11.6 所示,优化后最短路程长度为 2.8963,路径优化的收敛过程如图 11-7 所示。由仿真结果可见,经过 70 余次进化,城市组合路径达到最小。

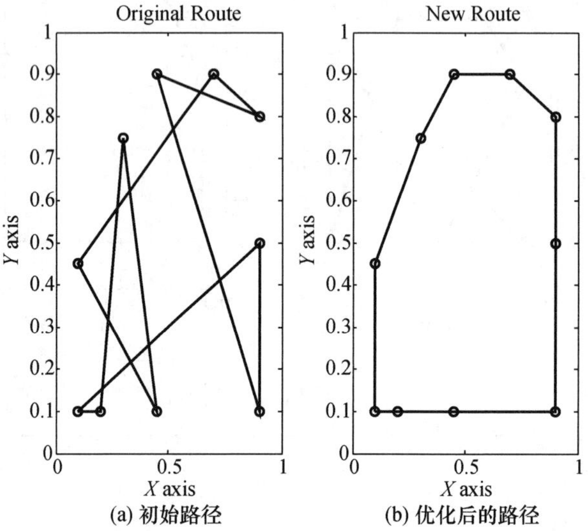

图 11-6 路径优化前、后的仿真结果

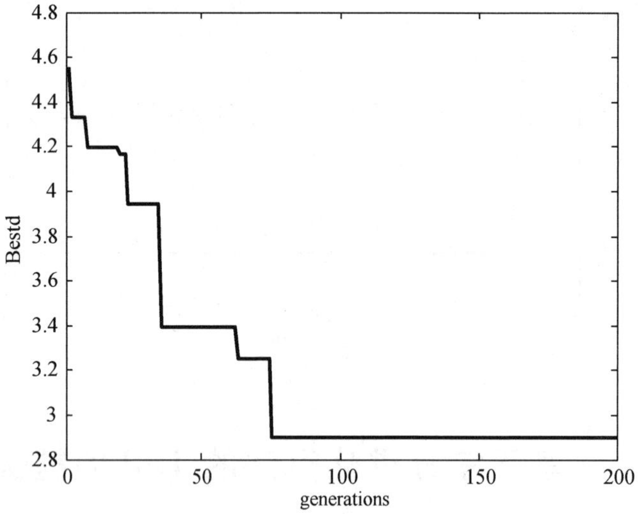

图 11-7 路径优化的收敛过程

可见,上述三种优化算法都可以很好地实现 TSP 问题的优化。但随着城市数量的增加,TSP 问题优化的性能会下降。为了提高 TSP 问题优化的准确率,需要对优化算法进行改进。近年来,关于提高 TSP 问题性能的优化算法研究有许多新的研究成果[48~50]。

11.5　基于粒子群算法的航班降落调度

航班降落调度是机场管理的重要组成部分，旨在为待着陆的航班安排合理的降落调度方案，保证机场的秩序，减少早到或者晚到造成的经济损失。因此研究航班的调度问题对提高机场的运行效率及飞行效益具有重大意义。

航班调度问题是典型的 NP(Non-dcterministic Polynomial，非确定性多项式)问题，在我国航空业发展初期，主要通过运筹学中的线性规划来进行优化。但随着我国航空业的不断发展，航班调度问题的规模逐渐增大，数学规划方法很难给出 NP 问题的最优解。一些相关研究人员将智能优化算法应用到解决航班调度的问题上来，不再纠结去寻找问题的最优解，而是将目标转移到在合理的时间内寻找到一个可行的、接近最优解的近似解。

11.5.1　问题描述

在大型机场中，飞机的降落要受到很多安全约束条件的限制。如何对单条跑道上的飞机降落进行调度是一个重要的问题。

航班降落调度问题可描述为：机场在某一段时间内有 N 架需要降落的航班，每个航班都有一个最早到达时间和最晚到达时间，在这个时间窗口内，航空公司需要选择一个目标时间，并将它作为航班到达时间公布出去，如果比此时间迟到或早到，则可能引起机场秩序混乱并带来额外的费用支出。为将这些费用计入考虑，并方便进行比对，每个航班都定义了早到每分钟的惩罚和晚到每分钟的惩罚，同时，在两个航班降落之间需要有一段安全时间间隔。

当一座机场短时间内抵达大量的飞机时，由于机场本身的跑道数量及机场客运量等因素的限制，使得机场必须对抵达的飞机进行降落顺序及时间的安排。对于不同的机型，提前降落与延后降落都会造成一定的额外成本，相关的成本大致满足图 11-8 所示的关系。

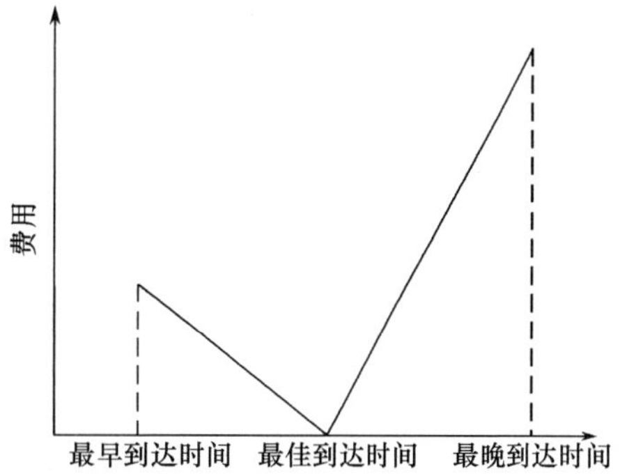

图 11-8　航班降落成本示意图

以机场某一时间段内陆续抵达 10 个航班为例，表 11-2 列出了每个航班的时间窗口(以从当天零时起分钟数计)和早到与晚到惩罚值，其相关时刻已经转为整数形式，即不使用时-分-秒的格式，但依旧满足数值递增表示时间增加的基本要求。

表 11-2　航班的时间窗口和早到与晚到惩罚值

航班	1	2	3	4	5	6	7	8	9	10
最早到达时间	129	195	89	96	110	120	124	126	135	160
目标时间	155	258	98	106	123	135	138	140	150	180
最晚到达时间	559	744	510	521	555	576	577	573	591	657
早到惩罚 Cearly_i	10	10	30	30	30	30	30	30	30	30
晚到惩罚 Clate_i	10	10	30	30	30	30	30	30	30	30

各个航班由于机型不同，每个航班降落之后都需要地面工作人员进行乘客分流等工作，因此需要在相临航班之间预留安全时间间隔。表 11-3 给出了每个航班与其他航班相邻降落时需要的安全时间间隔。例如，航班 5 和航班 8 相邻降落时需要至少间隔 8 个时间单位。

表 11-3　航班降落安全时间间隔

	1	2	3	4	5	6	7	8	9	10
1	0	3	15	15	15	15	15	15	15	15
2	3	0	15	15	15	15	15	15	15	8
3	15	15	0	8	8	8	8	8	8	8
4	15	15	8	0	8	8	8	8	8	8
5	15	15	8	8	0	8	8	8	8	8
6	15	15	8	8	8	0	8	8	8	8
7	15	15	8	8	8	8	0	8	8	8
8	15	15	8	8	8	8	8	0	8	8
9	15	15	8	8	8	8	8	8	0	8
10	15	15	8	8	8	8	8	8	8	0

调度问题可以描述为：应采取何种降落调度方案才能够在使总惩罚最小，同时航班又都在指定的时间窗口内降落，并且满足两个航班降落之间的安全时间间隔。

11.5.2　优化问题的设计

航班降落调度问题可以描述为：机场在某一段时间内有 D 架需要降落的航班，每个航班都有一个最早到达时间Start_i 和最晚到达时间Stop_i，在这个时间窗口内，航空公司需要选择一个目标时间Target_i，并将它作为航班到达时间公布出去，如果比此时间迟到或早到，会带来额外的费用支出，每个航班都定义了早到每分钟的惩罚Cearly_i 和晚到每分钟的惩罚Clate_i，同时，在两个航班降落之间需要有一段安全时间间隔Dist_{ij}，其中 i, j 为航班个数。

根据以上描述，设计优化策略为：

(1) 定义降落方案变量

$$\mathrm{Land}=\{\mathrm{Land}_1,\cdots,\mathrm{Land}_D\}$$

其中，Land_i 代表航班 i 的理想降落时间，应满足最早和最晚到达时间的约束，定义约束条件为

$$\mathrm{Start}_i\leqslant\mathrm{Land}_i\leqslant\mathrm{Stop}_i$$

(2) 任意两个航班 i 和航班 j 之间的实际降落时间间隔要大于安全时间间隔Dist_{ij}，因此，可定义约束为

$$|\mathrm{Land}_i-\mathrm{Land}_j|\geqslant\mathrm{Dist}_{ij} \tag{11.5}$$

(3) 由于航班早到和晚到都会带来额外的惩罚，定义该降落方案的总惩罚函数为

$$f=\sum_i(\mathrm{Target}_i-\mathrm{Land}_i)\,\mathrm{Cearly}_i+\sum_j(\mathrm{Land}_j-\mathrm{Target}_j)\,\mathrm{Clate}_j \tag{11.6}$$

11.5.3　仿真实例

采用粒子群算法进行优化，每架飞机作为一个粒子，故每个个体共有 10 个粒子，个体的适应度为式(11.6)，即个体对应的成本值，并且越小越好。任意两个航班 i 和航班 j 之间的间隔时间需要满足式(11.5)。

在粒子群算法仿真中，取粒子群个数为 Size=10000，最大迭代次数 $G=1500$，粒子运动最大速度为 30，即速度范围为[−30,30]。学习因子取 $c_1=0.5$，$c_2=2.0$，采用线性递减的惯性权重，惯性权重采用从 0.90 线性递减到 0.10 的策略。采用粒子群算法，对粒子的速度和位置要进行越界检查。为避免算法陷入局部最优，加入一个局部自适应变异算子进行调整。按式(10.4)和式(10.5)更新粒子的速度及位置，产生新种群。运行主程序 chap11_4.m，经过 1500 次迭代，得到的最优结果为 714.6141，对应的航班降落时间为

[165.3482 257.8698 98.0205 106.0514 118.1782 134.3329 126.2693 142.3405 150.3473 180.3483]

惩罚函数的变化过程如图 11-9 所示。由仿真可见，随着迭代过程的进行，粒子群通过追踪自身极值和局部极值，不断更新自身的速度和位置，从而找到全局最优解。

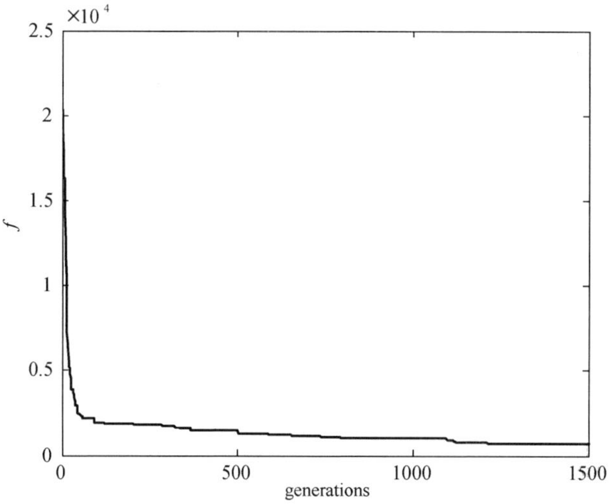

图 11-9　惩罚函数的变化过程

11.6　基于差分进化算法的企业生产调度

随着我国经济的持续发展，企业规模越来越大，分工越来越细，人力、物力、设备的投入越来越多，要实现连续、高效生产，必须依靠强大有力的调度系统去完成。生产调度在企业生产、电力网络、车辆运行、物流运输、应急抢险、抗洪防洪、火灾救援等方面的应用十分广泛。生产调度是一个整体系统工程，是保障企业生产安全有序、衔接顺畅、高质高效的关键。

11.6.1　问题描述

某服装企业决定加工 9 批品牌服装，因季节变化关系，每批产品都有一个交货期限。如果在此期限之前完成，则产品可以较高的价格出售；超过此期限，则将面临更激烈的价格竞争而减少生产效益。假设各批次服装的加工时间、交货期限和利润如表 11-4 所示，设每批产品的加工过程不允许中断，即一批产品加工过程中不能插入其他批次产品的加工，求总利润最大的加工顺序。

表 11-4　某企业各批次服装加工时间、交货期限和利润

产品批次	1	2	3	4	5	6	7	8	9
加工时间(time,天)	3	4	1	2	6	1	4	7	5
交货期限(deadline,天)	5	9	3	12	10	24	5	6	6
按期产品利润(Profit_in,元)	750	1200	800	900	2500	500	3000	5600	4500
逾期产品利润(Profit_out,元)	500	900	400	750	1800	300	1500	4000	2000

调度问题可以描述为：应采取何种调度方案设计服装加工顺序，使在满足交货时间的基础上实现总利润的最大化。

11.6.2　优化问题的设计

通过差分进化算法对加工顺序进行优化，每个加工顺序作为一个个体，所对应的总利润作为该个体的适应度函数，针对每个个体，将加工时间与交货期限对比，分别按交货时间满足期限和不满足期限进行设计，每个加工顺序所对应的总利润=按期产品利润+逾期产品利润，该功能通过程序 chap11_5fit. m 实现。通过差分进化算法的优化，最终可得到最佳的加工顺序，使总利润最大化。

在仿真中，为了避免加工顺序中出现重复的数字，采用如下 Matlab 命令：①setdiff 命令，取两个数组的差异部分；②isempty 命令，确定数组是否为空集；③unique 命令，保证在数组中具有唯一值。该功能通过程序 chap11_5rep. m 实现。

本次加工顺序的总加工时间计算通过程序 chap11_5sum. m 实现。以上程序见本章附录。

11.6.3 仿真实例

采用差分进化算法，取 $F=1.2$，CR=0.9，取样本个数 Size=10，最大迭代次数 $G=100$。按式(10.10)至式(10.14)设计差分进化算法，运行主程序 chap11_5. m，经过 100 次迭代，可实现利润最大化的服装加工顺序有多种，其中的 3 种顺序为：①3 9 4 1 6 7 2 8 5，最大总利润为 15400 元；②3 9 4 6 1 5 7 2 8，最大总利润为 15400 元；③3 9 7 4 1 6 2 5 8，最大总利润为 15400 元。其中，第一种情况对应的总利润的优化过程如图 11-10 所示。

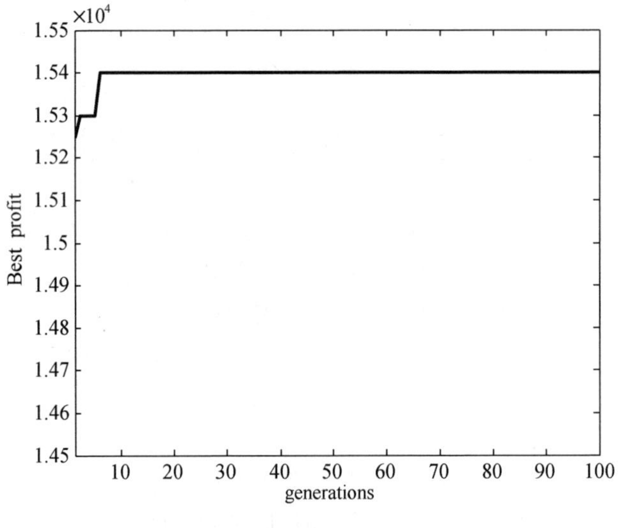

图 11-10 总利润的优化过程

思考题与习题 11

11-1 在基于蚁群算法的 TSP 问题优化中，如何改进蚁群算法提高优化的效果？

11-2 在基于粒子群算法的航班降落调度中，给出影响调度准确率的几个因素。

11-3 在基于差分进化算法的企业生产调度中，如果改为粒子群算法，如何进行设计？

本章附录(程序代码)

基于 TSP 问题优化的蚁群算法仿真程序

(1) 主程序:chap11_1.m

```
clear all;
close all;
m= 50;
Alpha= 1;
Beta= 5;
Rho= 0.1;
G_max= 100;
Q= 100;

% cityfile =  fopen( 'city8.txt', 'rt' );
cityfile =  fopen( 'city20.txt', 'rt' );
C =  fscanf( cityfile, '% f % f',[2,inf] );
    fclose(cityfile);
    C= C';   %  C为n个城市的坐标,为n* 2阶矩阵
% 第一步:初始化
    n= size(C,1);          % 城市个数
    D =  chap11_1D(C,n); % 距离矩阵初始化函数
    Eta= 1./D;
    Tol= ones(n,n);
    Tabu= zeros(m,n);      % 禁忌表,存储并记录路径的生成
    G= 1;
    R_best= zeros(G_max,n); % 各代最佳路径初始化

    while G< = G_max
% 第二步:将m只蚂蚁放到n个城市上
    Randpos= [];   % 随机存取
    for i= 1:(ceil(m/n))
        Randpos= [Randpos,randperm(n)];
    end
    Tabu(:,1)= (Randpos(1,1:m))';
% 第三步:m只蚂蚁按概率函数选择下一个城市,完成各自的周游
    for j= 2:n      % 所在城市不计算
        for i= 1:m
            visited= Tabu(i,1:(j- 1));     % 记录已访问的城市,避免重复访问
            Nc= chap11_1Nc(n,j,visited);     % 记录待访问的城市
% 计算待选城市的概率分布
     P= chap11_1P(visited,Nc,Tol,Eta,Alpha,Beta);
% 按概率原则选下一个城市
     Pcum= cumsum(P);              % 元素累加
%  cumsum([1 1 1 1 2])=  1     2     3     4     6
     Select= find(Pcum> = rand); % 若计算的概率大于当前随机值,则选择该路径
     to_visit= Nc(Select(1));
     Tabu(i,j)= to_visit;
```

```
        end
end
    if G> = 2
        Tabu(1,:)= R_best(G- 1,:);
        end
    for i= 1:m
        R= Tabu(i,:);
    end
% 第四步:记录本次迭代的最佳路径
    L= chap11_1L(m,n,Tabu,D);     % 一轮下来后走过的距离函数
    L_best(G)= min(L);            % 最佳距离取最小
    pos= find(L= = L_best(G));
    R_best(G,:)= Tabu(pos(1),:); % 此轮迭代后的最佳路径
% 第五步:更新信息素
    Tol= chap11_1Tol(Tol,Tabu,m,n,Q,L,Rho);  % 信息素计算函数
% 第六步:禁忌表清零
    Tabu= zeros(m,n);
    G= G+ 1;
    end
    Pos= find(L_best= = min(L_best));  % 找到最佳路径(非 0 为真)
    Shortest_Route= R_best(Pos(1),:)   % 最佳路径
    Shortest_Length= L_best(Pos(1))    % 最短距离

    figure(1)
    plot(L_best);
    xlabel('迭代次数');ylabel('目标函数值');

    figure(2)
    scatter(C(:,1),C(:,2));
     hold on
     plot([C(R(1),1),C(R(n),1)],[C(R(1),2),C(R(n),2)],'k')
     hold on
    for i= 2:n
        plot([C(R(i- 1),1),C(R(i),1)],[C(R(i- 1),2),C(R(i),2)],'k')
        hold on
    end
    title('路径优化结果');
    axis([0,1,0,1]);axis on
```

(2) **距离计算子程序**:chap11_1D.m

```
function D =  evaluate_D(C,n)
    D= zeros(n,n);
    for i= 1:n
        for j= 1:n
            if i~ = j
                D(i,j)= ((C(i,1)- C(j,1))^2+ (C(i,2)- C(j,2))^2)^0.5;
            else
                D(i,j)= eps;
        % i= j 时为 0,但后面计算启发式因子时要取倒数,为此用 eps(浮点相对精度)近似表示
            end
            D(j,i)= D(i,j);        % 对称矩阵
```

```
        end
    end
```

(3) **待访问的城市函数**:chap11_1Nc. m

```
function Nc =  evaluateJ(n,j,visited)  % 待访问的城市
Nc= zeros(1,(n- j+ 1));         % 初始化
Jc= 1;
for k= 1:n
      if length(find(visited= = k))= = 0   % 开始时置 0
         Nc(Jc)= k;
         Jc= Jc+ 1;
      end
end
```

(4) **概率分布计算子程序**:chap11_1P. m

```
function P =  evaluateP(visited,J,Tau,Eta,Alpha,Beta) % 计算待选城市的概率分布
for k= 1:length(J)
    P(k)= (Tau(visited(end),J(k))^Alpha)* (Eta(visited(end),J(k))^Beta);
end
P= P/(sum(P));
```

(5) **当前走过的距离函数子程序**:chap11_1L. m

```
function L =  evaluateL(m,n,Tabu,D)% 第四步:记录本次迭代的最佳路径
L= zeros(m,1);     % 开始距离为 0,为 m* 1 维列向量
for i= 1:m
    R= Tabu(i,:);
    for j= 1:(n- 1)
    L(i)= L(i)+ D(R(j),R(j+ 1));      % 原距离加上第 j 个城市到第 j+1 个城市的距离
    end
    L(i)= L(i)+ D(R(1),R(n));         % 一轮下来后走过的距离
end
```

(6)信息素计算子程序:chap11_1Tol.m

```
function Tau =  evaluate_Tau(Tau,Tabu,m,n,Q,L,Rho)
Delta_Tau= zeros(n,n);        % 开始时信息素为 n* n 阶的 0 矩阵
for i= 1:m
    for j= 1:(n- 1)

Delta_Tau(Tabu(i,j),Tabu(i,j+ 1))= Delta_Tau(Tabu(i,j),Tabu(i,j+ 1))+ Q/L(i);
% 此次循环在路径(i,j)上的信息素增量
    end
        Delta_Tau(Tabu(i,n),Tabu(i,1))= Delta_Tau(Tabu(i,n),Tabu(i,1))+ Q/L(i);
% 此次循环在整个路径上的信息素增量
end
Tau= (1- Rho).* Tau+ Delta_Tau; % 考虑信息素挥发,更新后的信息素
```

TSP 问题优化的粒子群算法仿真程序

(1) **城市路径坐标程序**:city8. txt

```
0.1 0.1
0.9 0.5
```

```
0.9 0.1
0.45 0.9
0.9 0.8
0.7 0.9
0.1 0.45
0.45 0.1
```

(2) **主程序**:chap11_2.m

```
clear all;
close all;
global x_city y_city

M= 1;
if M= = 1
    CodeL= 8;   % 个体长度
    cityfile =  fopen('city8.txt', 'rt');
elseif M= = 2
    CodeL= 10;   % 个体长度
    cityfile =  fopen('city10.txt', 'rt');
end
cities =  fscanf(cityfile, '% f % f',[ 2,inf] );
fclose(cityfile);
x_city= cities(1,:);
y_city= cities(2,:);

% (1)初始化粒子群算法参数
c1= 1.3;c2= 1.7;  % 学习因子[0,4]
wmin= 0.10;wmax= 0.90;% 惯性权重
G= 100;             % 最大迭代次数
Size= 50;           % 初始化种群个体数目
min= 1;max= CodeL;% 粒子位置范围
Vmax= 1;Vmin= - 1;% 粒子运动速度范围
for i= 1:G
    w(i)= wmax- ((wmax- wmin)/G)* i;  % 随着优化进行,应降低自身权重
end
x= zeros(Size,CodeL);
v= zeros(Size,CodeL);
for i= 1:Size
      x(i,1:CodeL)= randperm(CodeL);      % 随机初始化位置
      v(i,1:CodeL)= round(rand(1,CodeL)* CodeL/2);   % 随机初始化速度
end

% (2)计算各个粒子的适应度,并初始化 Pi、plocal 和最优个体 BestS
for i= 1:Size
    p(i)= chap11_2dis(x(i,:));
    y(i,:)= x(i,:);

    if i= = 1
        plocal(i,:)= chap11_2best(x(Size,:),x(i,:),x(i+ 1,:));
    elseif i= = Size
        plocal(i,:)= chap11_2best(x(i- 1,:),x(i,:),x(1,:));
```

```
        else
        plocal(i,:)= chap11_2best(x(i- 1,:),x(i,:),x(i+ 1,:));
    end
end

BestS= x(1,:);% 全局最优个体的初始化
for i= 2:Size
    if chap11_2dis(x(i,:))< chap11_2dis(BestS)
        BestS= x(i,:); % 初始化种群中的全局最优个体
    end
end

% (3)进入主要循环
for kg= 1:G
    for i= 1:Size

      M= 1;
      if M= = 1

v(i,:)= round(w(kg)* v(i,:)+ c1*rand*(y(i,:)-x(i,:))+ c2*rand*(plocal(i,:)-x(i,:)));
      % 局部寻优:加权,实现速度的更新
      elseif M= = 2

v(i,:)= round(w(kg)* v(i,:)+ c1* rand* (y(i,:)- x(i,:))+ c2* rand* (BestS- x(i,:)));
  % 全局寻优:加权,实现速度的更新
      end

       for j= 1:CodeL   % 检查速度是否越界
           if v(i,j)< Vmin
               v(i,j)= Vmin;
           elseif  v(i,j)> Vmax
               v(i,j)= Vmax;
           end
         end
        x(i,:)= x(i,:)+ v(i,:)* 1; % 实现位置的更新
        for j= 1:CodeL   % 检查位置是否越界
           if x(i,j)< min
               x(i,j)= min;
           elseif  x(i,j)> max
               x(i,j)= max;
           end
        end

        % 自适应变异,避免粒子群算法陷入局部最优
       if rand> 0.60
           k= ceil(2* rand);
           x(i,k)= floor(min+ (max- min)* rand(1));
       end

       for j= 1:CodeL% 检查城市位置是否重复
           while find(x(i,j+ 1:CodeL)= = x(i,j))
```

```
            zhi= find(x(i,j+ 1:CodeL)= = x(i,j));% 确定重复的位置
            for n= 1:CodeL% 检查城市位置是否遗漏
                aa= ismember(n,x(i,:));
                if aa= = 0      % 确定遗漏的城市序号
                x(i,j+ zhi)= n;  % 将遗漏的城市填在重复的位置
                break;
                end
        end
        end
    end

% (4)判断和更新
      if i= = 1
          plocal(i,:)= chap11_2best(x(Size,:),x(i,:),x(i+ 1,:));
       elseif i= = Size
          plocal(i,:)= chap11_2best(x(i- 1,:),x(i,:),x(1,:));
       else
          plocal(i,:)= chap11_2best(x(i- 1,:),x(i,:),x(i+ 1,:));
       end

      if chap11_2dis(x(i,:))< p(i) % 判断此时的位置是否为最优的情况,当不满足时继续更新
         p(i)= chap11_2dis(x(i,:));
         y(i,:)= x(i,:);
       end
       if p(i)< chap11_2dis(BestS)
          BestS= y(i,:);
       end
   end
Best_value(kg)= chap11_2dis(BestS);
end

for i= 1:1:CodeL
    x1(i)= x_city(BestS(i));
    y1(i)= y_city(BestS(i));
end
x1(CodeL+ 1)= x_city(BestS(1));
y1(CodeL+ 1)= y_city(BestS(1));
cities_new= [x1;y1];
disp('Best Route is:');disp(cities_new);
disp('Shortest Length is:');disp(Best_value(G));

figure(1);
subplot(1,2,1);
x_city(CodeL+ 1)= x_city(1);y_city(CodeL+ 1)= y_city(1);
plot(x_city,y_city,'- or');
xlabel('X axis'), ylabel('Y axis'), title('Original Route');
axis([0,1,0,1]);axis on;
hold on;
subplot(1,2,2);
plot(x1,y1,'- or');
xlabel('X axis'), ylabel('Y axis'), title('New Route');
```

```
axis([0,1,0,1]);axis on;

figure(2);
kg= 1:G;
plot(kg,Best_value,'r','linewidth',2);
xlabel('generations');ylabel('Bestd');
```

(3) 计算城市距离子程序：chap11_2dis.m

```
function dd= DE_TSP_dis(X)
global x_city y_city
[s,t]= size(X);
dd= 0;
X= [X X(:,1)];
for j= 1:1:t
    m= X(j);
    n= X(j+ 1);
    dd= dd+ sqrt((x_city(m)- x_city(n))^2+ (y_city(m)- y_city(n))^2);
end
```

(4) 求解粒子环形邻域中的局部最优个体子程序：chap11_2best.m

```
function f = evaluate_localbest(x1,x2,x3)% 求解粒子环形邻域中的局部最优个体
K0= [x1;x2;x3];
K1= [chap11_2dis(x1),chap11_2dis(x2),chap11_2dis(x3)];
[minvalue index]= min(K1);
plocalbest= K0(index,:);
f= plocalbest;
```

TSP 问题优化的差分进化算法仿真程序

(1) 城市路径坐标程序

city8.txt：	city10.txt：	city20.txt：
0.1 0.1	0.1 0.1	0.1 0.1
0.9 0.5	0.9 0.5	0.9 0.5
0.9 0.1	0.9 0.1	0.9 0.1
0.45 0.9	0.45 0.9	0.45 0.9
0.9 0.8	0.9 0.8	0.9 0.8
0.7 0.9	0.7 0.9	0.7 0.9
0.1 0.45	0.1 0.45	0.1 0.45
0.45 0.1	0.45 0.1	0.45 0.1
	0.3 0.75	0.3 0.75
	0.2 0.1	0.2 0.1
		0.31 0.22
		0.35 0.25
		0.10 0.75
		0.80 0.35
		0.12 0.45
		0.67 0.17
		0.85 0.32
		0.6 0.9
		0.70 0.15
		0.66 0.22

(2) **主程序**:chap11_3.m

```
% Solve TSP problem by Differential Evolution
clear all;
close all;
global x y

M= 2;
if M= = 1
   CodeL= 8;   % 个体长度
   cityfile =  fopen('city8.txt', 'rt');
elseif M= = 2
    CodeL= 10;   % 个体长度
    cityfile =  fopen('city10.txt', 'rt');
elseif M= = 3
    CodeL= 20;   % 个体长度
    cityfile =  fopen('city20.txt', 'rt');
end

cities =  fscanf(cityfile, '% f % f',[ 2,inf]);
fclose(cityfile);
Size= 30;   % 种群数量
G= 200;     % 迭代次数
x= cities(1,:);
y= cities(2,:);

MinX= 1;
MaxX= CodeL;
F= 1;              % 变异因子[0,2]
cr= 0.9;           % 交叉因子[0.6,0.9]

P= zeros(Size,CodeL);   % 初始化种群
for i= 1:1:Size
    P(i,1:CodeL)= randperm(CodeL);
end

BestS= P(1,:); % 全局最优个体的初始化
for i= 2:Size
        if(chap11_3dis( P(i,:))< chap11_3dis( BestS(1,:)))
        BestS= P(i,:);   % 初始化种群中的全局最优个体
    end
end

J= chap11_3dis(BestS);

% 进入主要循环,直到满足精度要求
for kg= 1:1:G
     time(kg)= kg;
% 变异
    for i= 1:Size
        r1 =  1;r2= 1;r3= 1;
```

```
        h(i,:) = ones(1,CodeL);
        while(r1 = =  r2|| r1 = =  r3 || r2 = =  r3 || r1 = =  i || r2 = = i || r3 = =  i )
            r1 =  ceil(Size *  rand(1));
             r2 =  ceil(Size *  rand(1));
              r3 =  ceil(Size *  rand(1));
        end
        h(i,:) =  P(r1,:)+ F* (P(r2,:)- P(r3,:));

        for j= 1:CodeL       % 检查城市位置是否越界(超出城市数量)
            if h(i,j)< MinX
                h(i,j)= MinX;
            elseif h(i,j)> MaxX
                h(i,j)= MaxX;
            end
        end
% 交叉
        for j =  1:1:CodeL
              tempr =  rand(1);
              if(tempr< cr)
                  v(i,j) =  h(i,j);
              else
                  v(i,j) =  P(i,j);
              end
        end

        for j= 1:CodeL   % 检查城市位置是否重复
            while find(v(i,j+ 1:CodeL)= = v(i,j))
                zhi= find(v(i,j+ 1:CodeL)= = v(i,j));     % 确定重复的位置
                for n= 1:CodeL% 检查城市位置是否遗漏
                    aa= ismember(n,v(i,:));
                    if aa= = 0        % 确定遗漏的城市序号
                    v(i,j+ zhi)= n;  % 将遗漏的城市填在重复的位置
                    break;
                    end
            end
            end
        end
% 选择
        if(chap11_3dis( v(i,:))< chap11_3dis( P(i,:)))
            P(i,:)= v(i,:);
        end
% 判断和更新
       if(chap11_3dis( P(i,:))< J)      %判断此时的路径是否为最优的情况
          J= chap11_3dis( P(i,:));
          BestS= P(i,:);
        end
    end
Best_d(kg)= chap11_3dis(BestS);
end
I= BestS            % 最佳路径
Best_d(kg)          % 最小距离
```

```
for i= 1:1:CodeL
    x1(i)= x(I(i));
    y1(i)= y(I(i));
end
x1(CodeL+ 1)= x(I(1));
y1(CodeL+ 1)= y(I(1));
cities_new= [x1;y1];
disp('Best Route is:');disp(cities_new);
disp('Shortest Length is:');disp(Best_d(kg));

figure(1);
subplot(1,2,1);
x(CodeL+ 1)= x(1);y(CodeL+ 1)= y(1);
plot(x,y,'- or');
xlabel('X axis'), ylabel('Y axis'), title('Original Route');
axis([0,1,0,1]);axis on;  % For CodeL= 8, CodeL= 10
hold on;
subplot(1,2,2);
plot(x1,y1,'- or');
xlabel('X axis'), ylabel('Y axis'), title('New Route');
axis([0,1,0,1]);axis on;
figure(2);
plot(time,Best_d(time),'k','linewidth',2);
xlabel('generations');ylabel('Bestd');
```

(3) **计算城市距离子程序**:chap11_3dis. m

```
function dd= DE_TSP_dis(X)
global x y
[s,t]= size(X);
dd= 0;
X= [X X(:,1)];
for j= 1:1:t
    m= X(j);
    n= X(j+ 1);
    dd= dd+ sqrt((x(m)- x(n))^2+ (y(m)- y(n))^2);
end
```

基于粒子群算法的航班降落调度仿真程序

(1) **主程序**:chap11_4. m

```
clc;
clear all;
close all;
G= 1500;                 % 最大迭代次数
D= 10;                   % 10 架飞机
x_max= [559 744 510521 555576 577573 591 657]; % 最晚到达时间
x_min= [129 195 89 96 110 120 124 126 135 160];      % 最早到达时间
size= 10000;              % 种群个数
v_max= [30,30,30,30,30,30,30,30,30,30];           % 速度限制
v_min= [-30,-30,-30,-30,-30,-30,-30,-30,-30,-30];
```

```
wmin= 0.10;wmax= 0.90;% 惯性权重
for i= 1:G
   w(i)= wmax- ((wmax- wmin)/G)* i;  % 随着优化的进行,应降低自身权重
end
c1= 0.5;          % 局部学习因子
c2= 2;            % 全局学习因子
% 生成初始种群
for i= 1:D
  for j= 1:size
     x(i,j)= x_min(i)+ (x_max(i) -x_min(i))* rand;
     v(i,j)= v_min(i)+ (v_max(i) -v_min(i))* rand;  % 初始种群速度
  end
end
Lbest= x;                 % 每个个体的历史最佳位置
for j= 1:size
  fit_Lbest(j)= chap11_4fun(x(:,j));    % 每个个体的历史最佳适应度
end
Best =  x(:,1);                % 种群的历史最佳位置
fit_Best= fit_Lbest(1);        % 种群的历史最佳适应度
for j= 1:size
  if fit_Lbest(j)< fit_Best
     Best= x(:,j);
     fit_Best= fit_Lbest(j);
  end
end

% 进入迭代优化过程主程序
for k= 1:1:G  % 迭代次数
   times(k)= k;
  for j= 1:size
     v(:,j)= w(k)* v(:,j)+ c1* rand* (Lbest(:,j)- x(:,j))+ c2* rand* (Best- x(:,j));
% 速度更新
     for i= 1:D
        ifv(i,j)> = v_max(i)
           v(i,j)= v_max(i);
        end
        ifv(i,j)< = v_min(i)
           v(i,j)= v_min(i);
        end
     end

     x(:,j)= x(:,j)+ v(:,j); % 位置更新
     for i= 1:D
        ifx(i,j)> = x_max(i)
           x(i,j)= x_max(i);
        end
        ifx(i,j)< = x_min(i)
           x(i,j)= x_min(i);
        end
     end
```

```
        % 自适应变异
        pc= 0.60;
        if rand> pc
            i= ceil(D* rand);
            x(i,j)= x_min(i)+ (x_max(i)- x_min(i))* rand;
        end

        % 计算新种群各个个体位置的适应度
        fit_j(j)= chap11_4fun(x(:,j));        % 当前个体的适应度

        % 比较新适应度与个体历史最佳适应度
        if fit_j(j)< fit_Lbest(j)
           Lbest(:,j)= x(:,j);             % 更新个体历史最佳位置
              fit_Lbest(j)= fit_j(j);      % 更新个体历史最佳适应度
        end

        % 比较个体历史最佳适应度与种群历史最佳适应度
        if fit_Lbest(j)< fit_Best
           Best =  Lbest(:,j);             % 更新种群历史最佳位置
           fit_Best= fit_Lbest(j);         % 更新种群历史最佳适应度
        end
    end
     Cost(k)= fit_Best;  % 每次迭代的成本值
end
figure(1);
plot(times,Cost);
xlabel('generations');ylabel('f');
disp('10个航班依次的最佳航班降落时间:');Best
disp(['最优值:']);fit_Best
```

(2) **适应度函数计算程序**:chap11_4fun.m

```
function cost= fun(x)
target= [155,258,98,106,123,135,138,140,150,180];% 10个航班的理想目标时间
Cearly= [10,10,30,30,30,30,30,30,30,30];% 10个航班早到的惩罚
Clate= [10,10,30,30,30,30,30,30,30,30]; % 10个航班晚到的惩罚

time_span =  [0 3 15 15 15 15 15 15 15 15;
             3 0 15 15 15 15 15 15 15 15;
             15 15 0 8 8 8 8 8 8 8;
             15 15 8 0 8 8 8 8 8 8;
             15 15 8 8 0 8 8 8 8 8;
             15 15 8 8 8 0 8 8 8 8;
             15 15 8 8 8 8 0 8 8 8;
             15 15 8 8 8 8 8 0 8 8;
             15 15 8 8 8 8 8 8 0 8;
             15 15 8 8 8 8 8 8 8 0];   % 任意两个航班降落时间间隔,用于成本惩罚
cost= 0;
xx= x';
for i= 1:10
cost= cost+ abs(target(i)- abs(xx(i)))* Cearly(i)+ (abs(xx(i)- target(i)))* Clate(i);
        % 降落成本
```

```
    for j= 1:10
        if abs(xx(i)- xx(j))< time_span(i,j)    % 必须满足时间间隔,否则成本无限大
            cost= Inf;
        end
    end
end
```

基于差分进化算法的企业生产调度仿真程序

(1) **主程序:** chap11_5. m

```
clear all;
close all;
Size= 10;
G= 100;
F= 1.2;
cr= 0.9;
record_everytime_best =  ones(G,10);

time= [3 4 1 2 6 1 4 7 5];          % 加工时间
deadline= [5 9 3 12 10 24 5 6 6]; % 交货期限
Profit_in= [750 1200 800 900 2500 500 3000 5600 4500];  % 按期产品利润
Profit_out= [500 900 400 750 1800 300 1500 4000 2000];  % 逾期产品利润
% 初始化种群
for i=  1:Size
    x(i,:) =  randperm(9);
end
% 初始化个体最优值
p= x;
pbest= ones(Size,1);
for i= 1:Size
    pbest(i)= chap11_5fit(x(i,:),time,deadline, Profit_in,Profit_out);
    % 适应度函数
end
% 初始化全局最优值和最优序列
g= ones(1,9);
gbest= 0;
for i= 1:Size
    if(pbest(i)> gbest)
        g= p(i,:);
        gbest= pbest(i);
    end
end

for i =  1:G
    Time(i)= i;
% 变异
    for j =  1:Size
        r1 =  1;r2= 1;r3= 1;
        while(r1 = =  r2|| r1 = =  r3 || r2 = =  r3 || r1 = =  i || r2 = = i || r3 = =  i )
            r1 =  ceil(Size *  rand(1));
```

```
        r2 = ceil(Size * rand(1));
         r3 = ceil(Size * rand(1));
     end
     h(j,:) = x(r1,:)+ round(F* (x(r2,:)- x(r3,:)));
    for k= 1:9    % 检查位置是否越界
        if h(j,k)< 1
           h(j,k)= 1;
        elseif h(j,k)> 9
            h(j,k)= 9;
        end
    end
     h(j,:) = chap11_5rep(h(j,:));    % 剔除重复的数字
% 交叉
     for k = 1:9
        tempr = rand(1);
        if(tempr < cr)
           v(j,k)= h(j,k);
        else
           v(j,k)= x(j,k);
        end
     end
     v(j,:) = chap11_5rep(v(j,:));    % 剔除重复的数字
% 选择
     if(chap11_5fit(v(j,:),time,deadline, Profit_in,Profit_out)> chap11_5fit(x(j,:),
     time,deadline, Profit_in,Profit_out))
        x(j,:) = v(j,:);
     end
% 判断和更新
     if(chap11_5fit(x(j,:),time,deadline, Profit_in,Profit_out)> gbest)
        gbest = chap11_5fit(x(j,:),time,deadline, Profit_in,Profit_out);
        g = x(j,:);
     end
   end
   record_everytime_best(i,1:9) = g;
   record_everytime_best(i,10) = gbest;
end
disp(['利润最大化的服装加工顺序为:',num2str(g)]);
disp(['最大总利润为:',num2str(gbest)]);
figure(1);
plot(Time,record_everytime_best(Time,10),'k','linewidth',2);
axis([1 G 14500 15500])
xlabel('generations');ylabel('Best profit');
```

(2) **适应度函数程序**:chap11_5fit.m

```
function result = fitness(x,time,deadline,Profit_in,Profit_out)
sortorder= x;
totalProcessTime= 0;
time= time(sortorder);
   deadline= deadline(sortorder);
   Profit_in= Profit_in(sortorder);    % 按期产品利润
   Profit_out= Profit_out(sortorder); % 逾期产品利润
```

```
    processTime= chap11_5sum(time);   % 本次加工顺序的总加工时间

    index1= deadline> = processTime;   % 交货时间满足要求
    Profit_out(index1)= 0;

    index2= deadline< processTime;    % 交货时间不满足要求
    Profit_in(index2)= 0;

    Profit= Profit_in+ Profit_out;
    result= sum(Profit);    % 总的利润
end
```

(3) **去除重复数字程序**:chap11_5rep.m

```
function order= NO_repeat(x)
omega= 1:9;     % 包含所有信道
order =  x;
diff= setdiff(omega,order);    % 求出两个集合的差集
while(~ isempty(diff))
    [B I]= unique(order,'first');
    xiabiao= setdiff(1:numel(order),I);    % 求出相同元素对应的下标
    for i= 1:length(xiabiao)
    order(xiabiao(i))= diff(i);
    end
    break;
end
```

(4) **求加工时长程序**:chap11_5sum.m

```
% 本次加工顺序的总加工时间
function s= accumulate(array)
  L1= length(array);
  s= zeros(1,L1);
  s(1)= array(1);
  for j= 2:L1
      s(j)= array(j)+ s(j- 1);
  end
end
```

第 12 章　迭代学习控制

实际控制中存在一类轨迹跟踪问题，它的控制任务是寻找控制律 $u(t)$，使得被控对象输出 $y(t)$ 在有限时间$[0,T]$内沿着整个期望轨迹实现零误差轨迹跟踪。这类跟踪问题是具有挑战性的控制问题。

人们在处理实际场合中的重复操作任务时，往往依据被控对象的可重复动态行为与期望行为的差距来调整决策。通过重复操作，使得被控对象的动态行为与期望行为的配合达到要求。这时，衡量动态行为的指标是某种满意指标。

迭代学习控制（Iterative Learning Control，ILC）的思想最初由日本学者 Uchiyama 于 1978 年提出[24]，于 1984 年由 Arimoto 等人[25]作出了开创性的研究。这些学者借鉴人们在重复过程中追求满意指标达到期望行为的简单原理，成功地使具有强耦合、非线性、多变量的工业机器人快速、高精度地执行轨迹跟踪任务。迭代学习控制的基本做法是：对于一个在有限时间区间内执行轨迹跟踪任务的工业机器人，利用前一次或前几次操作时测得的误差信息修正控制输入，使得该重复任务在下一次操作过程中做得更好。如此不断重复，直至在整个时间区间内输出轨迹跟踪期望轨迹。

迭代学习控制适合于具有重复运动性质的被控对象，通过迭代修正达到某种控制目标的改善。迭代学习控制方法不依赖于系统的精确数学模型，能在给定的时间范围内，以非常简单的算法实现不确定性较高的非线性、强耦合动态系统的控制，并高精度跟踪给定期望轨迹，因而一经推出，就在运动控制领域得到了广泛的运用。

迭代学习控制方法具有很强的工程背景，这些背景包括：执行诸如焊接、喷涂、装配、搬运等重复任务的工业机器人；指令信号为周期函数的伺服系统；数控机床；磁盘、光盘驱动系统；机械制造中使用的坐标测量机等。

由于迭代学习控制模拟了人脑学习和自我调节的功能，因而是一种典型的智能控制方法[25]。经过了多年的发展，迭代学习控制已成为智能控制中具有严格数学描述的一个分支。目前，迭代学习控制在学习算法、收敛性、鲁棒性、学习速度及工程应用研究上取得了很大的进展。

12.1　基 本 原 理

设被控对象的动态过程为

$$\dot{\boldsymbol{x}}(t)=f(\boldsymbol{x}(t),\boldsymbol{u}(t),t),\quad \boldsymbol{y}(t)=g(\boldsymbol{x}(t),\boldsymbol{u}(t),t) \tag{12.1}$$

式中，$\boldsymbol{x}\in\mathbf{R}^n$，$\boldsymbol{y}\in\mathbf{R}^m$，$\boldsymbol{u}\in\mathbf{R}^r$ 分别为系统的状态变量、输出变量和输入变量，$f(\cdot)$、$g(\cdot)$为适当维数的向量函数，其结构与参数均未知。若期望控制 $\boldsymbol{u}_{\mathrm{d}}(t)$存在，则迭代学习控制的目标为：给定期望输出 $\boldsymbol{y}_{\mathrm{d}}(t)$和每次运行的初始状态 $\boldsymbol{x}_k(0)$，要求在给定的时间 $t\in[0,T]$内，按照一定的学习控制算法，通过多次重复的运行，使控制输入 $\boldsymbol{u}_k(t)\to\boldsymbol{u}_{\mathrm{d}}(t)$，而系统输出 $\boldsymbol{y}_k(t)\to\boldsymbol{y}_{\mathrm{d}}(t)$。第 k 次运行时，式(12.1) 表示为

$$\dot{\boldsymbol{x}}_k(t)=f(\boldsymbol{x}_k(t),\boldsymbol{u}_k(t),t),\quad \boldsymbol{y}_k(t)=g(\boldsymbol{x}_k(t),\boldsymbol{u}_k(t),t) \tag{12.2}$$

跟踪误差为

$$\boldsymbol{e}_k(t)=\boldsymbol{y}_{\mathrm{d}}(t)-\boldsymbol{y}_k(t) \tag{12.3}$$

迭代学习控制可分为开环学习控制和闭环学习控制。

开环学习控制的方法是：第 $k+1$ 次的控制等于第 k 次控制再加上第 k 次输出误差的校正项，即

$$\boldsymbol{u}_{k+1}(t)=L(\boldsymbol{u}_k(t),\boldsymbol{e}_k(t)) \tag{12.4}$$

闭环学习控制的方法是：取第 $k+1$ 次运行的误差作为学习的修正项，即

$$\boldsymbol{u}_{k+1}(t)=L(\boldsymbol{u}_k(t),\boldsymbol{e}_{k+1}(t)) \tag{12.5}$$

式中，L 为线性或非线性算子。

12.2 基本迭代学习控制算法

Arimoto 等人首先给出了线性时变连续系统的 D 型迭代学习控制律[25]

$$\boldsymbol{u}_{k+1}(t)=\boldsymbol{u}_k(t)+\boldsymbol{\Gamma}\dot{\boldsymbol{e}}_k(t) \tag{12.6}$$

式中，$\boldsymbol{\Gamma}$ 为常数增益矩阵。在 D 型迭代学习控制律的基础上，相继出现了 P 型、PI 型、PD 型迭代学习控制律。从一般意义来看，它们都是 PID 型迭代学习控制律的特殊形式。PID 型迭代学习控制律表示为

$$\boldsymbol{u}_{k+1}(t)=\boldsymbol{u}_k(t)+\boldsymbol{\Gamma}\dot{\boldsymbol{e}}_k(t)+\boldsymbol{\Phi}\boldsymbol{e}_k(t)+\boldsymbol{\Psi}\int_0^t\boldsymbol{e}_k(\tau)\mathrm{d}\tau \tag{12.7}$$

式中，$\boldsymbol{\Gamma}$、$\boldsymbol{\Phi}$、$\boldsymbol{\Psi}$ 为学习增益矩阵。式(12.7)中的误差信息使用 $\boldsymbol{e}_k(t)$，称为开环迭代学习控制；如果使用 $\boldsymbol{e}_{k+1}(t)$，则称为闭环迭代学习控制；如果同时使用 $\boldsymbol{e}_k(t)$ 和 $\boldsymbol{e}_{k+1}(t)$，则称为开闭环迭代学习控制。

此外，还有高阶迭代学习控制算法、最优迭代学习控制算法、遗忘因子迭代学习控制算法和反馈-前馈迭代学习控制算法等[26]。

12.3 迭代学习控制的关键技术

1. 算法的稳定性和收敛性

稳定性与收敛性问题是研究当迭代学习控制律与被控系统满足什么条件时，迭代学习控制过程才是稳定收敛的。算法的稳定性保证了随着学习次数的增加，控制系统不发散，但是对于学习控制系统而言，仅仅稳定是没有实际意义的，只有使学习过程收敛到真值，才能保证得到的控制为某种意义下的最优控制。收敛是对迭代学习控制最基本的要求，多数学者在提出新的迭代学习控制律的同时，基于被控对象的一些假设，给出了收敛的条件。例如，Arimoto 在最初提出 PID 型迭代学习控制律时，仅针对线性系统在 D 型迭代学习控制律下的稳定性和收敛性做了证明。

2. 初始条件问题

运用迭代学习控制技术设计控制器时，只需要通过重复操作获得被控对象的误差或误差导数信号。在这种控制技术中，迭代学习总要从某初始点开始，初始点指初始状态或初始输出。几乎所有的收敛性证明都要求初始条件是相同的，解决迭代学习控制理论中的初始条件问题一直是人们追求的目标之一。目前已提出的迭代学习控制算法大多数要求被控系统每次运行时的初始状态在期望轨迹对应的初始状态上，即满足初始条件

$$\boldsymbol{x}_k(0)=\boldsymbol{x}_{\mathrm{d}}(0)\quad k=0,1,2,\cdots \tag{12.8}$$

当系统的初始状态不在期望轨迹上，而在期望轨迹的某一很小的邻域内时，通常把这类问题归结为迭代学习控制的鲁棒性问题。

3. 学习速度问题

在迭代学习控制算法研究中，其收敛条件基本上都是在学习次数 $k\to\infty$ 下给出的。而在实际应用场合中，学习次数 $k\to\infty$ 显然是没有任何实际意义的。因此，如何使迭代学习控制过程更快地收敛于期望值，是迭代学习控制研究中的另一个重要问题。

迭代学习控制本质上是一种前馈控制技术，大部分迭代学习控制律尽管证明了学习收敛的充分条件，但收敛速度还是很慢。可利用多次学习过程中得到的知识来改进后续学习过程的速度。例如，采用高阶迭代控制算法、带遗忘因子的学习控制律、利用当前项或反馈配置等方法来构造学习控制律，可使收敛速度大大加快。

4. 鲁棒性问题

迭代学习控制理论的提出有浓厚的工程背景，因此仅仅在无干扰条件下讨论收敛性问题是不够的，还应讨论存在各种干扰情形下系统的跟踪性能。一个实际运行的迭代学习控制系统除存在初始偏移外，还或多或少存在状态扰动、测量噪声、输入扰动等各种干扰。鲁棒性问题讨论存在各种干扰时迭代学习控制系统的跟踪性能。具体地说，一个迭代学习控制系统是鲁棒的，是指系统在各种有界干扰的影响下，其迭代轨迹能收敛到期望轨迹的邻域内，而当这些干扰消除时，迭代轨迹会收敛到期望轨迹。

12.4 机械手轨迹跟踪迭代学习控制仿真实例

12.4.1 控制器设计

考虑一个 N 关节的机器人，其动态性能可由以下二阶非线性微分方程描述

$$\boldsymbol{D}(\boldsymbol{q})\ddot{\boldsymbol{q}}+\boldsymbol{C}(\boldsymbol{q},\dot{\boldsymbol{q}})\dot{\boldsymbol{q}}+\boldsymbol{G}(\boldsymbol{q})=\boldsymbol{\tau}-\boldsymbol{\tau}_{\mathrm{d}} \tag{12.9}$$

式中，$\boldsymbol{q}\in\mathbf{R}^n$ 为关节角位移量；$\boldsymbol{D}(\boldsymbol{q})\in\mathbf{R}^{n\times n}$ 为机器人的惯性矩阵；$\boldsymbol{C}(\boldsymbol{q},\dot{\boldsymbol{q}})\in\mathbf{R}^n$ 表示离心力和哥氏力；$\boldsymbol{G}(\boldsymbol{q})\in\mathbf{R}^n$ 为重力项；$\boldsymbol{\tau}\in\mathbf{R}^n$ 为控制力矩，$\boldsymbol{\tau}_{\mathrm{d}}\in\mathbf{R}^n$ 为各种误差和扰动。

设系统所要跟踪的期望轨迹为 $\boldsymbol{y}_{\mathrm{d}}(t)$，$t\in[0,T]$。系统第 k 次的输出为 $\boldsymbol{y}_k(t)$，令 $\boldsymbol{e}_k(t)=\boldsymbol{y}_{\mathrm{d}}(t)-\boldsymbol{y}_k(t)$。

在学习开始时，系统的初始状态为 $\boldsymbol{x}_0(0)$。迭代学习控制的任务为通过学习控制律设计 $\boldsymbol{u}_{k+1}(t)$，使第 $k+1$ 次运行的误差 $\boldsymbol{e}_{k+1}(t)$ 及其导数 $\dot{\boldsymbol{e}}_{k+1}(t)$ 减少，当 $t\to\infty$ 时，$\boldsymbol{e}_{k+1}(t)\to 0$，$\dot{\boldsymbol{e}}_{k+1}(t)\to 0$。

采用 3 种基于反馈的迭代学习控制律。

(1) 闭环 D 型

$$\boldsymbol{u}_{k+1}(t)=\boldsymbol{u}_k(t)+\boldsymbol{K}_{\mathrm{d}}(\dot{\boldsymbol{q}}_{\mathrm{d}}(t)-\dot{\boldsymbol{q}}_{k+1}(t)) \tag{12.10}$$

(2) 闭环 PD 型

$$\boldsymbol{u}_{k+1}(t)=\boldsymbol{u}_k(t)+\boldsymbol{K}_{\mathrm{p}}(\boldsymbol{q}_{\mathrm{d}}(t)-\boldsymbol{q}_{k+1}(t))+\boldsymbol{K}_{\mathrm{d}}(\dot{\boldsymbol{q}}_{\mathrm{d}}(t)-\dot{\boldsymbol{q}}_{k+1}(t)) \tag{12.11}$$

(3) 指数变增益闭环 D 型

$$\boldsymbol{u}_{k+1}(t)=\boldsymbol{u}_k(t)+\boldsymbol{K}_{\mathrm{d}}(\dot{\boldsymbol{q}}_{\mathrm{d}}(t)-\dot{\boldsymbol{q}}_{k+1}(t)) \tag{12.12}$$

式中，$\boldsymbol{K}_{\mathrm{d}}$ 以指数形式变化。

本节只给出上述 3 种迭代学习控制律的仿真实现方法，未讨论其收敛性。

12.4.2 仿真实例

针对两关节机械手，介绍机器人 PD 型反馈迭代学习控制的仿真设计方法，式(12.9)各项表示为

$$\boldsymbol{D}=[d_{ij}]_{2\times 2}$$

$$d_{11}=d_1 l_{c1}^2+d_2(l_1^2+l_{c2}^2+2l_1 l_{c2}\cos q_2)+I_1+I_2$$

$$d_{12}=d_{21}=d_2(l_{c2}^2+l_1 l_{c2}\cos q_2)+l_2$$

$$d_{22}=d_2 l_{c2}^2+I_2$$

$$\boldsymbol{C}=[c_{ij}]_{2\times 2}$$

$$c_{11}=h\dot{q}_2,\quad c_{12}=h\dot{q}_1+h\dot{q}_2,\quad c_{21}=-h\dot{q}_1,\quad c_{22}=0, h=-m_2 l_1 l_{c2}\sin q_2$$

$$\boldsymbol{G}=[G_1\quad G_2]^{\mathrm{T}}$$

$$G_1=(d_1 l_{c1}+d_2 l_1)g\cos q_1+d_2 l_{c2} g\cos(q_1+q_2),\quad G_2=d_2 l_{c2} g\cos(q_1+q_2)$$

干扰项为 $\boldsymbol{\tau}_{\mathrm{d}}=[0.3\sin t\quad 0.1(1-\mathrm{e}^{-t})]^{\mathrm{T}}$，机器人系统参数为 $d_1=d_2=1\mathrm{kg}$，$l_1=l_2=0.5\mathrm{m}$，$l_{c1}=l_{c2}=0.25\mathrm{m}$，$I_1=I_2=0.1\mathrm{kg}\cdot\mathrm{m}^2$，$g=9.81\mathrm{m/s}^2$。

采用 3 种迭代学习控制律，其中，$M=1$ 为 D 型迭代学习控制，$M=2$ 为 PD 型迭代学习控制，$M=3$ 为指数变增益闭环 D 型迭代学习控制。

两个关节的位置指令分别为 $\sin(3t)$ 和 $\cos(3t)$，为了保证被控对象的初始输出与指令初值一致，取被控对象的初始状态为 $\boldsymbol{x}(0)=[0\quad 3\quad 1\quad 0]^{\mathrm{T}}$。取指数变增益闭环 D 型迭代学习控制，即 $M=3$，仿真结果如图 12-1 至图 12-3 所示。

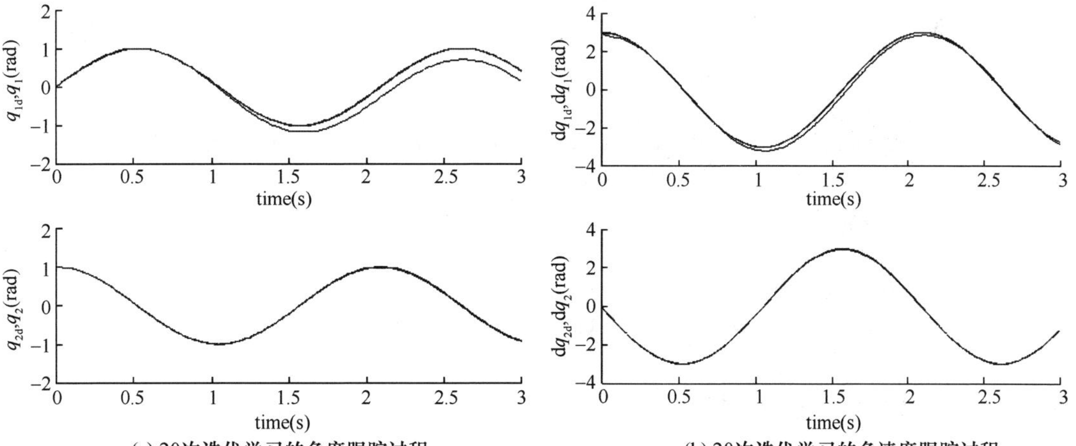

(a) 20次迭代学习的角度跟踪过程　　(b) 20次迭代学习的角速度跟踪过程

图 12-1　20 次迭代学习的跟踪过程

机械手轨迹跟踪迭代学习控制仿真实例程序包括：①主程序，chap12_1main.m；②Simulink 程序，chap12_1sim.mdl；③指令程序，chap12_1input.m；④被控对象子程序，chap12_1plant.m；⑤控制器子程序，chap12_1ctrl.m。程序见本章附录。

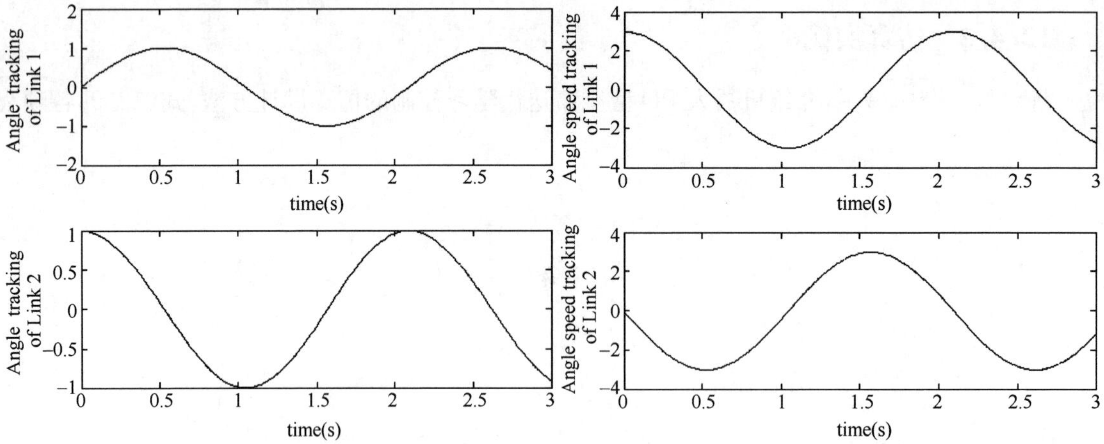

(a) 第20次迭代学习的角度跟踪　　(b) 第20次迭代学习的角速度跟踪

图 12-2　第 20 次迭代学习的位置跟踪

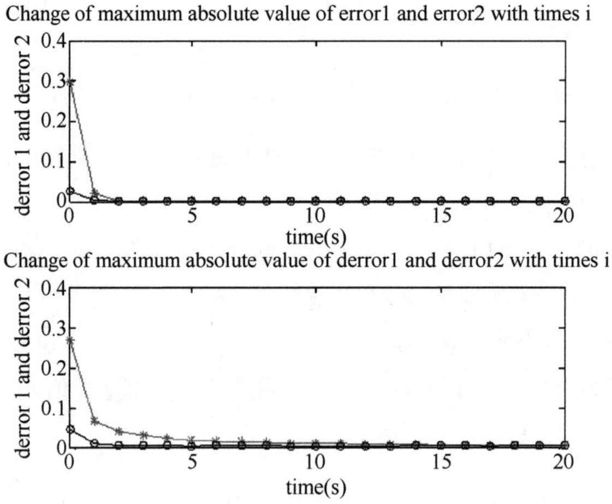

图 12-3　20 次迭代过程中误差的收敛过程

12.5　线性时变连续系统迭代学习控制

12.5.1　系统描述

Arimoto 等人[25]给出了线性时变连续系统

$$\begin{cases}\dot{\boldsymbol{x}}(t)=\boldsymbol{A}(t)\boldsymbol{x}(t)+\boldsymbol{B}(t)\boldsymbol{u}(t)\\ \boldsymbol{y}(t)=\boldsymbol{C}(t)\boldsymbol{x}(t)\end{cases}\tag{12.13}$$

的开环 PID 型迭代学习控制律为

$$\boldsymbol{u}_{k+1}(t)=\boldsymbol{u}_k(t)+\left(\boldsymbol{\Gamma}\frac{\mathrm{d}}{\mathrm{d}t}+\boldsymbol{L}+\boldsymbol{\Psi}\int\mathrm{d}t\right)\boldsymbol{e}_k(t)\tag{12.14}$$

式中，$\boldsymbol{\Gamma}$,$\boldsymbol{L}$,$\boldsymbol{\Psi}$ 为学习增益矩阵。

12.5.2　控制器设计及收敛性分析

定理　若由式(12.13)和式(12.14)描述的系统满足如下条件[24]

(1) $\| \boldsymbol{I}-\boldsymbol{C}(t)\boldsymbol{B}(t)\boldsymbol{\Gamma}(t) \| \leqslant \bar{\rho} < 1$；

(2) 每次迭代初始条件一致，即 $\boldsymbol{x}_k(0)=\boldsymbol{x}_0(0)(k=1,2,\cdots)$，$\boldsymbol{y}_0(0)=\boldsymbol{y}_{\mathrm{d}}(0)$。

则当 $k\to\infty$ 时，有 $\boldsymbol{y}_k(t)\to\boldsymbol{y}_{\mathrm{d}}(t)$，$\forall t\in[0,T]$。

参考文献[27]，下面给出定理的收敛性详细证明。

证明 由式(12.13)及条件(2)得 $\boldsymbol{y}_{k+1}(0)=\boldsymbol{C}\boldsymbol{x}_{k+1}(0)=\boldsymbol{C}\boldsymbol{x}_k(0)=\boldsymbol{y}_k(0)$，则 $\boldsymbol{y}_k(0)=\boldsymbol{y}_0(0)$，$\boldsymbol{e}_k(0)=\boldsymbol{y}_{\mathrm{d}}(0)-\boldsymbol{y}_k(0)=0(k=0,1,2,\cdots)$，即系统满足初始条件。

非齐次一阶线性微分方程 $\dot{\boldsymbol{x}}(t)=\boldsymbol{A}(t)\boldsymbol{x}(t)+\boldsymbol{B}(t)\boldsymbol{u}(t)$ 的解为

$$\begin{aligned}\boldsymbol{x}(t)&=\boldsymbol{C}\exp\left(\int_0^t\boldsymbol{A}\mathrm{d}\tau\right)+\exp\left(\int_0^t\boldsymbol{A}\mathrm{d}\tau\right)\int_0^t\boldsymbol{B}(\tau)\boldsymbol{u}(\tau)\exp\left(\int_0^\tau-\boldsymbol{A}\mathrm{d}\delta\right)\mathrm{d}\tau\\&=\boldsymbol{C}\exp(\boldsymbol{A}t)+\exp(\boldsymbol{A}t)\int_0^t\boldsymbol{B}(\tau)\boldsymbol{u}(\tau)\exp(-\boldsymbol{A}\tau)\mathrm{d}\tau\\&=\boldsymbol{C}\exp(\boldsymbol{A}t)+\int_0^t\exp(\boldsymbol{A}(t-\tau))\boldsymbol{B}(\tau)\boldsymbol{u}(\tau)\mathrm{d}\tau\end{aligned}$$

取 $\boldsymbol{\Phi}(t,\tau)=\exp(\boldsymbol{A}(t-\tau))$，则

$$\boldsymbol{x}_k(t)-\boldsymbol{x}_{k+1}(t)=\int_0^t\boldsymbol{\Phi}(t,\tau)\boldsymbol{B}(\tau)(\boldsymbol{u}_k(\tau)-\boldsymbol{u}_{k+1}(\tau))\mathrm{d}\tau$$

由于 $\boldsymbol{e}_k(t)=\boldsymbol{y}_{\mathrm{d}}(t)-\boldsymbol{y}_k(t)$，$\boldsymbol{e}_{k+1}(t)=\boldsymbol{y}_{\mathrm{d}}(t)-\boldsymbol{y}_{k+1}(t)$，则

$$\begin{aligned}\boldsymbol{e}_{k+1}(t)-\boldsymbol{e}_k(t)&=\boldsymbol{y}_k(t)-\boldsymbol{y}_{k+1}(t)=\boldsymbol{C}(t)(\boldsymbol{x}_k(t)-\boldsymbol{x}_{k+1}(t))\\&=\int_0^t\boldsymbol{C}(t)\boldsymbol{\Phi}(t,\tau)\boldsymbol{B}(\tau)(\boldsymbol{u}_k(\tau)-\boldsymbol{u}_{k+1}(\tau))\mathrm{d}\tau\end{aligned}$$

即

$$\boldsymbol{e}_{k+1}(t)=\boldsymbol{e}_k(t)-\int_0^t\boldsymbol{C}(t)\boldsymbol{\Phi}(t,\tau)\boldsymbol{B}(\tau)(\boldsymbol{u}_{k+1}(\tau)-\boldsymbol{u}_k(\tau))\mathrm{d}\tau$$

将式(12.14)代入上式，则第 $k+1$ 次输出的误差为

$$\boldsymbol{e}_{k+1}(t)=\boldsymbol{e}_k(t)-\int_0^t\boldsymbol{C}(t)\boldsymbol{\Phi}(t,\tau)\boldsymbol{B}(\tau)\left[\boldsymbol{\Gamma}(\tau)\dot{\boldsymbol{e}}_k(\tau)+\boldsymbol{L}(\tau)\boldsymbol{e}_k(\tau)+\psi(\tau)\int_0^\tau\boldsymbol{e}_k(\delta)\mathrm{d}\delta\right]\mathrm{d}\tau \tag{12.15}$$

利用分部积分公式，令 $\boldsymbol{G}(t,\tau)=\boldsymbol{C}(t)\boldsymbol{B}(\tau)\boldsymbol{\Gamma}(\tau)$，有

$$\begin{aligned}\int_0^t\boldsymbol{C}(t)\boldsymbol{B}(\tau)\boldsymbol{\Gamma}(\tau)\dot{\boldsymbol{e}}_k(\tau)\mathrm{d}\tau&=\boldsymbol{G}(t,\tau)\boldsymbol{e}_k(\tau)\Big|_0^t-\int_0^t\frac{\partial}{\partial\tau}\boldsymbol{G}(t,\tau)\boldsymbol{e}_k(\tau)\mathrm{d}\tau\\&=\boldsymbol{C}(t)\boldsymbol{B}(\tau)\boldsymbol{\Gamma}(\tau)\boldsymbol{e}_k(\tau)-\int_0^t\frac{\partial}{\partial\tau}\boldsymbol{G}(t,\tau)\boldsymbol{e}_k(\tau)\mathrm{d}\tau\end{aligned} \tag{12.16}$$

将式(12.16)代入式(12.15)，得

$$\begin{aligned}\boldsymbol{e}_{k+1}(t)=&[\boldsymbol{I}-\boldsymbol{C}(t)\boldsymbol{B}(t)\boldsymbol{\Gamma}(t)]\boldsymbol{e}_k(t)+\int_0^t\frac{\partial}{\partial\tau}\boldsymbol{G}(t,\tau)\boldsymbol{e}_k(\tau)\mathrm{d}\tau-\\&\int_0^t\boldsymbol{C}(t)\boldsymbol{\Phi}(t,\tau)\boldsymbol{B}(\tau)\boldsymbol{L}(\tau)\boldsymbol{e}_k(\tau)\mathrm{d}\tau-\int_0^t\int_0^\tau\boldsymbol{C}(t)\boldsymbol{\Phi}(t,\tau)\boldsymbol{B}(\tau)\psi(\tau)\boldsymbol{e}_k(\sigma)\mathrm{d}\sigma\mathrm{d}\tau\end{aligned} \tag{12.17}$$

将式(12.17)两端取范数，有

$$\begin{aligned}\|\boldsymbol{e}_{k+1}(t)\|\leqslant&\|\boldsymbol{I}-\boldsymbol{C}(t)\boldsymbol{B}(t)\boldsymbol{\Gamma}(t)\|\,\|\boldsymbol{e}_k(t)\|+\int_0^t\left\|\frac{\partial}{\partial\tau}\boldsymbol{G}(t,\tau)\right\|\,\|\boldsymbol{e}_k(\tau)\|\mathrm{d}\tau+\\&\int_0^t\|\boldsymbol{C}(t)\boldsymbol{\Phi}(t,\tau)\boldsymbol{B}(\tau)\boldsymbol{L}(\tau)\|\,\|\boldsymbol{e}_k(\tau)\|\mathrm{d}\tau+\\&\int_0^t\int_0^\tau\|\boldsymbol{C}(t)\boldsymbol{\Phi}(t,\tau)\boldsymbol{B}(\tau)\psi(\tau)\|\,\|\boldsymbol{e}_k(\sigma)\|\mathrm{d}\sigma\mathrm{d}\tau\\\leqslant&\|\boldsymbol{I}-\boldsymbol{C}(t)\boldsymbol{B}(t)\boldsymbol{\Gamma}(t)\|\,\|\boldsymbol{e}_k(t)\|+\int_0^t b_1\|\boldsymbol{e}_k(\tau)\|\mathrm{d}\tau+\int_0^t\int_0^\tau b_2\|\boldsymbol{e}_k(\sigma)\|\mathrm{d}\sigma\mathrm{d}\tau\end{aligned} \tag{12.18}$$

式中

$$b_1 = \max_{t,\tau\in[0,T]}\left\{\left\|\frac{\partial}{\partial\tau}\boldsymbol{G}(t,\tau)\right\|, \|\boldsymbol{C}(t)\boldsymbol{\Phi}(t,\tau)\boldsymbol{B}(\tau)\boldsymbol{L}(\tau)\|\right\}$$

$$b_2 = \sup_{t,\tau\in[0,T]}\|\boldsymbol{C}(t)\boldsymbol{\Phi}(t,\tau)\boldsymbol{B}(\tau)\boldsymbol{\psi}(\tau)\|$$

根据λ范数的定义可知，函数 $f:[0,T]\to\mathbf{R}^n$ 的λ范数为 $\|f\|_\lambda = \sup\limits_{0\leqslant t\leqslant T}\{\|f(t)\|\mathrm{e}^{-\lambda t}\}$。将式(12.18) 两端同乘以 $\exp(-\lambda t)$，$\lambda>0$，并考虑到$\int_0^t\exp(\lambda\tau)\mathrm{d}\tau = \dfrac{\exp(\lambda t)-1}{\lambda}$，则式(12.18) 不等式右边第二项为

$$\begin{aligned}
\exp(-\lambda t)\int_0^t b_1\|\boldsymbol{e}_k(\tau)\|\mathrm{d}\tau &= \exp(-\lambda t)\int_0^t b_1\|\boldsymbol{e}_k(\tau)\|\exp(-\lambda\tau)\exp(\lambda\tau)\mathrm{d}\tau \\
&\leqslant b_1\exp(-\lambda t)\|\boldsymbol{e}_k(\tau)\|_\lambda\int_0^t\exp(\lambda\tau)\mathrm{d}\tau \\
&= b_1\exp(-\lambda t)\|\boldsymbol{e}_k(\tau)\|_\lambda\frac{\exp(\lambda t)-1}{\lambda} \\
&= \frac{b_1}{\lambda}\|\boldsymbol{e}_k(\tau)\|_\lambda\exp(-\lambda t)(\exp(\lambda t)-1) \\
&= b_1\frac{(1-\exp(-\lambda t))}{\lambda}\|\boldsymbol{e}_k(\tau)\|_\lambda \\
&\leqslant b_1\frac{(1-\exp(-\lambda T))}{\lambda}\|\boldsymbol{e}_k(\tau)\|_\lambda
\end{aligned} \tag{12.19}$$

由于 $\forall t\in[0,T]$，$\forall\tau\in[0,t]$，$\forall\sigma\in[0,\tau]$，则有 $\|\boldsymbol{e}_k(\sigma)\|_\lambda\leqslant\|\boldsymbol{e}_k(\tau)\|_\lambda$。

将式(12.19) 的结果应用于式(12.18)，得式(12.18) 不等式右边第三项为

$$\begin{aligned}
\exp(-\lambda t)\int_0^t\int_0^\tau b_2\|\boldsymbol{e}_k(\sigma)\|\mathrm{d}\sigma\mathrm{d}\tau &= \exp(-\lambda t)\int_0^t\exp(\lambda\tau)\exp(-\lambda\tau)\int_0^\tau b_2\|\boldsymbol{e}_k(\sigma)\|\mathrm{d}\sigma\mathrm{d}\tau \\
&\leqslant \exp(-\lambda t)\int_0^t\exp(\lambda\tau)b_2\frac{1-\exp(-\lambda t)}{\lambda}\|\boldsymbol{e}_k(\sigma)\|_\lambda\mathrm{d}\tau \\
&\leqslant b_2\frac{1-\exp(-\lambda T)}{\lambda}\exp(-\lambda t)\int_0^t\exp(\lambda\tau)\|\boldsymbol{e}_k(\tau)\|_\lambda\mathrm{d}\tau \\
&= b_2\frac{1-\exp(-\lambda T)}{\lambda}\exp(-\lambda t)\|\boldsymbol{e}_k(\tau)\|_\lambda\int_0^t\exp(\lambda t)\mathrm{d}\tau \\
&= b_2\frac{1-\exp(-\lambda T)}{\lambda}\exp(-\lambda t)\|\boldsymbol{e}_k(\tau)\|_\lambda\frac{\exp(\lambda t)-1}{\lambda} \\
&= b_2\frac{1-\exp(-\lambda T)}{\lambda}\|\boldsymbol{e}_k(\tau)\|_\lambda\frac{1-\exp(-\lambda t)}{\lambda} \\
&\leqslant b_2\left(\frac{1-\exp(-\lambda T)}{\lambda}\right)^2\|\boldsymbol{e}_k(\tau)\|_\lambda
\end{aligned}$$

式中，$0<\dfrac{1-\exp(-\lambda t)}{\lambda}\leqslant\dfrac{1-\exp(-\lambda T)}{\lambda}$。则

$$\exp(-\lambda t)\int_0^t\int_0^\tau b_2\|\boldsymbol{e}_k(\sigma)\|\mathrm{d}\sigma\mathrm{d}\tau\leqslant b_2\left(\frac{1-\exp(-\lambda T)}{\lambda}\right)^2\|\boldsymbol{e}_k(\tau)\|_\lambda \tag{12.20}$$

将式(12.19) 和式(12.20) 代入式(12.18)，考虑到 $\|\boldsymbol{e}_k(\tau)\|_\lambda\leqslant\|\boldsymbol{e}_k(t)\|_\lambda$，得

$$\|\boldsymbol{e}_{k+1}(t)\|_\lambda\leqslant\widetilde{\rho}\|\boldsymbol{e}_k(t)\|_\lambda \tag{12.21}$$

式中，$\widetilde{\rho} = \bar{\rho} + b_1 \dfrac{1-\exp(-\lambda T)}{\lambda} + b_2 \left(\dfrac{1-\exp(-\lambda T)}{\lambda}\right)^2$。由于 $\bar{\rho} < 1$，则当 λ 取足够大时，可使 $\widetilde{\rho} < 1$。因此 $\lim\limits_{k\to\infty} \| \boldsymbol{e}_k(t) \|_\lambda = 0$。定理得证。

如果将式(12.14)中的 $\boldsymbol{e}_k(t)$ 改为 $\boldsymbol{e}_{k+1}(t)$，则为闭环PID型迭代学习控制律。同定理的证明过程，可证明闭环 PID 型迭代学习控制律的收敛性。

12.5.3 仿真实例

考虑两输入两输出线性系统

$$\begin{bmatrix} \dot{x}_1(t) \\ \dot{x}_2(t) \end{bmatrix} = \begin{bmatrix} -2 & 3 \\ 1 & 1 \end{bmatrix} \begin{bmatrix} x_1(t) \\ x_2(t) \end{bmatrix} + \begin{bmatrix} 1 & 1 \\ 0 & 1 \end{bmatrix} \begin{bmatrix} u_1(t) \\ u_2(t) \end{bmatrix}$$

$$\begin{bmatrix} y_1(t) \\ y_2(t) \end{bmatrix} = \begin{bmatrix} 1 & 0 \\ 0 & 1 \end{bmatrix} \begin{bmatrix} x_1(t) \\ x_2(t) \end{bmatrix}$$

输出的期望跟踪轨迹为

$$\begin{bmatrix} y_{1d}(t) \\ y_{2d}(t) \end{bmatrix} = \begin{bmatrix} \sin(3t) \\ \cos(3t) \end{bmatrix}, t \in [0,1]$$

由于 $\boldsymbol{CB} = \begin{bmatrix} 1 & 1 \\ 0 & 1 \end{bmatrix}$，取 $\boldsymbol{\Gamma} = \begin{bmatrix} 0.95 & 0 \\ 0 & 0.95 \end{bmatrix}$，可满足定理中的条件(1)，采用 PD 控制，在式(12.14)中取 $\boldsymbol{L} = \begin{bmatrix} 2.0 & 0 \\ 0 & 2.0 \end{bmatrix}$，$\boldsymbol{\Psi} = 0$，系统的初始状态为 $\begin{bmatrix} x_1(0) \\ x_2(0) \end{bmatrix} = \begin{bmatrix} 0 \\ 1 \end{bmatrix}$。

在程序 chap12_2sim.mdl 中，选择 Simulink 的 Manual Switch 开关，将开关向下，取开环 PID 型迭代学习控制律，仿真结果如图 12-4 至图 12-6 所示；将开关向上，采用闭环 PID 型迭代学习控制律，仿真结果如图 12-7 至图 12-9 所示。可见，闭环的收敛速度好于开环的收敛速度。

线性时变连续系统迭代学习控制仿真程序包括：①主程序，chap12_2main.m；②Simulink程序，chap12_2sim.mdl；③被控对象子程序，chap12_2plant.m；④控制器子程序，chap12_2ctrl.m；⑤指令程序，chap12_2input.m。程序见本章附录。

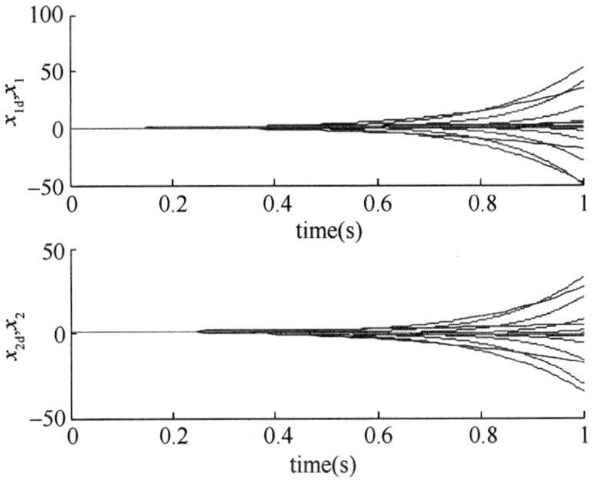

图 12-4　30 次迭代学习的状态跟踪过程(开环 PID 控制)

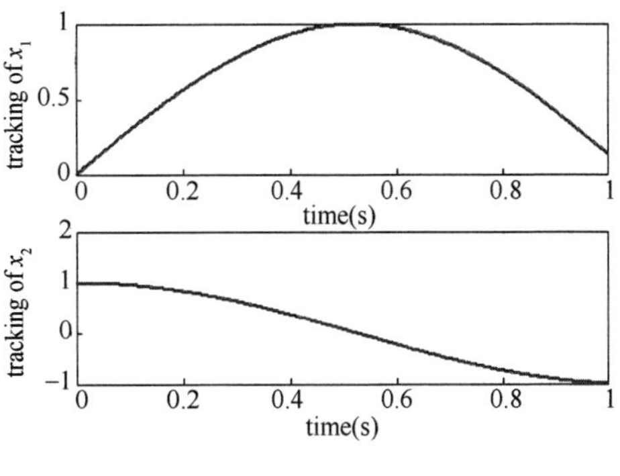

图 12-5　第 30 次迭代学习的状态跟踪(开环 PID 控制)

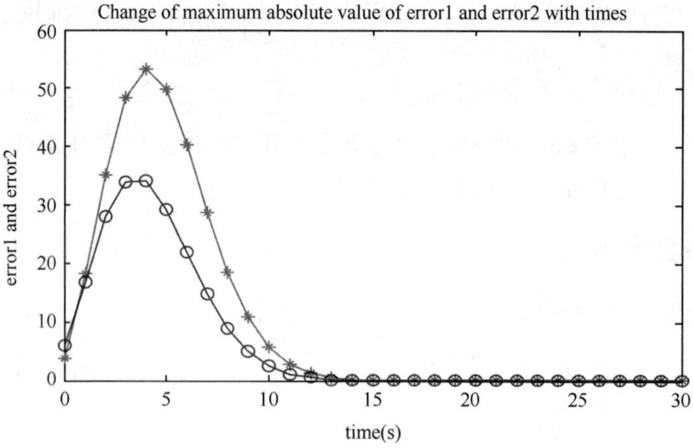

图 12-6　30 次迭代过程中误差最大绝对值的收敛过程(开环 PID 控制)

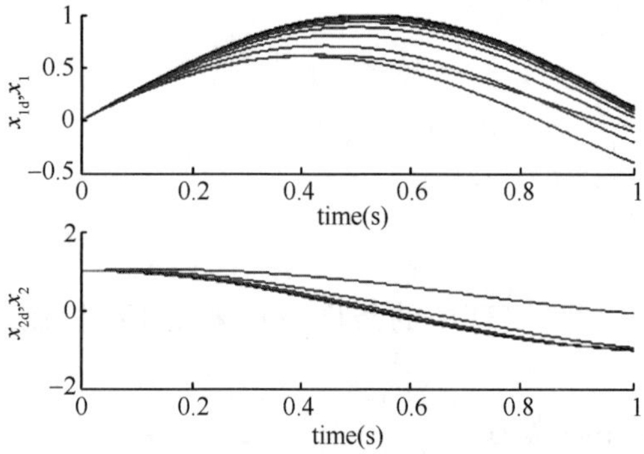

图 12-7　30 次迭代学习的状态跟踪过程(闭环 PID 控制)

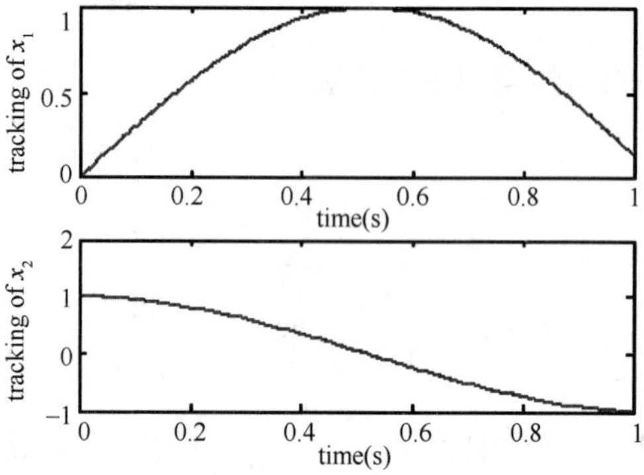

图 12-8　第 30 次迭代学习的状态跟踪(闭环 PID 控制)

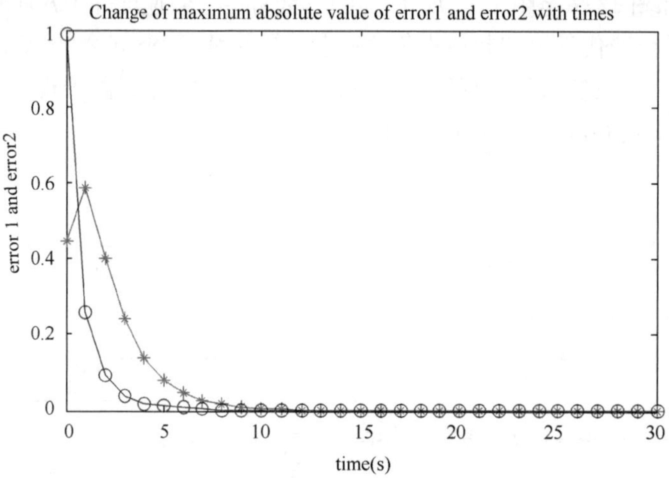

图 12-9　30 次迭代过程中误差最大绝对值的收敛过程(闭环 PID 控制)

思考题与习题 12

12-1　在迭代学习控制的工程实际应用中，如何解决初始条件问题？

12-2　在 12.5 节中，如果采用闭环 PID 型迭代学习控制律，给出控制器设计及收敛性分析过程。

12-3　针对电机模型 $J\dot{q}=\tau+d$，其中 J 为转动惯量，τ 为控制输入，q 为电动机的转动角度，d 为外加干扰，$J=1/133$，$d=5\sin(2\pi t)$，期望轨迹为 $q_{\mathrm{d}}=\sin(3t)$，参考 12.4 节的控制方法，分别按闭环 D 型、闭环 PD 型和指数变增益闭环 D 型迭代学习控制律进行 Matlab 仿真。

本章附录（程序代码）

机械手轨迹跟踪迭代学习控制仿真程序

(1) 主程序：chap12_1main.m

```
% Adaptive switching Learning Control for 2DOF robot manipulators
clear all;
close all;

t= [0:0.01:3]';
k(1:301)= 0; % Total initial points
k= k';
T1(1:301)= 0;
T1= T1';
T2= T1;
T= [T1 T2];
%%%%%%%%%%%%%%%%%%%%%%%%%%%%%%%%%%%%%%%%
M= 20;
for i= 0:1:M %  Start Learning Control
i
pause(0.01);

sim('chap12_1sim',[0,3]);

q1= q(:,1);
dq1= q(:,2);
q2= q(:,3);
dq2= q(:,4);

q1d= qd(:,1);
dq1d= qd(:,2);
q2d= qd(:,3);
dq2d= qd(:,4);

e1= q1d- q1;
e2= q2d- q2;
de1= dq1d- dq1;
de2= dq2d- dq2;

figure(1);
subplot(211);
hold on;
plot(t,q1,'b',t,q1d,'r');
xlabel('time(s)');ylabel('q1d,q1 (rad)');
subplot(212);
hold on;
plot(t,q2,'b',t,q2d,'r');
xlabel('time(s)');ylabel('q2d,q2 (rad)');

figure(2);
subplot(211);
hold on;
plot(t,dq1,'b',t,dq1d,'r');
```

```
xlabel('time(s)');ylabel('dq1d,dq1 (rad)');
subplot(212);
hold on;
plot(t,dq2,'b',t,dq2d,'r');
xlabel('time(s)');ylabel('dq2d,dq2 (rad)');

j= i+ 1;
times(j)= i;
e1i(j)= max(abs(e1));
e2i(j)= max(abs(e2));
de1i(j)= max(abs(de1));
de2i(j)= max(abs(de2));
end % End of i
%%%%%%%%%%%%%%%%%%%%%%%%%%%%%%%%%%%%%%%
figure(3);
subplot(211);
plot(t,q1d,'r',t,q1,'b');
xlabel('time(s)');ylabel('Angle tracking of Link 1');
subplot(212);
plot(t,q2d,'r',t,q2,'b');
xlabel('time(s)');ylabel('Angle tracking of Link 2');

figure(4);
subplot(211);
plot(t,dq1d,'r',t,dq1,'b');
xlabel('time(s)');ylabel('Angle speed tracking of Link 1');
subplot(212);
plot(t,dq2d,'r',t,dq2,'b');
xlabel('time(s)');ylabel('Angle speed tracking of Link 2');

figure(5);
subplot(211);
plot(times,e1i,'* - r',times,e2i,'o- b');
title('Change of maximum absolute value of error1 and error2 with times i');
xlabel('time(s)');ylabel('error 1 and error 2');
subplot(212);
plot(times,de1i,'* - r',times,de2i,'o- b');
title('Change of maximum absolute value of derror1 and derror2 with times i');
xlabel('time(s)');ylabel('derror 1 and derror 2');
```

(2) **Simulink 子程序**:chap12_1sim. mdl

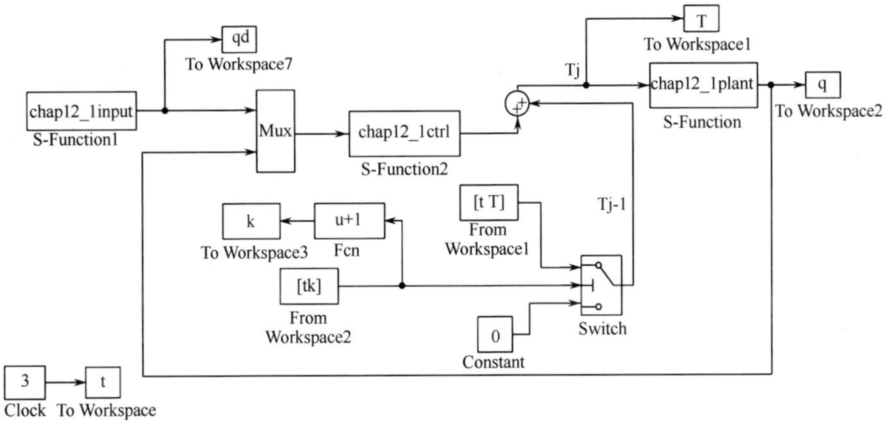

(3) **指令程序**:chap12_1input. m

```
function [sys,x0,str,ts] =spacemodel(t,x,u,flag)
switch flag,
case 0,
    [sys,x0,str,ts]=mdlInitializeSizes;
case 3,
    sys=mdlOutputs(t,x,u);
case {2,4,9}
    sys=[];
otherwise
    error(['Unhandled flag =',num2str(flag)]);
end
function [sys,x0,str,ts]=mdlInitializeSizes
sizes =simsizes;
sizes.NumContStates  =0;
sizes.NumDiscStates  =0;
sizes.NumOutputs     =4;
sizes.NumInputs      =0;
sizes.DirFeedthrough =1;
sizes.NumSampleTimes =1;
sys =simsizes(sizes);
x0  =[];
str =[];
ts  =[0 0];
function sys=mdlOutputs(t,x,u)
q1d=sin(3*t);
dq1d=3*cos(3*t);
q2d=cos(3*t);
dq2d=-3*sin(3*t);

sys(1)=q1d;
sys(2)=dq1d;
sys(3)=q2d;
sys(4)=dq2d;
```

(4) **被控对象子程序**:chap12_1plant. m

```
function [sys,x0,str,ts] =spacemodel(t,x,u,flag)
switch flag,
case 0,
    [sys,x0,str,ts]=mdlInitializeSizes;
case 1,
    sys=mdlDerivatives(t,x,u);
case 3,
    sys=mdlOutputs(t,x,u);
case {2,4,9}
    sys=[];
otherwise
    error(['Unhandled flag =',num2str(flag)]);
end
function [sys,x0,str,ts]=mdlInitializeSizes
sizes =simsizes;
sizes.NumContStates  =4;
```

```
sizes.NumDiscStates   =0;
sizes.NumOutputs      =4;
sizes.NumInputs       =2;
sizes.DirFeedthrough  =0;
sizes.NumSampleTimes  =1;
sys =simsizes(sizes);
x0  =[0;3;1;0];   % Must be equal to x(0) of ideal input
str =[];
ts  =[0 0];
function sys=mdlDerivatives(t,x,u)
Tol=[u(1) u(2)]';

g=9.81;
d1=10;d2=5;
l1=1;l2=0.5;
lc1=0.5;lc2=0.25;
I1=0.83;I2=0.3;

D11=d1*lc1^2+d2*(l1^2+lc2^2+2*l1*lc2*cos(x(3)))+I1+I2;
D12=d2*(lc2^2+l1*lc2*cos(x(3)))+I2;
D21=D12;
D22=d2*lc2^2+I2;
D=[D11 D12;D21 D22];
h=-d2*l1*lc2*sin(x(3));
C11=h*x(4);
C12=h*x(4)+h*x(2);
C21=-h*x(2);
C22=0;
C=[C11 C12;C21 C22];
g1=(d1*lc1+d2*l1)*g*cos(x(1))+d2*lc2*g*cos(x(1)+x(3));
g2=d2*lc2*g*cos(x(1)+x(3));
G=[g1;g2];

a=1.0;
d1=a*0.3*sin(t);
d2=a*0.1*(1-exp(-t));
Td=[d1;d2];

S=-inv(D)*C*[x(2);x(4)]-inv(D)*G+inv(D)*(Tol-Td);

sys(1)=x(2);
sys(2)=S(1);
sys(3)=x(4);
sys(4)=S(2);
function sys=mdlOutputs(t,x,u)
sys(1)=x(1);   % Angle1:q1
sys(2)=x(2);   % Angle1 speed:dq1
sys(3)=x(3);   % Angle2:q2
sys(4)=x(4);   % Angle2 speed:dq2
```

(5) **控制器子程序**:chap12_1ctrl.m

```
function [sys,x0,str,ts] =spacemodel(t,x,u,flag)
switch flag,
```

```
case 0,
    [sys,x0,str,ts]=mdlInitializeSizes;
case 3,
    sys=mdlOutputs(t,x,u);
case {2,4,9}
    sys=[];
otherwise
    error(['Unhandled flag =',num2str(flag)]);
end
function [sys,x0,str,ts]=mdlInitializeSizes
sizes =simsizes;
sizes.NumContStates  =0;
sizes.NumDiscStates  =0;
sizes.NumOutputs     =2;
sizes.NumInputs      =8;
sizes.DirFeedthrough =1;
sizes.NumSampleTimes =1;
sys  =simsizes(sizes);
x0   =[];
str  =[];
ts   =[0 0];
function sys=mdlOutputs(t,x,u)
q1d=u(1);dq1d=u(2);
q2d=u(3);dq2d=u(4);

q1=u(5);dq1=u(6);
q2=u(7);dq2=u(8);

e1=q1d-q1;
e2=q2d-q2;
e=[e1 e2]';
de1=dq1d-dq1;
de2=dq2d-dq2;
de=[de1 de2]';

Kp=[100 0;0 100];
Kd=[500 0;0 500];

M=2;
if M==1
    Tol=Kd*de;          % D Type
elseif M==2
    Tol=Kp*e+Kd*de;  % PD Type
elseif M==3
    Tol=Kd*exp(0.8*t)*de;  % Exponential Gain D Type
end
sys(1)=Tol(1);
sys(2)=Tol(2);
```

线性时变连续系统迭代学习控制仿真程序

(1) **主程序**:chap12_2main.m

```
% Iterative D-Type Learning Control
```

```
clear all;
close all;

t=[0:0.01:1]';
k(1:101)=0;     % Total initial points
k=k';
T1(1:101)=0;
T1=T1';
T2=T1;
T=[T1 T2];

k1(1:101)=0;     % Total initial points
k1=k1';
E1(1:101)=0;
E1=E1';
E2=E1;
E3=E1;
E4=E1;
E=[E1 E2 E3 E4];
%%%%%%%%%%%%%%%%%%%%%%%%%%%%%%%%%%%%%%%%%%%
M=30;
for i=0:1:M     %  Start Learning Control
i
pause(0.01);

sim('chap12_2sim',[0,1]);

x1=x(:,1);
x2=x(:,2);

x1d=xd(:,1);
x2d=xd(:,2);
dx1d=xd(:,3);
dx2d=xd(:,4);

e1=E(:,1);
e2=E(:,2);
de1=E(:,3);
de2=E(:,4);
e=[e1 e2]';
de=[de1 de2]';

figure(1);
subplot(211);
hold on;
plot(t,x1,'b',t,x1d,'r');
xlabel('time(s)');ylabel('x1d,x1');

subplot(212);
hold on;
plot(t,x2,'b',t,x2d,'r');
xlabel('time(s)');ylabel('x2d,x2');
```

```
j=i+1;
times(j)=i;
e1i(j)=max(abs(e1));
e2i(j)=max(abs(e2));
de1i(j)=max(abs(de1));
de2i(j)=max(abs(de2));
end              % End of i
%%%%%%%%%%%%%%%%%%%%%%%%%%%%%%%%%%%%
figure(2);
subplot(211);
plot(t,x1d,'r',t,x1,'b');
xlabel('time(s)');ylabel('tracking of x1');
subplot(212);
plot(t,x2d,'r',t,x2,'b');
xlabel('time(s)');ylabel('tracking of x2');

figure(3);
subplot(211);
plot(t,T(:,1),'r');
xlabel('time(s)');ylabel('Control input 1');
subplot(212);
plot(t,T(:,2),'r');
xlabel('time(s)');ylabel('Control input 2');

figure(4);
plot(times,e1i,'*-r',times,e2i,'o-b');
title('Change of maximum absolute value of error1 and error2 with times');
xlabel('time(s)');ylabel('error 1 and error 2');
```

（2）**Simulink 程序**：chap12_2sim. mdl

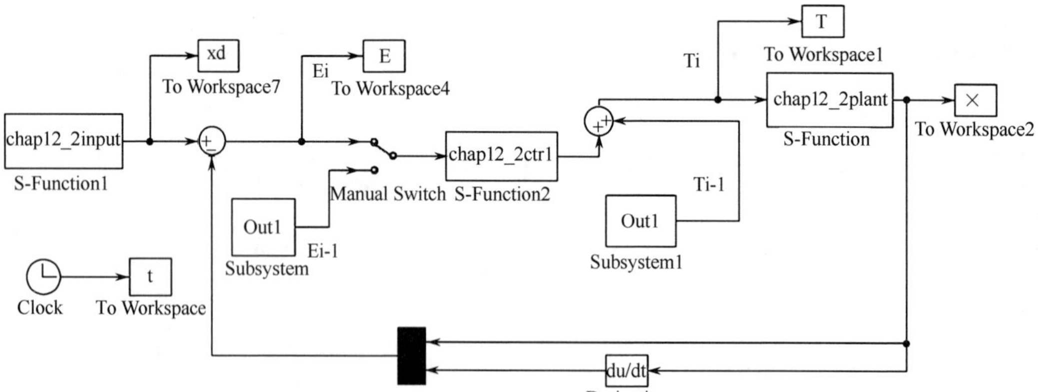

（3）**被控对象子程序**：chap12_2plant. m

```
function [sys,x0,str,ts] =spacemodel(t,x,u,flag)
switch flag,
case 0,
    [sys,x0,str,ts]=mdlInitializeSizes;
case 1,
    sys=mdlDerivatives(t,x,u);
case 3,
    sys=mdlOutputs(t,x,u);
```

```
case {2,4,9}
    sys=[];
otherwise
    error(['Unhandled flag = ',num2str(flag)]);
end
function [sys,x0,str,ts]=mdlInitializeSizes
sizes =simsizes;
sizes.NumContStates  =2;
sizcs.NumDiscStates  =0;
sizes.NumOutputs     =2;
sizes.NumInputs      =2;
sizes.DirFeedthrough =0;
sizes.NumSampleTimes =1;
sys =simsizes(sizes);
x0  =[0;1];
str =[];
ts  =[0 0];
function sys=mdlDerivatives(t,x,u)
A=[-2 3;1 1];
C=[1 0;0 1];
B=[1 1;0 1];
Gama=0.95;
norm(eye(2)-C*B*Gama);  % Must be smaller than 1.0

U=[u(1);u(2)];
dx=A*x+B*U;
sys(1)=dx(1);
sys(2)=dx(2);
function sys=mdlOutputs(t,x,u)
sys(1)=x(1);
sys(2)=x(2);
```

(4) **控制器子程序**:chap12_2ctrl.m

```
function [sys,x0,str,ts] =spacemodel(t,x,u,flag)
switch flag,
case 0,
    [sys,x0,str,ts]=mdlInitializeSizes;
case 3,
    sys=mdlOutputs(t,x,u);
case {2,4,9}
    sys=[];
otherwise
    error(['Unhandled flag = ',num2str(flag)]);
end
function [sys,x0,str,ts]=mdlInitializeSizes
sizes =simsizes;
sizes.NumContStates  =0;
sizes.NumDiscStates  =0;
sizes.NumOutputs     =2;
sizes.NumInputs      =4;
sizes.DirFeedthrough =1;
sizes.NumSampleTimes =1;
sys =simsizes(sizes);
x0  =[];
```

```
str =[];
ts  =[0 0];
function sys=mdlOutputs(t,x,u)
e1=u(1);e2=u(2);
de1=u(3);de2=u(4);

e=[e1 e2]';
de=[de1 de2]';

Kp=2.0;                  % L= Kp* eye(2)
Gama=0.95;
Kd=Gama*eye(2);

Tol=Kp*e+Kd*de;          % PD Type

sys(1)=Tol(1);
sys(2)=Tol(2);
```

(5) **指令程序**:chap12_2input.m

```
function [sys,x0,str,ts] =spacemodel(t,x,u,flag)
switch flag,
case 0,
    [sys,x0,str,ts]=mdlInitializeSizes;
case 3,
    sys=mdlOutputs(t,x,u);
case {2,4,9}
    sys=[];
otherwise
    error(['Unhandled flag =',num2str(flag)]);
end
function [sys,x0,str,ts]=mdlInitializeSizes
sizes =simsizes;
sizes.NumContStates  =0;
sizes.NumDiscStates  =0;
sizes.NumOutputs     =4;
sizes.NumInputs      =0;
sizes.DirFeedthrough =1;
sizes.NumSampleTimes =1;
sys =simsizes(sizes);
x0  =[];
str =[];
ts  =[0 0];
function sys=mdlOutputs(t,x,u)
x1d=sin(3*t);
dx1d=3*cos(3*t);
x2d=cos(3*t);
dx2d=-3*sin(3*t);

sys(1)=x1d;
sys(2)=x2d;
sys(3)=dx1d;
sys(4)=dx2d;
```

附录A　相关数学知识

本书算法设计与分析中用到的相关数学知识介绍如下。

1. 矩阵的迹及初等性质

定义　设$\boldsymbol{A}$是n阶方阵，则称$\boldsymbol{A}$的主对角元素的和为$\boldsymbol{A}$的迹，记为$\mathrm{tr}(\boldsymbol{A})$。即若设

$$\boldsymbol{A}=\begin{bmatrix} a_{11} & a_{12} & \cdots & a_{1n} \\ a_{21} & a_{22} & \cdots & a_{2n} \\ \vdots & \vdots & \ddots & \vdots \\ a_{i1} & a_{i2} & a_{ii} & a_{in} \\ \vdots & \vdots & \ddots & \vdots \\ a_{n1} & a_{n2} & \cdots & a_{nn} \end{bmatrix} \tag{1}$$

则有

$$\mathrm{tr}(\boldsymbol{A})=\sum_{i=1}^{n} a_{ii} \tag{2}$$

设$\boldsymbol{A}$、$\boldsymbol{B}$都是n阶方阵，λ、μ为任意实数，则迹具有如下性质：

(1) $\mathrm{tr}(\lambda\boldsymbol{A}+\mu\boldsymbol{B})=\lambda\mathrm{tr}(\boldsymbol{A})+\mu\mathrm{tr}(\boldsymbol{B})$；

(2) $\mathrm{tr}(\boldsymbol{A})=\mathrm{tr}(\boldsymbol{A}^{\mathrm{T}})$；

(3) 若$\boldsymbol{A}\in\mathbf{R}^{m\times n}$，$\boldsymbol{B}\in\mathbf{R}^{n\times m}$，则$\mathrm{tr}(\boldsymbol{AB})=\mathrm{tr}(\boldsymbol{BA})$。

其中，$\mathbf{R}$为实数域。

2. 向量范数和矩阵范数

(1) 向量范数

任取$\boldsymbol{x}\in\mathbf{R}^n$，且$\boldsymbol{x}=[\xi_1\quad\xi_2\quad\cdots\quad\xi_n]^{\mathrm{T}}$，可定义

$$\|\boldsymbol{x}\|_1=\sum_{i=1}^{n}|\xi_i| \tag{3}$$

$$\|\boldsymbol{x}\|_2=\left(\sum_{i=1}^{n}|\xi_i|^2\right)^{1/2} \tag{4}$$

$$\|\boldsymbol{x}\|_\infty=\max_{1\leqslant i\leqslant n}|\xi_i| \tag{5}$$

上述3个范数分别称为1-范数、2-范数(也称为欧氏范数)和∞-范数，这3个范数实际上都是p-范数的特殊情形。

p-范数定义如下

$$\|\boldsymbol{x}\|_p=\left(\sum_{i=1}^{n}|\xi_i|^p\right)^{1/p},1\leqslant p<+\infty \tag{6}$$

(2) 矩阵范数

定义　对任意矩阵$\boldsymbol{A}\in\mathbf{R}^{m\times n}$，若都有实数$\|\boldsymbol{A}\|$与之对应，且满足下面的范数公理：

① 正定性：$\|\boldsymbol{A}\|\geqslant 0$，当且仅当$\boldsymbol{A}=0$时，$\|\boldsymbol{A}\|=0$；

② 齐次性：对任何$\lambda\in\mathbf{R}$，$\|\lambda\boldsymbol{A}\|=|\lambda|\,\|\boldsymbol{A}\|$；

③ 三角不等式：对任何$\boldsymbol{A},\boldsymbol{B}\in\mathbf{R}^{m\times n}$，有

$$\|\boldsymbol{A}+\boldsymbol{B}\|\leqslant\|\boldsymbol{A}\|+\|\boldsymbol{B}\|$$

则称这个实数 $\|\boldsymbol{A}\|$ 为矩阵 $\boldsymbol{A}$ 的范数。

矩阵范数可分为以下几种类型：

$$\|\boldsymbol{A}\|_{V_1}=\sum_{j=1}^{m}\sum_{i=1}^{n}|a_{ij}| \tag{7}$$

$$\|\boldsymbol{A}\|_{V_\infty}=\max_{i,j}|a_{ij}|\text{（切比雪夫范数）} \tag{8}$$

$$\|\boldsymbol{A}\|_{V_p}=\left(\sum_{j=1}^{m}\sum_{i=1}^{n}|a_{ij}|^p\right)^{1/p},1\leqslant p\leqslant+\infty \tag{9}$$

当 $p=2$ 时，称 $\|\boldsymbol{A}\|_{V_2}=\|\boldsymbol{A}\|_F=\left(\sum_{j=1}^{m}\sum_{i=1}^{n}|a_{ij}|^2\right)^{1/2}$ 为 $\boldsymbol{A}$ 的 Frobenius 范数，简称F- 范数，是最常用的范数之一。

$$\|\boldsymbol{A}\|_F^2=\text{tr}(\boldsymbol{A}^T\boldsymbol{A})=\sum_{j=1}^{m}\sum_{i=1}^{n}|a_{ij}|^2 \tag{10}$$

F- 范数具有下列性质：

① 设 $\boldsymbol{A}\in\mathbf{R}^{m\times n}$，$\boldsymbol{B}\in\mathbf{R}^{n\times l}$，则有

$$\|\boldsymbol{A}\|_F\leqslant\|\boldsymbol{A}\|_F\|\boldsymbol{B}\|_F \tag{11}$$

② 在矩阵空间 $\mathbf{R}^{n\times n}$ 上的任意实函数，记为 $\|\cdot\|$，如果对所有的 $\boldsymbol{A},\boldsymbol{B}\in\mathbf{R}^{n\times n}$，$\lambda\in\mathbf{R}$，都满足：

- $\|\boldsymbol{A}\|\geqslant0$，当且仅当 $\boldsymbol{A}=\boldsymbol{0}$ 时，有 $\|\boldsymbol{A}\|=0$；
- $\|\lambda\boldsymbol{A}\|=|\lambda|\,\|\boldsymbol{A}\|$；
- $\|\boldsymbol{A}+\boldsymbol{B}\|\leqslant\|\boldsymbol{A}\|+\|\boldsymbol{B}\|$；
- $\|\boldsymbol{AB}\|\leqslant\|\boldsymbol{A}\|\,\|\boldsymbol{B}\|$。

则称 $\|\cdot\|$ 为相容的矩阵范数，或简称矩阵范数。显然，矩阵的 F-范数是一种相容的矩阵范数。

根据 F-范数的性质，有

$$\text{tr}[\tilde{\boldsymbol{x}}^T(\boldsymbol{x}-\tilde{\boldsymbol{x}})]\leqslant\|\tilde{\boldsymbol{x}}\|_F\|\boldsymbol{x}\|_F-\|\tilde{\boldsymbol{x}}\|_F^2 \tag{12}$$

3. LaSalle 不变性原理[35]

考虑自治系统

$$\dot{\boldsymbol{x}}=f(\boldsymbol{x})$$

其中 $f:D\to\mathbf{R}^n$ 是从定义域 $D\to\mathbf{R}^n$ 到 $\mathbf{R}^n$ 上的局部 Lipschitz 映射，假定 $\bar{\boldsymbol{x}}\in D$ 是方程的平衡点，即 $f(\bar{\boldsymbol{x}})=0$。

设 $\Omega\subset D$ 是方程 $\dot{\boldsymbol{x}}=f(\boldsymbol{x})$ 的正不变紧集。设 $V:D\to\mathbf{R}$ 是连续可微函数，在 Ω 内满足 $\dot{V}(\boldsymbol{x})\leqslant0$。设 E 是 Ω 内所有点的集合，满足 $\dot{V}(\boldsymbol{x})\equiv0$，$M$ 是 E 内的最大不变集。则当 $t\to\infty$ 时，始于 Ω 内的每个解都趋于 M。

参 考 文 献

[1] 王永骥,涂健. 神经元网络控制. 北京:机械工业出版社,1998.

[2] 韦巍. 智能控制技术. 北京:机械工业出版社,2000.

[3] 王士同. 神经模糊系统及其应用. 北京:北京航空航天大学出版社,1998.

[4] 李士勇. 模糊控制　神经控制和智能控制论. 哈尔滨:哈尔滨工业大学出版社,1998.

[5] 诸静. 模糊控制原理与应用. 北京:机械工业出版社,1998.

[6] 孙增圻. 智能控制理论与技术. 北京:清华大学出版社,广西科学技术出版社,1997.

[7] 王建华,俞孟蕻,李众. 智能控制基础. 北京:科学出版社,1998.

[8] 刘金琨. 机器人控制系统的设计与 Matlab 仿真. 北京:清华大学出版社,2008.

[9] 楼顺天,胡昌华,张伟. 基于 MATLAB 的系统分析与设计——模糊系统. 西安:西安电子科技大学出版社,2001.

[10] Sugeno M, Kang G T. Fuzzy modeling and control of multilayer incinerator. Fuzzy Sets Systems, 1986, 18:329~346.

[11] Wang H O, Tanaka K, Griffin M F. Parallel distributed compensation of nonlinear systems by Takagi-Sugeno fuzzy model. Proc. Fuzz-IEEE/IFES'95, 1995, 531~538.

[12] 王立新. 模糊系统与模糊控制教程. 北京:清华大学出版社,2003.

[13] 廉小亲. 模糊控制技术. 北京:中国电力出版社,2003.

[14] 周明,孙树栋. 遗传算法原理及应用. 北京:国防工业出版社,1999.

[15] B. K. Yoo, W. C. Ham. Adaptive Control of Robot Manipulator Using Fuzzy Compensator. IEEE Transactions on Fuzzy Systems, 2000, 8(2):186~199.

[16] J. J. Hopfield, D. W. Tank. Neural computation of decision in optimization problems. Biological Cybernetics, 1985, 52:141~152.

[17] 孙守宇,郑君里. Hopfield 网络求解 TSP 的一种改进算法和理论证明. 电子学报,1995,23(1):73~78.

[18] G. Feng. A compensating scheme for robot tracking based on neural networks. Robotics and Autonomous Systems, 1995, 15:100~206.

[19] E. J. Hartman, J. D. Keeler, J. M. Kowalski. Layered neural networks with Gaussian hidden units as universal approximations. Neural Computation, 1990(2):210~215.

[20] J. Park, I. W. Sandberg. Universal approximation using radial basis function networks. Neural Computation, 1990(3):246~257.

[21] F. L. Lewis, K. Liu, A. Yesildirek. Neural Net Robot Controller with Guaranteed Tracking Performance. IEEE Transactions on Neural Networks, 1995, 6(3):703~715.

[22] R. Storn, K. Price. Differential evolution—a simple and efficient heuristic for global optimization over continuous spaces. Journal of Global Optimization, 1997, 11:341~59.

[23] R. K. Ursem. Parameter identification of induction motors using differential evolution. The 2003 Congress on Evolutionary Computation, 2003, 2:790~796.

[24] M. Uchiyama. Formation of high speed motion pattern of mechanical arm by trial. Transaction of the Society of Instrumentation and Control Engineer, 2009, 14(6):706~712.

[25] S. Arimoto, S. Kawamura, F. Miyazaki. Bettering Operation of robotics by leaning. Journal of Robotic System, 1984, 1(2):123~140.

[26] 许建新,侯忠生.学习控制的现状与展望.自动化学报,2005,31(6):943～955.

[27] 谢胜利. 迭代学习控制的理论与应用.北京:科学出版社,2005.

[28] 高经纬,张煦,李峰,赵晖.求解 TSP 问题的遗传算法实现.计算机时代,2004(2):19～21.

[29] 胡寿松 . 自动控制原理 . 北京:科学出版社,2008.

[30] 苏育才,姜翠波,张跃辉 . 矩阵理论 . 北京:科学出版社,2006.

[31] 颜庆津 . 数值分析 . 北京:北京航空航天大学出版社,2000.

[32] Ge S S, Lee T H, Harris C J. Adaptive Neural Network Control of Robotic Manipulators. London: World Scientific, 1998.

[33] J. E. Slotine, W. Li. Applied Nonlinear Control. Prentice Hall, 1991.

[34] Jinkun LIU. RBF Neural Network Control for Mechanical Systems_Design, Analysis and Matlab Simulation. Tsinghua & Springer Press, 2013.

[35] LaSalle J, Lefschetz S. Stability by Lyapunov's direct method. New York: Academic Press, 1961.

[36] J. Kennedy, R. Eberhart. Particle swarm optimization. IEEE International Conference on Neural Networks, 1995, 4, 1942～1948.

[37] S. G. Fabri, V. Kadirkamanathan. Functional adaptive control: an intelligent systems approach. New York: SpringerPress, 2001.

[38] Lee S. Neural network based adaptive control and its applications to aerial vehicles. Ph. D. dissertation, School of Aerospace Engineering, Georgia Institute of Technology, Atlanta, GA(2001).

[39] 刘金琨.智能控制(第 4 版).北京:电子工业出版社,2017.

[40] D. S. Broomhead, D. Lowe. Multivariable functional interpolation and adaptive networks. Complex Systems, 1988, 2:321～355.

[41] 刘金琨. RBF 神经网络自适应控制 Matlab 仿真(第 2 版).北京:清华大学出版社,2018.

[42] Tanaka K., Wang H. O., Wang H. Fuzzy Control Systems Design and Analysis—A Linear Matrix Inequality Approach. New York: Wiley Press, 2001.

[43] Dorigo M, Maniezzo V, Colorni A. Ant system: Optimization by a colony of cooperating agents. IEEE Transactions on Systems Man and Cybernetics, 2002, 26(1):29～41.

[44] 段海滨. 蚁群算法原理及其应用. 北京:科学出版社,2005.

[45] 李士勇,陈永强,李研. 蚁群算法及其应用. 哈尔滨:哈尔滨工业大学出版社,2004.

[46] Qin G, Yang J. An improved ant colony algorithm based on adaptively adjusting pheromone. Information & Control, 2002, 31(3):197～198.

[47] Yixiong F, Mengchu Z, Guangdong T, et al. Target Disassembly Sequencing and Scheme Evaluation for CNC Machine Tools Using Improved Multi－objective Ant Colony Algorithm and Fuzzy Integral. IEEE Transactions on Systems, Man, and Cybernetics: Systems, 2018:1～14.

[48] Elloumi W, El Abed H, Abraham A, et al. A comparative study of the improvement of performance using a PSO modified by ACO applied to TSP. Applied Soft Computing, 2014, 25:234～241.

[49] H Zhou, M Song, W Pedrycz, A comparative study of improved GA and PSO in solving multiple traveling salesmen problem. Applied Soft Computing, 2018, 64:564～580.

[50] 陈彧,韩超. 一种求解旅行商问题的进化多目标优化方法. 控制与决策,2019,34(04):106～111.

[51] 刘金琨,刘志杰.基于 LMI 的控制系统设计、分析及 Matlab 仿真.北京:清华大学出版社,2020.